U0178893

沿海地区水土资源演变与保护研究

——以江苏省东台市为例

陈凤 王俊 张华 王小军 等 著

中国水利水电出版社
www.waterpub.com.cn
·北京·

内 容 提 要

本书以江苏省东台市为典型代表,对江苏省东台市1000多年来在水、土资源方面的演变和发展历程以及沿海地区水土流失、土壤侵蚀及土壤改良等方面的研究进行了介绍,以期为当地及类似区域的水土资源利用及保护提供借鉴。

本书具体内容包括:江苏沿海地区和东台市发展概况;沿海土地资源演变与发展;东台水利工程发展历程;沿海水土流失规律研究;沿海土壤侵蚀模型研究;海涂垦区土壤改良研究;沿海水土监测防护新技术。书后附江苏省东台市水利工程统计表及大事记。

本书可供水土保持、农业水利、林业、环境保护等方面的管理、科研、技术人员及有关大专院校师生参考使用。

图书在版编目（C I P）数据

沿海地区水土资源演变与保护研究 : 以江苏省东台市为例 / 陈凤等著. -- 北京 : 中国水利水电出版社, 2022.3
　　ISBN 978-7-5226-0536-4

Ⅰ. ①沿… Ⅱ. ①陈… Ⅲ. ①沿海－地区－水资源－演变－研究－东台②沿海－地区－土地资源－演变－研究－东台 Ⅳ. ①TV211.1②F323.211

中国版本图书馆CIP数据核字(2022)第037943号

书　　名	沿海地区水土资源演变与保护研究 ——以江苏省东台市为例 YANHAI DIQU SHUITU ZIYUAN YANBIAN YU BAOHU YANJIU ——YI JIANGSU SHENG DONGTAI SHI WEI LI
作　　者	陈凤　王俊　张华　王小军　等著
出版发行	中国水利水电出版社 (北京市海淀区玉渊潭南路1号D座　100038) 网址：www.waterpub.com.cn E-mail：sales@mwr.gov.cn 电话：(010) 68545888 (营销中心)
经　　售	北京科水图书销售有限公司 电话：(010) 68545874、63202643 全国各地新华书店和相关出版物销售网点
排　　版	中国水利水电出版社微机排版中心
印　　刷	涿州市星河印刷有限公司
规　　格	184mm×260mm　16开本　23.5印张　572千字
版　　次	2022年3月第1版　2022年3月第1次印刷
定　　价	**158.00元**

前　言

　　江苏沿海地区处于黄海、长江和淮河交汇处，该区域河流众多，带来大量径流和泥沙，持续且缓慢地改变入海口的自然和生态环境，对沿海岸线开发与保护带来重要影响。与我国其他沿海地区相比，江苏沿海区域有其独特的特点，水、土资源一直处于动态变化过程之中。据江苏省自然资源厅 2019 年统计，江苏海岸线总长约 1071.2km，其中连云港市 237km，盐城市 398.3km，南通市 360.5km，长江口累计 75.4km。江苏省沿海滩涂资源丰富，合理有效地利用滩涂资源，可保障粮食安全，维护生态稳定，对深入落实"人与自然是生命共同体"和"绿水青山就是金山银山"理念，促进林、牧、渔、盐等行业乃至区域发展具有十分重要的战略意义。

　　针对江苏沿海开发与保护中面临的问题，作者在国家自然科学基金项目"沿海新垦区沟渠边坡高钠盐土壤侵蚀机理研究"（31400617），水利部公益性行业科研专项"沿海垦区土壤快速改良新技术研究"（201101054）、"建设项目扰动土侵蚀模数测试及侵蚀规律研究"（200801025），水利部水资源节约与保护专项"水生态文明试点创建模式分析（南方片）"（126302001000150007），自然资源部国土空间规划体系重大问题研究项目"基于水资源安全的国土空间利用研究"（20210103），国家林业和草原局江苏长江三角洲森林生态系统定位研究（2020132077），江苏省科技厅项目"江苏省水生态文明建设战略与保障措施研究"（BR2014006），江苏省水利科技项目"新围垦区沟渠边坡复合侵蚀规律和治理技术研究及应用"（2015037）、"降雨-渗流对盐土边坡侵蚀变形的影响研究"（2018048）、"海涂垦区易坍塌沟渠坡面径流生态调控技术研究"（2020052）、"海涂垦区土壤的联合改良技术研究与应用"（2015038），江苏省自然资源科技项目"国土空间规划中水资源刚性约束指标及其设定关键技术研究"（2021003），江苏省自然资源智库项目"江苏省典型区域水资源特征与国土空间布局关系研究"（2020TDZY06），2021 年度江苏省碳达峰碳中和科技创新专项资金项目"沿海滩涂农林复合系统能源作物和林木培育及碳汇能力提升关键技术研究"（BE2022305），江苏省水利科学研究院自主科研经费专项资金项目"变化环境下沿海滩涂资源保护与高效利用研究"（2022019）等研究的持续资助下，综合相关研究成果编写此书。全书主要包括三个部分：第一部分（第1～3章）主要内容为江苏省东台市1000多年来在水、土资源方面的演变和发展历程，根据地方志、年鉴等资料编写而成；第二部分（第4～6章）主要介绍以东台市为典型代表的江苏沿海地区水土流失、土壤侵蚀及土壤改良等方面的研究；第三部分（第7章）针对沿海地区目前存在的问题，选取作者提出并授权的部分水土监测防护新技术方面的专利，并提炼出核心关键技术进行总结，以期为当地及类似区域提供借鉴。

本书由陈凤、王俊、张华和王小军负责统稿，共分7章，各章编写人员如下：

第1章由陈凤、王小军执笔。

第2章由吴苏舒、邹志国、刘德斌、张华、翟正鹏、潘政、刘蕾蕾、朱玉磊执笔。

第3章由王俊、杨印、陈凤、刘德斌、翟正鹏、朱玉磊、潘政、陈少颖、潘逸卉、王涛执笔。

第4章由陈凤、胡海波、潘德峰、王龚博、王俊逸、孙乐、邱语、邹玉田、潘政、杨云、王小寅执笔。

第5章由陈凤、胡海波、张华、朱燕、邹玉田、沈达、程济帆、翟正鹏执笔。

第6章由张华、潘德峰、杨云、陈凤、陈文猛、潘逸卉执笔。

第7章由王小军、陈凤执笔。

感谢国家自然科学基金委员会、水利部、江苏省科技厅、江苏省水利厅、江苏省自然资源厅、江苏省国土资源研究中心等部门给予的研究资助！感谢东台市水务局、江苏沿海水利科学研究所等单位及相关专家学者在项目实施过程中的大力支持与帮助！本书使用了中国气象数据网提供的气象数据，同时引用了许多学者的研究数据，在此一并表示感谢！

由于编者水平有限，书中难免存在不足之处，恳请读者批评指正。

作者

2022 年 3 月

目 录

第1章　江苏沿海地区发展概况

1.1　江苏沿海地区总体发展概况

江苏沿海地区包括连云港、盐城、南通3市所辖全部行政区域，陆域面积3.59万 km²，海域面积3.75万 km²，2020年常住人口1903.6万人。1996—2008年，江苏省围垦开发滩涂180多万亩。2009年6月，国务院批准了《江苏沿海地区发展规划》，江苏滩涂围垦上升为国家规划，成为具有全局意义的国家战略。自2009年《江苏沿海地区发展规划》发布实施以来，江苏沿海地区紧抓战略机遇，经济社会发展取得显著成效，主要成就如下：

（1）综合发展实力显著增强，经济社会发展跃上新台阶。2020年江苏沿海地区生产总值达1.93万亿元，占全省比重从2009年的16.6%提高到18.4%；人均地区生产总值超过东部地区平均水平。"三极一带多节点"发展布局不断优化，中心城市能级逐步提升，港产城联动发展格局加快形成。连云港国家东中西区域合作示范区等一批重大功能平台加快建设。新型城镇化加快推进，2020年常住人口城镇化率达到66.1%，较2009年提高17.6个百分点；城乡发展更趋协调，城乡收入比降至1.9∶1，明显低于全国平均水平。

（2）重要综合交通枢纽基本形成，双向开放能力极大提升。港口群建设取得突破，连云港新亚欧大陆桥东方桥头堡和"一带一路"重要支点作用加强，盐城淮河生态经济带出海门户建设加快推进，南通通州湾长江集装箱运输新出海口建设拉开序幕。内河高等级航道网更趋完善，建成一批骨干公路、高速铁路和过江通道。南通新机场启动推进。2020年江苏沿海港口完成货物吞吐量3.4亿 t，为2009年2.8倍。

（3）新型工业基地建设迈出重要步伐，形成现代特色产业体系。初步形成以石化和精细化工、船舶和海洋工程装备、医药、新能源、新材料等为主的特色产业体系，成为长三角地区先进制造业布局的重要板块。2020年高新技术产业产值占规模以上工业比重达40.9%，比2009年提高15个百分点；海上风电装机并网规模573万 kW，占全国比重达63.7%。

（4）生态环境更加优美，人民生活水平大幅提高。空气质量综合指数居江苏省前列，入海河流水环境综合整治和化工园区环保专项整治成效显著，产业本质安全水平稳步提高。盐城市黄海湿地列入世界遗产名录，填补了我国湿地类世界自然遗产空白。

2010年1月，明确难度较大的条子泥、高泥、东沙100万亩滩涂匡围工程以省为主实施，探讨研究省级围垦综合开发试验区建设，近期先实施条子泥匡围工程。2011年12月8日，条子泥匡围一期工程前期工作圆满完成，举行了工程开工奠基仪式，标志着江苏沿海开发重大工程——百万亩滩涂围垦正式拉开大幕，也标志着江苏创建"国家级滩涂综合开发试验区"全面启动。2013 年年底，条子泥一期匡围工程基本完成，共计匡围土地面积 10.12 万亩。

1.2　东台发展概况

1.2.1　自然概况

东台地处江苏沿海中部，东濒黄海，南邻海安，西界兴化，北毗大丰，居南通、扬州、盐城 3 市交界处。东台历史悠久，据史籍所载，东台成陆于新石器时代，见名于南唐（一度别称东亭）。早在西汉时期，人们就在这块土地上"煮海为盐"、繁衍生息。宋天圣年间（1023—1032 年）由西溪盐仓监范仲淹倡导修筑的捍海堰（明代后称范公堤），使堤内免受海潮之患。千百年来历经沧桑，近岸浅海部分相继成陆，盐场逐步建立。南唐升元元年（1937）于海陵县置泰州，设海陵监于东台场（盐场）。历经宋、元、明、清〔至乾隆三十二年（1767 年）〕，东台均隶属泰州管辖。清乾隆三十三年（1768 年）析泰州东北境九场四乡，设立东台县，隶属扬州府。民国初期，东台隶属江苏省淮扬道。县以下实行市、乡制，民国 18 年（1929 年）改为区、乡制。民国 22 年（1933 年）起，先后隶属第八（驻泰县）、盐城两行政督察区。民国 29 年（1940 年），新四军挺进东台，建立东台县抗日民主政府，先后隶属通如靖泰临时行政区、苏北临时行政区、苏中区第二和第四行政区、苏皖边区第一行政区、泰州行政区。抗日战争、解放战争期间，根据战时需要，境内行政区划迭有变更。中华人民共和国成立后，从 1950 年起，东台改属盐城专区。1958 年 9 月，全县实现人民公社化，由区乡制改为政社合一体制。1983 年废除人民公社，实行乡村制。同年 1 月盐城建市，东台为市属县之一。1987 年 12 月 17 日，国务院批准东台撤县设市，区域总面积 3176km²，耕地总面积 11.05 万 hm²，水域面积 255.21km²，占总面积的 10.17%（计算面积 2509.3km²）。中沟级以上河道总长 5027.6km，河网密度 2.0km/km²。1987 年年底，东台市辖乡镇 30 个（其中乡 18 个、镇 12 个）、农林场圃 9 个、村 735 个、村民小组 4698 个，总人口 113.7 万人。1988—2010 年，16 个乡撤乡设镇、3 次调整撤并 7 个乡镇，至 2010 年，全市辖建制镇 14 个、村（居）民委员会 411 个，以及新曹农场、弶港农场、经济开发区，总人口 113.36 万人。

境内泰东河通江连海，新长铁路、沿海高速贯通南北，省道 333 横穿东西，连接京沪、盐宁和沿海三条高速公路。范公堤将市域分为堤东、堤西两大自然区。堤西属苏北里下河碟形洼地东部碟缘平原，东北高平，西南低洼，为著名时溱洼地；堤东地区为黄河夺淮后泥沙淤积形成的滨海平原，海岸线以东约 50km 的东沙岛已高出零线以上，为江（长江）淮（淮河）两大水系冲击回流之沉积岛。连陆滩涂 1040km²，且每年向东淤长。海岸线长 85km，岸外海域 2430km²，分布着 10 条沙脊。沙脊群中最大的为东沙，据卫星摄片测量 0m 线以上面积为 694km²。沿海风能资源丰富，可开发储量逾 400 万 kW。全境气候温和湿润，生物物种达 602 种，其中植物种群 384 种，动物种群 218 种。联合国教科文组织官员经实地考察，称东台沿海是"太平洋西岸唯一的一块未被污染的净土"。

境内地势平坦，略有起伏，地面高程 1.5～5.5m，大部分地区为 2.6～4.6m，呈东高西低之势，水陆交通便捷，河网密布、路网纵横，流域性河道通榆河、泰东河流经腹部，沈海高速、新长铁路、204 国道、228 国道、226 省道纵贯南北，344 国道、352 省道、610 省道横穿东西。以古范公堤（老 204 国道）为界，形成堤东、堤西两大自然区，以流域区域类属，分为里下河水系、堤东灌区水系、川东港水系、沿海新垦区水系四大水系。海洋资源丰富，盛产多种鱼类和贝类。海岸线长 85km，沿海有亚洲最大的淤泥湿地和世界罕见的辐射沙脊，连陆滩涂 10.4 万 hm^2，东沙等岸外辐射沙洲 8.18 万 hm^2，滩涂面积约占江苏全省的 1/5，盐城市的 1/4。

东台属北亚热带向暖温带过渡地段，兼有亚热带海洋性季风气候和亚热带季风气候特征，温和湿润、雨水充沛、日照充足。1988—2010 年，无霜期年平均 215 天左右，初霜日 11 月 4 日前后，终霜日 4 月 2 日前后；年平均温度 15.2℃、日照时数 2128.5h；年平均降水量 1067.1mm，最多年份 1978.2mm（1991 年），最少年份 660.2mm（1994 年），年降水 1000mm 以上有 13 年，800～1000mm 有 7 年，600～800mm 有 3 年，每年 6—9 月汛期降水量占全年的 60% 左右；多年平均年径流量 7.95 亿 m^3，平均浅层地下水资源量 3.77 亿 m^3，深层地下水可开采 0.30 亿 m^3/a；年平均水资源总量 11.04 亿 m^3；全市有 17 年发生不同程度的水、旱、风、潮灾，其中发生洪涝灾害 7 年，旱灾 7 年，遭遇台风和高潮侵袭 7 年。依靠水利工程设施，东台先后有效抗御 1991 年、2003 年特大洪涝，以及 1994 年、1997 年特大旱灾。

1.2.2 社会经济发展概况

1.2.2.1 经济

1988 年后，东台抓住改革开放的机遇，顺应由计划经济向社会主义市场经济转换的潮流，积极促进市场经济的发育，推进经济增长方式的转变，先后战胜 18 次旱涝风暴潮灾害、抵御亚洲金融危机和"非典"疫情的影响，经济和社会保持平稳快速发展。1992 年、1994 年被评为全国农村综合实力百强县，2001—2005 年连续 5 年跻身全国县域经济基本竞争力百强县。

2020 年，东台全年实现地区生产总值 893.4 亿元，按可比价计算，比上年同期增长 5.8%。其中，第一产业实现增加值 124.3 亿元，同比增长 2.9%；第二产业实现增加值 316.6 亿元，同比增长 5.7%；第三产业实现增加值 452.5 亿元，同比增长 6.5%。实现社会消费品零售总额 245.6 亿元，同比增长 1.3%。三次产业增加值比例调整为 14：35.4：50.6，服务业增加值占 GDP 比重比上年提高 0.4 个百分点。固定资产投资增速低开高走，逐季回升，年底阶段由负转正。新型城镇化建设加快推进，年末城镇化率达 59.05%，比上年提高 1.02 个百分点。2020 年居民消费价格（CPI）同比上涨 2.3%，较 2019 年回落 1 个百分点，重回"2.0 时代"。计算居民消费价格指数的八大类商品和服务消费价格"四涨四跌"，其中：食品烟酒类上涨 0.7%，居住类上涨 7%，生活用品及服务类上涨 6.2%，医疗保健类上涨 8%，衣着类下降 2.1%，交通通信类下降 4.0%。教育文化娱乐类下降 5.0%，其他用品和服务类下降 4.2%。

1.2.2.2 农林牧渔业

东台是传统农业大市，长期以粮棉生产为主，曾有过"棉花百万担"的辉煌。20 世纪 80 年代中后期起，农业生产结构调整步伐逐步加快，经济作物和以养殖业、林果业、桑蚕业为主的多种经营生产在大农业中的比重快速提升，1992 年农、林、牧、渔总产值列全国前一百名大县第四位。90 年代后期起，设施农业、反季节栽培迅速发展，土地产出率和农业市场化、产业化水平大幅度提升。2005 年农业总产值（当年价）达 92.99 亿元，为 1988 年 7.16 倍，种植业与林牧副渔业产值的比例从 1988 年的 55：45 变为 42：58；经国家注册的有机食品、无公害农产品、绿色食品达 181 个，农业机械化综合水平达 82%，水利设施建成挡、防、排、灌、降、供相配套的完整体系，生态农业市创建顺利通过省级验收。

2020 年实现农林牧渔业增加值 131.97 亿元，同比增长 2.9%。实现农林牧渔业总产值 237.31 亿元，增长 2.9%，其中，农业产值 106.98 亿元，增长 2.6%；林业产值 6.12 亿元，增长 2.0%；牧业产值 61.66 亿元，增长 3.8%；渔业产值 47.92 亿元，增长 2.5%；农林牧渔服务业产值 14.64 亿元，增长 3.8%。全年粮食总产量 102.26 万 t，比上年增加 0.22 万 t，粮食综合单产 461.87kg/亩；全年蔬菜总产量 391.57 万 t；水产品产量 18.66 万 t，增长 0.12%；出栏生猪 77 万头，位居全省第一，存栏 53.46 万头，比年初 30.11 万头增加 23.4 万头，增长 77.55%；家禽存栏 3260.75 万只，同比增长 1.2%，出栏 3128.37 万只，同比增长 5%；禽蛋 29.64 万 t，同比增长 14.9%。农业现代化水平位居全省前列。

1.2.2.3 工业、建筑业和高技术产业

东台工业发展较早，主要有纺织、机械、建材、食品等主要门类。20 世纪 80 年代后期起，东台始终坚持"以工兴市"，特别是 1992 年邓小平南方讲话后，全市工业进入了一个新的快速增长期。2001 年，全市第二产业在三次产业中的比重首次超过农业，步入工业化初期。2005 年，全市实现现价工业总产值 158.66 亿元，是 1988 年的 11.17 倍；基本建成以食品、纺织、轻工、机械、电子、化工、建材、茧丝绸为主体的工业体系，主要产品品种有 26 个大类 1500 余种，其中部省级优质产品 38 个；工业企业自营出口额达 1.9 亿元，出口产品有纺织机械、食品机械、服装、丝毯、化工、丝绸、发绣、国画、玩具、白厂丝、钨钼制品等 11 个大类 80 多种。工业的跨越发展得益于改革开放。早在 20 世纪 80 年代中后期，全市在乡镇企业率先推行"一包三改"（全面实行经济承包责任制，改干部任免制为选聘制，改固定用工制为合同制，改固定工资制为浮动工资制），同时在市属企业推行厂长（经理）承包责任制、厂长（经理）任期目标责任制，继而全面推行产权制度改革，实施民营化、公司化改造，不断优化工业投资环境，加大招商引资、项目推进、园区建设和培植规模企业的力度。2005 年，规模以上工业企业 403 个，产值 158.66 亿元，建成工业园区 22 个，其中省级 1 个、盐城市级 1 个；形成溱东不锈钢、许河家纺绣品、四灶和海丰肉制品、后港耐火器材、头灶精细化工、安丰纺织、富安茧丝绸、时堰切削工具、廉贻造船、东台镇家纺 10 个特色产业集群。

东台建筑业原属"乡不出乡、县不出县"的小业种，1987 年建筑业总产值只有 1.32 亿元。经过 18 年打造，特别是在外出施工、大规模旧城改造和新型城镇建设的强力拉动下，建筑业逐步形成由勘察设计、土建施工、构件预制、水电安装、装修装饰、建筑材料包括新型墙体材料生产构成的新兴产业链，建筑市场扩至上海、北京、大庆等大中城市。18 年中，全市建筑企业累计获得包括全国"鲁班奖"、省级"扬子杯"奖、"白玉兰"奖、

优良工地奖在内的奖项 90 多个。到 2005 年，具有 3 级资质以上的建筑安装企业发展到 41 家，施工队伍达 5.1 万人，年实现建筑业总产值 34 亿元。

2020 年实现全口径工业开票销售 1170.9 亿元，增长 15.2%，保持中高速发展。其中规模以上工业完成开票销售 738.6 亿元，增长 13.6%，应税销售 632.2 亿元，增长 11.7%，占开票销售比重 87.5%。实现规模以上工业总产值 646.0 亿元，规模以上工业增加值 121.4 亿元，同比增长 8.5%。全年全社会用电量 49.1 亿 kW·h，同比增长 9.5%，其中工业用电量 33.8 亿 kW·h，增长 10.8%。全年实现规模以上工业主营业务收入 704.2 亿元，利润总额 44.2 亿元。

2020 年高技术产业完成产值 80.6 亿元，同比增长 36.7%，高于规模以上工业增速 22.2 个百分点，高技术产业产值占规模以上工业总产值比重 12.5%。其中电子通信设备制造业、医药制造业以及计算机办公设备制造业分别完成产值 64.0 亿元、12.0 亿元、0.4 亿元，增速分别为 45.2%、91.7%、187.4%，电子通信设备制造业和医药制造业分别拉动规上工业总产值累计增幅 3.5 个、1.0 个百分点。2020 年，全市战略性新兴产业完成产值 258.7 亿元，同比增长 37.3%，高于规模以上工业增速 22.8 个百分点，占新产业产值占规模以上工业总产值比重达 40.0%，比去年同期提升 6.5 个百分点。

2020 年实现建筑业总产值 134.5 亿元，同比增长 4.0%；竣工产值 124.7 亿元，同比下降 6.9%，竣工率 43.3%。建筑业企业实现利税总额 4.7 亿元，同比下降 10.1%。建筑业劳动生产率为 23.8 万元/人。房屋建筑施工面积 1219m²，同比增长 9.4%；竣工面积 527.5 万 m²，同比下降 16.3%，其中住宅竣工面积 396.6 万 m²，同比增长 6.5%。

1.2.2.4 科学技术

1988—2005 年，全市累计建成各类科研、咨询机构 96 个，省和盐城市级研发中心 13 个、省和盐城市级高科技企业 30 个，获国家授权专利 290 项；形成市、镇、村完整的农业技术推广体系，完成省级以上农业科研项目 52 项，推广新技术 302 项，经济作物和畜禽养殖良种覆盖率 80% 以上。1995 年东台获全国科技工作先进县（市）称号，并进入全国科技实力百强县（市）行列，2003 年获全国科技进步先进县（市）称号，2004 年成为全国科技进步示范县（市）。

2020 年科技创新能力持续增强。全市专利申请受理量 4500 件，其中发明专利申请受理量 1514 件；专利申请授权量 2596 件，其中发明专利申请授权量 198 件，全年万人发明专利拥有量 10.27 件。新增国家高新技术企业 52 家，年末拥有工程技术研究中心 299 个，增长 42.4%，拥有企业院士工作站 2 个，拥有国家级高新技术特色产业基地 2 个，拥有众创空间 12 家。

第 2 章　沿海土地资源演变与发展

2.1　自然条件

2.1.1　气象水文

2.1.1.1　气象

东台市地处淮河下游的江苏中部平原，东临黄海，横跨里下河地区和滨海垦区，境内地势东高西低、南高北低、高中有低。西部为黏质土，东部为粉沙土。沿海属沉积型粉沙淤泥质海岸，岸外为浅海辐射状沙洲，滩涂广阔，港槽多变，陆地水入海口门不稳定。境内属北亚热带暖湿季风气候区，气候温暖湿润，雨水充沛，但时空分布不均，气候条件比较优越。

1. 日照气温

（1）日照。年平均日照时数为 2130.5h，1988—2010 年间最多年（1995 年）达 2412.5h，最少年（2009 年）仅有 1773.3h；年际间差值为 639.2h。月平均日照最多的在 8 月，为 206.1h，最少的在 2 月，仅有 143.4h，其平均值约 60h，极端最多月（1994 年 7 月）达 309.0h；极端最少月（2009 年 2 月）仅 53.5h。

（2）气温。年平均气温为 15.0℃，1988—2010 年期间 1 月为最冷月，平均气温仅 2.3℃；7 月为最热月，平均气温达 27.5℃。根据东台有气象记录的资料统计，极端最低气温为 -11.8℃（1958 年 1 月 16 日）；极端最高气温达 38.8℃（2003 年 8 月 2 日）。

（3）霜。无霜期年平均为 220 天，1988—2010 年期间初霜期平均在 11 月 4 日，终霜期平均在 4 月 2 日。

2. 降水蒸发

（1）降水。东台雨量充沛，但年际之间分布不均，易旱易涝，涝多于旱。年平均降水量为 1061.2mm；年际之间降水变化幅度大，最多年份为 1978.2mm（1991 年），最少年份为 660.2mm（1994 年），见表 2-1；年降水量 1000mm 以上的有 13 年，800~1000mm 的有 7 年，600~800mm 的有 3 年。全年有 3 个明显的多雨期，4—5 月的春雨，6—7 月的梅雨，8—9 月的台风秋雨。每年 6—9 月为汛期，汛期降水量占全年的 60% 左右。汛期降水量最多年（1991 年）为 1482.8mm，汛期降水量最少年（1994 年）为 289.2mm。梅雨期一般从 6 月中旬后期入梅，7 月中旬出梅，梅雨期平均 23 天；年际之间梅雨期差异较大，最早入梅期在 1989 年 6 月 4 日，最迟出梅时间在 2007 年 7 月 25 日；最长梅雨期在 1989 年，为 41 天（6 月 4 日至 7 月 15 日），最短梅雨期在 1994 年，仅 9 天（6 月 21—30 日）；梅雨量的差异也很大，最多年梅雨量为 1034.8mm（1991 年），接近常年的年均降水量；梅雨量在 500mm 以上的有 2 年（1991 年 1034.8mm，2003 年 512.6mm），梅雨量在 50mm 以下的有 3 年（1994 年、2002 年、2010 年），称之为空梅。

表 2-1　　　　　　　　　　　1988—2010 年东台市年降水量

年份	年降水量/mm	年份	年降水量/mm	年份	年降水量/mm
1988	1000.6	1996	1018.9	2004	710.0
1989	1194.8	1997	829.8	2005	1104.1
1990	1121.4	1998	1490.7	2006	1083.0
1991	1978.2	1999	969.7	2007	1135.2
1992	969.3	2000	1044.3	2008	852.0
1993	1355.5	2001	896.7	2009	1104.6
1994	660.2	2002	982.6	2010	966.0
1995	785.6	2003	1289.6	多年平均	1067.1

注　表中数据为东台市气象站观测资料。

（2）蒸发。蒸发包括地面蒸发和水面蒸发，东台地域蒸发量较大，年际之间差异较小，月份之间差异较大。据观测，1988—2010 年平均蒸发量为 887.9mm，最多年为 1016.8mm（1994 年），最少年为 774.4mm（2003 年），年际间差值 242.4mm。2001 年使用新的蒸发器以后，从月份看，最多蒸发量出现在 8 月，2001—2010 年 8 月平均蒸发量为 107.3mm；最少蒸发量出现在 1 月，2001—2010 年 1 月平均蒸发量为 29.0mm；极端最多月达 145.0mm（2005 年 6 月），极端最少月仅 21.9mm（2006 年 1 月）（表 2-2）。

表 2-2　　　　　　　　　　　1988—2010 年东台市全年蒸发量

年份	年蒸发量/mm	年份	年蒸发量/mm	年份	年蒸发量/mm
1988	955.1	1996	912.4	2004	954.5
1989	830.7	1997	930.9	2005	977.5
1990	869.1	1998	843.9	2006	911.5
1991	791.9	1999	782.2	2007	888.2
1992	876.9	2000	950.3	2008	866.2
1993	775.5	2001	907.3	2009	884.4
1994	1016.8	2002	879.8	2010	929.5
1995	913.1	2003	774.4		

注　表中蒸发量值为 E601B 大型水面蒸发器观测值。

气候温暖，宜于微生物和其他生物群落的衍生、繁殖，有利于多种农作物和林木的生长，促进生物对成土过程的影响；四季分明，冻融交替，有利于土壤养分积累和加速土壤耕层的熟化。

日照充足，辐射热量丰富，有利于绿色植被的迅速建立。沿海滩涂高潮带植被覆盖率一般都在 90% 以上，耕种土壤的复种指数达 200% 以上，这对土壤的发育，特别是抑制返盐，加速脱盐，增加有机质的作用十分明显，有利于土壤的定向培肥熟化。

在土壤形成过程中，充沛的雨量和集中分布的特点，明显地影响土层中物质的淋溶和再分布。西部地区土壤中的铁和锰，东部地区的钙和铁，在多雨的夏季淋溶下移，在少雨的冬季则沉淀聚集，堤西发育成水稻土的渗育和潜育淀积层，东部旱作土壤脱钙作用明显，石灰含量在剖面中由上而下递增。

由于蒸发量大于降雨量，加上沿海地形东高西低，地下水外排速度慢，造成东部地区矿化度较高（3g/L 以上），地下水淡化速度缓慢，土壤容易返盐，呈现次生盐渍和盐渍土插花分布的现象。

3. 台风

东台地处黄海之滨，地势低平，易受台风影响威胁较大的台风一般均发源于菲律宾以东洋面上，西移经过北纬 15°～20°、东经 129°～135°区域登陆。移动路径一般有 3 条：①从福建、浙江两省登陆，旋经太湖流域，从长江口以北或经东台市境入海，1988—2010 年影响东台的台风大多数沿这条路径移动；②登陆后西行，势力逐渐减弱，成为低气压，有时形成台风倒槽，发生大到暴雨，如 2010 年 9 月的 201006 号台风"狮子山"倒槽；③台风中心在东经 125°以西，北纬 30°以北近海北上，形成八级或以上大风过境，1988—2010年未出现。1988—2010 年对东台影响较大的台风见表 2-3。

表 2-3　　　　　　　　　　1988—2010 年对东台影响较大的台风

年份	出 现 日 期	过程降水量/mm	最大风速/(m/s)	极大风速/(m/s)
1989	9 月 16 日	136.3	9.3	
1990	8 月 31 日—9 月 1 日	195.3	150	
1992	9 月 23—24 日	60.8	12.3	
1997	8 月 19—20 日	75.6	14.0	
2005	8 月 6—7 日	83.1		22.4
	9 月 11—12 日	73.7		22.0
2007	9 月 18—20 日	59.6		20.1
	10 月 7—8 日	21.8		17.5
2008	7 月 29—30 日	24.1		18.4
2009	8 月 10—11 日	155.2		15.4
2010	9 月 2 日	28.4		9.4

注 因为仪器的原因，1988—2000 年只能测得大风过程的最大风速，2001—2010 年可测得大风过程的极大风速。

2.1.1.2 水文

1. 水位潮位

（1）里下河水位。里下河圩区水位观测点主要有泰东河时堰、台城串场河水文站（2003 年起为东台泰东河水文站）和通榆河安丰水文站。泰东河时堰水位站从 1978 年开始观测，1988—2010 年历年最高水位 3.49m（时堰站），出现在 1991 年 7 月 11 日；历年最低水位 0.67m（时堰站），出现在 1999 年 4 月 30 日；多年平均水位 1.26m。1988—2003 年，台城水文站设在串场河老电厂外，时段内最高水位 3.43m，发生在 1991 年 7 月 11 日；最

表2-4　1988—2010年东台市串场河、泰东河、通榆河水位

年份	泰东河时堰水位站 年均水位/m	泰东河时堰水位站 年最高 水位/m	泰东河时堰水位站 年最高 发生日期	泰东河时堰水位站 年最低 水位/m	泰东河时堰水位站 年最低 发生日期	台城串场河、东台（泰）水文站 年均水位/m	台城串场河、东台（泰）水文站 年最高 水位/m	台城串场河、东台（泰）水文站 年最高 发生日期	台城串场河、东台（泰）水文站 年最低 水位/m	台城串场河、东台（泰）水文站 年最低 发生日期	通榆河 安丰抽水站水位站 年最高 水位/m	通榆河 安丰抽水站水位站 年最高 发生日期	通榆河 安丰抽水站水位站 年最低 水位/m	通榆河 安丰抽水站水位站 年最低 发生日期
1988	1.25	1.95	6月30日	0.89	2月19日	1.16	2.01	6月29日	0.84	2月19日	1.91	6月30日	0.72	2月19日
1989	1.32	2.12	9月17日	0.93	2月6日	1.19	2.14	9月16日	0.88	2月6日	2.20	9月17日	0.78	2月16日
1990	1.27	2.46	9月2日	0.91	1月24日	1.17	2.43	9月2日	0.81	1月24日	2.60	9月1日	0.70	6月20日
1991	1.39	3.49	7月11日	0.89	1月18日	1.30	3.43	7月11日	0.79	1月19日	3.52	7月11日	0.69	12月22日
1992	1.18	1.92	9月1日	0.84	4月28日	1.08	1.94	9月8日	0.73	4月28日	1.92	9月1日	0.59	4月24日
1993	1.28	2.05	8月7日	0.89	1月3日	1.19	2.16	8月6日	0.83	1月3日	2.26	8月6日	0.73	6月21日
1994	1.17	1.64	8月30日	0.80	8月8日	1.06	1.54	8月29日	0.51	8月9日	1.58	8月30日	0.24	8月7日
1995	1.24	1.88	8月12日	0.84	4月13日	1.13	1.74	8月26日	0.75	4月14日	1.84	8月26日	0.60	4月13日
1996	1.28	2.32	7月6日	0.81	3月14日	1.18	2.23	7月6日	0.73	3月14日	2.27	7月6日	0.05	6月14日
1997	1.21	1.74	8月20日	0.71	6月21日	1.08	1.65	8月21日	0.40	6月22日	1.73	8月20日	−0.26	6月22日
1998	1.32	2.13	7月4日	0.90	12月30日	1.22	2.06	7月4日	0.80	6月23日	2.08	7月4日	0.48	11月10日
1999	1.21	2.30	9月6日	0.67	4月30日	1.09	2.32	9月6日	0.59	5月1日	2.34	9月6日	0.24	4月30日
2000	1.29	1.83	7月14日	0.81	4月14日	1.16	1.79	7月14日	0.64	4月14日	1.86	7月14日	0.21	4月16日
2001	1.28	1.73	8月3日	0.98	3月23日	1.13	1.60	8月14日	0.70	6月17日	1.70	8月3日	0.28	6月17日
2002	1.2	1.98	8月17日	0.85	2月13日	1.01	1.81	8月17日	0.58	7月13日	1.99	8月17日	0.40	7月17日
2003	1.31	3.12	7月11日	0.97	2月8日	1.17	3.07	7月10日	0.78	6月20日	3.13	7月10日	0.51	5月21日
2004	1.09	1.59	6月25日	0.82	3月5日	0.93	1.32	6月25日	0.66	2月21日	1.73	6月24日	0.65	3月19日
2005	1.29	2.09	8月11日	0.84	1月22日	1.12	2.26	8月11日	0.62	6月25日	2.19	8月11日	0.75	6月24日
2006	1.25	2.83	7月5日	1.00	3月28日	1.11	2.83	7月4日	0.67	6月21日	2.82	7月4日	0.64	6月21日
2007	1.23	3.08	7月10日	0.88	1月31日	1.09	3.01	7月10日	0.58	6月20日	3.06	7月10日	0.58	6月15日
2008	1.24	1.82	8月2日	0.88	3月21日	1.09	1.78	6月24日	0.76	3月21日	1.80	8月2日	0.70	3月21日
2009	1.28	2.30	8月12日	0.91	1月28日	1.14	2.30	8月11日	0.83	2月7日	2.38	8月11日	0.83	4月23日
2010	1.29	2.22	7月14日	1.00	1月28日	1.15	1.94	7月14日	0.79	6月22日	2.28	7月13日	0.61	6月22日

注　台城串场河水文站观测数据为1988—2022年观测值；东台（泰）水文站观测数据为2003—2010年观测值；安丰抽水站年最低水位出现较低值，是因为在时段内向堤东抽水。

低水位 0.4m，发生在 1997 年 6 月 22 日。台城泰东河水文站，即东台（泰）水文站，该站设在泰东河范公桥东、北岸，从 2003 年开始观测，2003—2010 年历年最高水位 3.07m，出现在 2003 年 7 月 11 日；历年最低水位 0.58m，出现在 2007 年 6 月 20 日；多年平均水位 1.25m。通榆河安丰水位站（抽水站上）：1988—2010 年历年最高水位 3.52m，出现在 1991 年 7 月 11 日；历年最低水位 −0.26m，出现在 1997 年 6 月 22 日，多年平均水位 1.16m。1988—2010 年东台市串场河、泰东河、通榆河水位见表 2-4。

（2）堤东灌区水位。堤东灌区水文观测点主要有川水港闸（1996 年前为东台河闸）和梁垛河闸上游水文站。川水港闸 1988—2010 年时段内年最高水位极大值为 3.93m，发生在 1993 年 8 月 6 日；时段内年最高水位的极小值为 2.43m，发生在 1995 年 8 月 31 日。梁垛河闸时段内年最高水位极大值为 4.29m，发生在 1993 年 8 月 6 日；极小值为 2.42m，发生在 1994 年 9 月 6 日，见表 2-5。堤东灌区水利工程控制水位 2m 左右，河道水位低于 1.8m 时开机抽水，上游水位达到 2.5m 时开闸排涝。

表 2-5　　　　　　　　1988—2010 年东台市堤东灌区年最高水位一览

年　份	川水港闸（站）		梁垛河闸（站）	
	水位/m	日　期	水位/m	日　期
1988	3.33	6 月 29 日	2.60	6 月 29 日
1989	2.71	9 月 17 日	3.00	9 月 17 日
1990	3.48	9 月 1 日	3.25	9 月 1 日
1991	3.66	8 月 8 日	3.68	7 月 11 日
1992	2.77	4 月 29 日	2.49	10 月 3 日
1993	3.93	8 月 6 日	4.29	8 月 6 日
1994	2.54	8 月 19 日	2.42	9 月 6 日
1995	2.43	8 月 31 日	2.44	8 月 31 日
1996	3.37	7 月 4 日	2.73	7 月 4 日
1997	2.64	7 月 20 日	2.60	7 月 20 日
1998	3.16	6 月 28 日	3.16	5 月 11 日
1999	2.64	10 月 15 日	2.64	10 月 18 日
2000	3.07	6 月 3 日	2.81	7 月 13 日
2001	2.66	1 月 26 日	2.67	1 月 26 日
2002	2.87	8 月 14 日	2.88	5 月 6 日
2003	2.80	6 月 30 日	2.93	7 月 5 日
2004	2.52	7 月 7 日	2.57	7 月 7 日
2005	2.97	8 月 11 日	3.07	8 月 11 日
2006	3.20	7 月 1 日	3.04	7 月 1 日
2007	3.19	7 月 9 日	3.01	7 月 4 日
2008	2.93	6 月 21 日	2.76	6 月 18 日
2009	3.47	8 月 11 日	3.31	8 月 11 日
2010	3.48	9 月 2 日	3.11	7 月 13 日

　　注　水位为年最高水位，为闸上水文站观测位；川水港闸 1988—1996 年水位值为东台河闸观测值。

（3）潮位。根据东台水文站东台河闸（1997年后为川水港闸）站、梁垛河闸站观测，1988—2010年时段内年最高潮位极大值5.16m，发生在2000年9月14日；最高潮位极小值4.03m，发生在1993年8月20日，见表2-6。

表2-6　　　　　　1998—2010年东台市东台河闸（站）、梁垛河闸（站）年最高潮位

年　份	潮位/m	时　间	年　份	潮位/m	时　间
1988	4.29	8月28日	2000	5.16	9月14日
1989	4.91	10月16日	2001	4.97	10月17日
1990	4.55	8月22日	2002	4.91	9月8日
1991	4.27	9月27日	2003	4.59	8月29日
1992	4.98	8月31日	2004	4.67	8月30日
1993	4.03	8月20日	2005	4.84	3月11日
1994	4.71	8月10日	2006	5.00	9月9日
1995	4.71	8月26日	2007	4.89	9月28日
1996	4.68	8月1日	2008	4.69	9月1日
1998	4.78	12月1日	2009	4.25	8月10日
1999	4.92	3月19日	2010	4.39	9月9日

注　1988—1996年为东台河闸潮位值，1997年因新建川水港闸，水文观测点移至梁垛河闸，期间中断观测，无年最高潮位观测数据，1998—2010年为梁垛河闸潮位值。

根据市水利（务）部门历年沿海各闸高潮位观测记录，东台河闸（川水港闸）历史最高潮位5.50m，历史最低潮位-0.05m（1960年2月23日）；梁垛河闸历史最高潮位5.86m。历史最低潮位-0.4m（1983年7月6日）；三仓河闸历史最高潮位6.50m；新港闸历史最高潮位7.37m。上述历史最高潮位均出现在：1981年9月1日14号台风发生时。方塘河闸历史最高潮位6.24m（1997年8月19日），历史最低潮位-0.2m（1993年3月6日）。平均高潮位：东台河闸2.53m，梁垛河闸2.98m，三仓河闸3.38m，方塘河闸3.48m，新港闸为3.55m。1988—2010年东台市沿海各闸年最高潮位观测统计见表2-7。

表2-7　　　　　　　　1988—2010年东台市沿海各闸年最高潮位观测统计

年　份	最　高　潮　位/m			
	川水港闸	梁垛河闸	梁垛河南闸	方塘河闸
1988	4.29	4.11	4.11	—
1989	4.91	4.41	4.41	—
1990	4.55	4.34	4.34	—
1991	4.27	4.22	4.22	—
1992	4.98	4.74	4.74	—
1993	4.03	4.60	4.60	6.15
1994	4.71	4.53	4.53	5.35

年　份	最　高　潮　位/m			
	川水港闸	梁垛河闸	梁垛河南闸	方塘河闸
1995	4.17	3.88	3.88	4.76
1996	4.68	4~22	4.22	5.13
1997	5.35	5.51	5.51	6.24
1998	4.07	4.78	4.78	5.00
1999	3.96	4.92	4.92	4.98
2000	4.89	5.16	5.16	5.66
2001	4.63	4.97	4.97	5.72
2002	4.52	4.91	4.91	5.41
2003	4.24	4.59	4.59	6.15
2004	4.29	4.67	4.67	5.51
2005	4.50	4.84	4.84	5.76
2006	4.67	5.00	5.00	5.93
2007	4.52	4.89	4.89	5.70
2008	4.18	4.69	4.69	5.10
2009	4.00	4.25	4.25	5.65
2010	4.01	4.39	4.39	5.60

注　川水港闸下 1988—1996 年潮位值为原东台河闸观测值。

2. 径流流量

（1）地表径流根据 1956—2010 年的水文资料统计分析，东台市多年平均径流深 316.6mm，径流系数 0.297，多年平均年径流量 79447.2 万 m^3，丰水年（$P=20\%$）、平水年（$P=50\%$）、枯水年（$P=75\%$）和特枯年（$P=95\%$）径流量分别为 116435.9 万 m^3、77086.1 万 m^3、42596.3 万 m^3 和 16048.3 万 m^3。最大径流量发生在 1991 年，年径流量达 235548 万 m^3（折合径流深 938.7mm）。最小径流量发生在 1978 年，年径流量为 8231 万 m^3（折合径流深为 932.8mm），两者相差甚大。由于降水的年内分配及年际变化有较大差异，导致径流的年内分配及多年变化不均，汛期（5—9 月）径流量约占全年的 90% 以上，其中 7 月占 34.1%，1 月和 12 月地表径流接近于零，见表 2-8。

表 2-8　　　　　　　东台市各分区（片）不同年型径流量

分区	多年平均		丰水年（$P=20\%$）		平水年（$P=50\%$）		枯水年（$P=75\%$）		特枯水年（$P=95\%$）		计算面积/km^2
	径流深/mm	径流量/万 m^3	径流深/mm	径流量/万 m^3	径流深/mm	径流量/万 m^3	径流深/mm	径流量/万 m^3	径流深/mm	径流量/万 m^3	
堤东	309.7	59660.2	453.7	87402.5	300.4	57864.5	166.0	31968.2	62.5	12043.1	1926.3
堤西	339.4	19787.0	498.0	29033.4	329.7	19211.5	182.3	10628.1	68.7	4005.2	583.0
全市	316.6	79447.2	464.0	116435.9	307.2	77086.0	169.8	42596.3	64.0	16048.3	2509.3

注　计算范围为 2010 年已经围垦的区域；未围垦区域无封闭周界，其区域面积和径流量未参与计算。

（2）地下径流。浅层地下水（潜水层）东台市常水位下的河水水位与地下水水位基本齐平，因此，农灌入渗与潜水蒸发、河渠渗漏与排泄、越补与越排基本处于互补平衡状态，故降水入渗补给量即可近似为地下水资源量。东台市多年平均浅层地下水资源量为37700.5万 m^3，见表2-9。

表2-9 东台市各分区（片）不同年型浅层地下水资源量

分区	多年平均 /万 m^3	丰水年（$P=20\%$） /万 m^3	平水年（$P=50\%$） /万 m^3	枯水年（$P=75\%$） /万 m^3	特枯水年（$P=95\%$） /万 m^3
堤东	30182.3	37991.9	29251.8	23412.3	16616.9
堤西	7518.2	9501.7	7329.1	5874.7	4179.7
全市	37700.5	47493.6	36580.9	29287.0	20796.6

注 堤东未围垦区域未计算。

深层（承压层）地下水资源量指东台市第Ⅱ、Ⅲ、Ⅳ、Ⅴ承压水的4个层位的可开采量之和，据《盐城市地下水资源调查评价报告（1997年）》和《江苏省地下水超采区划分报告（2005年）》，东台市深层地下水可开采量为2954万 m^3/a。

（3）流量和排水量。东台（泰）水文站从2003年开始监测泰东河流量。2003—2010年历年最大流量97.0 m^3/s，出现在2003年7月11日；历年最小流量105 m^3/s（长江排水发生倒流），出现在2006年7月1日；2004—2010年泰东河平均年排水量（过境）13.94亿 m^3，年最大排水量（过境）发生在2010年，为14.86亿 m^3。梁垛河闸1988—2010年年排水量最大值49810万 m^3，发生在1991年；最小值3266万 m^3，发生在2004年，年最大流量极大值839 m^3/s，发生在1993年8月6日；极小值91.3 m^3/s，发生在2004年8月30日；年最大流量年际之间极大与极小值相差747.7 m^3/s，见表2-10。

表2-10 1988—2010年东台市泰东河、梁垛河流量、排水量

泰 东 河				梁 垛 河		
年份	流量/（m^3/s）		排水量 /亿 m^3	年份	年最大流量 /（m^3/s）	排水量 /亿 m^3
	年最大流量	发生日期				
1988	—	—	—	1988	389	0.5880
1989	—	—	—	1989	597	1.6210
1990	—	—	—	1990	386	1.1210
1991	—	—	—	1991	531	4.9810
1992	—	—	—	1992	393	0.5941
1993	—	—	—	1993	839	2.1790
1994	—	—	—	1994	310	0.4938
1995	—	—	—	1995	256	0.4019
1996	—	—	—	1996	324	0.4255
1997	—	—	—	1997	185	0.4265
1998	—	—	—	1998	248	1.7360
1999	—	—	—	1999	183	1.1670

续表

泰 东 河			梁 垛 河		
年 份	流量/（m³/s）		排水量 /亿 m³	年 份	年最大流量 /（m³/s）	排水量 /亿 m³
	年最大流量	发生日期				
2000	—	—		2000	220	0.6989
2001	—	—		2001	158	0.4940
2002	—	—		2002	124	0.9277
2003	97.0	7 月 11 日		2003	146	1.3810
2004	82.4	7 月 8 日	14.54	2004	91.3	0.3266
2005	88.7	7 月 2 日	14.24	2005	97.2	0.4242
2006	87.4	8 月 15 日	14.44	2006	129	0.8531
2007	94.4	8 月 7 日	14.27	2007	144	0.9169
2008	82.8	7 月 22 日	13.54	2008	122	0.4505
2009	69.7	2 月 27 日	11.69	2009	189	1.1580
2010	87.0	7 月 14 日	14.86	2010	248	1.9610

注 泰东河负流量值未列入统计表，梁垛河流量、排水量为开闸排水期观测值。

2.1.2 水系水环境

东台市以古范公堤（老 204 国道）为界，形成堤东、堤西两大自然区，以流域区域类属，分为里下河水系、堤东灌区水系、川东港水系、沿海新垦区水系四大水系。既受长江灌溉之利，又得黄海资源之厚。

2.1.2.1 水系

（1）里下河水系。在东台的流域范围南起海安界，北抵车路河，西接姜堰、兴化两市，东以通榆河与堤东垦区分开，流域面积 583km²（含市区）该区为圩区，区内河网密布，有通榆河、泰东河 2 条流域性河道，串场河、车路河、南官河、梓辛河、蚌蜒河、安时河、先进河、十八里河等 10 条区域性河道，该区市通榆河和泰东河从泰州引江河、新通扬运河引水，排水由坪区内排涝泵站抽排汇入通榆河，向东、北经川东港、里下河四大港入海。里下河洪涝严重时，可由东台、安丰、富安 3 座泵站抽排至垦区东西向干河入海。

（2）堤东灌区水系。西起通榆河，北至东台河（潘堡河以西至东台河，潘堡河以东至大丰界），南抵海安县境，东达老一线海堤（20 世纪 80 年代建成），流域面积 1328.54km²。该区为独立排灌区，区内有东台河、梁垛河、三仓河、安弶河、方塘河、红星河 6 条东西向骨干河道。东西向骨干河道之间，由西向东配有输水河、头富河、潘堡河、东潘堡河和垦区干河等南北向骨干河道或大沟，南北向骨干河道或大沟之间配有东西向中沟作为干河的支流。2000 年后，堤东灌区水系规划范围的北界调整至何垛河（川东港），区域面积 1565.75km²。该区域灌溉水源由东台、安丰、富安 3 座抽水站从通榆河补给，排涝则主要依靠沿海的 4 座挡潮排涝闸排泄入海。其中，东台河至何垛河（川东港）之间的区域，因地势较低，灌溉时由东台河引水，排涝时则向何垛河（川东港）排泄入海。

（3）川东港水系。在东台的流域面积 326.46km²，区内有川东港—何垛河、丁溪河等区域性河道。该区以川东港—何垛河为界分为何垛河以北片和何垛河以南片。何垛河以北片为通榆河以东、何垛河以北、丁溪河以南地区，流域面积 89.25km²，与里下河同水位。何垛河以南片为通榆河以东、何垛河以南、东台河以北、潘堡河以西地区，流域面积 237.21km²，地面高于里下河、低于堤东灌区，为江苏省水利厅特批的高引低排区域，该区在北侧沿何垛河南岸建有封闭节制闸，南侧沿东台河北岸建有封闭节制闸，灌溉期里下河低水位难以引水则北侧闸封闭，南侧闸门开启，从东台河引堤东灌区高水灌溉，汛期遇洪涝则封闭东台河沿线节制闸，开启何垛河沿线节制闸向何垛河排水。2000 年后，川东港水系规划区范围的南界调整至何垛河（川东港），区域面积 89.25km²。该区域从通榆河引水灌溉，排涝由何垛河经川东港排泄入海。

（4）沿海新垦区水系。西起一线海堤，北至大丰区界，南抵海安县境，东达黄海，已围垦和规划围堆总面积 938km²，堤东骨干河道三仓河横贯东西该区为一线海堤以外的新围垦和规划待围垦区域，已围垦区域为多年来各自围垦形成，区内水系混乱，没有规范的挡洪、排涝、灌溉工程体系。

2.1.2.2 水环境

1. 水域

据东台县土地资源普查资料，1987 年全市水域面积 416.91km²，占土地总面积（不含海堤外面积）的 19.1%。1993 年，东台市土地管理部门土地利用现状调查统计，全市水域面积 446.54km²，占土地总面积的 20.36%，其中河流水面占水域总面积的 43.87%、坑塘水面占 10.47%、沟渠面积占 35.98%、水工建筑占地面积 5.3%、滩涂面积占 4.16%、苇地占 0.22%。堤西地区水面面积占全市的 40%，且水面开阔，水位稳定，水质较好，为富营养型水体，适宜于淡水鱼栖息、生长、繁殖，为发展水产养殖的理想水面。堤东地区河道多为服务农业的灌溉排水河道，河道调蓄能力差，水位变动大，不利于人工养殖。

根据《东台市水资源综合规划（2011—2030）》调查测算（现状基准年 2010 年），东台市水域面积为 255.21km²，占全市总面积（计算面积 2509.3km²，不含水系，不配套的滩涂面积）的 10.17%，中沟级以上河道总长 5027.6km，河网密度 2.0km/km²，见表 2-11。

表 2-11　　　　　　　　2010 年东台市水域面积率及河网密度

三级分区	分区（片）	面积/km²	河道总长/km	河网密度/(km/km²)	水域面积/km²	水域面积率/%
斗南区	堤东片	1606.8	3046.7	1.90	156.50	9.74
	滩涂片	319.5	348.5	1.09	16.00	5.01
里下河腹部区	堤西片	583.0	1632.4	2.80	82.71	14.19
全　市		2509.3	5027.6	2.00	255.21	10.17

注　水域面积为正常水位（堤东以 2.10m，堤西以 1.10m 计）的河渠水面的面积。

2. 水功能区

2003 年 3 月 18 日，江苏省政府批复实施省水利厅、环保厅编制的《江苏省地表水

（环境）功能区划报告》，全省河道至此实行水功能区划管理，东台市有 14 条河道被划设为 16 个地表水（环境）功能区，见表 2-12。其中堤西里下河坪区 7 条河道、7 个水功能区，堤东沿海垦区 7 条河道、9 个水功能区。水功能区包括调水保护区、过渡区、饮用水源保护区、渔业用水区、工业用水区、农业用水区。经过多年综合整治和分类管理，水功能区水质有所好转。2010 年的监测数据显示，泰东河饮用水水源区水质多为Ⅲ类。16 个水功能区水质多为Ⅲ～Ⅴ类，水功能区水质达标率从 2000 年的 40％左右上升为 60％左右。

表 2-12　　　　　　　　　　2003 年东台市地表水（环境）功能区划

序号	水功能区名称	河段名	起 始 位 置	长度/km	控 制 断 面
1	泰东河饮用水源、渔业用水区	泰东河	溱潼镇东—东台通榆河口	33.0	溱东大桥、时堰东大桥、东台镇出口
2	通榆河调水保护区	通榆河	海安边界—丁溪河	37.4	富安新灶桥、安丰通榆桥、三灶大桥、北海大桥
3	串场河农业用水区	串场河	海安边界—丁溪河	45.1	安丰大港桥、梁垛白云桥、东台镇工农桥、丁溪甘港桥
4	车路河渔业、农业用水区	车路河	兴化、东台界—东台入串场河	4.0	丁溪
5	蚌蜒河渔业、农业用水区	蚌蜒河	兴化、东台界—东台三角坪	12.5	廉广路蚌蜒河大桥、东台镇三角圩
6	安时河工业、农业用水区	安时河	泰东—串场河	22.3	时堰华久大桥、后港砖瓦厂、安丰南桥
7	何垛河市区过渡区	何垛河	串场河—通榆河	3.5	二女桥
8	丁溪河农业用水区	丁溪河	申场河—小坝河口	20.6	丁溪南桥
9	何垛河农业、工业用水区	何垛河	通榆河—潘撇河	26.6	台东大桥（川东闸）、海丰四新桥
10	东台河农业、工业用水区	东台河（上段）	东台抽水站—潘堡河	41.0	四灶八一桥、华丿大桥
11	东台河农业、工业用水区	东台河（下段）	潘堡河—川水港闸	16.1	盐坝大桥
12	梁垛河农业用水风	梁垛河	向东船闸—梁垛河闸	54.0	徐墩大桥、七一桥、梁垛河北闸
13	三仓河工业、农业用水区	三仓河（上段）	安丰抽水站—三仓镇	13.8	抽水站、南沈灶桥
14	三仓河工业、农业用水区	三仓河（下段）	三仓河闸—新农桥	28.7	三仓河闸、新农桥
15	安弶河工业、农业用水区	安弶可	通榆河—弶港镇	33.3	富东振兴桥、许河口、新街新新桥
16	方塘河农业用水区	方塘河	富安抽水站—方塘河闸	41.2	富安头富路桥、唐洋方塘桥、新街镇大桥

3. 水质

（1）地表水。据《东台县土壤志》，东部盐土区河水普遍含有盐分。河水盐分含量与河流经过区域的土壤脱盐程度及上下游位置关系密切。近海下游区河水盐分含量高，地处下游的新农公社境内三仓河水，7月盐分含量平均为2.38g/L，而地处中游的三仓公社境内三仓河水含盐平均为1.15g/L。盐分含量季节性差异明显，主要与降雨有关。4—5月雨量偏少、水位低、盐分含量高，6—7月雨量多、水位高、盐分含量减少（见表2-13）。盐分含量的垂直分布状况，表层低，底层高，随深度递增的趋势十分明显（见表2-14）。盐分类型以氯化物-硫酸盐/钾、钠型为主，其次是氯化物-重碳酸盐/钾、钠型和氯化物-硫酸盐-碳酸盐/钾、钠型。东部沿海地区河水存在碱化趋势，碳酸根含量达3.0～36.0mg/L，多数大于20mg/L。

表2-13　　　　　　　新农、三仓片河水含盐量变化（1983年）　　　　　　单位：g/L

河名	采样地点	采样日期												
		4月5日	4月15日	4月20日	4月30日	5月5日	5月25日	5月30日	6月20日	6月30日	7月7日	7月10日	7月15日	7月20日
三仓河	三仓大桥	1.50	1.12	2.10	0.75	0.50	1.14	1.25	0.32	0.67	0.90	1.23	1.65	0.83
	新农大桥	4.50	7.20	5.10	2.15	1.39	2.40	0.35	1.81	1.95	2.21	2.67	2.70	
南垦区河	新农新联大桥	—	7.20	5.10	2.15	1.39	2.40	0.35	1.81	1.95	2.21	2.67	2.70	
梁垛河	梁垛河桥	11.40	12.20	12.0	6.54	6.41	4.13	4.63	0.96	2.53	2.74	2.76	3.39	3.62

表2-14　　　　　　　堤东主要河流水化学性质（1983年6月22日）

取样地点	取样深度/m	阴离子/(mg/L)				阳离子/(mg/L)			矿化度/(g/L)	pH值
		CO_3^-	HCO_3^-	Cl^-	SO_4^{2-}	Ca^{2+}	Mg^{2+}	K^+，Na^+		
三仓河三仓桥	表层	3.0	238.0	142.5	35.6	44.1	24.3	113.5	0.60	8.4
	1	9.6	218.5	148.9	65.3	42.9	29.9	121.5	0.64	8.6
	2	4.8	228.2	148.9	48.0	44.1	27.7	115.5	0.62	8.4
三仓河新农桥	表层	30.0	187.9	687.9	127.3	50.1	59.6	468.3	1.61	8.8
	1	27.6	187.9	695.0	122.5	51.1	66.3	453.8	1.64	8.8
	2	26.4	201.0	1047.8	168.1	61.1	86.3	678.5	2.27	8.7
垦区干河种畜场西	表层	30.0	201.4	1870.5	218.5	67.1	138.0	1172.5	3.70	8.9
	1	36.0	225.8	2278.0	345.8	72.1	186.7	1435.0	4.58	8.9
	2	19.5	299.0	4583.2	708.4	120.2	346.6	2876.3	8.95	8.6
三仓河三仓闸	表层	30.0	213.6	2375.8	293.0	71.1	182.4	1476.3	4.64	8.9
	1	30.6	218.5	2588.5	355.4	80.2	199.4	1615.0	5.09	8.9
	2	17.4	272.1	4680.7	876.5	135.3	352.6	2988.5	9.32	8.8
三仓河新东河口	表层	31.2	228.8	3191.4	504.3	65.1	267.5	2001.0	6.29	8.9
	1	25.2	242.9	3794.0	576.4	140.3	249.3	2408.0	7.44	8.8
	2	16.8	275.8	4574.3	708.4	110.2	377.0	2808.3	8.87	8.8

续表

| 取样地点 | 取样深度 /m | 阴离子/(mg/L) | | | | 阳离子/(mg/L) | | | 矿化度 /(g/L) | pH 值 |
		CO_3^-	HCO_3^-	Cl^-	SO_4^{2-}	Ca^{2+}	Mg^{2+}	K^+，Na^+		
新东垦区 节制闸	表层	27.0	239.8	3457.4	708.4	95.2	313.1	2164.5	7.01	8.9
	1	34.2	217.8	3634.7	492.3	100.2	279.7	2236.5	6.10	8.9
	2	4.2	266.7	10691.2	1657.0	290.6	796.5	6512.8	20.22	8.7
梁垛河 海堤桥	表层	28.8	244.1	5389.9	852.5	150.3	395.2	3367.8	10.43	8.9
	1	27.6	245.3	5389.9	804.5	135.3	404.3	3342.3	10.35	8.9
	2	28.8	246.5	5425.4	864.5	150.3	422.6	3343.8	10.48	8.9

东台市城乡河网纵横交错，水源相对充裕，能够满足区内工农业生产和生态环境需求。但随着城镇化建设和初期工业经济社会的发展，工业污水不达标排放，农药、化肥、畜禽粪便、稻麦秸秆等面源污染，以及城镇生活污水、垃圾污染等问题日趋严重，城乡河道水体富营养化、水生杂草多、水质状况偏差。

根据 2003—2010 年对市域 14 条骨干河道 37 个断面的时段监测统计数据分析，主要超标因子为化学需氧量如（COD）、氨氮（$NH_3 - N$）、挥发酚。其时段内河道水质监测结果为：通榆河调水保护区现状水质为Ⅳ～Ⅴ类；泰东河饮用水源区水质多为Ⅲ～Ⅳ类，偶有化学需氧量、氨氮、铁、铬等超标现象；市区何垛河过渡区是贯穿东台市区的主要河道，是工业用水向清水通道通榆河调水的过渡区，污染较重，现状水质为Ⅴ类；车路河和蚌蜒河现状水质均为Ⅲ类；安时河、三仓河、安源河现状水质：安时河、三仓河下游段为Ⅳ类，其余均为Ⅴ类；串场河、何垛河（川东港）、东台河、梁垛河、方塘河、丁溪河现状水质除串场河、东台河下段、方塘河为Ⅴ类，其余水质在Ⅲ～Ⅳ类之间。全市地表水中无Ⅰ类、Ⅱ类水，多为Ⅲ～Ⅳ类水，部分河段为Ⅴ类水，属于轻度污染级，水生态环境待进一步改善。

2010 年起，东台市水务局委托江苏省沿海水利科学研究所对全市各水功能区 32 个断面开展水质监测，每季监测一次，定期发布水质简报。2010 年 12 月水功能区检测中，有 21 个监测断面水功能区水质达标，达标率 65.63%。其中调水保护区 100% 达标，饮用水源区达标率 100%，渔业用水区达标率 100%，农业用水区达标率 57.14%，过渡区不达标，工业用水区达标率 42.86%，见表 2-15。

表 2-15　　　　　　　　　　　2010 年东台市水功能区水质达标情况

水功能区名称		调水保护区	饮用水源区	过渡区	渔业用水区	工业用水区	农业用水区	总计
检测断面数量/个		4	3	1	3	7	14	32
各类别断面 数量/达标率 /%	Ⅰ类	0/0.0	0/0.0	0/0.0	0/0.0	0/0.0	0/0.0	0/0.0
	Ⅱ类	0/0.0	1/33.3	0/0.0	1/33.3	0/0.0	0/0.0	2/6.25
	Ⅲ类	4/100	2/66.7	0/0.0	2/66.7	1/14.29	4/28.57	13/40.63
	Ⅳ类	0/0.0	0/0.0	0/0.0	0/0.0	6/85.71	7/64.29	13/40.63
	Ⅴ类	0/0.0	0/0.0	1/100.0	0/0.0	0/0.0	3/21.43	4/12.50
	劣Ⅴ类	0/0.0	0/0.0	0/0.0	0/0.0	0/0.0	0/0.0	0/0.0
达标断面数量/百分比/%		4/100	3/100	0/0.0	3/100	3/42.86	8/57.14	21/65.63

（2）地下水。据东台市土壤普查资料，在汛期堤西地区地下水平均埋深 60～80cm，堤东地区地下水平均埋深 150～200cm，在旱季堤西地区地下水平均埋深 80cm 以下，堤东地区 200cm 以下。地下水矿化度及其化学性质分为三种类型：

1）矿化度 1g/L 左右，水型为重碳酸盐-硫酸盐/钾钠型，主要分布范围堤西七个公社及东台、梁垛、安丰、富安公社的西部。

2）矿化度 2～5g/L，水型为氯化物-重碳酸盐/钾钠型，主要分布范围为通榆公路以东，黄海公路以西，包括富东、唐洋、三仓、沈灶、头灶、四灶、城东及东台、梁垛、安丰、富安公社的东部。

3）矿化度大于 5g/L，水型为氯化物-硫酸盐/钾钠型，主要分布范围为黄海公路以东，包括新街、新垦、新农、弶港、曹丿、新曹、八里公社及沿海滩涂地区（表 2-16）。

表 2-16　　　　　　　　　　　不同地区地下水化学组成及类型

土壤类型	地点	阴离子/(mg/L)			阳离子/(mg/L)				矿化度/(g/L)	pH 值	水型
		CO_3^-	HCO_3^-	Cl^-	SO_4^{2-}	Ca^{2+}	Mg^{2+}	K^+，Na^+			
耕种土壤	时堰公社时东大队		527.8	113.5	302.6	116.2	60.6	184.3	1.3		
	沈灶公社永丰五队		878.7	375.9	109.7	103.4	58.6	443.0	1.9		
	国灶公社元兴四队		818.3	87.9	194.0	84.2	73.2	798.3	2.8		
	梁垛公社殷陈七队		615.1	1356.3	199.3	225.5	90.0	845.8	3.3		
	曹磴公社夏舍四队		686.5	3475.1	806.9	230.4	321.0	2203.8	7.7		
	八里公社红卫三队		557.1	28634	5235.3	1012	2650.9	16428.3	54.5		
	弶港农场二十四连		889.7	7225.0	1116.7	410.8	577.6	4344.5	14.6		
未垦高滩面	新东垦区一号坑	40.5	352.7	16737.1	2401.5	400.8	1161.3	10340.8	31.4	8.4	
	新东垦区二号坑	4.5	381.4	43438.5	5667.5	701.4	410.9	25847.5	79.5	8.4	
	新东垦区三号坑	30.5	338.7	41062.7	5451.4	701.4	3337.9	24213.8	75.1	8.6	
	新东垦区四号坑	39.0	369.2	37959.9	6051.8	721.4	3258.7	22496.3	70.9	8.4	
	新东垦区一号路南沟西	34.5	136.1	7216.1	1128.7	210.4	601.9	4259.5	13.6	8.6	

4. 河道环境治理

2000 年，东台启动实施城乡河道水环境综合整治。东台市每年安排县乡河道疏浚约 500 万 m³，先后疏浚东台河、三仓河、安源河、垦区干河、东潘堡河、潘堡河等市管骨干河道。

2001 年全市首次全面开展河道占用情况调查登记，调查河道占用户 1043 户，其中违章行为 43 户，入河排污 95 处；首次在全市开展河道水环境全方位整治：实施城南内河长青二中沟、海新二中沟、朝阳河等 6 条河道清污疏浚、清除垃圾，实施社道河等城市内河的驳岸，改变"垃圾河""污水河"状况；利用城市防洪闸进行城市内河换水导污，每两个月开闸换水一次；围绕"流变畅、水变清、岸变绿、无污染"目标，整治全市沿河有毒排污、违章建筑、乱倒垃圾、耕翻种植、越级排水等违章行为，全市出动船只 5000 条（次）、出动劳力 4 万多人（次），捞水草 80 多万 t。

2002 年，治市区 15 条河道，清理垃圾 8 万 t，拆除有影响建筑物 2500m³，建成市区何垛河 3.62km 绿化风光带，在泰东河、通榆河台南、范公、东进、北海等桥周边营造 4 个景点；查清城市沿河停泊船只 578 条，其中无人船只 80 条、沉船 30 条、收废品船 90 条、住家船 160 条、卖米船 18 条，依法强制清理久拖不清的船只 30 多条，清除网箭 6 处；启动城市河道环境长效管理工作，成立城市内河保洁队伍，每天沿河打捞漂浮物。

2003 年 5 月，市水务局制订《关于城市内河专项整治实施计划》，组织民力 100 多人，投入 20 多台套施工机械，对市区朝阳河、社道河、老坝河、夏家沟、海新一中沟等排涝、排污沟河进行土方疏浚和垃圾清除，共疏浚清污城市河道 5 条、3.5km、土方 11 万 m³，清除 15 条内河垃圾 2.9 万 t；强制拆除河道违章建筑 20 处、490m²，清除茅厕、砖堆、生活垃圾等 17 处，清除河道鱼罾鱼箭 16 处，河坡违章种植 91 处、4200m²。

2005 年冬春，围绕"清洁水源、清洁田园、清洁家园"，建设生态农业市目标，清除城乡河道水生杂草。翌年 3 月下旬，全市集中力量突击 15 天，清除水生杂草 2859.93hm²、80 多万 t，城乡 1466 条中沟以上河道实现"底清、面洁、岸净"，呈现多年少有的优美环境。

2006 年始，东台启动实施村庄河塘疏浚整治，全市共投入劳力 52.3 万人次，疏浚整治 553 条、410km 村庄河塘，共完成土方 326.78 万 m³，占计划的 133.16%；全市有 1966 条河道、3738km，706 个河塘 221.2hm²，全部按照"一畅二清三整齐"的要求，整治到位，共清除水草和漂浮物近 100 万 t，垃圾及河坡杂草 20 多万 t。同时，实施市区内河水位抬高工程，将市区何垛河以南，串场河以东，通榆河以西，泰东河与通榆河接线段以北的城区内河水位常年保持在 1.6m 左右，通过抬高水位，提高城市河道水体自净能力；编制《东台市水生态保护和修复试点规划》，开展城市内河水生态修复，投资 30 多万元在市区朝阳河、向阳河等城市内河布设生物浮床，实施水生态修复试点。

2009 年 12 月，市政府印发《关于全市农村河道长效管护的实施意见》，各镇区建立集河道保洁、垃圾清运、道路养护、绿化管护于一体的农村环境长效管护机制。全市共组建河道专业保洁队伍 271 支，保洁人数 1574 名。

2010 年，全市实施以清除水生杂草、河坡垃圾为主要内容的"清畅行动"，清除水生杂草面积 3034.1m²，河坡垃圾 24.5 万 t，坝埂 1409 处、12 万 m³。是年，在城区向阳河、朝阳河开展水生态修复工程，通过定期补水和生态修复，提高水体自净能力，改善城区水环境质量。

2000—2010 年，全市累计疏浚县级河道 52 条（段）、429.173km、1498.27 万 m³，乡级河道 425 条（段）、1427.265km、1952.22 万 m³，村庄河塘 1552 条（段）、1612.84km、1376.2 万 m³。平均每年清除有害水生杂草 50 多万 t、河面漂浮物 20 万 t 和

河坡垃圾 30 万 t。

2.1.3 植被演替

1. 自然植被

里下河地区河道纵横交错，沟河岸滨多水生植物和湿生植物群落，主要有芦苇、刚芦、蒲等挺水植物；浅水处有菱角、芡实、浮萍等浮叶植物。演替情况如下：湖水的不同深浅处，有各种藻类生长，露出水面的湖积母质上，着生苔藓类植物。浅水沼泽分布有莎草、蒲草、芦苇等。随着水面下降和地面增高，逐步过渡为芦苇群落。

洼地边沿开垦前芦涎分布范围较为广泛，在人为耕种利用后，自然植被已被人工植被（农作物）代替，只有在个别低洼荡处零星可见。湿生草类在沼泽的生态条件下生长势很强，分解过程相对微弱，加之母质黏重，通气不良等环境条件，土壤中有机质以腐殖质乃至泥炭的形式不断积累。腐殖质层（表层土）厚达 9～12cm，色黑、松软、自然肥力较高。开垦利用后，主要栽培植物有水稻、三麦、蚕豌豆以及慈姑、藕等。后来逐渐发展棉花和豆科绿肥作物。

堤东地区原有草田和大面积的湿地，长有芦苇、白茅草、青蒿、盐蒿、罗布麻、蒲公英、牛筋草（蟋蟀草）、狗尾草等植物。滨海滩涂的自然植被由不同耐盐程度的盐生植物组成，主要有藜科、禾本科、莎草科和菊科等。当滩涂逐步堆积高出水面之后，母质中可溶盐的含量较高，为不能生长植物的光滩地。随着雨水淋洗盐分逐步下降后，出现低等植物苔藓和藻类等，开始成土过程，接着耐盐性很强的盐蒿便生长发育起来。土壤盐分继续下降，依次出现大穗结缕草、獐毛草、白茅和芦苇。开垦利用后，主要栽培植物有棉花、甜菜、三麦、蚕豌豆、油菜、玉米、绿肥等。上述盐生植物的土壤盐分含量见表（表 2-17）。由于多年来不断围垦造田，加之水体污染、施用各类除草削，上述植物的数量已大大减少。

表 2-17　　　　　　　　堤东地区不同耐盐植物土壤盐分含量

植被类型	土壤全盐/%			植被类型	土壤全盐/%		
	最低	最高	平均		最低	最高	平均
光滩	0.75	2.19	1.53	獐毛草＋白茅	0.19	0.43	0.32
盐蒿	0.55	1.68	0.97	白茅	0.095	0.32	
盐蒿＋獐毛草	0.20	1.51	0.75	白茅＋芦苇	0.07	0.26	0.17
大穗结缕草＋獐毛草	0.13	0.63	0.34	棉花	0.10	0.32	0.17

2. 农田植被

1988 年全市土地总面积 23.08 万 hm²，其中耕地面积 10.83 万 hm²，农田植被占全市土地总面积的 98% 粮食作物夏熟（大麦、小麦、蚕豆、豌豆）76559.7hm²，占耕地面积的 70.60%；秋熟（稻、玉米、薯类、其他谷物）66066.4hm²，占耕地面积的 61%，经济作物（棉花、花生、油菜、芝麻、其他油料）83901.0hm²，占耕地面积 77%。2010年，全市土地总面积 31.76 万 hm²，实有耕地面积 11.05 万 hm²，粮食作物夏熟（麦子、蚕豆、豌豆等）54528.1hm²，占耕地总面积的 49.35%；秋熟（水稻、玉米、薯类、其他谷物）79730.2hm²，占耕地总面积的 72.16%，经济作物（棉花、油料、花生、油菜、芝麻、蔬菜、西瓜等）15.12 万 hm²，占耕地总面积的 136.84%（含复种面积）。2010 年，农田植被比 1988 年增加 58928.93hm²。

3. 林木植被

1988 年，全市实有林地面积 6766.7hm²，有果园 1596.07hm²、桑园 5941.3hm²、四旁植树 2300 万株。1995 年，全市实有林地面积增加到 8778.4hm²，其中果园 1475.1hm²、桑园 9818.9hm²、造林 536.5hm²。2000 年，全市实有林地面积有所下降，总面积为 6626.4hm²，有果园 1178.0hm²、桑园 5781.3hm²、造林 521.87hm²、四旁植树 1900 万株。2010 年，全市实有林地 10900.13hm²，绿化覆盖率 21%，农田林网绿化率 95.40%，道路绿化达标率 98%，集镇绿化率 32%，乡村绿化率 43.20%。

2.1.4 地质地貌

东台境内地势平坦，略有起伏。地面高程 1.5～5.5m，大部分地区为 2.6～4.6m，呈东高西低之势，东西部及沿海滩涂地貌特征略有差异。

1. 地形地貌

（1）里下河平原。该区位于市域范公堤（通榆公路或老 204 国道，下同）以西，土地总面积 583km²。地面高程 1.5～3.8m，其中 55.61% 的土地面积高程为 2.6～3.0m。全区东北稍高，西南低洼，从廉贻社区至时堰镇地面高程由 2.8m（少数 3.0m，称为次高地）逐渐降低到 1.5m，时堰镇以西的溱东镇，地面高程仅为 2.8～1.6m，为里下河三大洼地（溱潼、兴化、建湖）之一，习称"溱时锅底洼"。

（2）滨海平原。该区位于市域范公堤以东，一线海堤以西，土地总面积 1655km²，占全市土地总面积的 52.11% 地面高程 3.1～5.5m，其中 87.2% 的土地面积高程为 3.6～4.5m，比西部里下河平原洼地平均高出 1～1.5m。区内南高北低、东高西低，东南的新街镇地面高程达 5.0～5.5m（最高达 5.8m），中部的三仓镇地面高程为 4.0～4.5m。西北的海丰、台东北部地带高程为 3.0～3.5m。滨海平原有三大洼地：八里风洼高程为 3.8m；头灶镇境内小坝至陈港之间洼地高程为 3.0～3.5m；南沈灶镇境内天鹅荡洼地高程为 3.5m。

（3）沿海滩涂。该区位于市域一线海堤以东至黄海之间，包括已围垦和规划围垦的滩涂总面积 938km²，占全市总面积的 29.53%，陆地滩面高程 0～5m，呈南高北低之势，三仓河东延地段大体位于辐射沙洲中心，滩面高程略高于周边。南部方塘河闸下滩面高程 4.4m，闸下 2.5km 处滩面高程 3.2m。闸下 4km 处滩面高程 2.0m，闸下 6km 处滩面高程 1.2m。中部三仓河闸下东坝头处地面高程 5m，东坝头向东 3km 处地面高程 4.5m，东坝头向东 6km 处地面高程 4.0m。中北部梁垛河闸下滩面高程 3.5m，闸下向东 1.5km 处滩面高程 2.6m，闸下向东 2.5km 处滩面高程 1.7m。闸下向东 3.5km 处滩面高程 0.9m。北部川水港闸下滩面高程 3.1m，闸下向东 1.5km 处滩面高程 2.6m，闸下向东 2.5km 处滩面高程 2.0m，闸下向东 3.5km 处滩面高程 1.7m。

2. 地质

东台市大地构造单元属扬子准地台下扬子台坳，自震旦纪至志留纪为连续的浅海相沉积。泥盆纪至三叠纪的海西运动，振荡性下降沉积浅海相，海陆交互相的灰岩、砂岩、页岩等，并显示出多次沉积间断。侏罗白垩纪的燕山运动以后，构成凹陷沉积成陆，近地表15m以内沉积物多是新生代第四纪全新统产物（见图2-1）。沉积方式有陆相的河湖物和海相的堆积冲积物两种。

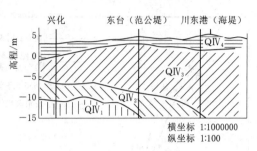

图 2-1 东台地质发育示意

QIV_1（下全新统）：7000～10000年，海相沉积，色黄灰乃至灰黑，粉砂质，含有大量云母碎片，来源于长江冲积物，层中饱和盐水。

QIV_2（中全新统）：3000～6000年，陆相沉积，色黑而黏紧，不易透水，层中饱和淡水。

QIV_3（上全新统）：50～3000年，范公堤以西陆相沉积，厚4～10m。堤东海相沉积，厚度增大，色灰黑或灰黄，以砂质或黏质为主，成层性显著。

QIV_4（第四系全新统）：数十年，范公堤以西为湖相沉积，厚2～4m，堤东为海相沉积。

（1）里下河古潟湖湖相沉积物。里下河地区原为一浅海湾，据资料考证，5600年前，海岸线在今金湖、仪征、邢江一带，以后由于长江、淮河两大河流三角洲推进，海湾退缩，同时受海潮涨落影响，先后冲积形成南北走向的西沙岗和东沙岗，由海湾演变成古潟湖。黄河夺淮后，大量泥沙向河床两侧漫溢，并在海口附近淤塞淮河入海通道，古潟湖又演变成湖荡沼泽地，经筑圩建堤，开拓垦植，逐渐形成河湖交错，水网密市的碟形洼地平原。东台市堤西地区即处于这个碟形洼地平原的东部边缘。现代沉积物受河流泥沙泛滥影响，无或微弱石灰反应，以江淮冲积为主，间杂黄淮冲积的沉积物，自然土壤为草甸沼泽土，耕种后发展为水稻土类，成土母质分为两个层段。

1）埋藏沼泽土层段：为古潟湖沼泽土成土母质层段。此层段又可进一步区分为两个层次：黏质黑土层次：厚10～25cm，系过去沼泽土表层。色褐黑至深黑，质地重壤至轻黏，坚硬，透水性差，根系难以扎穿透，为影响农业生产的障碍层次。此层埋藏越深，色越淡，黏性减轻，埋藏越浅，色越深，黏性增强。壤质浅色层次：厚度大于20cm，系过去沼泽土的潜育层。色青灰至浅黄，质地轻壤。目前埋藏越浅者，色青灰，仍为长期浸水的潜育层。埋藏越深者，色浅黄，并有锈斑点出现，已逐渐脱水，发育为淀积潜育层。

2）覆盖层段：为河流多次泛滥沉积和人类长期停泥堆叠而成，色棕灰至浅黑，质地中壤至重壤。此层厚度与河流位置关系密切，越近河流越厚；越远离河流越薄（见图2-2）。

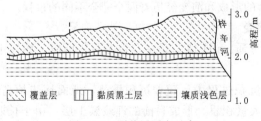

图 2-2 覆盖层厚度示意

（2）滨海海相堆积物。本区滨海平原为河流及海相堆积，作用而形成。据史料记载，成陆年代只数百年历史（图2-3），贯穿县境南北的通榆公路，即为范公堤旧址。唐肃宗大历中（756—761年）李永做淮南节度使判官时，由楚州（淮安）、阜宁至盐城修筑捍海堰，自此因良田得保，潮汐不得漫沥，故取名"常丰堰"，又名"丰堤"。唐至五代时期继李堤向南修筑至海陵境（如皋、东台附近）。后因久废不治，岁患海涛，冲毁良田，至宋仁宗天圣元年（1023 年），范仲淹监西溪（东台）盐仓时，沿李堤修筑范公堰，北起阜宁丰赐墩，南至南通县余西，长达 300km，至天圣五年（1027 年）建成。迄今矗立在西郊的海春轩塔，传为范公堰建成后的镇海之物和当时航海船舶归航标识。1855

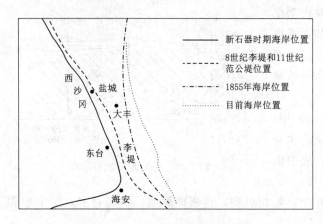

图 2-3 东台市海岸历史演变示意

年海岸线又东进到现在的四灶、沈灶、富东一线，距今 100 多年历史。此线向东至目前海岸位置，为近百年内的海相堆积物。境内最初沉积物主要来自长江与淮河，黄河南徙夺淮后，则受黄河影响较大，本区主要为江淮冲积海相堆积物，质地较均一，自然淋盐速度较快。自然土壤为滨海草甸盐土，垦殖后发展为潮盐土。成土母质可分为两种类型：

1）无石灰性湖相沉积物：零星分布于串场河东侧沿岸。一般埋深 2m 左右，经长期沼泽化过程，其上层有黑色土层，厚 10cm 左右，质地重壤至轻黏，下为淡黄色，轻壤质。此为里下河湖相沉积物的延伸部分，无石灰反应，土壤均已脱盐。

2）江淮冲积海积堆积物：本区绝大部分地区及无石灰性湖相沉积物之上的覆盖层段，均为江淮冲积海相堆积物，色浅灰至灰黄，质地砂壤至轻壤，因受海水浸渍作用，残留盐分。人类开垦利用后，自然淋盐速度加快，由东向西，逐步脱盐。局部低洼地区，仍受海浸残留物影响，地下水矿化度较高，氯、钠离子浓度较大，次生盐渍的威胁较严重，轻、中盐土插花分布。

2.2 土壤形成与演变

2.2.1 成土母质

土壤的形成与演变随成土物质来源、类型、性质，以及沉积方式、自然条件和社会生产活动的不同而异。东台市堤西和堤东地区土壤的形成和演变经历着两个完全不同的过程。

2.2.1.1 堤西里下河地区水稻土的形成和演变

本区域土壤发育于江淮冲积、湖相沉积母质，pH 值 7.5 左右，无石灰反应，质地中壤至轻黏。土壤形成和演变分为两个阶段。

（1）草甸沼泽土的形成和演变。在湖相沉积过程中，随着沉积堆叠，地面逐步抬高，湿生植被逐步发展，在嫌气条件下，腐殖质大量积累，形成目前的埋藏黑土层。由于长期处于沼泽环境中，土壤中三氧化物还原成二氧化物，形成有机—无机复合胶体，呈暗灰或灰蓝色，黑土层下为壤质浅色层。随着地面继续堆叠抬高，地下水位相对下降，草甸植被逐步代替沼泽植被，土壤的心土层开始出现有锈黄色的斑点和斑纹，沼泽地发展为草甸沼泽土。

（2）耕种水稻土的形成和演变。草甸沼泽土经开垦种植水稻后，逐步发展为耕种水稻土。这一过程是水耕熟化加强，水稻土的特点逐步明显。由一熟水稻冬泡到稻麦水旱两熟，土壤泡水时间从每年 10～12 个月减少到 4～5 个月，加上地面抬高，地下水位季节性变化明显，土体构型开始分化，土层内出现物质淋溶淀积现象，形成铁锰结核层次，由沼泽土逐步过渡为潜育型水稻土以至到潴育型水稻土。土种变化按草渣烘土—黑烘土—鸭屎土—腰黑缠脚土的方向发展和演变。低洼处黑土层的黑烘土和平田沼泽土开垦利用后通常发展为湖黑土（荒田土），土壤积水时间大大缩短，平均每年淹水不到 3 个月。通过土地整理的联圩并圩和水利工程的发展机电灌排，有效地控制内河水位，地下水位迅速下降，旱季，平田降至 0.8m 以下，低洼处也能降至 0.4m 以下，水气矛盾有改善，土壤有机质矿化率提高，土壤养分消耗大于积累，自然肥力有所下降。实行稻麦棉绿肥轮作后，各地通过增施猪粪肥、泥渣及秸草还田，培肥地力，出现人类定向培育土壤的新阶段。这一时期内的土壤大体按鸭屎土—缠脚土—红沙土方向发展演变。鸭屎土、缠脚土和母质中砂粒含量较多的小粉浆土，通过水旱轮作，增施有机肥料等，也可直接发育为红沙土（图 2-4）。

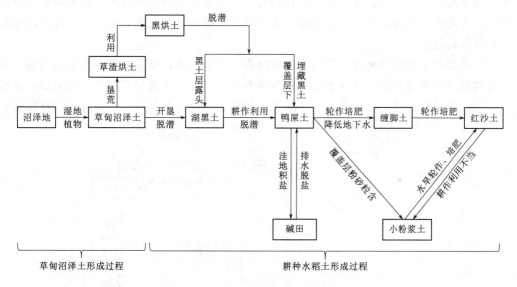

图 2-4　里下河水稻土发生演变图示

水稻土在潜育、脱潜到潴育的三个不同发育阶段中，由于土体中水气状态的不同，形成不同的土体构型和发生层次，土壤剖面中铁的分布也有差异。潴育型的红沙土土体通透条件好，表土层无定形铁较低，为 0.103%，晶质铁 2.167%，而潜育型的黑烘土通透条件差，表土层无定形铁高达 0.476%，晶质铁低，只有 0.746%，见图 2-5。

2.2.1.2　堤东沿海地区盐土的形成和演变

本区域盐土发育于江淮冲积滨海沉积的盐渍母质，石灰反应中至强，pH 值 8～3，粉砂粒含量较高，质地砂壤至轻壤，其形成和演变过程分为两个阶段。

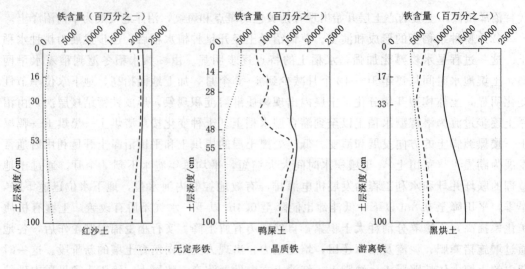

图 2-5 不同类型水稻土剖面铁分布

（1）滩涂盐渍。长江、淮河自上游挟带大量泥沙至下游滨海地区沉积形成海涂。由于长期受海水浸渍，土体中积累大量以氯化物为主的可溶性盐类。在逐渐出露成陆脱离海水浸渍后，受雨水自然淋洗作用，表层盐分含量下降，耐盐植被出现，由海涂、光滩地逐步演变形成草甸盐土。

（2）草甸盐土的脱盐熟化。随着围堤建闸阻拦海潮浸渍，继续自然淋洗脱盐过程，耐盐草甸植被逐步衍生发展，土壤表层有机质不断积累，进一步促进草甸植被的繁茂，加速土壤脱盐，表层盐分进一步降低，心土层盐分也明显下降。开垦后，一般先种耐盐植物如

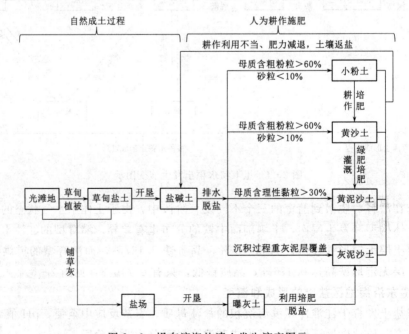

图 2-6 堤东滨海盐渍土发生演变图示

棉花、甜菜、大麦等，有水源的地方也种植部分水稻，逐渐形成耕种盐渍土。由于耕种和利用方法不同，熟化过程也有差异。

耕种盐渍土的初期利用方式有两种类型：一是玉米（间大豆）—麦轮作，为旱耕熟化过程；二是玉米或水稻—麦轮作，为旱耕、水耕熟化间断交替过程。

上述两种熟化过程均发育形成旱作土壤，母质中含有粗粉粒大于 60%，砂粒小于 10% 时，盐渍土则发展演变为小粉土属；母质中含有粗粉粒大于 60%，砂粒大于 10% 时，盐渍土则发展演变为黄沙土属；母质中含有物理性黏粒大于 30% 时，盐渍土则发展演变为黄泥沙土属；母质在沉积过程中有灰泥层（腐殖质层）覆盖时，盐渍土则发展演变为灰泥沙土属；少数盐渍土开始作为盐场利用，由于掺入大量草木灰，晒盐淋卤，盐场改为农田后，逐步成为曝灰土。由盐渍母质逐步发展演变起来的旱作土壤，实质为脱盐、培肥与盐渍相互矛盾与斗争的过程。旱作土壤如果耕作利用不当，便出现返盐（次生盐渍）现象，倒退为盐渍土（图 2-6），堤东区域旱作土壤的合理利用极为重要。

2.2.2 土壤分类和分布规律

2.2.2.1 土壤分类

根据《全国第二次土壤普查暂行技术规程》，东台市土壤分类采用土类、亚类、土属、土种和变种五级分类制。

1. 土壤分类的原则和依据

（1）土类和亚类。土类为高级分类单元，它是在一定的综合自然条件和人为因素作用下，经过一个主导的或几个相结合的成土过程，而产生独特的剖面形态及相应发生层段的一群土壤。亚类是在同一土类内的续分单元，主要反映同一土类成土过程中发育阶段的差异。

（2）土属。土属是具有承上启下意义的分类单元。它既是亚类的续分，又是土种共性的归纳。划分时以成土母质类型、属性及水文地质条件等地区性因素为依据。同一土属成土母质的组成、属性、发育特点基本一致。如潴育型水稻土亚类（A—P—W—B_g）可续分为红沙土土属（A—P—W_1—W_2—B_g），覆盖层段深厚，一般大于 80cm，质地中壤；缠脚土土属（A—P—W—D—B_g），覆盖层段一般小于 80cm，并有埋藏黑土层出现，质地中壤至重壤。

（3）土种。土种是土壤基层分类的基本单元，也是农民识别土壤类型的基本单位，具有鲜明的生产特性。同一土种具有类似的土体构型、剖面发育性状和肥力水平，土种之间只是发育程度上量的差异。如黄沙土土种（A—B—C），剖面上下质地均一，粗粉—粉砂壤质土，底黑黄沙土土种（A—B—D—C），D 层（埋藏黑土层）出现部位在 60cm 以下，腰黑黄沙土土种（A—B—D—C），D 层出现部位在 60cm 以上，质地中壤至重壤。由于 D 层出现部位不同，直接影响到土壤水、肥、盐的运行，划分为上述不同的三个土种。

（4）变种。变种是土种进一步续分的最低一级分类单元。主要根据耕层厚度、肥力现状在量上的差异进行划分，或根据土体构型中某些特殊土层层位和厚度的变化进行划分。如厚层黑烘土、厚层灰泥沙土、薄层黑烘土、薄层灰泥沙土等。

2. 土种划分的标准及命名

（1）土体深度标准。土体深度以 1m 为准，农作物根系活动范围一般多集中在

60~70cm 土层内，因此，以剖面 1m 深度范围的土体构型的变化为划分土种的主要依据，基本上可反映土壤的理化性状及肥力状况的差异。土种划分在一般情况下，以上部土层为主，下部土层为辅，即以 30cm 以上的质地、肥力特点为主要依据，30~60cm 的土层排列为次要依据，60cm 以下的土层组合为参考依据。如有某些特殊土层（如埋藏黑土层）或质地级差较大的土层（如细砂土）出现并参与土体构型时，对这些土层变化特点或由此而引起的其他特性的变化，亦作为划分土种的依据。堤东滨海盐土地区，1m 以下地下水矿化度，亦作为土种划分的依据之一。

（2）土体构型划分标准。划分土体构型时以发生层次和埋藏层次异同为准，如水稻土类，底黑缠脚土土种的土体构型为 $A—P—W_1—W_2—D—B_g$，沙底缠脚土土种的土体构型为 $A—P—W—D—B_g$，两者区别，前者比后者多 W2 层，而且 B_g 层前者为轻壤，粉砂质，后者砂壤，砂质。又如盐土类的黄沙土土种的土体构型为 $A_1—A_2—B—C$，底黑黄沙土土种的土体构型为 $A_1—A_2—B—D—C$，两者区别在于特殊土层 D 层有无参与构型，前者无 D 层出现，后者在 60cm 以下出现 D 层。

（3）土体构型中夹层和层位的划分。土体构型中常出现特殊的夹层，有轻壤至轻黏土的埋藏黑土层、粗粉砂质的砂质层以及石灰硬盘层。夹层层位的划分，夹层出现部位在 60cm 以上，称"浅位"（腰），出现部位在 60cm 以下称"深位"（底）。

（4）土体构型中发生层次的划分。

1）水稻土主要发生层次：

淹育层（A）：在长期种稻淹水的条件下逐步发育形成的耕层土壤，亦称耕作层。淹水期间除表层数毫米为氧化层外，均处于还原状态，土壤矿物质中的三氧化物被还原为二氧化物，土层青灰至灰蓝色；脱水落干后，二氧化物又氧化成三氧化物，沿根孔的土面出现锈色斑纹，肥沃的水稻土耕层出现"红沙"，这是有机胶体（有机质）与三氧化物（铁）的络合物（砖红色）所致。

犁底层（P）：紧接淹育层下，厚度数至十几厘米，犁底层是在水耕熟化过程中逐步形成的。淹育层（A）的物质在雨水和灌溉水的作用下受到淋溶，其中小于 0.001mm 胶粒下移时，堵塞犁底层中孔隙，加之长期受机具（犁底）机械压实作用，容重增大，土体逐步变硬，肥沃水稻土的犁底层厚度为 8~10cm，松紧适度，易于作物根系穿插和伸展，且有一定的渗水和保肥能力。

渗育层（W）：位于犁底层（P）以下，没有水分潴留，由淹育层（A）下渗的水分（包括可溶物质）经该层继续渗漏至潴育层。因此，该层土体发育为较明显的棱柱状结构，在结构面上，可以清晰地看到连续的灰色胶膜，结构体内部布满锈色斑纹，也称斑纹层。由原来潴育层脱水发育而成的称为脱潜层（W_g）。土体内有较明显的垂直裂隙，结构面上有连续的暗灰色胶膜，结构体内部锈色斑纹稀少，仍有灰色至灰蓝色的亚铁等物质存在。

淀积层（B）：承受淹育层下渗水溶液，但不受地下水或其他不透水层的顶托、阻留，水溶液在此层经过并出现淀积，有明显的铁锰淀积现象。既承受淹育层下渗水分和淋溶物质，并受地下水顶托潴留的称为潴育层（B_g）。水稻收割后，潴水水位下降落干，在滞潴和落干的交替作用下，出现明显的铁、锰等淀积。群众称为"铁土""铁沙""铁钉"，大小从几毫米到十几毫米不等，小的为粒状，大的呈核状。

潜育层（G）：经常在地下水的作用下发育而成。土体软烂无结构，呈蓝灰至灰白色，亚铁反应强烈。

特殊层次埋藏黑土层（D）：原沼泽土的表土层，承受河流泛滥和人为堆叠双重作用被覆盖埋藏，该层质地黏重，多为重壤至轻黏，少数中壤质，坚硬紧实，根系不易伸展穿插，深灰色或黑色，是生产上障碍层次之一。

2）盐土主要发生层次：

耕作层（A）：根据土壤有机质含量、紧实度、色泽和结构性等可分为耕层（A_1）和亚耕层（A_2）。

心土层（B）：耕作层以下土色变浅，在雨水和灌溉水的作用下，铁、锰等淋溶淀积，结构面有零星分布的锈色斑点和斑纹。

底土层（C）：沉积层次明显，群众俗称"卜页层"。随着成陆和利用历史的长短，脱盐熟化程度的不同，该层出现部位有高有低，耕作利用历史长，脱盐熟化程度高，该层出现部位则低，反之则高。

埋藏黑土层（D）：色黑，紧实，中壤至重壤质，厚度10～20cm，为古河汊或局部洼地淤积，经生草过程后被覆盖埋藏形成，有机质含量较高。

（5）土体构型类型的划分。东台市土壤基本土体构型，按发生层次大体可划分为两个大类，五个亚类（见图4-1）。其中水稻土分三个亚类：①潴育型（$A—P—W_1—W_2—Bg$），上部（80cm以上）中壤，下部（80cm以下）轻壤；②脱潜型（$A—P—W_g—G$），上部（60cm以上）重壤，下部（60cm以下）中壤至重壤；③潜育型（$A—P—G$），上部（40cm以上）重壤，下部（40cm以下）轻黏壤。盐土分潮盐土一个亚类（$A_1—A_2—B—C$），质地排列情况有三种：一是上部（60cm以上）轻壤，下部（60cm以下）砂壤；二是夹层（D）中壤至重壤，夹层以上轻壤，以下砂壤；三是质地均一，上下均为砂壤。

（6）土壤命名。土壤分类系统中各级分类单元的命名，土类和亚类按全国土壤分类名称命名。土属采用省、市两级有关分类名称，土种和变种，选用经过评比整理和提炼的群众名称，如堤西里下河地区水稻土由自然沼泽土向耕种沼泽土过渡中，一般要经过草渣烘土和黑烘土阶段，群众时常用"黑"字命名，如黑黏土、黑烘土等，选用黑烘土名称以示草渣逐步腐烂、分解，草渣烘土已进一步熟化，向水稻土方向发展，这反映了一定的发生学特点；在烘土逐步发展为水稻土的过程中，草渣被分解，有机质不断消耗，土体逐步沉实，土壤容重明显增大，但土壤结构性能仍然较差，干时坚硬，湿时泥泞，泡水时易分散，排水落干后犹如鸭屎一样呈灰白小块状或块粒状，群众将其命名为鸭屎土。随着农业生产的发展，目前鸭屎土已面目全非，耕层（A）的结构性能有所改善，脱潜层（W_g）逐步发育形成，但群众仍习惯称鸭屎土，故土种为鸭屎土，土属则按省、市商定命名为勤泥土属。群众还根据不同肥力状况和土壤质地命名，常冠以"缠""沙""浆"等以示土种间区别。如缠脚土缠犁黏脚、红沙土疏松酥软、淀浆土起浆板结等；堤东滨海盐土地区，经垦殖利用后，大部分土壤已脱盐，部分土壤尚有不同程度的盐渍化现象。群众命名时，对未脱盐者则冠以"盐"或"碱"以示区别，如盐土、盐碱土等。这次土壤普查，根据全国及省、市技术规范要求，1m土体盐分平均（加权平均值）含量大于0.4%者，命名为重盐土，0.2%～0.4%为中盐土，0.1%～0.2%为轻盐土。未垦荒地，盐分含量小于

0.1‰的为脱盐草甸土，大于 0.1‰的根据植被情况，分别命名为草滩、滩地、海涂。对盐分含量小于 0.1‰的脱盐耕作土壤，群众根据肥力状况的母质属性常以"灰""黄""粉"等进行区别命名。如灰泥沙土，有灰黑色沙泥覆盖，黄沙土耕层灰黄色，质地砂壤，小粉土黄白色，质地轻壤。根据沉积层理明显的底土层出现深浅，在名称前冠以"浅位""深位"以示区别，如浅位灰泥沙土、浅位黄沙土、浅位小粉土等。

3. 海涂土壤分类

根据全国土壤普查技术规程，东台市海涂土壤分类如下：土类为盐土，亚类为草甸盐土和滨海盐土，土属为砂壤草甸盐土和砂壤滨海盐土。

沿海滩涂土壤均为近期海相沉积物，根据沉积母质来源和海水动力条件的不同，形成不同性质的母质。东台沿海地区在南北两股潮流汇合处，由北而南的沿岸流带来的沉积物主要是旧黄河三角洲物质，质地偏黏，为粉砂壤性；由南而北的潮流带来长江河口的沉积物，质地偏砂，为砂壤性。同一母质来源由于受海水动力影响，潮间带位置不同，沉积物的质地也不同，离海岸远的低潮带质地偏砂，离海岸近的高潮带质地偏黏。

海涂土壤土种划分主要依据为 1m 土体盐分的含量，东台市海涂土壤成土年龄短暂，地处潮间带，还有不同程度的沉积淤高或冲淤多衰的过程，未发育形成一定的发生层次。在潮上带可以有雏形的 A、B、C 土体构型的发育，但层次分化很不明显，各层次也不具典型特征。在平均高潮位以下，全剖面均为具有沉积韵律的层理而无土壤发生过程形成的发生层次。因海水淹没和退出，土壤处于积盐和脱盐交替进行的过程，1m 土体含盐量随地面淤高，滩面外伸，潮浸频率降低，作有规律性的增减，盐土植被也随之有着规律性的演替。

因此，1m 土体平均盐分含量和相应的盐土植被是划分海涂土种的主要依据。根据海涂土壤 1m 土体盐分含量的不同划分为 6 个等级，1m 土体全盐平均含量在 0.1‰～0.2‰的海涂土壤称为轻度盐渍土，全盐含量在 0.2‰～0.4‰的称为中度盐渍土，全盐含量在 0.4‰～0.6‰的称为强度盐渍土，1m 土体全盐平均含量在 0.6‰～0.8‰的称为轻盐土，全盐在 0.8‰～1.0‰的称为中盐土，全盐大于 1.0‰的称为重盐土。

2.2.2.2 土壤分类系统

根据上述分类依据、标准，东台市海堤内耕作土壤划分为 2 个土类、4 个亚类、10 个土属、22 个土种（表 2-18）。海堤外滩涂土壤分为 1 个土类、2 个亚类、2 个土属、6 个土种（表 2-19）。

表 2-18　　　　　　　　　东台市耕作土壤分类系统（海堤内）

土类	亚类	土属	土种	代号	面积/亩	占比/%
水稻土	潴育型水稻土	红沙土	红沙土	1	33889	2.4
		缠脚土	底黑缠脚土	2_1	123022	8.3
			腰黑缠脚土	2_2	68403	4.6
			沙底缠脚土	2_3	768	0.1
		小粉浆土	小粉浆土	3	118718	8.1
	脱潴型水稻土	勤泥土	鸭屎土	4_1	38985	2.6
			湖黑土	4_2	28589	1.9
	潜育型水稻土	烘土	黑烘土	5	23225	1.6

续表

土类	亚类	土属	土种	代号	面积/亩	占比/%
盐土	湖盐土	灰泥沙土	灰泥沙土	6_1	93562	6.4
			浅位灰泥沙土	6_2	38064	2.6
			灰土	6_3	4630	0.3
		黄泥沙土	黄泥沙土	7_1	47250	3.2
			黄缠土	7_2	9128	0.6
		黄沙土	黄沙土	8_1	281632	19.1
			浅位黄沙土	8_2	11304	0.8
			底黑黄沙土	8_3	53583	3.6
			腰黑黄沙土	8_4	1776	0.1
		小粉土	小粉土	9_1	263423	17.9
			浅位小粉土	9_2	150331	10.2
		砂性湖盐土	砂性轻盐土	10_1	56830	3.8
			砂性中盐土	10_2	15115	1.0
			砂性重盐土	10_3	12014	0.8

表 2-19 东台市海涂土壤分类系统（海堤外）

土类	亚类	土属	土种	代号	面积/亩	占比/%	潮间带类型	植 被
盐土	草甸盐土	砂壤草甸盐土	轻度盐渍土	111	53415	18.7	年潮带	白茅、獐毛
			中度盐渍土	112	52995	18.6	年潮带	獐毛、白茅
			重度盐渍土	113	24915	8.8	年潮带	獐毛
	滨海盐土	砂壤滨海盐土	轻盐土	121	19245	6.8	月、年潮带	盐蒿、獐毛
			中盐土	122	52200	18.3	日潮带	稀疏盐蒿
			重盐土	123	82230	28.8	日潮带	光滩

2.2.2.3 土壤分布规律

东台市土壤分布受局部地形、水文条件等影响，微域分布规律比较明显。人类在生产活动中，尤其耕作方式的不同，熟化程度的差异性较大，使土体现状发生变化，分布也较为复杂。

1. 分布概况

（1）西部里下河低洼平原区域。西部里下河低洼平原区域包括溱东、时堰、先烈、台南、广山、五烈、廉贻 7 个公社的全部，富安、安丰、梁垛、东台公社和东台镇的一部分，第二次普查面积为 43.56 万亩，占全县普查面积的 29.5%。本区农业利用以水稻为主，实行稻麦棉绿肥轮作，分布有水稻土类。

由于区域内小地形微有内倾，地势高低和水文条件均发生相应变化，土壤分布状况亦有不同。在地形较高的北部和东北部，包括廉贻、五烈全部，广山、台南、梁垛公社和东台镇的一部分，地势高平，地面高程 2.7~3.1m，为洼地平原的边缘。主要分布土种有红沙土、底黑缠脚土、小粉浆土和鸭屎土（图 2-7），在地形较低的南部和西南部，包括溱东、时堰的全部和先烈、富安的一部分。地面高程 1.2～2.6m，里下河地区著名的"时溱洼地"就在该区。主要分布土种有黑烘土、湖黑土和沙底缠脚土（图 2-8）。局部垛田分布有底黑缠脚土和腰黑缠脚土，间于南北之间的中部地带，包括广山、台南、先烈、安丰的一部分，地面高程 2.5～28m，主要分布土种有底黑缠脚土、腰黑缠脚土、小粉浆土。

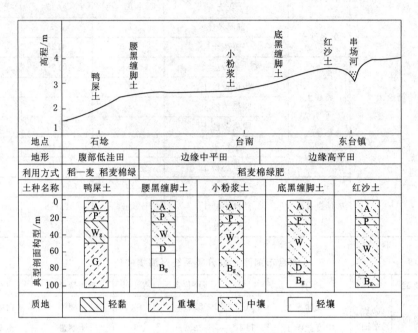

图 2-7　东台镇—台南—时堰土壤分布断面

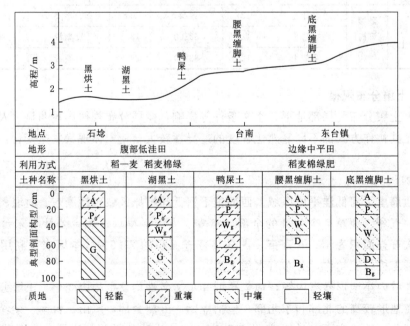

图 2-8　五烈—广山—时堰—溱东土壤分布断面

（2）东部滨海平原区域。东部滨海平原区域包括唐洋、新街、许河、三仓、新农、新曹、曹丿、头灶、四灶、沈灶、富东、城东、五七等公社和县原种场、林场及境内的新曹、弶港等国营农场，东台、梁垛、安丰公社和东台镇的一部分，普查面积为 103.86 万亩（不包括国营农场），占全县普查总面积的 70.5%。本区农业利用以棉旱粮为主，实行粮（旱粮）棉绿间套作种植，分布有盐土土类。由于成陆和开垦利用历史有早有迟，以及自然、人为淋盐脱盐差异很大，大体以南起唐洋，北至曹丿的黄海公路为界，路西分布有灰泥沙土、黄泥沙土、黄沙土、小粉土土属，路东分布有黄沙土、小粉土、砂性潮盐土土属。

2. 土种微域分布特点

全县堤西、堤东两地区土壤形成过程受微域地形、地下水以及农业利用方式等环境条件的影响，其微域分布特点如下：

（1）水稻土的微域分布规律。市内西部里下河地区土壤形成受自然河流和人为活动影响，一般沿河流两侧及村庄附近的连磅田、上匡田地势较高，地下水位较低，反之实心田、下匡田则地势低洼，地下水位较高，受区域内的微地形变化影响，形成部分局部高平田和圩区荡田。

1）与自然河流呈平行分布。河流沉积物，受水流分选沉积作用，由主流急流地段逐渐向河道两侧至远离河道的低平部位延伸时，流速逐渐减慢，沉积物的颗粒逐渐变细，土壤质地由中壤逐渐变为重壤至轻黏；沿河流两侧，泥肥施用量相应增多，覆盖层段较厚，地形部位较高，有利于土体淋溶和潴育过程的发展，多为本区域内的稻麦熟田。远离河流两侧，覆盖层段渐薄，土体淋溶作用趋弱，潴育层逐渐消失，代之以潜育层逐渐出现。土壤依次分布有红沙土、底黑缠脚土、腰黑缠脚土、鸭屎土。

2）与自然村庄呈同心圆分布。人们长期在村庄附近采用不同耕作方式，施用泥肥、秸秆还田、稻麦轮种、精耕细管，土壤多发育为红沙土或底黑缠脚土。受居住条件限制，土壤与自然村庄类似同心圆分布，向外依次分布腰黑缠脚土、鸭屎土和湖黑土等。

3）圩区荡田与地面高程呈垂直分布。圩区荡田地形低洼，地面高程小于 2m，地面水与地下水汇集，土壤沼泽化特征明显，开垦利用时多数为一熟沤田，其余仍为柴荡地。至 20 世纪 50 年代实行联圩并圩和"沤改旱"等措施后，一熟沤田改为稻麦两熟，湖荡地逐步被开垦利用，土壤沼泽化状况逐步改变。但地下水位依然很高，一般高于 40cm，土壤处于还原状态，土体软烂，呈灰白至蓝灰色，逐渐发育成潜育型水稻土。由于受地面高程及距圩远近的影响，土壤分布由高而低依次为鸭屎土、湖黑土和黑烘土。

（2）盐土的微域性分布规律。本区域成陆时间千年左右。据史料记载，以兴筑李堤（常丰堰）到范公堤筑成的时间，距今 800～1000 年的历史。由于成陆和开垦利用时间不同，区内土壤分布形成三个不同地段。

1）黄沙土和小粉土分布地段：范公堤以东至六灶—许河—唐洋一线范围内，地面高程 4m 左右，为黄河夺淮期间的泛滥沉积物，复受海潮涨落堆叠而成。在涨潮流速大于落潮流速的情况下，沉积迅速，而落潮时细粒部分随退潮流水带向外海，比较粗的物质则被停留下来，成土物质的颗粒较粗，为粗粉质砂壤至轻壤质地。经长期自然淋洗和人类耕作、施肥、灌溉等生产活动的影响，土体内钙离子明显下移，1m 土体内的盐分含量已下降到 0.1％以下，碳酸钙的含量为 2％～4％，并且由上而下含量增加，主要分布土种有黄沙土、底黑黄沙土、小粉土、腰黑黄沙土等（图 2-9）。

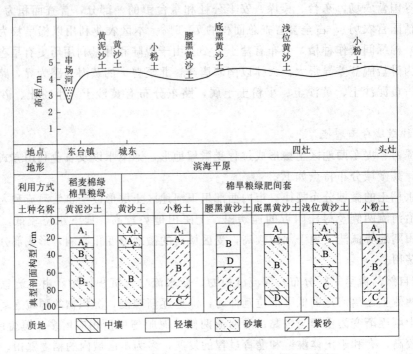

图 2-9　东台镇—城东—四灶—头灶土壤分布断面

2）灰泥沙土和小粉土分布地段：六灶—许河—唐洋一线以东至黄海公路之间，成土母质偏细，为轻壤质。地面高程 3.6～4.0m，低于东西两地段 40cm 左右，受潮流分选搬运作用，低处潮积并发生湿生草甸（以芦苇为主）阶段，分布有灰泥沙土，其上部位置则分布有小粉土和浅位小粉土等。开垦利用时间仅次于西部的黄沙土和小粉土地段，土体内盐分含量绝大部分已下降为 0.1％以下，局部为 0.1％～0.2％，轻盐土呈插花零星分布。碳酸钙含量为 4％～6％，土壤中钙的淋溶不及黄沙土明显（图 2-10）。

3）小粉土和黄沙土分布地段：黄海公路以东至老海堤内，为近代海相堆积物。大体以安（安丰）、弶（弶港）公路为界，以南受长江岸流影响，夹带大量砂性物质，母质以细砂为主，分布有黄沙土和腰黑黄沙土；以北受苏北岸流尾闾影响，夹带物以粉砂为主，分布有小粉土和浅位小粉土，本区脱离海水影响较迟，利用时间短，土体内仍有不同程度的盐渍现象。因南北质地和农田水利条件的差异，南部盐渍较轻，北部盐渍较重，自南向北分布有轻、中、重盐土。

3. 海涂土壤分布特点

(1) 东台河片（行船港—梁垛河）。东台河片，在年潮淹没带，地面高程 3.5～4.1m，滩面平整，为成片的茅草滩，土壤为粉砂性轻度盐渍化土壤。土壤含盐小于 0.2％，但也有盐渍化程度较高的带状洼地，地面高程小于 3.5m，植被为芦苇或芦苇、白茅混生。由于排水不畅，盐分聚积，土壤含盐大于 0.2％；在潮淹带的前缘有一相对高起（高出 0.5～0.6m）的垄状地形，植被为茅草中混生獐毛草及少量盐蒿，由于地处年潮淹没带前缘，不时受海水浸渍或侧渗作用，或高地易蒸发返盐的缘故，土壤含盐大于0.5%，为强度盐渍土；垄地以东，地面高程 2.5～2.8m，土壤含盐 0.8%～1.0%（图 2-11），全为光滩地。

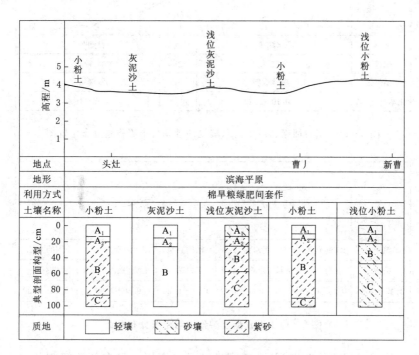

图 2-10 头灶—曹丿—新曹土壤分布断面

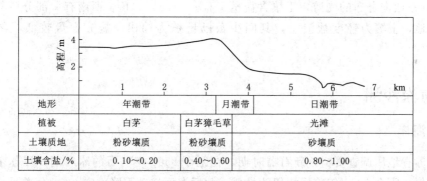

图 2-11 东台河北、四中沟东端堤外景观与土壤质地分布位置图

东台河以南到串龙港之间，属年潮淹没带，地面高程 4.0～4.2m，为纯茅草滩，土壤为粉砂壤性轻度盐渍土；离堤 4km 向东月潮淹没带内，地面坡度大，植被为盐蒿，在 2.0m 真高以下全为光滩地，如图 2-12 和图 2-13 所示。

（2）弶港片（梁垛河—盐场闸）。弶港片地势北高南低，近梁垛河地面高程最高 4.5m，弶港周围高程 3.5～3.8m，潮水沟大多为西北—东南向，沟槽游荡多变，沟谷宽阔，彼此连接，无纯茅草滩，沟间高地（4～4.5m），獐毛草与白茅混生，其余多为起伏的光滩或稀疏的盐蒿地，土壤全盐一般在 1% 左右。

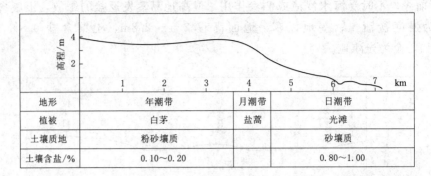

图 2-12 东台河南、八中沟东端堤外景观与土壤质地分布位置图

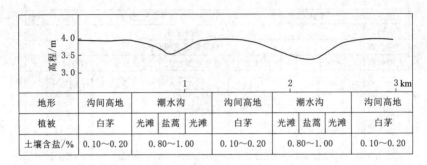

图 2-13 串龙港上游景观与土壤分布断面

（3）鱼舍片（三门闸—弶港闸）。王家槽已紧逼海堤，只有新港闸闸外出水港两侧有3～3.5km 东西向分布的光滩，土壤含盐量 1.0%～1.5%，鱼舍西南有一部分芦苇与茅草混生的洼地，土壤为轻度盐渍土，其间少数已垦植为棉田，盐分含量较低，含盐量为0.2%左右。

2.3 海涂沙洲

2.3.1 海岸

据江苏省地质调查资料，新石器时期，在距今 8500 年前后的冰后期，江苏东部发生大规模海侵，距今 7000 年前后海侵达最盛，此后海面波动下降，在 6000 年前后，进入近代全新世海退时期，东台海岸开始发育沙坝泻湖，岸线开始向东淤长。长江和淮河东流入海所夹带的泥沙，沉积成长江北岸沙咀（原县境南的青墩沙岗子，今属海安）和淮河南岸沙咀（原射阳湖畔的南缘），并不断向海延伸受季风的影响和海潮的壅阻，堆起南北向沙岗，成为江淮平原暨东台里下河圩区的古海岸线，史称西岗沙堤，岸线大体位性在西溪以西一线。

至距今 4000 年前后，海面又相对稳定，沿岸又发育一道新的古贝壳砂堤和长江河口两侧沙坝。黄河、长江入海泥沙与季风、海潮共同作用，江苏沿海开始形成一条东岗沙堤，构成新石器时代晚期的古海岸线。这条沙堤在 2000 年前露出海面。沙堤北起赣榆范口，经灌云下车、灌南城头、滨海潘冈、建湖上岗、盐城，向南经东台（含刘庄、白驹、草洲）、安丰、富安入海安境，成为滨海平原暨东台沿海这一时期海岸线的自然标志，形成唐代以前的海岸线，岸线呈凹形、西北东南走向唐大历二年（767年）修筑常丰堰，北宋天圣年间（1023—1031年）修筑范公堤，其堤身皆依东岗沙堤而筑，形成宋代的海岸线。

南宋建炎二年（1128年）和绍熙五年（1194年），黄河南迁夺淮入海，河道径流带来的大量泥沙淤积，东台海岸线由范公堤加快东移。明弘治七年（1494年）黄河全溜夺淮，入海泥沙骤增，海涂淤长、海岸东移加快。明万历八年（1580年），东台海岸线已移至范公堤以东15～20km的小海（现属大丰）、南沈灶、富东一线，形成明代中叶的海岸线。清初顺治十年（1653年），海岸线东移25～30km，至三仓、唐洋之间黄海公路一线，形成清初的海岸线。晚清道光初年（1821年），海岸线东移达40～50km。1855年黄河北徙后，泥沙来源骤减，但受海流的作用，长江泥沙向北推移，黄河三角洲被海浪侵蚀的泥沙南下沉积，射阳以南海岸线仍住缓慢向东淤长，东台弶港以东海域南北潮波汇合处，淤长速度快其他海域，每年向东淤长100m，新增土地666.67hm²。至光绪年间，其海岸线大体在大丰下明闸、东台河闸、三仓河闸、新港闸之间老海堤一线。民国时期，东台海岸线大致在老海堤外的蹲门、笆斗、弶港一线。

中华人民共和国成立后，东台沿海岸线在弶港以东一线淤长，至2010年，岸线已从范公堤一线东移60多km，海岸线北与大丰以"台丰线"为界，南与海安以"台安线"为界，全长85km。岸线一带先后组织修筑一、二线海堤工程，经认定的一线海堤走向为：北起大丰市海堤向南—川水港闸—笆斗海堤—梁垛河闸、梁垛河南闸—新东河海堤—东坝头（三仓河闸下游）—弶港军工堤—方塘河闸，及其以南一线海堤至海安县界。

2.3.2 沙洲

江苏中部近岸黄海浅海区辐射沙脊群的形成，主要是由于古长江、古黄河三角洲沉积物和两大三角洲之间的海湾环境，及水动力的辐合辐射共同作用的结果。由于黄海旋转波与东海前进波两股潮流在东台弶港外海相逢，促使泥沙堆积，发育一系列以弶港为中心的辐射状延伸的水下沙脊群。这个辐射沙脊群北至射阳河口，南抵启东蒿子港，南北长约200km，东西宽约90km，海区水深0～25m。辐射点向北东和南东方向分布有多条形状完整的大型水下沙脊，多数沙脊在近岸部分，低潮时露出成为沙洲沙脊的物质组成主要是细沙，沉积物自下而上逐渐变粗。沉积物构造由水平层理向上逐渐变为各种类型的交错层理，反映水动力作用逐渐增强，与粒度的变化是一致的。在众多沙洲中，有50多个沙洲面积达1km²以上。东台市所辖海域内共有1个海岛（即外磕脚，岛上建有领海基点界碑），21个沙洲。东台外海沙洲中，低潮高地面积较大的有东沙、条子泥、高泥、泡灰尖、竹根沙等5个沙洲。

（1）东沙。东沙又名东沙滩，为南北向长形沙滩，位于东台东北方向的海域。地理位置为北纬33°00′29″、东经121°10′31″，距陆地最近距离约为25.8km，该沙低潮高地面积约为466.9km²（东台所辖面积233.33km²），最大干出高度约为5.8m。

（2）条子泥。条子泥由几个长条形沙洲组成，位于东台中部以东的海域。地理位置为北纬 32°55′31.1″、东经 121°03′22.4″，距陆地最近距离约为 13.5km。该沙洲低潮高地面积约为 451.6km²（东台所辖面积 180km²），最大干出高度约为 4.1m。沙洲范围北起梁垛河口，南至川港口外，南北长约 40km，东西宽约 40km，是辐射沙脊群中最靠近陆岸的大型沙洲，长期以来处于淤积环境中，邻近岸滩不断淤高成陆，仅梁垛河闸至方塘河闸岸段，自 1977 年以后的 30 多年间共匡围高涂 1.8 万 hm²，一线海堤平均向海推进近 10km。据 2008 年完成的江苏近海海洋综合调查与评价专项（江苏 908 专项）调查成果，条子泥 0m 线以上面积约为 528.82km²。

（3）高泥。因潮水冲击，堆积成一块较高的沙泥，故名高泥。位于东台市东边的海域，地理位置为北纬 32°43′40″、东经 121°10′50″，距陆地最近距离约为 21.8km，低潮高地面积约为 264.4km²（东台所辖面积 247km²），最大干出高度约为 4.5m。

（4）泡灰脊。此沙洲土质较软，人走在上面像踏在泡灰上，又因地势较高，故名泡灰脊。该沙洲位于东台市东边的海域，地理位置为北纬 32°40′23.1″、东经 120°58′16″，距陆地最近的距离约为 3.2km，低潮高地面积约为 221.7km²，最大干出高度约为 6.0m。

（5）竹根沙。在东台习惯称沙脊内端为沙根子，竹根沙因其东北为毛竹沙和外毛竹沙，为表示其为二沙的内端，故名竹根沙。该沙位于东台市东部的海域，地理位置为北纬 32°51′10″、东经 121°19′01″，距陆地最近的距离约为 37.2km，低潮高地面积约为 75.9km²，最大干出高度约为 3.2m。

2010 年东台市海岛、低潮高地、暗沙见表 2-20。

表 2-20 　　　　　　　　　　2010 年东台市海岛、低潮高地、暗沙

序号	沙洲名称	地 理 位 置		距陆地最近距离 /km	低潮高地面积 /km²	最大干出高度 /m
		北 纬	东 经			
1	东沙	33°00′29″	121°10′31″	25.8	466.9	5.8
2	条子泥	32°55′31.1″	121°03′22.4″	13.5	451.6	4.1
3	高泥	32°43′40″	121°10′50″	21.8	267.4	4.5
4	泡灰脊	32°40′23.1″	120°58′16″	3.2	221.7	6.0
5	竹根沙	32°51′10″	121°19′07″	37.2	75.9	3.2
6	北条子泥	32°57′00″	121°21′00″	40.6	23.6	2.9
7	蒋家沙	32°56′01.6″	121°16′09.2″	32.8	300.02	2.4
8	铁板沙	32°54′00″	121°33′00″	56.6		0.1
9	新泥	32°46′8.3″	121°09′20.7″	21.9	18.8	5.4
10	新条泥	33°01′29″	121°05′14″	17.8		4.2
11	条北沙	32°59′05″	121°03′52″	15.2	24.0	2.4
12	腰门沙	32°54′54.8″	121°06′57″	18.0	3.5	5.5
13	江家坞	32°53′00″	121°10′00″	23.0		4.1
14	四船（土行）	32°47′04.1″	121°14′52.2″	30.2		5.7
15	枕头泥	32°52′00″	121°16′00″	32.6		5.2

序号	沙洲名称	地理位置		距陆地最近距离 /km	低潮高地面积 /km²	最大干出高度 /m
		北 纬	东 经			
16	漾水（土行）	32°58′19.9″	121°15′31″	31.6		1.9
17	沙蜥（土行）	32°55′04.2″	121°19′26″	37.8		3.9
18	高泥尖	32°56′13.7″	121°20′16″	38.9	1.0	2.8
19	元宝沙	32°56′34.4″	121°24′38″	46.1	8.3	1.3
20	三角沙	33°02′17.7″	121°22′56″	45.7	8.6	4.8
21	里磕脚	33°01′00″	121°32′00″	58.7	8.6	3.8

2.3.3 港槽

据《东台市水利志》（1998年版）记载，东台沿海由北向南，分别有川水港、大丫子港、死生港、王家槽、川港5个较大的港槽，其中王家槽为条子泥和蒋家沙之间的潮流主道，余为干道。东台曾分别在其港槽末端兴建东台河闸、梁垛河闸、梁垛河南闸、三仓河闸、新港闸排水出海，其中三仓河闸从当时的中心港出王家槽。由于弶港海岸潮汐动力复杂，潮盆系统动荡，潮沟活动频繁，岸滩与槽沟东渐，通过1975年和2005年高潮位时的遥感影像对比分析，30年间东台岸段海堤线暨岸滩槽沟平均向海推进3.9km，平均每年130m。1955年三仓河闸以北围垦后，中心港淤平，三仓河闸其后报废。1974—1977年，条鱼港形成并扩大，黄沙洋的潮流主轴从蒋家沙南侧川港移至条鱼港，将黄沙洋的大量潮水送向王家槽，川港逐渐淤积，其后新港闸报废。1980年后，死生港袭夺大丫子港，并与其并港，成为梁垛河南、北闸的出海港槽。1991年，东台在王家槽港末端兴建方塘河闸。1997年初弶港北侧三仓片垦区围垦后，王家槽港向岸摆动，继后开始稳定淤积，至2003年6月，该潮沟基本淤平，不再有潮沟发育，方塘河闸排水改由条鱼港出海。至2010年，东台沿海可利用建闸排水的主要港槽，即潮流干道为川水港、死生港、条鱼港。其中，川水港末端建有川水港闸，死生港末端建有梁垛河南、北闸，条鱼港末端建有方塘河闸。

（1）川水港闸闸下港槽。2010年（以下各港槽现状年份均同），川水港闸闸下港槽2.3km范围内基本沿闸纵轴线方向，2.3km外拐向东北方向。闸下1.8km范围内港底高程为1.0～1.25m，2.3km处港底高程为0.8m，4km处港底高程为0.5m。闸东北侧为蹲门农场海堤，南侧为高涂养殖海堤，闸下港槽两侧有部分当地群众自发匡围的小围堤，已匡围至闸下2.3km处，港槽两侧围堤最近处相距350m左右，其中港槽南侧闸下1.5km处部分小围堤距港槽口最近处仅20m左右，港槽两侧已基本无滩而归槽水。川水港闸排水经潮流于道川水港汇入潮流主道西洋。

（2）梁垛河南、北闸闸下港槽。梁垛河南、北闸闸下港槽在闸下0.7km处成正S形向北偏转，最北端距闸下港槽约1km，然后转向东南方向，在闸下3.5km处又转向东北。闸下港底高程：0～0.7km处从0.00m降至－0.69m，闸下2.6km处为－1.30m，闸下3km处为－1.86m，闸下3.4km处为－2.60m，闸下3.6km处为－3.50m。梁垛河南、北闸排水经潮流干道死生港汇入潮流主道西洋。

（3）方塘河闸闸下港槽。方塘河闸闸下港槽走向从闸下至 1.5km 处向东北偏移，从 1.5km 处拐向东南。闸下滩面高程为 4.5m，港底高程为－0.3m；闸下 1.5km 处滩面高程为 3.9m，港底高程为 0.3m；闸下 2.5km 处滩面高程为 3.1m，港底高程为－0.4m；闸下 4.5km 处滩面高程为 2.6m，港底高程为－1.4m；闸下 6.5km 处滩面高程为 2.1m，港底高程为－1.9m。方塘河闸排水经潮流干道条鱼港汇入潮流主道黄沙洋。

2.3.4 潮汐

太平洋潮波从东海传入黄海时，在江苏南部沿海保持长前进波的特性，在继续北上的过程中，因山东半岛南侧海岸反射等原因，形成逆时针的旋转潮波东台沿海受两个潮波系统的控制：以南黄海无潮点为中心的左旋潮波系统控制着北部海区，东海传入的前进潮波系统控制着南部海区，两股潮流在弶港岸外海域辐合，潮波辐合区由于潮波能量集中使振幅增大，分潮振幅达 1.5m 左右。这种潮波的分布态势决定本区近海及沿岸的潮汐状态。东台沿海多为半日潮，每日涨潮、落潮各两次，以弶港至小洋口为潮差最大区，平均潮差 3.90m 以上。以弶港为中心向北、向南潮差逐渐减小。每年 7—9 月潮差最大，12 月至翌年 2 月潮差最小。近岸及潮间带潮流因受沙滩和海岸的束窄作用，本区为强流区涨潮平均流速一般大于落潮平均流速，平均大潮流流速 109cm/s，最大可能流速 235cm/s。东台市沿海（梁垛河闸）高潮时刻见表 2－21。

表 2－21　　　　　　　　　东台市沿海（梁垛河闸）高潮时刻

农日历期	潮次	高潮时刻		农日历期	潮次	高潮时刻	
		日潮	夜潮			日潮	夜潮
初一	六	12：42	0：27	十六	六	12：23	
初二	七	13：27	1：02	十七	七	13：04	0：27
初三	八	13：51	1：33	十八	八	13：37	0：56
初四	九	14：10	1：58	十九	九	14：05	1：30
初五	下望	14：38	2：26	二十	下望	14：51	1：56
初六	下望1	15：07	2：54	廿一	下望1	14：58	2：46
初七	下望2	15：01	2：52	廿二	下望2	14：44	2：54
初八	下望3	15：50	3：40	廿三	下望3	16：01	3：36
初九	下望4	16：14	4：31	廿四	下望4	16：48	4：43
初十	起水	5：51	17：38	廿五	起水	6：00	18：52
十一	一	7：55	19：59	廿六	一	8：20	20：40
十二	二	9：39	21：43	廿七	二	10：33	22：30
十三	三	10：45	22：58	廿八	三	11：12	23：40
十四	四	11：31	23：30	廿九	四	11：51	23：59
十五	五	11：47	23：47	三十	五	12：58	0：42

注　1. 此表为梁垛河闸 2008 年（农历丙寅年）8 月实测资料。

2. 时刻为标准北京时。

3. 平均涨潮历时 3h。

2.3.5 滩涂

2.3.5.1 沿海滩涂发展

根据江苏省近海海洋综合调查与评价专项（江苏 908 专项）的调查，全省沿海滩涂总面积 750.25 万亩（5001.68km²），约占全国滩涂总面积的 1/4。其中潮间带滩涂面积 401.50 万亩（2676.69km²），辐射状沙脊群理论最低潮面以上面积 302.63 万亩（2017.52km²），潮上带滩涂面积 46.12 万亩（307.47km²）。

江苏省开发利用沿海滩涂的历史悠久源远流长。历史上较大规模的开发活动有 3 次：一是北宋范仲淹修筑的捍海堰，保护盐仓和大片农田不受海潮侵袭；二是清末由南通实业家张謇组织发起，在现在的黄海公路一侧围地 400 万亩，垦殖 120 万亩；三是中华人民共和国成立以来空前规模的围海造地开发，江苏人民在开垦利用老海堤内 53.33 多万 hm² 荒地的同时，新筑海堤 1216km，匡围 23.3 万 hm² 海涂，形成 160 多个垦区。从 11 世纪范公堤修建至今，江苏供垦殖已开发滩涂近 3000 万亩。中华人民共和国成立以来，江苏沿海滩涂开发活动使滩涂开发逐步由传统的单一的开发模式向科技的、多层次开发模式转化，此期间的滩涂资源开发利用又可分为 5 个阶段。

（1）1950—1980 年。中华人民共和国成立之初，滩涂开发的重点是开发海盐资源、发展盐业生产，重点对设施简陋的淮北盐场等进行改建、扩建。20 世纪 50 年代，先后围筑灌东、新滩、灌西、台南、徐圩、台北等盐场挡潮大堤；废黄河以南地区新围射阳、海安、如东、海门等盐场。60 年代，根据沿海地区经济建设和国防建设及社会治安的需要，匡围兴垦、琼港、环东、海丰、畜套等垦区。70 年代，围建掘东、环港、海防、斗龙、王家潭、新北坎、海丰、渔舍、王港、新东、滨海、响水三圩、黄海、灌云县盐场等垦区。从中华人民共和国成立初到 1980 年，全省新围滩涂达到 252 万亩。其中 10 万亩以上的垦区 7 个，5 万～10 万亩的垦区 7 个，2 万～5 万亩的垦区 17 个，1 万～2 万亩的垦区 20 个。

（2）1981—1995 年。全省匡围滩涂 58 万亩，除围建大喇叭、东凌、竹港、北凌等大型垦区外，还匡围一大批小型对虾养殖场。到"八五"期末，建成初具规模的粮棉、对虾、鳗鱼、淡水鱼、林果、畜牧、盐业、文蛤、紫菜和芦苇十大商品生产和出口创汇基地。已围潮上带达到 295 万亩，形成耕地近 60 万亩，林地 13 万亩，桑果园 4 万亩，淡水鱼水面 17 万亩，对虾养殖水面 17 万亩，盐田生产面积 110 万亩。堤外养殖紫菜 6 万亩，人工护养文蛤 80 万亩，植苇 20 万亩。此外，以垦区为依托的港口建设和垦区内能源、工业及旅游业都有相应的发展。

（3）"九五"期间。1995 年 9 月，江苏省提出建设"海上苏东"的发展战略，确定"九五"期间开发百万亩滩涂，建设新的粮棉基地。这项工程计划新围滩涂 54 万亩，开垦已围荒地 16 万亩，改造滩涂中低产田 30 万亩。项目建成后，新增粮食综合生产能力 5 亿 kg，新增耕地 50 万亩。到 1999 年 6 月全省已新围江海滩涂近 50 万亩（其中沿海滩涂 40 多万亩），围成凌洋、笆斗、三仓片、罩网尖、东川、海北、东沙港等一批垦区。

（4）"十五"期间。"十五"期间，江苏实施新一轮百万亩沿海滩涂开发，完成匡围潮上带 20 万亩、开垦和改造已围垦区 50 万亩、发展高涂和潮间带养殖 30 万亩的目标任务，为耕地占补平衡提供重要的土地后备资源保障。据统计，2005 年江苏省沿海滩涂的经济总量比 2001 年增加 90 亿元以上，初步建成海淡水、工厂化养殖和无公害农业、苗种繁育、饵料加工等六大基地。

（5）"十一五"期间。"十一五"期间，江苏省规划围垦 22 块，总面积 40 万亩，经过数年土壤脱盐后可形成耕地面积 28 万亩。建设初期可新增耕地 14 万亩（种植业面积 20 万亩）；发展水产养殖 14 万亩（养殖毛面积 20 万亩），用于置换老垦区养殖水面进行复垦；建设海堤防护林 236km，海堤防护林面积 3 万亩，新增农田防护林网 2 万亩。"十一五"进入一个以工业用地为主围垦开发的新阶段，沿海港口、能源、化工、物流、城镇、生态旅游等建设用地的围垦开发一个接一个实施。2006—2007 年，全省共实施围垦 20.47 万亩，已完成"十一五"围垦规划面积 40 万亩的 51%。

1951—2007 年江苏沿海地区累计匡围滩涂 203 个垦区，匡围滩涂总面积 403 万亩（其中包括大丰境内的上海海丰垦区 26.2 万亩）。其中 10 万亩以上的垦区 8 个，5 万～10 万亩的垦区 14 个，1 万～5 万亩的垦区 72 个，1 万亩以下的垦区 109 个（江苏省 908 专项办公室，2012 年）。

2.3.5.2　东台沿海滩涂发展

东台现有一线海堤外连陆滩涂 10.4 万 hm^2，其中潮间带 7.8 万 hm^2，潮上带 2.6 万 hm^2，占江苏谷滩涂面积的 22%、盐城市的 37%另有岸外沙洲 6.67 万 hm^2，是全省乃至全国最大的一块土地后备资源库。20 世纪 90 年代末起，随着长江、黄河流域水土保持治理力度加大，泥沙来源逐步减少，滩涂淤涨速度趋缓，沿海滩涂发育以每年近万亩的速度向黄海延伸。

东台滩涂开发利用大体经历以下阶段：20 世纪 50 年代起组织境内西民东迁，开发黄海公路以东荒滩；70 年代起，治理开发八里风洼，匡围开发渔舍垦区，至 1982 年累计围垦滩涂面积 3.58 万 hm^2；20 世纪 90 年代起，江苏省提出建设"海上苏东"、开发百万亩滩涂发展战略，东台掀起新一轮滩涂开发热潮。1988—2009 年先后实施笆斗片、川水港片、三仓闸北片、无名川片、东川片、蹲门外滩片、方南片、笆斗片东部、弶东片、仓东片等 10 次大规模的围垦，匡围面积达 1.93 万 hm。新建金东台农场、黄海原种场（南场）、三仓农场、新川农场、蹲门农场、东川农场、金川水产养殖场等一批滩涂开发企业。

1. 笆斗片围垦

1996 年春，东台市实施笆斗围垦工程，围始地域位于老海堤以东，东台河闸以南，梁垛河闸以北一带。当年 2 月 1 日启动笆斗匡围工程。提前完成 3 条出工道施工和机械施工填土区的围堰；安装 3 个供水点的管道，备足铺草、柴油、煤炭等后勤物资，完成乡镇工段划分、电力架设、通信设施准备。

3 月 1 日起，工程施工全面展开。3 月 4—12 日，实施截港围堰工程，完成 6 个港槽、3.3km 低滩堰堤施筑任务。

3 月 18 日，市笆斗片围垦工程开工。按照"筑海堤以人力为主，机械为辅，内部排水沟以机械为主，人力为辅"的施工方式，筑堤、挖河、筑路同步进行，改人力筑堤为中型机械筑堤压实，开挖 5 条排水沟，平田整地 133.33hm^2。整个工程机械施工土方 75 万 m^3，占土方的 1/3，提高工程效率和质量，并节约工程费用 500 多万元，节省人力 10 万多个工日。

3月14—16日降雨67mm，3月阴雨长达14.5天，降雨126mm，为东台60年未遇。

4月上旬，匡围工程全面竣工。匡围滩涂面积3333.33hm²，兴筑海堤12.3km，开挖海堤河9.7km，开挖疏浚引水河3.5km，开挖垦区排水沟5条，完成土方256万m³，铺设草皮62.5m²。

2. 条子泥围垦

根据《江苏沿海滩涂围垦开发利用规划纲要》（苏政办发〔2010〕109号），"2010—2020年，江苏沿海滩涂围垦总规模270万亩"，其中东台市沿海滩涂围垦100万亩，"九五"以来，东台市投资40多亿元，先后围垦笆斗、无川、三仓片、东川、弶东、方南等15片滩涂，面积30多万亩，形成笆斗垦区、三仓农场、无名川垦区、渔舍垦区等为核心的高效规模农业区，以及以弶港周边垦区为核心的海产品加工区。

2009年6月，江苏省里明确两个100万亩滩涂开发利用的概念，第一个是20世纪70年代以来围垦的60万亩，加上至2012年前即将围垦的条子泥40万亩。共100万亩；第二个是围垦条子泥40万亩加上高泥、东沙等区域，到2020年达100万亩。

2010年1月明确难度较大的条子泥、高泥、东沙100万亩滩涂匡围工程以省为主实施，探讨研究省级围垦综合开发试验区建设，近期先实施条子泥匡围工程。

2011年12月8日，条子泥匡围一期工程前期工作圆满完成，举行工程开工奠基仪式，标志着江苏沿海开发重大工程——百万亩滩涂围垦正式拉开大幕，也标志着江苏创建"国家级滩涂综合开发试验区"全面启动。

2012年2月10日，条子泥垦区一期围垦工程开工，6月28日完成围堰挡潮目标，实现条南3.33万亩围区封闭，10月下旬实现死生港的闭合，11月18日一期匡围工程中的条北围区正式开工。

2013年1月29日实现东堤一号、二号、三号龙口及3号隔堤龙口合龙，完成条北片南侧3.6万亩围区封闭。4月4日实现条北北片围区4号隔堤双龙口合龙，7月2日完成北堤东延段龙口合龙，实现一期10.12万亩全线闭合。7月26日完成全部围堤土方工程，9月12日海堤外坡防护工程全部完成，10月底主体工程全线基本完工。

2014年4月初通过竣工验收，2014年年底条子泥垦区（一期）内配工程正式启动，区域整体水系布局已全部到位，条南片区、条北淡水养殖一区、条北海水养殖区已经开展养殖生产。

条子泥沙洲位于江苏东台市沿海的近岸辐射沙洲，地处辐射沙洲内缘区，长期以来一直处于淤积环境，岸滩不断淤高成陆，淤涨速率属于江苏省沿海较快的岸段之一，滩涂围垦开发基础较好。江苏条子泥垦区（一期）围垦工程位于条子泥沙洲的近岸高滩，北起梁垛河口外，南至方塘河闸下港道，西界为己围垦区的围堤线，东至西大港西侧港汊。条子泥垦区（一期）设计围垦总面积为6095.62hm²，工程实施过程中根据现场情况，在条南片区外侧堤线向陆后退600~700m，实际完成匡围总面积5808.5hm²；新匡围海堤27.161km（包含北海堤、南海堤、东堤），中隔堤3.293km，条北边滩区隔堤10.762km。施工过程中共计合龙22次，建成引、排水闸4座，完成筑堤土方1050万m³，防护用混凝土30万m³，铺设排体212万m²，完成抛石13万m³，碎石垫层15万m³，铺设砂石道路10万m²，水稳道路 12 万 m², 草皮铺设 45 万 m², 完成工程直接投资 6.9 亿元。

2.3.5.3　东台土地及滩涂变化

据东台市国土资源局 2005 年度土地利用现状变更调查统计可知, 2005 年东台市区域总面积 3220.68km², 耕地面积 12.94 万 hm², 人均耕地 0.104hm²。海岸线长 85km, 沿海滩涂 10.4 万 hm²。围垦开发滩涂土地 4000hm²。东沙岛 8.18 万 hm², 其中中潮滩以上面积 2.21 万 hm² 左右, 是东台市最具有发展潜力的土地后备资源。

海岸线全长 85km, 连陆滩涂 10.4 万 hm², 其中潮上带 2.6 万 hm², 潮间带 7.8 万 hm², 还有东沙、蒋家沙、毛竹沙等岸外辐射沙洲 6.7 万 hm², 滩涂面积占江苏省的 22%。连陆滩涂以每年 150m 左右的速度向外延伸, 年新增土地 600 多 hm², 沿海有亚洲最大淤泥湿地和世界罕见的辐射沙脊群, 落潮时露出水面超过 1km² 的沙岛达 50 多个, 近海的 "两分水" 奇观在国内外具有重要影响。

据 2018 年东台年鉴, 2017 年东台市区域总面积 3175.7km², 耕地面积 13.41 万 hm², 年内增加 656.93hm² (净增加 111.15hm²), 人均耕地 0.12hm²。境内市域东侧海岸线长 85.4km, 沿海滩涂 (含高泥、蒋家沙、竹根沙、烂沙及东沙等辐射沙洲) 5.62 万 hm²。海岸线、连陆滩涂和沙洲面积较 2005 年无变化。

据 2020 年东台年鉴, 2019 年东台市区域总面积 3175.7km², 耕地面积 13.69 万 hm², 年内增加 1856.40hm² (净增加 1533.09hm²), 人均耕地 0.1247hm²。境内市域东侧海岸线长 85.4km, 沿海滩涂 (含高泥、蒋家沙、竹根沙、烂沙及东沙等辐射沙洲) 5.62 万 hm²。海岸线、连陆滩涂和沙洲面积较 2005 年无变化。

第3章 沿海水利发展

东台市隶属淮河下游水系。通榆河贯穿南北,将东台市分为堤西、堤东两大水系,堤西为里下河圩区,堤东为垦区。市内沟河纵横分布,构成水脉相通的水网系统,承纳上游来水、输送当地径流入海。全市有中沟级（含中沟）以上河道 2799 条,其中县级以上河道 36 条、城市河道 70 条、镇级河道 762 条、村级河道 1931 条;其他县（市）级河道 35 条。全市县级以上 59 条骨干河道中列入《江苏省骨干河道名录》的 25 条,包括:通榆河、泰东河 2 条流域性骨干河道,车路河、姜溱河、丁溪河 3 条区域性骨干河道,梓辛河、幸福河、蚌蜒河、海溱河、串场河、何垛河、丁堡河、西潘堡河、东潘堡河、红星河、北凌河等 11 条重要跨县河道,先进河、安时河、东台河、梁垛河、三仓河、安弥河、方塘河、头富河、南官河 9 重要县域河道。全市水资源丰沛,多年平均降水量 1554.6mm,多年水资源总量均值 118573.3 万 m^3,其中地表水资源量 80872.8 万 m^3、浅层地下水资源量为 37700.5 万 m^3。多年平均地表水资源可利用量 4.13 亿 m^3,多年平均深层地下水可利用量 0.14 亿 m^3。泰东河作为东台市唯一饮用水源地,正常保持Ⅲ类水质。市域浅层地下水水质较好,储量丰富,是优质的淡水资源。2019 年度地下水用水量控制指标 642 万 m^3,实际取水 480 万 m^3。

3.1 治水方略

东台地处淮河下游,东临黄海,历来以筑堤御潮、围滩造田、开发土地资源为立足之本。自宋代范仲淹筑捍海堰"遮护民田,屏蔽盐灶",至当代筑新海堤"废灶兴垦,开荒植棉",都是把挡潮作为治水的首要任务,进而解决洪涝危害,发展灌溉事业和综合治理,为社会经济发展提供基础支撑。

境内治洪与治淮、治运密切相关;堤西排涝与里下河地区是一盘棋;堤东排涝、引淡则相对独立,便于自主解决。自明清以来,曾有多种治水方略问世,也兴建不少水利工程,对抗御自然灾害发挥了一定的作用。但旧社会由于统治阶级利益的局限,同时受科学技术落后的制约,治水收效甚微。中华人民共和国成立后,1950 年 10 月 14 日中央人民政府政务院发布《关于治理淮河的决定》,接着制订《淮河流域规划》《里下河地区水利规划》《堤东地区排涝治渍规划》等系列文件,从除害兴利,根治水患,维护人民的根本利益出发,在吸取前人经验教训的基础上,充分运用现代科学技术,对治理洪水、涝水及引用水源提出较为理想的治水方略,并付诸实施,初步形成防洪、挡潮、排涝、灌溉、降渍等工程系统,生产条件显著改善,抗灾能力逐步增强,产生巨大的经济效益、社会效益和生态效益。

3.1.1 治洪

境内洪水之源头来自淮河。从南宋绍熙五年（1194年）黄河夺淮后，随着时间的推移，洪水愈演愈烈。至明弘治八年（1495年），黄河水全部南流入淮，清口（今淮阴）以下黄（河）淮（河）合流，宣泄不畅，壅淤洪泽湖，危及高家堰。淮河洪水，滔滔东下，高宝漕堤，荡为湖海。为保住运河漕运，清康熙十八年至二十年（1679—1681年），在里运河东堤建设归海坝8座，后改建为5座，至清咸丰三年（1853年）减为3座，排洪流量4000～5000m³/s，分排淮河洪水入海。从此归海坝过水时，里下河地区一片汪洋，名为溢洪，实则洪水泛滥。《冬生草堂诗录·避水词》写道："一夜飞符开五坝，朝来屋上已牵船，田舍飘沉已可哀，中流往往见残骸。"为治理洪水，明清以来，有识之士提出多种方略。

3.1.1.1 束水归海

清康熙二十三年（1684年），河道总督靳辅提出在归海坝下游筑堤束水直接排入黄海。具体措施是从高邮城南（归海坝有7座在高邮以南）的车逻镇起，筑大横堤一道直抵高邮；再自高邮城东起筑大堤两道，历兴化白驹场至海口，用一河两堤的长河，以一丈六尺（5.33m）束一丈（3.33m）之水，高于海潮五尺（1.67m），使各闸坝泄下之水，汇归一处直达大海。钦差于成龙、大臣伊桑阿则认为下河宜开，重堤不宜筑，主张"杜患于流"，挑海口，疏河渠，洪涝混流，从里下河洼地及河道排水入海。淮扬两属京官，以侍御乔莱为首计11人，极力反对束水归海。其理由有四：一是工程占用土地面积大；二是土质不好，筑堤难以坚实；三是堤高水深，汛期保堤困难；四是长河南大片地区内涝排水受阻，不得畅流入海。双方争论激烈。清廷采用花银较少的于成龙方案。清康熙三十九年（1700年），张鹏翮任河道总督，继承于成龙"将泄水减坝改为滚水石坝，水涨听其自漫而保堤，水小听其涵蓄而济运，则运道民生两有裨益"的思想，更专意于疏浚下河，导水入海。因海口高仰，故疏浚之后，排水作用不大。

清道光年间，东台冯道立（贡生）亦赞同"束水归海"主张，在其所著《淮扬治水论》一书中，对运河东堤归海五坝的泄洪出路，提出上中下三策：上策是"永闭漕堤，导洪水别寻去路"；中策是"民田尽成田岸"；下策是"筑堤束水归海"。道光十五年（1835年），冯道立曾将《淮扬治水论》送给分运朱沆和太守朱箸，太守"以资斧不足辞"，意即鉴于资金不足未予采纳。

民国10年（1921年）大水后，张謇在《敬告导淮会议与会诸君意见书》中提出："循高邮之三坝与宝应之泾河起点，将原有泄水入海之河裁弯取直，两岸距河200公尺处筑以夹堤，输送淮水出射阳或斗龙、王家港，实属费省而功倍。"后因时局不定，未能实施。民国20年（1931年）大水后，运河工程局科长孙寿培制订《高邮归海三坝引河排洪入海计划草案》，主张"利用归海坝下原有各引河，并流入南澄子河，蚌蜒河至东台穿范公堤，沿何垛河至行船港附近归海"，均议而未行。

3.1.1.2 江海分疏

我国近代实业家张謇（1853—1926年），民国初期曾任农商总长兼全国水利总局总裁。他对水利事业十分重视，根据洪泽湖以下的淮河形势，提出治淮方略，在其所作《导淮计划宣告书》及《治淮规划概要》中提出"淮水三分入江、七分入海，淮、沂、泗分治"的原则。到 1919 年对其倡议的"江海分疏"主张有了发展和提高，认为治水不外入江、入海或江海分疏三个方案，全部入海工程量太大，难以成立，如遇江淮并涨，仍然要泛滥成灾，还是以"江海分疏"为宜。如何分疏？张謇根据民国 5 年（1916 年）淮河及皖北各河入洪泽湖最大流量为 12500m³/s，拟以最大流量的 56%，即 7000m³/s 由三河，经高邮、邵伯从归江各坝入江；24% 即 3000m³/s 由张福河、废黄河入海；其余 20% 留存洪泽湖中。把原计划的三分入江、七分入海，改为七分入江、三分入海。入江路线，由三河经高宝湖、归江各坝至三江营及瓜洲入江；入海路线，由张福河循旧黄河至涟水，从涟水甸湖开新槽，甸湖以下仍循旧黄河入海。上述各种筹划，对根治淮河下游重灾区的里下河来说是一大福音。由于当时政治腐败，致许多好的主张未能付诸实施。

民国 18 年（1929 年），国民政府设立导淮委员会，亦以江海分疏为原则，对淮河作了治理计划，到 1937 年抗日战争暴发为止，建一些工程，但效益很小。

3.1.1.3 蓄泄兼筹

为安定社会，医治战争创伤，恢复发展生产，党中央 1950 年作出治理淮河的重大决策，开始对淮河有计划、有步骤的系统治理，并建立治淮委员会主持其事。

毛主席、周总理等党和国家领导人十分重视和关心治淮工作。毛主席及时发出"一定要把淮河修好"的号召和关于几省共保、团结治水的重要指示，鼓舞全流域人民的斗志。周总理亲自主持作出《关于治理淮河的决定》，明确"蓄泄兼筹以达根治之目的"的方针，提出"上游以拦蓄洪水发展水利为长远目标，中游蓄泄并重，下游以泄为主"的原则。

中共苏北区党委、苏北行署根据"蓄泄兼筹"的治理方针，决定首先加固洪泽湖大堤，兴建控制性工程，充分发挥洪泽湖调控作用；其次扩大入江入海水道，给上中游提供排洪出路。

在淮河下游地区，先后兴办一批治洪骨干工程，收到巨大效益。1951 年开挖苏北灌溉总渠，全长 168km，能排 800m³/s 洪水入海，是黄河夺淮 700 多年以后，淮河重新获得的一条入海尾闾。1953 年在洪泽湖边建成三河闸。闸孔总净宽 630m，泄洪流量 8000m³/s，使淮河入江水量得到控制。

1954 年大水，降雨量与总水量比 1931 年大，由于灌溉总渠和三河闸工程的作用，以及事前加固洪泽湖、里运河堤防，保住了里下河地区的安全。蓄泄兼筹的方针得以初步实现，归海坝不再使用，全部彻底堵闭。

此后继续加固洪泽湖大堤，续建扩大入江水道，分淮入沂等排洪工程。经过 30 多年的不断治理，淮河下游抗御洪水灾害的能力逐步提高，各主要堤防能抗御 50 年一遇以上的洪水。

3.1.1.4 挡排并举

中华人民共和国成立后，连续兴建治淮工程，为除涝降渍创造有利条件。范公堤以西的自然条件是地势低洼，河水位容易超过田面，并且降落缓慢。据东台串场河水文站资料，1951—1987 年的 37 年中，全年最高水位超过 2.0m 的有 23 年，超过 2.5m 的有 7 年，超过 3.0m 的有 3 年（1954 年 3.16m，1962 年 3.05m，1965 年 3.05m）。在高水位时期，圩区则普遍受涝受渍，田面高程只有 1.5～2.0m 的溇、时洼地尤为严重。

里下河的水流，通常由东北部归海。曾设想利用工程调度，控制最高水位不超过2.3～2.5m。但经实地勘测计算，无法达到预定目标。因此不再单纯依靠自流排水，转而重视圩田建设，争取主动防御，采用外挡内抽办法，提前减轻或解除涝渍灾害。具体实施内容：以圩子为阵地，外挡客水；以机电排站为武器，内抽涝水；明确防洪除涝的战略措施为挡排并举。加固大圩、并联小圩，配套电动力，建立圩内排、灌、降水系。到1987年，东台堤西圩区建成146个。其中大多数已达到"四分开两控制"的要求，即内外分开、高低分开、水旱分开、灌排分开，控制圩内水位和地下水位。群众从实践中认识到圩堤对农业生产的重要性，有圩即能保收，无圩就遭水灾。从此圩区乡镇对无好段和标准差的圩堤，不断新筑、加修，以巩固防洪阵地。

3.1.2 排涝

境内气候系亚热带向暖温带过渡地段，江淮、黄淮气旋，南北切变，还有台风的影响，极易形成暴雨或大暴雨。多年平均年雨量在1000mm以上，60%集中于6—9月。堤西处于里下河腹部地区的边缘，地势低洼，常因四水投塘、排水不畅而成涝。堤东地势高亢，但东高西低，近岸浅海沙洲密布，港口易淤多变，排水出路受制约，涝灾频繁。经中华人民共和国成立以来的历年治理，东台河以北涝水，全部归川东港入海，东台河以南大面积的涝水，则划成独立排水区域，东排入海。

3.1.2.1 西水北排

堤西里下河地区，四周高，中间低，地势低洼，河道如蛛网，每逢暴雨，四水投塘，河水涨得快，退得慢，极易形成涝灾。

清康熙年间（1662—1722年），由于淮河入海途径南移，在高邮以南运堤上形成归海坝，为排泄从归海坝进入里下河地区洪水和本地区涝水，大量疏浚里下河地区排水河道，扩大入海流量。疏浚排水河道共22次。其中串场河12次，蚌蜒河、梓辛河各3次，运盐河、车路河各2次。

中华人民共和国成立后江苏省在里下河地区兴办西边防洪，东边挡潮，北边整治四港自排入海，南边抽排入江工程，基本上解决外部的四水投塘问题。同时兴办内部除涝骨干工程，利用改造射阳河、新洋港、斗龙港、黄沙港，形成四港排水入海的格局，提高里下河地区排水能力。东台在参加兴建上述骨干工程的同时，大力兴修堤圩，发展排涝动力，防止客水倒灌，降低圩内水位。1987年已有58%的圩田的排涝标准达到5年一遇。

3.1.2.2 东水西排

范公堤建成后，堤东海滩继续淤涨，陆地逐渐向东延伸，盐业生产的场地亦随之东移，形成堤东灶区、堤西农区的格局。为解决灶区排水和食盐运输问题，各场利用东高西低的地势，开挖东西向的灶河。灶河东窄西宽，东浅西深，东不通海，西至范堤。在范堤上，各灶河口均有坝或闸与串场河相接，以"蓄泄海河（灶河）之水"。水大开坝向西排，水小闭坝蓄水保运。清嘉庆《东台县志》有"明洪武二十九年（1396年）东台场老民林贵奏请开浚灶河"的记载。清乾、嘉之际，海岸东移到古马路以东，排水面积亦随陆地扩大而相应扩大。此时范堤各闸多已毁坏失去调控作用，唯藉开范堤各坝排水入串场河。乾隆二十年（1755年）盐政普福批准制订管理范堤土坝办法，明确"每年七、八月大汛之期，分司（东台分司）会同东台同知（水利同知）及各场员查勘，即行开坝"，"水势一平，即行堵闭"。清嘉庆四年（1799年）七月初发生大风大潮，潮水冲过范堤，倒灌农田，民情激愤，要求关闭范堤各坝，反对东水西排。嘉庆五年（1800年）范堤土坝复开，倒灌农田。嘉庆六年（1801年）东台士民又要求禁止开坝，巡抚岳起认为"各场灶地近海，本有河道可以疏浚宣泄，何必绕道民河泄水"。勘议决定"范堤各坝，毋许开放，勒石永禁"，不准东水西排。

3.1.2.3 南水北排

岳起禁止东水西排时，曾"饬挑浚各场灶河和纬河，增挑梅家灶、潘什灶支河，由南向北入古河口、王家港归海"（今大丰境内）。并在清嘉庆七年（1802年）发动挑浚古河口，工段自戴家古淤至小汊子，计长7.5km。小汊子以下至大洋15余km添设混江龙工具，拖刷淤沙归海。同时王家港也有犁船两只，混江龙两具拖刷淤沙，至此堤东涝水，由西排为主转为北排为主。

灶河本为运盐而设，在转向北排后还要蓄水保运，故在场与场边界上，河中均有土坝蓄水。其中东台河以北的严家、孙家及中舀3座土坝，位于排水尾闾，蓄水面积大，均于清嘉庆六年（1801年）改成滚水石坝，控制通航水位。滚水石坝在平原地区虽利于蓄，但不利于排，加上增挑的南北向河床狭窄，混江龙刷淤又未见效，致使入海水道淤积，堤东陷于东不通海、西不通河（串场河）、北排不畅的困境，内涝不断发生，民、灶均受其害，每逢大水，依然冲开或偷开范堤各坝，西排不止。堤东与堤西间的水利纠纷不断发生。

民国10年（1921年）以后，南通张謇倡议在沿海开新运河。第一段南自角斜起，经大赍、太源公司境内北至川东港止，因势导引南水北排，从根本上安排堤东排水出路，1918年兴建角斜船闸，开挖东串场河，后因局势变化，未能继续实施。在此期间，泰源、大赍两垦殖公司，为解决境内涝水问题，兴建三门闸、二门涵洞和费大闸，直接排水入海。

抗日战争期间，中共在东台建立抗日民主根据地后，1946年东台县水利委员会第二次会议曾决议疏浚川东闸、三门闸闸下引河，并提议政府开挖新运河，后因解放战争而未能兴办。

中华人民共和国成立后，1953年征得大丰县同意，并经盐城专员公署批准，东台开挖潘堡河，疏通申家洋河，导水归川东港入海，共做土方217万m³，初步理顺南水北排水系。1954年大水时，河道排水情况良好，内涝得以减轻；但由于川东港闸过小，排水能力仅30m³/s，仍不能彻底解决堤东排水问题，继续开范堤各坝向西排涝。

3.1.2.4 东水东排

1. 改变历来流向，独立排水入海

1954年江淮并涨，淮河流域发生类似1931年的特大洪水。东台境内7月连续降雨21天，其中大暴雨4次，月降雨量565.9mm，堤东三仓河水位高达4.39m，堤西串场河水位高达3.16m，全县受涝耕地8.09万hm²。堤东的涝水，北排不畅，东排极少，西排因里下河地区受涝严重，险象丛生。省里决定滴水不入里下河，因而推迟开范堤各坝，堤东地区被淹耕地3.18万hm²，占耕地的79%，灾情严重，损失巨大。

1955年5月治淮委员会勘察设计院编制的《淮河下游里下河区域排水挡潮工程规划》

印发各地执行。流域划分中明确:"为减轻里下河地区排水负担,拟将王、竹、川、三仓、方塘区、通扬运河以南及滨海沿河区一部分单独排水入江或入海。"同年江苏省治淮指挥部编制《三仓河、方塘河流域排涝工程规划》,江苏省水利厅编制《东台河流域排涝工程规划》。规划中划分的流域范围是:串场河以东,计划海堤以西,今东蹲公路以南、海安边界以北的 1271.2km², 改变历来流向,独立排水入海。其中富安—许河—三门闸一线以南的 376.5km² 属方塘河流域,梁垛河以南的 483.5km² 属三仓河流域,今东蹲公路以南的 411.2km² 属东台河流域。另外,北部边界地区仍由川东港排水,富安串场河以东的四联圩仍向里下河排水。

规划认定堤东地区内涝的原因是:①本身无排水出路,迫使水流向西出串场河或向北出川东港,河小路远,排水极慢;②内部沟港不与人河相通,排涝时才开坝放水,坝型不清大部淤塞,泄水不畅;③雨量集中,降雨历时短,水位上升快。同时分析堤东地区的排水矛盾:①汛期开范堤各坝向西排水,增加里下河地区负担,历史上纠纷频繁;②南邻海安县怕东台的咸水入境,两县常有矛盾;③向北入川东港,闸小水大,且增加大丰县排水负担,大丰反对;④内部垦区与农区(以潘堡河为界)有矛盾,农区在东西向河道打坝不让咸水向西,各区内部也因大河水盐分高,小沟打坝不让咸水进入内地,遇涝时拆坝,排水不畅成灾。规划明确"逐步根治本区域水患,解决历史性水利矛盾"的治理方针和"改变历来流向,独立排水入海"的治理原则。利用原有干河在弶港建三仓河闸承担梁垛河以南 860km² 的涝水入海,在蹲门建东台河闸承担梁垛河以北 411.2km² 的涝水入海;同时对新建海堤挡潮,发展灌溉、航运等方面,也提出相应的要求。这一重要的方略,开创东台堤东地区治水的新路子,东台人民全力以赴,从 1954 年冬季始至 1956 年,全面整治三仓河、方塘河、东台河及其沿线的部分支河,建成三仓河闸和东台河闸,面上的农田水利工程也有长足的进展。三年完成土方 2729 万 m³,初步形成独立排水入海的新水系。排涝挡潮能力的提高,使改良盐碱土、开垦荒地和发展农业生产的成效显著。1957 年全县粮食总产 17.23 万 t,棉花 11830t,分别为 1949 年的 1.69 倍和 21 倍。

由于三仓河闸选址不当,建成后缺乏冲淤保港水源,在建闸后的第一年(1956 年),闸下引河即开始淤塞,以后日益严重,采取多种措施保港都无济于事。该闸于 1962 年基本上失去排水作用。一闸淤死,牵动全局,堤东地区的治水进程遭受挫折,涝灾威胁加重,不得不调整水系,开辟新的排水口门,调整工程布局。

2. 因势利导,南北分排

三仓、方塘河流域的 860km²、4.67 万 hm² 耕地的排水出路受阻,涝水从高处往低处流,向北进入东台河流域并影响东台河闸闸身安全;向西流入通榆河,1960 年和 1962 年倒入里下河地区的水量达 2.235 亿 m³。三年汛期受涝面积累计 16.1 万 hm²,汛后咸水滞留导致 2 万 hm² 耕地无法耕作。

1960 年江苏省水利厅编制新港地区规划,拟与海安北凌地区结合在新港建闸排水入海,东台曾设想利用通榆河调度排水入斗龙港的方案,均因协调未果而未成立。1963 年县水利局编制《新港地区水利规划》。规划中明确"东台河以北划给川东港排水;东台河以南的排涝,充分利用三仓、东台河两闸的排水能力,并以申家洋河、潘堡河调节控制;其余的水量出新建的新港闸"。该规划经江苏省水利厅批准立项建新港闸。该闸于 1964 年

7月建成。同时开挖13.4km的新港干河与方塘河接通，利用三仓河以南地区原有河网汇水入方塘河，经新港干河从新港闸入海。新水系形成后，恢复堤东地区的排涝能力，1965年和1970年两次大涝，发水时三仓河以南涝水就地入海，解决南水北压问题，三仓河以北涝水也顺地势下泄经东台河闸出海。因为有南北两闸分排入海，流量达479m³/s（东台闸187m³/s，新港闸292m³/s），无需开通榆河东岸各坝向西排水。缺点是闸址位于东台、海安、如东3县交界处，管理港口和分配冲淤保港水源统一协调有困难。

3. 增辟口门，分片排水

自1964年新港闸建成后，堤东地区的排涝能力有所改善，在1965年8月和1970年8月出现3日面雨量204.3mm和316.7mm，仍发生明涝3.60万hm²和2.05万hm²，排水出路不足的矛盾仍很突出。1970年江苏省颁布建设稳产高产农田的"六条标准"，东台县革命委员会制定《1971—1980年水电建设十年规划》，要在10年内建成高标准河网，达到日雨250mm不成涝，百日无雨保灌溉，堤东旱改水从5333hm²扩大到2.67万hm²，亩亩耕地旱涝保收稳产高产。对堤东地区采取"两个扩大，一个配套"的工程措施，即扩大排水入海流量，扩大引江水量和小型水利配套。在1970年冬兴办"三河一路"工程，就是开挖梁垛河、安弶河、垦区干河，筑五七公路。1971年编制《梁垛河地区水利规划报告》，调整堤东地区的规划布局，将东台河以南的1378km²划分成三个排水流域；安源河以南480km²划归新港流域；安源河以北梁垛河以南以及梁垛河以北黄海公路以东、五七公路以南的605km²，划归新建梁垛河闸排水范围；其余293km²划归东台河闸排水。整个堤东地区形成东西向7条骨干河道（川东港、梁垛河、安弶河、红星河为排河，东台河、三仓河、方塘河为灌河，干河之间的南北向大沟—排—灌，中沟—浅—深，浅排深灌），三站（富安、安丰、东台电力翻水站）引水、四闸（川东港、东台河、梁垛河、新港闸）排水，能排能灌，排灌分开的工程布局。农田水利工程全部配套达标后排涝标准可提高到10年一遇水平。这个规划的主体工程是：建梁垛河闸、向东船闸，开挖梁垛河入海段，拓浚新港干河、红星河，建富安、东台电力翻水站，新开安时河，整治何垛河西段。主体工程于1972年年底前得到实施。东台河以南地区排水入海的流量，从479m³/s增加到743m³/s；灌溉抗旱引水能力，从32m³/s增加到72m³/s，为减轻涝渍旱灾、发展农业生产创造较好的条件。

4. 并港建闸，南水北调

1972年梁垛河闸建成发挥效益后，使东台堤东地区的排涝标准达到5年一遇，但由于海洋和如东县于1969年冬在川港南侧围垦滩涂，冲港滩面水骤减，使新港闸下的港槽逐渐回淤。1976年汛前闸下引河底淤高至3.0m左右，东台在闸身装泵冲淤，并利用通榆线电力抽水站，专线送水，抬高干河水位给新港闸冲淤保港，曾有一定的效果。1977年东台又在川港北侧围垦滩涂，闸下引河和港槽淤积加速，至1981年闸外港槽淤平，失去排水效能，三仓河以南的排水出路彻底封堵。在此期间，北边的东台河闸也因闸下引河太长经常回淤，排水流量减少，因此堤东地区排涝能力下降，入海流量锐减到350m³/s，排涝标准不足3年一遇。1979年7月，三仓河以南地区3天降雨114mm，新港闸上水位从2.17m涨至3.18m，7天后才退至雨前水位。1980年8月30日特大暴雨，堤东面雨量达208mm，东蹲线的头灶点雨量381mm，产水量3亿m³，干河水位由雨前1.99m陡涨至 3.89m，局部高达 4.2m，使 5.07 万 hm² 农田受淹，其中积水深 0.33m 以上的农田 1.07 万 hm²。当时暴雨中心在堤东，里下河水位低，开通榆河东岸 15 条土坝，向西排水 1.1 亿 m³，棉花仍减产四成，总产从 1979 年的 101.78 万担下降到 54 万担，损失 7000 多万元。

东台从 1977 年就探索解决三仓河以南地区的排水出路。先后共形成三个方案：

(1) 在源港东南渔舍垦区东侧的王家槽港口建闸，新开闸上干河接通方塘河，充分利用原有水系，代替新港闸排水。后因该槽正处于发育期，1979 年冲毁渔舍海堤，便放弃在该处建闸的设想，于 1980 年在新港闸上建 30m³/s 的抽水站抽排涝水从川港入海。

(2) 在蹲门东北利用川水港建新东台河闸，连同老闸承担三仓河以北地区的排水，梁垛河闸承担三仓河以南地区排水。这个方案因新闸闸孔净宽需 96m，投资大，南水北排改变水系河道土方量大，故暂缓实施。1979 年开挖新东河，将三仓闸下引河与梁垛河闸上干河接通，分排部分南水。

(3) 1982 年 2 月形成《东台县沿海垦区除涝治渍修正规划》，对堤东独立排区（包括待围滩涂）1394km² 面积的排涝，确定按 5 年一遇排涝标准、排水流量 1004m³/s 设计。已建的东台河闸、梁垛河闸、新港抽水站排水流量为 386m³/s。这样还需解决 618m³/s 的排水流量。因此，在梁垛河闸南侧建净宽 40m 的梁垛河南闸，排水流量为 240m³/s，在东台河北侧建净宽 56m 的新东台河闸，排水流量为 378m³/s，从川水港和死生港分片排出。分片控制线为：以梁垛河北岸为界，梁垛河以北 377km² 及海边较高滩面 156km² 的涝水从新、老东台河闸排出；梁垛河以南 861km² 的涝水从梁垛河闸、梁垛河南闸、新港抽水站排出。这个方案分期实施，先建梁垛河南闸，后建新东台河闸。在新东台河闸未建成前，控制线以三仓河北岸为界，三仓河以南地区 646km² 涝水从梁垛河南闸和新港抽水站排出，渔舍垦区 58km² 新建渔舍涵洞单独排出，三仓河以北地区的 592km² 涝水，从东台河闸、梁垛河闸排出。东台河以北老潘堡河以西 319km² 的涝水仍从川东港排出。修正规划和梁垛河南闸的设计文件经省水利厅批准立项，于 1983 年投资兴建梁垛河南闸，同时开挖闸上干河，与新东河、三仓河接通，扩浚西潘堡河、方塘河、南垦区干河，将南部涝水北调，经三仓河至梁垛河南闸入海，使独立排区的入海流量达到 660m³/s（其中东台河闸 80m³/s，梁垛河闸 274m³/s，梁垛河南闸 256m³/s，渔舍涵洞 20m³/s，新港抽水站 30m³/s），基本上恢复新港闸淤死前的排水能力，按新标准计算，只达 3 年一遇。

并港建闸南水北调方略实施一半。在实践过程中，又出现新问题：一是海安县于 1984 年在新港闸外围垦，新港抽水站不能排涝入海；二是排水口门偏北，南部涝水入海流程太长，排水速度慢，高水压低水，低水排不出，东南片水质未得到改善；三是排涝标准太低，涝灾威胁仍很严重。如 1986 年 7 月 22—24 日 3 天降雨 163.4mm，独立排区水位很快从 2.0m 涨到 3.43m，局部 3.91m，4 天后才降到雨前水位，有 1.47 万 hm² 棉花、7333hm² 玉米受涝。

3.1.3 引水

东台大部分土地为海相沉积的盐渍土。堤西成陆和开发在北宋以前，土壤脱盐较早，堤东在范堤建成之后才逐步淤积成陆，沿海筑堤挡潮。开发利用滩涂在清末民初方具规模，盐渍土分布较广，咸水危害严重，缺灌溉抗旱淡水水源，地表径流利用率仅 15％～20％，大部分靠外来水补给。

3.1.3.1 引淮

东台灌溉、抗旱水源，中华人民共和国成立前是靠淮水补给的。明崇祯《泰县志》载"海陵水利，来自淮泗"，就是指的以淮为源。淮水自邵伯湖经六闸控制，输入老通扬运河，直抵海安。由于老通扬运河位于里下河地区南边缘的高地上，水位较高，向北侧里下河送水，可顺流而下。东台由通扬运河引水水路共有三处：一是从江都孔家涵进水经流潼河、斜丰港入蚌蜒河。这一路水源远在西南百余千米之外，且为向北送水为主，东台境内甚少。二是泰东河。该河受泰坝阻隔，河口不与老通扬运河相通，只靠老通扬运河北岸各涵闸进水。来水多被附近农田灌溉取用，对里下河地区发挥一定作用。三是串场河。明万历年间，串场河南从老通扬运河北岸的青龙闸引水，因如皋要保航运和农田灌溉，反对开青龙闸送水。后由盐院崔呈秀下令闭闸筑坝。这条坝即是后来所称的徐家坝。清乾隆二十年（1755 年）在徐家坝西附近百子桥下建涵，口宽 0.9m，以引一线流水，自此百子涵成为串场河的引水源头。

中华人民共和国成立后，在党和政府领导下，除害兴利，在苏北治洪、除涝的同时，兴建灌溉工程，开辟新水源，引用长江水。

3.1.3.2 引江

1. 堤西地区

1956 年，江苏省作出"淮水北调，支持淮北旱改水"的决策。1957 年，江苏省又提出"拼茶运河、里下河、泰州以东的通扬运河由用淮水改为用江水"的规划，以实现从引淮到引江的转变。从 1958 年开始，江苏省在苏北计划开辟新通扬运河、通榆河、泰州引江河、泰东河、卤汀河、三阳河等大型引江河道，向里下河地区送水。新通扬运河西起江都枢纽工程的引江水道，东至海安接通榆河。从 1958 年冬起，江苏省组织受益县分段、分期开挖，东台于 1960 年和 1968 年两次派民工参加施工。江水经泰东河、通榆河流入东台境内，初步解决水源补给问题。1961 年在泰东河接新通扬运河处实测，向北输送流量 $12m^3/s$，经泰东河向东送水入东台境内，水质良好。特别在 1978 年大旱期间，从新通扬运河自流引进江水达 $402m^3/s$，为抗旱提供水源保障；至 1987 年，堤西地区江水灌溉基本得到保证。

2. 堤东地区

（1）南引。东台堤东地区位于沿海垦区南部，地势较高。堤西河网水位低，淡水引不进，南边江水引不到，灌溉水源极度缺乏，当地传统靠挖水塘蓄水解决生产和生活用水，抗旱能力薄弱，农业产量低，人民生活贫困。

民国初，张謇在他所著的《开挖沿海新运河计划》中，高瞻远瞩地提出"南引江淮以备旱"的设想，时值国内军阀混战，未能实施。

中华人民共和国成立后，沿江地区逐步建立起引调江水的系统工程，对东台南引江水带来有利条件。1957 年南通地区在江苏省水利厅领导下制订开发江水资源规划，把东台县境内用水纳入九圩港地区水利规划。规划中将东台县东台河以南、串场河以东的滨海垦区水源作统一考虑与安排，同意给东台灌溉流量 $54m^3/s$，以解决 2.87 万 hm^2 旱改水的用水问题。为保证海安以南自流灌溉水位并减少海安以北干渠堤土方，在支河北海安东建节制闸 1 座，向北送水 $61m^3/s$。其中供东台县境内灌溉流量 $54m^3/s$，供海安县境内灌溉流量 $7m^3/s$。后由于九圩港规划的提水方案改为自流引江，将向东台送水的节制闸北移到东台、海安边界处的丁堡河，定名为丁堡河闸，规模缩小到只送水 $20m^3/s$，比原计划减少 $34m^3/s$。

1959 年 11 月丁堡闸开工，至 1960 年 9 月 25 日竣工。由于水源补给流程远，闸上水位达不到设计要求，加上人为控制因素，实际输送给东台的灌溉水量在 $10m^3/s$ 左右，但效益还是明显的。当时方塘河和三仓河的东段原有卤水被淡水驱推入海，水质大为改善，能抗旱，能饮用。但来水量偏少，尚未能解决东台堤东大面积的需水问题。因引江是属于跨县跨地区的系统工程，情况复杂，丁堡闸引水量逐渐减少，东台仍需另寻水源。

(2) 翻水。就是通过翻水站抽引里下河地区江水解决堤东地区的用水方略。1964 年东台县人民委员会根据《里下河地区水利规划》的有关内容，向江苏省人民委员会呈送《关于请求批准新建通榆线翻水站》的报告。该报告在 1966 年获得批准，并确定兴建安丰电力翻水站，解决堤东用水问题，再逐步向自引江水过渡。

1966 年安丰站工程开工，1969 年建成。1971—1972 年县自筹经费兴建富安、东台电力翻水站。三站抽水能力达 $72m^3/s$，初步解决堤东地区的抗旱及冲淤保港用水。特别在引淡驱卤、改善水质方面效果更为显著。堤东缺水矛盾得到缓解。水稻种植面积扩大，1973 年达到 1.86 万 hm^2。后来由于排灌不分，水质不稳，水稻种植面逐步缩小到头富河以西地区。20 世纪 80 年代黄海公路至头富河，水质达到灌溉要求。黄海公路向东至新海堤内，位于灌区尾闾，水质较差，有 1.67 万 hm^2 耕地无水灌溉，为解决这片地区用水问题，从 1973 年起开始打深井，开发地下水。

向堤东翻水，补给水源，实践证明是成功的，但也有不足之处。一是翻水期间水质好，不翻水期间 7 天后水质变咸，不如自流引水能细水长流，保持常年水质稳定。二是翻水成本高，年翻水费用随着物价上涨，不断上升，从 1970 年的 22.65 万元/年，增加到 1987 年的 41.24 万元/年。这些费用都由堤东农民按耕地分摊，农民负担较重。三是电源紧张，不能满足翻水需要。1980 年 6 月，《东台县 1981—1990 年水利建设规划》中提出：1985 年以前要在东台河流域首先实行低水位，水位控制在 $0.8 \sim 1.0m$。后因工程量大，已建建筑物废弃太多，同时解决排水出路的要求比较迫切，对此方略认识也不够统一，所以未付诸实施。

3.2 堤防

东台堤防建设，有近千年的历史。从北宋以来，地处滨海的东台人民，为抗御洪水，防止海潮的侵袭，保护生命财产的安全，兴建堤防工程。现尚有遗迹可寻的有宋代捍海堰——范公堤、明代的河堤——杨公堤、清代的蚌蜒堤、民国的挡潮堤——公司堤，都在历史上发挥过"防海潮不伤农，防洪涝不伤盐"的作用。

中华人民共和国成立后，党和政府对东台的防洪挡潮工程进行多次的规划和设计，并逐步配套建成五闸一涵。经过多次加固，一线海堤已达到百年一遇的防潮标准，能确保历史最高潮位加 10 级台风不出险。新海堤的延伸发展，在堤内增加围滩面积 3.58 万 hm²，增设四乡十场，进行综合开发，发展滩涂经济成效显著。

1955—1983 年，东台分期按标准修筑新海堤，沿海海堤总长达 160.29km，其中一线挡潮海堤长 59.85km，二线防护海堤长 38.77km，附属堤防长 61.67km。随着滩涂围垦施工吹沙袋等新技术的推广，东台围垦的步伐加快。自 1996 年施筑笆斗片围垦新海堤起，一线海堤东侧陆续围垦、新建临海海堤，主要有：蹲门农场海堤、高涂养殖海堤、三仓垦区海堤、仓东垦区海堤、梁南垦区海堤、城东垦区海堤（长 3.9km）、弶东海堤南延段（长 2km）、方南垦区海堤临海海堤总长 47.4km，沿线兴建穿堤引排水涵洞 12 座。

1998—2010 年海堤达标建设工程的实施，使东台沿海一线海堤达到 50 年一遇高潮位加十级风浪爬高不出险标准。至 2010 年，东台境内北起大丰、南至海安，全线有一、二线海堤及临海海堤、附属堤防计 238.3km，其中一线（省管）海堤 60.2km，二线海堤 53.7km，临海海堤 47.4km，附属堤防 77km。一线海堤（省管）标准：堤顶高程由北向南为 8.0～9.5m，堤顶宽 8～12m，堤外坡坡度在高程 6.5m 以上为 1：5，高程 6.5m 以下 1：（5～15），堤内坡 1：3。海堤管理范围迎海侧为堤脚外 40～200m、内侧青坎距背水侧堤脚 40～60m（部分堤段含海堤河）海堤部分险要堤段建有混凝土护坡，堤肩栽女贞、黄杨球、桧柏等常绿树，堤坡、青坎形成以意杨、水杉、刺槐等树种为主的海堤防护林体系。一线海堤（省管）穿堤建筑物有川水港闸、梁垛河闸、梁垛河南闸、方塘河闸、新港闸（已报废）5 座中型涵闸，另有渔舍涵洞、蹲门农场提水站等 6 座小型涵闸（洞）、7 座小型提水泵站。具体见附表。

3.2.1 范公堤

范公堤系宋天圣元年（1023 年）范仲淹任监西溪盐仓时，呈摺上疏，利用旧堰修筑的捍海堰。

范仲淹到任之后，见当时旧挡潮堰久废不治，倒塌严重，海潮倒灌，卤水所到之处，庄稼失收，庐舍漂浮，人民深受其害，就具情呈摺给江淮制置发运副使张纶，请求修筑捍海堰工程。为此，张纶报请朝廷委派范仲淹任兴化县令，主持筑堰。天圣二年（1024 年）集中通、泰、楚、海四州兵夫 4 万余人，南起虎墩（今东台富安镇）北至刘庄（今大丰县境内）进行施工。兴工正值隆冬季节，雨雪连旬，又加海潮汹涌，兵夫在泥泞中死者有 200 余人。朝廷获悉，派员实地考察，停工罢筑，工程中止 3 年（1025—1027 年）。在此期间，范仲淹因丧母于天圣四年（1026 年）离任回籍，留书张纶，言恢复海堰之利。张纶和两淮都转运使胡令仪再次列陈情况上奏，朝廷认可，决定再度施工。任命张纶兼任泰州知州，负责工程指挥，"自天圣五年（1027 年）秋越六年春堰成"。堤长 78.94km，堤底宽 9.2m，堤顶宽 3.1m，堤高 4.6m。堤成后，农事、课盐两受其利。过去外流人口，返回各事其业者 3000 多户。《江苏省两千年洪涝旱潮灾害年表》记载，从北宋天圣七年（1029 年）至宣和元年（1119 年）的 91 年中，东台境内很少受海潮倒灌为害。所以，后人对兴筑捍海堰工程中为民请命，积极倡议，兴筑多年失修旧堰的范仲淹；竭力支持，陈情利弊，奏请批准的胡令仪；继范之后，复兴工程，日夜勤劳，直至纠工筑堤完竣的张纶，遗爱遗德，为报修堰恩泽，名其堰范公堤。并建"三贤祠"（东台境内有六处），以资纪念。

范公堤在历史上起过东拒海潮、西保农田的巨大作用。后来堤防失修，海潮毁坏堤身次数逐渐增多。宋宣和中期以后（1119 年）至清嘉庆十三年（1808 年）的 689 年中，东台范堤毁坏 14 次。据清嘉庆《东台县志》记载，海潮坏堤灾难惨重的是明洪武二十二年（1389 年），明嘉靖十八年（1539 年），清康熙四年（1665 年），雍正二年（1724 年），淹死人畜，毁坏庐舍无算。东台境内从 1171—1799 年修筑 11 次。在迭次修筑过程中，不断改进堤防管理，对保护范堤，发挥效能，起一定的作用。后来海势逐渐东移，范堤距海岸越来越远，清道光以后，境内范堤已不见培修工程的记载。1932 年，范公堤身改筑为通榆公路。

明嘉靖十七年（1538 年）农历七月初三，海潮骤涨，范堤以东平地水深 3m 多。淹没灶丁男女 15479 人，庐舍漂没，目不忍睹。适值巡监御史吴悌视察，盐运使郑漳议修海堤未成，于是另谋创建潮墩（又名避潮墩）于范堤以东亭场灶舍之间。明嘉靖十九年（1540 年），巡盐御史焦琏巡视盐场，修范堤时又遇异常大潮，于是又筑潮墩 220 余座，潮墩高 9.33m，顶部直径 15.55m、基部直径 27.99m，并栽植榆、柳等树，以固墩土。

明万历十五年（1587 年）盐城知县曹大咸奉令修筑范堤，从庙湾至通州，沿范堤兴筑墩台 43 座。据《两淮盐法志》记载，在富安、安丰、梁垛、东台、何垛五个盐场范围内，明代建有潮墩 16 座。

清乾隆十一年（1746 年），盐政吉庆在巡察两淮时发现各场潮墩多寡有无，或远或近，并不相同，且明代所筑潮墩经过两百多年潮涌浪击，又不加培筑，以致十墩九废，造成盐业损失，灶丁伤亡。吉庆采用盐商公捐工费的办法，筹银 13500 余两，在通泰盐运分司所属各场修筑潮墩 148 座，同年 5 月完工。次年农历七月十四、十五日，海潮猛涨，凡灶丁趋赴避潮墩者皆得生全。不及奔赴，乘竹筏等类者多遭淹死。吉庆又奏请增设 85 座，于乾隆十三年（1748 年）建成。东台所属五场新增潮墩 56 座（富安场 10 座，安丰场 4 座，梁垛场 2 座，东台场 17 座，何垛场 23 座）。潮墩标准，仍沿明制。但要求"坚固永久，取土甚远，不得于墩边挖成沟堑，甬道由低到高，俾人攀登有阶梯易上"。

光绪九年（1883 年），运司孙翼谋报请左宗棠批准，在沿海增建潮墩。增建潮墩既仿前人旧制又有所发展，从原来模式，但形状不拘大小，以实际需要为度，每灶屋后筑一救命墩，一有潮来，就近登墩，以免不及伤害民命。泰州分司十场共筑灶户墩 2574 座，民户墩 149 座。

东台潮墩随海势东迁，灶民顺沿近海选场煎盐，建墩避潮，因势设置。范公堤以东的避潮墩，南起殷家灶、唐家洋，经三仓、新十灶（今新五烈士亭）、姜家丿、曹家丿（今曹丿镇）、孙家丿、潘家丿，至北川港转向西抵陈章灶（今头灶镇陈章村）止。特点是依灶民亭场集散、地势高低、场地宽狭而定：集则密，散则稀；低则密，高则无；宽则多，狭则少。何垛场地势低宽潮墩最多，梁垛场沙荡既少又狭，只有潮墩两座。这些潮墩随着时代的变迁，地形地物的演化，逐渐失去避潮作用而消失。有一些被当代利用为民兵训练的耙场。三仓新五的潮墩（原名九丘墩）被抗日民主政府于 1945 年 7 月在墩上建立烈士亭。

3.2.2 杨公堤

杨公堤是运盐河（今泰东河）的捍堰。《中十场志》都御史张瓒著《杨公堰记》记述：明成化七年（1471年），监察御史杨澄，奉命监两淮盐课巡视海上，寓于泰州时，泰民王福等几千人相与申诉云："我泰州堰，频岁堤坏，加之以淫雨，因之以风涛，遂致毁决，私鹾公行，盗莫能遏，桑田斥卤，谷不可就，谷不可艺，虽盐场受患，而稼穑受害亦有年矣。"杨公深受感动，准筑这一堤堰，即令扬州知府杨成、同知张锡、泰州知州陈志，核实并计划费用，动员民夫，集中材料，选择州判丁纶，如皋知县向忡以及所属能员任其事，分地施工。该堤从东台西溪至泰州鱼行庄，全长60km，于成化十五年（1479年）二月兴工，四月竣工。堤高2.22m，堤顶宽3.11m，用木桩4.3万根，价银2500余两，芦苇70多万捆。堤成以后，栽植柳树，堤顶道路平坦，交通方便。并在鱼行庄和溱潼各造水闸、土坝1座。坝以蓄水备旱，闸以泄水防涝。杨公堤作用有三：一是在范堤毁坏时可挡住海潮，防止卤水倒灌农田；二是国税流通，运盐船只只能在运盐河中航行，使私盐不得横行；三是保运盐河的水位，以利漕运。粮船不得拖延行程期限。后人感激杨澄建堤有功，命名此堤为杨公堤。

清乾隆十八年（1753年）泰州分司王又朴，向盐政普福陈述：杨公堤历经水冲雨淋，人为破坏，堤岸倒塌不堪，来往交通甚为不便，亟待修复，经批准，由盐商捐款修筑。清乾隆二十年、二十一年（1755年、1756年）大水，堤身又被冲击毁坏。乾隆二十三年（1758年）盐政高恒与运使卢见曾，筹备经费，选勤劳实干的人员修筑杨公堤。同时，在南官河南北两岸，自青蒲阁经大尖至安丰场兴筑纤堤各30km。并在沿线建砖石桥梁、涵洞，以广宣泄；栽柴栽柳，以御风浪；建房设堡，专管防守。清嘉庆十年至十三年（1805—1807年），连续三年大水，泛滥成灾，堤身倒塌，仅青蒲阁向东尚存残缺不全的纤堤。

清水利学家冯道立所著《淮扬治水图说》中提出："必筑此堤，大口收小，小口设置涵洞，西水一来，即将各口一律堵闭，则费用不过一堤之多，而堤内农田均资保固。"清道光十五年（1835年）冯道立竭力恭请泰州州判朱沆主办浚深运盐河，结合整修部分河堤。东台县《时村志》记述"时值夏暑，疏浚由东台海道口至青蒲阁运盐河长60华里。河疏成，岸土增，并仿刘天河六柳法，劝民栽柳，以护新堤。"从此以后，不见整治杨公堤的记载。当代，杨公堤已修建成为沿河圩区的圩堤。

3.2.3 蚌蜒堤

蚌蜒堤位于东台以西，里下河地区蚌蜒河南岸。清光绪十三年（1887年），黄河在郑州决口，东台遭受大水灾。次年春，观察使张富年、两江总督曾国荃奉筹浚海口之命，到东台查察，指出蚌蜒河以北是沤田，而河南是麦田。稻谷成熟期较迟，如遇西水下注，则将颗粒无收，必须在蚌蜒河南岸筑堤挡洪。于是具文报告两江总督。经核准，令东台县知县黄承暄办理。堤自东台范公堤起，经西溪顺河向西，过唐港，越沈伦，达老阁，与斜丰港堤衔接，全长51km（属今东台12.5km）。以防御运堤开坝放水下注南侵，保护堤南良田。筑堤计用民夫数万人，征用民田130余hm²，堤底宽16.0m，堤高3.2m，顶宽9.6m，并留有水口数十处，以便启闭排灌。没有闸涵，开口与堵闭既不方便，也难及时，在水口堵闭期间，影响引水、排水和水运。民国 5 年（1916 年）大水后，连续三年进行修堤。1921 年大水，1923 年修堤。1931 年大水，1932 年东台根据江苏省民政厅、建设厅批示，整修蚌蜒堤，设东、中、西三段堤工办事处负责施工，出征民工 3000 人，于 4 月 26 日开工，农忙停工，10 月 1 日竣工。完成土方 80.35 万 m³，实做工日 18.61 万个，使用经费 12.34 万元。其中，省拨 4000 元及赈余小麦 2000t，泰县负担 2 万元，东台征捐 2.48 万元，东台人民以工代赈折合 7.46 万元。

1950 年 8 月，淮水大涨，里运河东堤形势险恶，苏北行署于 7 日召开里下河八县县长会议，布置防洪，并责成抢修各自境内的蚌蜒堤。东台连夜动员 2.04 万人，从 15 日开工，到 20 日结束。实做修堤土方 9.8 万 m³，使用草包 15 万只。各乡、村包装泥土，船运堤口，抛包填堵，东台境内只有解庄、皂角村、谢庄、龙洞口、海道口五口未闭。这次修堤，速度快，用钱少，调配、投资 1 万元，其中国家投资 0.5 万元，地方自筹 0.5 万元。由于运河水位下跌，没有开归海坝，所留堤口也未堵闭。随着排洪条件的改善，不再全线修筑河堤，而逐渐转化成沿线若干联圩的圩堤。

3.2.4 公司堤

民国 4 年（1915 年）至 8 年（1919 年），张退庵、韩国钧、张东甫等先后在东台沿海创办大赉、泰源、东兴三家垦殖公司，收购亭场草荡 2.98 万 hm²，进行筑堤挡潮，废灶兴垦，开荒植棉。三家垦殖公司共筑挡潮海堤 63km（统称公司堤）。筑堤标准为：堤顶高程 5.5～6.5m，顶宽 3～5m，外坡 1∶3，内坡 1∶2。所筑之堤仅能防御一般海潮。

（1）大赉公司海堤。该堤于民国 7 年（1918 年）始筑，于民国 11 年（1922 年）筑成。分两段施工：第一段南起角斜（今属海安县）联接范公堤，直线向北 7km 至木闸（今新街镇东闸村）；第二段由木闸向东转向北行，历经七处直角湾，至源港西南牛桥口，长 17.5km。两段合计 24.5km。同时建涵闸 8 座。该海堤围垦面积 1.4 万 hm²。后该公司又在新围垦的北区东侧，渔舍西边，加筑一框海堤，长 6.25km，围成"附北区"。这段海堤突出滩地，处于南川子、北川子两条大港之间，不久被海潮摧毁。

（2）泰源公司海堤。该堤于民国 8 年（1919 年）始筑，于民国 13 年（1924 年）筑成。南起牛桥口，与大赉公司海堤北头衔接，向北经六里舍、洪其店（今农干河）、三区头，到雀儿洋止。堤身共有四处直角湾，全长 23.5km。同时建闸 1 座。该堤围垦面积 1.05 万 hm²。中华人民共和国成立后随着新海堤的建成，该堤逐步成为二线海堤或废堤。

（3）东兴公司海堤。该堤位于现东台河闸西南侧，于民国 8 年（1919 年）筑成独框海堤，四周长 15km，围垦面积 5373hm²。民国 28 年（1939 年）遭遇大高潮，堤破多处，全框灌满潮水；潮退后，公司无力修复海堤，放弃棉垦，单一经营盐业。

民国 30 年（1941 年）6 月下旬大水，因泰源公司的费大闸（距今三仓河闸西 4.5km）淤塞，致使其以西的洼地积水齐腰，被迫在周洪其小店处开堤放水，水退后即堵闭防潮。因新筑堤身不固，七月初一中午高潮时溃决，潮水向西窜至安丰。中国共产党领导的抗日民主政府于 1942 年冬和 1943 年春，动员民工 3160 人修堤，并将费大闸上下游清淤捞浅，使开堤放水、卤水倒灌事件得到解决。此次修堤，完成土方 6.32 万 m³，支粮 5.12 万 kg，使用经费 4.39 万元（政府补贴 1/3，公司分摊 1/3，农会自筹 1/3）。

民国 37 年（1948 年）农历七月初六，大风、暴雨、高潮，将泰源公司堤冲坏多处，县人民政府动员盐垦区 1500 位民工，三仓、唐洋、富东乡 600 位民工进行抢修，安全度过汛期。

1949 年 7 月 25 日发生大潮，经 3 个多小时的袭击，公司堤身遭到严重破坏。三区头向南冲塌堤身 20 处，长 6.9km。三区头以北冲塌堤身 53 处，长 10.8km，冲开大决口两个、小决口 4 个。其中最大的决口长 51.3m、深 11.3m、宽 100m；最小的决口长 13.3m、深 2.67m、宽 6.7m。县委副书记陈英才带领 12 个区的民工 1.12 万人，于 8 月 5 日前突击完成海堤修复工程，以防农历七月半大潮到来。该工程共用工日 2.23 万个，做土方 7.88 万 m^3，使用经费 7879 元。这次修堤施工进度快、质量好。

1951 年 8 月 20 日，沿海遭台风、高潮、暴雨袭击，三门闸向西 2km，海堤外坡全部冲塌。经 1400 人抢险，堤身未决。接着又加修两次，但未达到标准。1952 年 6 月上旬，动员三仓、唐洋、富东、盐垦四区民工 6000 人，进行修补培厚工程，共做土方 11.6 万 m^3。

1953 年，对海堤进行检查，发现堤身有很多雨淋沟、牛车口、獾狗洞、放水口等险情险段。8 月上旬集中民工 5429 人，对堤进行修补，铺草皮 1.27 万 m^2，修补堤身 17.5km，完成土方 4.4 万 m^3。

垦殖公司所筑海堤，对抵御海潮、保护生产，起过一定的作用。中华人民共和国成立后分期兴筑新海堤，公司堤的功能相应发生变化。1956 年三仓河闸至东台河闸海堤筑成后，原六里舍至三区头的公司堤段，不再承担挡潮任务，而成为滨海道路。1964 年新港干河东岸海堤筑成后，原七门闸至大码头的公司堤段，不再承担挡潮任务。1967 年弶港军垦海堤筑成后，原三门闸至三仓闸的公司堤段成为二线海堤。1977 年渔舍围垦海堤筑成后，原七门闸至三门闸的公司堤段也成为二线海堤。

3.2.5 新海堤

中华人民共和国成立后党和政府为保障人民生命财产的安全，防止海潮倒灌，开发利用滩涂，发展农副业生产，分期按标准筑新海堤。1984 年 9 月《海堤工程查定报告书》记述：自 1955 年至 1983 年沿海形成三种堤防，长 160.291km：一是直接挡潮的一线海堤，长 59.852km，该堤北起大丰县界至林场路口转向梁垛河闸，接梁垛河南闸海堤，经新东河海堤、三仓河闸下挡潮大坝、弶港军垦海堤、渔舍围垦海堤至新港闸；二是仍起防护作用的二线海堤，长 38.771km，该堤由五七公路向南，经三仓河闸至新港闸与渔舍围垦海堤交叉处止；三是附属堤防，长 61.668km，该堤包括东台河闸、五七闸、三仓河闸、渔舍涵洞、新港闸下游引堤，太平堤，安全堤，梁垛河南闸海堤，南闸干河北堤，新东河西堤、笆斗村小海堤等。

3.2.5.1 三仓河闸以北至大丰县边界海堤

该堤长 30.3km，施工分三期进行。第一期于 1954 年冬季兴筑，由上海农场、川东分场施工。该堤起于川东港以南海堤，止于东兴公司海堤（今东台河闸），东台境内长 6.0km。筑堤标准为：堤顶高程 6.5m，顶宽 8m。第二期于 1955 年冬季兴筑，由东台县海堤工程办事处组织溱东、时堰、台南三个区的民工 8849 人施工。第二期海堤范围为三仓闸向北至麻虾套海堤，堤长 12.7km，于 11 月 10 日开工，12 月 12 日竣工，完成土方 55.32 万 m^3、砩方 12.75 万 m^3，铺草皮 26.22 万 m^2，做工日 24.81 万个，国家投资 17.2 万元。筑堤标准为：堤顶高程 7m（距三仓河闸 500m 内为 8m），顶宽 8m，外坡 1∶5，内坡 1∶3。第三期于 1956 年春季兴筑，由溱东、时堰、台南三区民工 7015 人施工。第三期海堤范围为麻虾套至东台河闸，堤长 11.6km，于 2 月 13 日开工，3 月 20 日竣工，完成土方 43.53 万 m^3，做工日 25.28 万个，国家投资 13.3 万元。筑堤标准为：堤顶高程 6.5m（距东台河闸 500m 内为 7.5m），顶宽 8m，外坡 1∶5，内坡 1∶3。经过三期施工，三仓河以北至大丰川东港闸之间的海堤连成一体，从而成为堤东地区的挡潮阵地；同时使三仓河以北新增围滩面积 2.4 万 hm^2，为草荡、滩涂养垦利用创造条件。经多次加高培厚，1984 年堤顶高程达 7.0～7.4m，顶宽达 6～8m，外坡高程 6.5m 以下 1∶5，以上 1∶3。1987 年，堤内草滩已基本变为良田。自从梁垛河闸南北及新东河堤建成后，从五七公路向北至大丰县界的 15.43km 长的海堤仍为一线海堤，向南至三仓闸的 15.1km 长的海堤成为二线海堤。

3.2.5.2 新港干河东岸海堤

东岸海堤范围为七门闸至新港闸，堤长 9.4km，新增围滩面积 1973hm^2。1963 年冬开挖新港闸闸塘和新港干河时，利用开河土方兴筑东岸海堤。该堤堤顶高程 8.0～8.5m，顶宽 8m，外坡 1∶5～1∶10。1964 年新港闸建成放水，为发挥其效益，于 1964 年 11—12 月兴办新港干河扩建工程，同时提高海堤标准。堤顶高程达 9.1m，顶宽达 10m，外坡 1∶5～1∶10，内坡 1∶3。外坡满铺草皮，计 13 万 m^2。并发动民工，首次在内坡植树，开创堤成绿化成的先例。1977 年渔舍围垦海堤形成后，东岸海堤成为二线海堤。

3.2.5.3 弶港军垦海堤（军工堤）

1967 年 1 月 19 日东台县水利局向盐城专署水利局报送《弶港围垦工程设计及概预算》，2 月 15 日，盐城专署水利局（67）水计字第 17 号文《关于弶港围垦工程设计及概算的批复》中具体规定：弶港军垦海堤从三仓闸下引河堤头起，至三门闸止，全长 3.5km。其中北端 900m，设计堤顶高程 9m，顶宽 8m，堤身内外设有平台，平台高程 7.5m，宽 2m，坡度 1∶3（低洼地段 1∶10）。国防段以南海堤，堤顶高程 8m，顶宽 8m，至三门闸一段，利用三门闸下旧引河堤加高培厚，堤顶高程 7.5m。本期工程动员民工 7450 人，于 1967 年 3 月 1 日开工，4 月 5 日竣工，做土方 37 万 m^3，铺草皮 7 万 m^2。该堤使弶港镇渔民摆脱海潮侵袭之害的状况，同时围垦 893hm^2 滩涂。

1981 年 9 月 1 日，14 号台风引起的风暴潮，冲毁三仓河闸下挡潮大坝及附近一段军垦海堤。在水毁工程修复中，决定退建挡潮坝和军垦堤北段，堤线从三仓河闸下新挡潮大坝处，向南至弶港镇东头的军垦海堤内侧，长 3.1km。该修复工程 1982 年 2 月 10 日开工，4 月 25 日竣工，完成土方 26.6 万 m^3，铺草皮 8.4 万 m^2。成堤标准为：堤顶高程 9m，顶宽 8m，外坡在高程 6.5m 以下 1∶15，以上 1∶5，内坡 1∶3，均满铺草皮。

3.2.5.4 边防海堤

1971 年 3 月，东台决定拓宽新港干河，结合围垦进行此段海堤改道。两项工程同时进行，由县常年治水民工（1 万人）施工。该堤从大赉公司堤的竹棚处向南延伸，经新东乡小街转向西，与新港干河东堤衔接，长 5.03km，完成土方 12.22 万 m^3，铺草皮 7.5 万

m^2，围田面积 $400hm^2$。成堤标准为：堤顶高程 7m，顶宽 6m，外坡 1：5，内坡 1：3，青坎 20m。

3.2.5.5 梁垛河闸南北海堤

由于梁垛河位于海堤外 11.5km 处，所以必须新开闸上干河、筑堤挡潮，以保护闸、河及内地安全。1971 年 11 月，东台动员城东、四灶等 10 个公社的民工 4.16 万人，开挖梁垛河东段，结合兴筑梁垛河闸南北海堤，全长 15.3km，于 1972 年 1 月竣工。南堤自老海堤（今海堤桥）至闸口南侧，长 11.7km，堤顶高程 8m，顶宽 25m，外坡 1：8，内坡 1：3。北堤自老海堤（今五七闸）至闸口北侧，长 3.6km，堤顶高程 8.5m，顶宽 20m，外坡 1：8，内坡 1：30，为保证海堤质量，明确规定：堤底清基倒毛；堤身分层进土，每层厚度不超过 20cm，退步倒土，层层破堡；堤坡要根据标准搭成样架做坡；堤顶内顶角高于外顶角 50cm，向外坡泻水；内坡及堤顶表面用厚 20cm 的黄土包住沙土，以防风沙；堤外坡满铺草皮，每块草皮厚 10cm、宽 20cm、长 30cm（俗称 123）像铺砖地坪一样，横向排列，上下不同缝，互相挤紧，在堤脚处埋入土中 10cm；海堤所经港丫地段，都在外坡脚加做平台，平台面高程 4.5m，宽 10~15m，外坡 1：4，以挡海浪冲击。此规定成为以后境内兴筑海堤的要领。

该期工程还将五七公路从老海堤林场路口南边向东延伸至梁垛河闸北侧。路顶高程 4.8m，路面宽 12m。1976 年冬在路南侧修筑成一线海堤，长 2.8km，堤顶高程 7.4m，顶宽 8m，外坡 1：5，至高程 5.5m 处为公路，路面宽 6m。至此梁垛河闸北堤成为二线海堤。

1982 年 10 月在梁垛闸南侧 210m 处兴建梁垛河南闸，同时开挖上游干河，利用挖河土方兴筑南岸海堤，自闸身南侧向西与新东河海堤衔接，长 10km。动员溱东、时堰等 17 个公社民工 5.5 万人，开河筑堤，完成土方 396 万 m^3，铺草皮 46 万 m^2。成堤标准为：堤顶高程 9m，顶宽 15m，外坡在高程 6.5m 以下 1：15，以上 1：5，满铺草皮，内坡 1：3。梁垛河南闸建成以后，这段海堤成为一线海堤，梁垛河闸南堤成为二线海堤。从此，梁垛河闸南北的一线海堤北起林场路口，经梁垛河闸和南闸至新东河东岸海堤，全长 12.8km。

上述海堤的陆续修成，增加围滩面积 $1953hm^2$。

3.2.5.6 新东河东岸海堤

三仓河闸、新港闸下游港槽相继淤塞，不能直接排水入海，东台东南部地区的排水均经梁垛河闸入海。经江苏省水利厅、省围垦指挥部、盐城市水利局批准，开挖新东河，将三仓河以南地区的排水纳入三仓河，经新东河到梁垛河闸出海。工程于 1979 年 11 月开工，1980 年 1 月竣工。新东河东岸出土用于兴筑海堤。该工程北接梁垛河南堤，南至三仓河闸下北引堤，全长 7.72km，新增围滩面积 $1000hm^2$。河堤工程动员富安等 12 个公社民工 3.57 万人，完成土方 222.53 万 m^3，铺草皮 25 万 m^2。成堤标准为：堤顶高程 9m，顶宽 10m，外坡在高程 6.5m 以下 1：15，以上 1：5，满铺草皮，内坡 1：3。从此三仓闸至梁垛河海堤成为二线海堤。

3.2.5.7 渔舍围垦海堤

围垦海堤南至新港闸，北至猞港，接军工堤，全长 18.8km。该堤是围垦造田的骨干工程，经过两期兴筑，一次退建，三次加固培修而成。

第一期工程于 1977 年 10 月 15 日开工，动员 23 个公社的民工 6 万人，兴筑渔舍围垦海堤，围垦 5400hm²，自新港闸西边海堤向北经 8 个直角湾至弶港与军垦海堤衔接，堤长 20km。12 月中旬，堤身做至顶高 5.0m、顶宽 6～8m 时，东台决定扩大围垦面积，调整海堤线路，再向海滩东进，扩围 1467hm²。

第二期工程的海堤线路从新港闸西边海堤向北至第 4 个直角湾（今北川村东南）向东延伸 3km 向北，经五个弯道与蒿港军垦海堤衔接，全长 33km。该工程于 12 月 20 日开工，1978 年 1 月 6 日竣工。

两期工程共完成土方 637 万 m³，铺草皮 148 万 m²。形成的一线海堤标准为：堤顶高程 9m，顶宽 8m，外坡高程 6.5m 以下 1∶15，以上 1∶5，满铺草皮，内坡 1∶3。

1979 年夏，王家槽港向西摆动，逼近渔舍海堤。在麻虾套附近，险段达 760m，港槽深泓宽百米以上，底高－2.0m，水深浪大，直冲堤身，形势十分严峻。6 月 5 日起进行抢险保堤。使用块石 6480t，碎砖 7.66 万 t，草包 15 万只，铺于外坡，但收效甚微，险情仍日益发展，硬料护坡已不起作用。继用软体排护坡，也未能阻止港槽西移。8 月 24 日，受 10 号台风高潮袭击，此段海堤溃决 1000m。总计抢险工日 6 万个，投资 58 万元。

退建海堤。在抢险过程中，为保渔舍垦区安全，县委决定抢筑退建堤。退建堤系利用第一期工程已做的堤身。从北川村向北至弶港东侧海堤，长 10.5km。动员 18 个公社的民工 8000 人，7 月 1 日开工，25 日竣工。做土方 34.83 万 m³，铺草皮 2.4 万 m²。成堤标准为：堤顶高程 6.5m，顶宽 6m，外坡 1∶15，内坡 1∶3。

第一次加固。1979 年 8 月 24 日，麻虾套外海堤出险后，立即将退建堤突击加固，从内坡加土，堤顶高程加 7m，顶宽加至 8m，完成土方 10.4 万 m³，铺草皮 3.2 万 m²，使渔舍垦区安全度汛。

第二次加固。1980 年 2 月，将退建堤加修，堤顶高程加到 8m，顶宽加到 8m，土方全加在内坡一侧，完成土方 62.5 万 m³，铺草皮 13.5 万 m²。

第三次加固。1982 年 2 月 2 日，按照一线海堤的挡潮要求，继续对退建堤进行加固，使堤顶高程达到 9m，顶宽达到 8m，外坡在高程 6.5m 以下 1∶15，以上 1∶5，满铺草皮，内坡 1∶3，完成土方 37 万 m³，铺草皮 11.6 万 m²。

渔舍垦区围垦海堤从 1977 年兴筑到 1982 年，共做六期工程，实围滩地 4880hm²，完成土方 781.73 万 m³，铺草皮 178.7 万 m²。退建加固后的渔舍垦区围垦海堤长 18.8km，全部达到设计标准，成为弶港以南至新港闸的一线海堤。原三仓闸至新港闸的海堤成为二线海堤。

3.2.6 圩堤

1987 年前，堤西圩区圩堤标准为：靠主要大河的堤顶高程 4.5m，顶宽 3m，靠一般河流的堤顶高程 4.2m，顶宽 2.5m 青坎；旧河不小于 2m，新河 5m 左右。地面高程在 2m 以下的洼地，靠外大河的堤顶高程 5m，靠内河的堤顶高程 4.5m，顶宽 3m。1987 年，里下河圩区圩堤总长 1070.03km，其中已达标准的 948.46km，占 88.6%，未达标准的 121.57km，占 11.4%。1991 年夏季特大洪水后，10 月 25 日东政发〔1991〕223 号文件明确圩堤加修标准：外圩顶真高 4.5m，顶宽不少于 3m，迎水坡 1：1.5，背水坡 1：2，一般河道圩堤青坎不少于 3m，骨干河道青坎宽度不少于 5m。经联圩并圩和重新加修后的圩堤总长为 1036.1km。1997—2005 年，里下河圩区先后实施圩堤达标建设、"无坝市"建设，圩区险段治理，经过综合整治后的圩堤长度为 978.7km。2010 年，据统计里下河圩区圩堤总长 967.23km，其中达标圩堤 933.66km、不达标 33.58km。1988—2010 年，圩区先后完成圩堤新筑和加修土方 1752 万 m^3。具体见附表 5。

3.3 河道

东台境内古代形成的河流，其发展过程端倪可寻。明代境内主要干河堤西分布居多，有运盐河（泰东河）、南官河、十八里河、蚌蜒河、梓辛河、串场河；堤东有五场的各灶河。清初淮河洪水，由里运河归海坝排入里下河地区，境内河流承受洪水入海。清雍正、乾隆、嘉庆、道光年代，继续疏浚排水河道，整治河道工程亦多集中于堤西地区。中华人民共和国成立后东台水利建设进入新时期。治水重点转移到堤东沿海地区，彻底改造五场灶河，开挖和疏浚东西向干河 7 条，南北向调度河 5 条。至 1987 年，全市共有主要河道 23 条，完善以泰东河为主流的圩区水系、以 6 条干河为主流的垦区水系、以何垛河为主流的川东港地区水系。

根据 2010 年《省政府关于江苏省骨干河道名录的批复》，涉及东台境内的河道有 24 条，其中省流域性骨干河道有 2 条，即泰东河、通榆河；省区域性骨工河道有 3 条，即丁溪河、姜溱河、车路河；重要跨县河道有 11 条，即梓辛河、幸福河、蚌蜒河、海溱河、串场河、何垛河、丁堡河、潘堡河、东潘堡河、红星河、北凌河；重要县域河道有 8 条，即先进河、安时河、东台河、梁垛河、三仓河、安弶河、方塘河、头富河。

20 世纪 80 年代末起，《江苏省水利工程管理条例》《盐城市水利工程管理实施办法》《东台市水利工程管理办法》《东台市河道管理暂行办法》等地方法规和行政措施先后颁布实施，按照"按级管理、分级负责"的规定和多年河道管理实践，至 2010 年，东台境内纳入市管及市级以上管理的骨干河道有 29 条，其中省管流域性骨干河道有泰东河、通榆河 2 条；盐城市市管区域性骨干河道有串场河、丁溪河 2 条；市管（含跨县和县内）骨干河道有安时河、南官河、蚌蜒河、车路河、老梁垛河（十八里河）、梓卒河、辞郎河、何垛河、东台河、梁垛河、三仓河、安强河、方塘河、红星河、输水河、头富河、西潘堡河、东潘堡河、梁垛河南闸上游干河、新东河、新港干河、北垦区干河、南垦区干河、南北方塘河、渔舍中心河 25 条。在 29 条骨干河道中，里下河水系有 12 条（含省和盐城市管 4 条），堤东垦区水系有 17 条。1988—2010 年，全市 29 条市管及市级以上管理骨干河道在规划、建设和管理实践中发生一些位置、走向和长度的变化，2010 年东台市第一次全国水利普查记载的部分河道的位置、走向发生调整。具体见附录。

3.3.1 圩区河道

3.3.1.1 泰东河

泰东河是里下河地区排、灌、引、航结合的骨干河道之一，古名运盐河、下运河。北宋庆历年间（1041—1048 年），淮南、江浙、荆湖制置发运使徐的，曾"复治泰州西溪河，发积盐"。这是仅见的早期治理泰东河的记载。明清两代，续有疏浚。明永乐四年（1406 年）、万历三十五年（1607 年）、天启二年（1622 年）、清康熙三十八年（1699 年）、四十年（1701 年）、四十四年（1705 年）、道光十五年（1835 年），先后挑浚 7 次。不同历史时期，泰东河有不同的作用，明代以前以运盐为主，"盐船万艘，往来如织"，为各场运盐至泰坝之主航道；清代以排洪为主，"上承上运河、邵伯各坝减下之水，由渌洋、艾陵等湖经泰州小溪河入运盐河归串场河出丁溪闸下古河口入海"。中华人民共和国成立后，泰东河除继续发挥主航道作用外，还作为引江干河之一，上引新通扬运河之水，下输送江水至里下河东南片，并部分提供斗龙港以南滨海垦区水源。

1997—1999 年实施通榆河五、六期工程（东台段），开挖泰东河与通榆河接线段 7.6km，河道从先进河口东延至通榆河（原先进河口至海道口段不再计入泰东河）；2001年，省政府启动泰东河全线拓浚整治工程，规划西起泰州引江河北口，东接通榆河，全长55.08km，包括泰州引江河北口至泰东河西口段（与新通扬运河共用段 6.376km），以及泰东河西口至泰东河东口（与通榆河交会处）48.7km。2004 年实施泰东河时堰段拓浚整治工程，长约 5km；2010 年后相继实施东台境内全线拓浚整治，整治工程从姜堰市溱潼镇界至通榆河与泰东河接线段西口，长 23.3km（不含兴化市插花地 2.1km），河道设计标准为底宽 40～45m，口宽 95～97m，底高程−5.0 ～−4.0m，坡比 1:3～1:4，分期拓浚整治后，泰东河东台段全长 30.9km。

据 2010 年《江苏省骨干河道名录》记载，泰东河西起新通扬运河（泰州），东迄通榆河（东台），全长 55.1km。泰东河西起泰州市海陵区京泰路街道老东河村（新通扬运河南、泰州市老东河北口），摒弃老东河北口向南至鲍坝 3.05km 河段（亦为里下河水系），东迄东台镇长青居委会（通榆河），全线长度为58km，东台境内长 30.9km，流经溱东、时堰、梁垛、五烈、西溪景区和东台镇 6 个镇（区）。据东台市第一次全国水利普查，泰东河西起泰州市海陵区京泰路街道老东河村（新通扬运河南、泰州市老东河北口），摒弃老东河北口向南至鲍坝 3.05km 河段（亦为里下河水系），东迄东台镇长青居委会（通榆河），全线长度为58km，东台境内长 30.9km，流经溱东、时堰、梁垛、五烈、西溪景区和东台镇 6 个镇（区）。

3.3.1.2　串场河

唐大历元年（766 年），黜陟使李承任淮南节度判官时兴筑常丰堰（又名李堤）和宋代筑范公堤结合开挖的复堆河，历经浚深延长，形成串场河。串场河南起海安与通扬运河相交，向北经东台、盐城，至阜宁入射阳河。

据第一次全国水利普查，串场河全长 174km，南起海安县海安镇新园村新通扬运河，北至阜宁县阜城镇，在东台境内长 34km，北起东台大丰界，南至安丰与海安仇湖界（改南起富安与海安界东串场河为从安丰仇湖港进入海安县境内西串场河），流经安丰、梁垛、东台镇、市经济开发区、五烈 5 个镇（区）。

串场河历史上是堤东各盐场转运食盐的主要航道，又是里下河地区各河流泄洪入海的大动脉，兼供两岸农田灌溉水源。在元、明、清三朝的 651 年中，串场河先后疏浚过 12次，其中元朝、明朝各 2 次，清朝 8 次。1954 年 4 月分别对梁垛至瞅鱼港、安丰至三汊河和大尖三段（4.06km）进行疏浚，动员民工4432人，做土方6.88万m³。1958年开挖通榆河后，东台城以南串场河的地位逐渐为通榆河所代替，富安镇以南至海安县边界的串场河已成废河。串场河的作用，仅为调节补充通榆河水源，满足三座电力翻水站的翻水需要。东台城以北的串场河仍起到通航和排水、引水大动脉的作用。1963年、1973年，对台城西侧的河段进行两次改道，主要是为适应交通航运事业发展的需要。

3.3.1.3 通榆河

通榆河南起海安县海安镇三塘村（新通扬运河交界处），北达赣榆区柘汪镇响石村，全长376km，是江苏省东部沿海地区江水东引北调的水利、水运骨干河道。该河道东台境内南起海安县界、北至大丰市界，河道长为36.6km。1958年实施该工程时计划长度380km（南起南通任港，北至赣榆），由于当时财力不足等原因，未能按计划完成工程标准，成为"半拉子"工程。

通榆河在东台境内南起海安县边界陈家圩，北至丁溪河口，长36.62km。南段陈家圩至何垛河口，长27.77km，由东台施工，使用独轮小车22920多部，牛拖车1461（牛900多头）部，轨道小火车11037部（轨道361条，59609m长），组织铁、木工953人，建立修配厂301个，实行"三化"（车子化，绞关化，滑轮化）。停工时初步成河，河底宽30m，底高程-2m。北段由何垛河口至丁溪河口，长8.85km，由建湖县施工，挖土不多，仅形成一条小河。东台境内工段，国家拨款167万元，由本县动员52000人，施工3个月，完成土方1206万m³。该段未按原计划完成，在河床中留下通榆、安菰、东蹲公路坝3座，使河床变为积蓄咸水的呆水塘。

1963年，东台县建桥拆坝，境内通榆河全线贯通。为利用该河引淡和航运，又调集抽水机，排出通榆河咸水300万m³，支用排水经费28300元。从此，境内通榆河死水变为活水，咸水变为淡水，开始发挥效益。但新建的新灶通榆公路桥标准偏低，跨度过小，影响南水来量。

1969—1972年，东台县在通榆河东岸，新建3座电力翻水站，从通榆河引水72m³/s，供给堤东地区。为解决通榆河水源问题，相继开挖安时河、三合大沟、台城何垛河，与串场河、泰东河相通，引江水补给。1978年，海安县整治境内新通扬运河以北的通榆河（标准达到：河底宽20m，底高程-2.0m，河坡1:3），与境内通榆河配套。1978年，东台县对何垛河至丁溪河段进行疏浚。竣工标准，河底宽8m，底高程-1.0m。以上工程的实施，扩大通榆河来水，基本满足3座电力翻水站的水源需要，对农田灌溉、抗旱保苗、冲淤保港及航运起到重要作用。至1987年，通榆河沿线共建配套建筑公路桥3座，大拖拉机桥3座，小拖拉机桥3座；东岸各支河设置土坝22条，船闸1座，节制闸1座，涵洞1座。

1990年9月，国家计委以国计农经〔1990〕1439号文批准江苏利用日本政府海外协力基金会资金实施南起东台城、北至响水县灌河，总长245km的通榆河中段拓浚整治工程。1997年，通榆河中段拓浚整治工程进入东台境内施工，工段长12km，工程标准为河底宽50m，河底高程-4.0m、口宽100m、河坡1:3，三级航道标准，设计引江水能力100m³/s。1999年7月14日，拓浚整治工程通过省级竣工验收，通榆河中段拓浚整治工程全线竣工通水。据2010年《江苏省骨干河道名录》，通榆河南起新通扬运河（海安），北迄柘汪工业园（赣榆），全长 368.1km。据东台市第一次全国水利普查，通榆河南起海安县海安镇三塘村新通扬运河，北迄赣榆县柘汪镇响石村，全长 376km，东台境内 36.6km，流经富安、安丰、梁垛、东台镇、市经济开发区。

3.3.1.4　车路河

车路河原为兴化县排洪入海的干河，西起兴化南门口南官河，东至大丰县丁溪串场河。该河北岸大部属兴化，南岸从廉贻乡的麻港至甘港一段（长 9.6km）属东台，清代曾疏浚 3 次。兴化县为排灌需要，于 1986 年全面疏浚车路河。成河底宽 44m，底高程－2.5m。工程结合修筑北岸公路，水畅路成，发展水陆交通。据 2010 年《江苏省骨干河道名录》和东台市第一次全国水利普查，全长 43km，东台境内 6.3km。

3.3.1.5　梓辛河

梓辛河又名得胜河，西起兴化市芦洲，东至东台城西海道口，东台境内流经东台、五烈、廉贻三乡镇。清嘉庆《东台县志》载，清乾隆十一年（1746 年）兴挑梓辛河。东台建县后，未经修浚，年久淤塞。嘉庆十九年（1814 年），与蚌蜒河一起疏浚，东台工段自杜家湾至海道口，长 8.58km，兴化工段自乌金垛至杜家湾，长 4.32km，于 4 月 15 日开工，6 月 5 日竣工。

梓辛河曾是里下河排洪、排涝的干河之一，河阔水深，河底宽 50～70m，底高程－1.5m。但由于该河在西首与车路河并口，进水受干扰，东尾走向东南，水势不顺。中华人民共和国成立后该河成为地区性的调度河流。据 2010 年《江苏省骨干河道名录》和东台市第一次全国水利普查，梓辛河全长 40km，东台境内 11km。

3.3.1.6　蚌蜒河

蚌蜒河是里下河地区的老河道，由兴化县凌亭阁（老阁）到东台城西侧与梓辛河合流入串场河。在清代，蚌蜒河上承高邮到邵伯各归海坝下泄洪水，汇集串场河入丁溪、小海闸出海。在兴办新通扬运河后，该河成为里下河引进江水灌溉农田的主要河道之一。

《东台县志》载，清乾隆十一年（1746 年）兴挑，嘉庆十九年（1814 年）东台、兴化两县共同浚深蚌蜒河。光绪十四年（1888 年）于沿河南岸兴筑蚌蜒堤，以挡归海下泄洪水南侵。1950 年 6 月，苏北行署通令拆除战争时期筑成的土坝，以利排灌和航运。东台在蚌蜒河谢庄处拆坝 1 座。1987 年普查时，河底宽 50～70m，底高程－1.0～－2.0m，配建手扶拖拉机桥 5 座。

据 2010 年《江苏省骨干河道名录》，蚌蜒河全长 50km，东台境内 12.5km。据东台市第一次全国水利普查，蚌蜒河全长 50km，东台境内 12km。

3.3.1.7　十八里河

十八里河又名老梁垛河，是历史上梁垛盐场运输食盐的河道。清乾隆十一年（1746 年）兴挑，该河西起梁垛镇台南社区董永庙（泰东河口），东至三仓镇境内的潘堡河，全长 45km。由于 1970 年起开挖堤东新梁垛河，老梁垛河的功能逐渐失去，经过几十年的平山整地，其通榆河东岸至潘堡河段只剩下断断续续的沟河，几乎不起引排作用。其具备河道功能的河段为通榆河以西至梁垛集镇段 2.6km，以及相连的老"十八里河"段 10.67km，即《东台市水利志》（1998 年版）所称的"十八里河"，河道全长 13.3km。东台市第一次全国水利普查认定，该河西起梁垛镇董贤村，东迄三仓镇沙灶村，全长 45km。

3.3.1.8 安时河

安时河是堤西地区中华人民共和国成立后新开的干河，西起时堰镇泰东河，经时堰、先烈、梁垛至安丰镇入通榆河，全长 22.3km。该河取安丰、时堰两镇首字而取名为安时河。

1969—1972 年，在通榆河东岸建成安丰、富安、东台 3 座电力翻水站，总抽水能力为 72m³/s。原来从里下河引水的四个口门——何垛河、三合大沟、老梁垛河、老三仓河，引水能力只有 60m³/s，还差 20m³/s。为满足翻水站的抽水要求，东台县政府决定兴建安时河工程。该河以卯酉线定向，与子午向的先进河十字交叉，成为改造圩区的方向河。

1972 年春，县动员 4 万名民工进行安时河工程的施工。该河自通榆河至串场河系利用老三仓河扩浚，向西至时堰全部平地新开，其规模为东台里下河地区中华人民共和国成立以来最大的一项工程。安时河工程于 2 月 22 日开工，3 月底竣工，完成土方 308 万 m³。成河标准：南官河口以西，河底宽 20m，底高程 -1.2m，坡比 1：2；南官河口以东，河底宽 30m，底高程 -1.5m，坡比 1：2.5。河南出土筑圩，圩顶高程 4.5m，顶宽 4m，内外坡比均为 1：2。河北出土结合筑安时公路，路面高程 4.5m，路面宽 7m，坡比 1：2。河南出土筑圩，圩顶高程 4.5m，顶宽 4m，内外坡比均为 1：2。路和圩的顶角、坡、底脚栽树，株距 1.3m，行距 1m。工程达到"四成"，即河成、公路成、圩成、绿化成。

安时河施工时造田 22.7hm²，占挖废土地面积的 33%。安时河开挖后，既为安丰翻水站提供充足的水源，又改善泰东河以南 1 万 hm² 耕地的灌溉水质，堤西南部受涝时还可由安丰翻水站从该河抽水向东入海。同时安时河是西南部诸乡镇水运的主要航道。至 1987 年，安时河沿线共配套桥梁 15 座，其中公路桥 3 座（时堰、先烈、安丰各 1 座），大拖、手扶拖拉机桥 12 座。

据 2010 年《江苏省骨干河道名录》，安时河全长 22.3km，东台境内 22.3km。据东台市第一次全国水利普查，安时河全长 22km，东台境内 22km。

3.3.1.9 南官河

南官河亦称运盐、六十里河，位于堤西南部边缘，东起安丰镇串场河，西出溱东镇青蒲阁入泰东河，中段为东台、海安界河。南官河流经安丰、梁垛、先烈、时堰、溱东 5 个乡镇，历史上为富安、安丰两盐场运盐至泰州的航道，现为东台和海安的引江干河。

该河于清嘉庆二十年（1815 年）兴挑，历史上曾整治过多次。中华人民共和国成立后亦经过两次大的变动。

第一次是 1972 年开挖安时河，安时河在安丰镇大明村穿过南官河，将位于安时河北岸的一段南官河切断（长 4.5km），降为一般河道。位于切口南岸的南官河出口入安时河，成为安丰电力翻水站引进江水的干河之一。

第二次是在 1972 年冬，溱东镇为调整圩区布局，改善圩外引排水系，在镇政府所在地新开一条卯酉向的志青河。这条河西起青蒲附泰东河，东至苏庄入白米河，再循白米河向北 2.2km，接上南官河。原来从白米河向西的南官河（又名十八里汪河），不再承担行水任务，逐步改造成为鱼塘或耕地。新开的志青河，河底宽 20m，底高程 -2.0m，坡比 1：2。南官河自改道去青蒲后注流量增加，航道条件改善。现全河由西向东，河底宽

20～50m，底高程－0.8～2.0m，配套大拖拉机桥 7 座，手扶拖拉机桥 1 座。

据 2010 年《江苏省骨干河道名录》，南官河全长 19km，东台境内 19km。

3.3.1.10　先进河

先进河为 1973 年新开河道，南起南官河，北至台南乡杜沈村入泰东河，流经先烈、时堰、台南 3 个乡镇，全长 17.3km。该河系按县"四五"规划河道的布局，由沿河三乡镇联合自筹兴办，计挖土方 125.9 万 m³。成河标准：河底宽 8～12m，底高程－0.5～－1.0m，河坡 1∶2。西岸出土筑圩，东岸出土筑公路路基。开挖先进河，主要是为东台堤西南部水网地区增加一条"经线"河道，由南至北沟通东西向的南官河、安时河、十八里河、泰东河。先进河既对沿线各东西向河起调节作用，又为海安县里下河地区向北排水增加出路。

1973 年成河后，将东岸出土结合筑成台南公路，并与安时公路接通，陆续配套公路桥两座（台南、先烈各 1 座），大拖拉机桥 4 座，手扶拖拉机桥 17 座。

3.3.1.11　丁溪河

丁溪河原为丁溪闸下引河，亦称丁溪场运盐河，位于东台城北 9km 处，由丁溪向东至小坝河口，现为东台、大丰两县界河。河北属大丰，河南属东台，过小坝河口以东至竹港闸全河属大丰。丁溪河历史上是里下河排洪入海的干河，明、清时期曾进行过多次整治。民国时期在该河出海口上建筑竹港闸 1 座。1958 年，为兴建王港闸和川东港新闸运料，大李县全线疏浚从丁溪闸至竹港闸的干河，底宽达 10m，底高程－1.0m。工程竣工后，除便利运输外，主要改善从里下河自流引水条件，在引水保港、抗旱灌溉农田方面，取得明显效益。

据 2010 年《江苏省骨干河道名录》，丁溪河全长 55km，东台境内 20.6km。

3.3.1.12　何垛河

何垛河西连串场河，东接川东港，排水由川东港闸入海，地跨东台、大丰两县。在东台境内名何垛河，至潘丿河进入大丰县后名川东港。该河是两县边界独立排水入海的干河，全长 54.4km，东台境内 30.1km。南自东台河，北至竹港河为川东港流域，面积 648km²，其中东台县 326.46km²。

清康熙十七年（1678 年）、四十年（1701 年），为宣泄洪水入海，两次疏浚何垛河。民国 20 年（1931 年）洪灾严重，民国 21 年（1932 年）"国民政府"以工代赈，开浚下游出海河床，西起大桥镇，东至川东港，长 9.25km，完成土方 162 万 m³。民国 22 年（1933 年），于川东港建成川东闸（4 孔，每孔净宽 2.5m，底板高程－0.09m），使东台北部排水条件有所改善。东台堤东地区雨水一般情况下大都经南北向河道排入川东港。由于过闸水量充沛，闸下港口虽有回淤，但不严重，一般淤高 0.3～0.6m，在丰水年还可将淤土冲走，港口基本稳定。1956 年建川闸、东台河闸建成，南部来水减少，港口淤积日益严重，原川东闸排水缓慢，作用很小。沿线有关社队，为防客水倒灌被淹，纷纷在其内部沟河筑坝，致使水系紊乱。每逢暴雨，涝水迂回流窜，各夺出路，引起两县之间边界水利纠纷。自 1958 年起，在盐城地委、专署领导下，连续四次整治何垛河（川东港），将川东港河口向东推进到行船港，并建新川东港闸，使排涝标准达到 10 年一遇，西引东排，港情好转。

第一次，1958 年盐城专署决定整治川东港河，分配东台县建筑新闸，并试开一段老何垛河，大丰县挖川东港河。因财政问题新闸未开工，开挖沈灶至闸口一段河床（长21km），完成土方 241.2 万 m^3，国家投资 34 万元。东台县只疏浚何垛河 1km。

第二次，1965 年盐城专署水利局报省政府批准续建川东港工程，规定大丰负责建筑川东港新闸，东台负责挑挖干河。挑挖干河分两期施工。第一期组织民工 40030 人，于1965 年 11 月 10 日开工，12 月 24 日竣工，完成大丰县境内甜水丫子向东至新闸址一段（长 13.368km），实做土方 320 万 m^3。第二期组织民工 31780 人，于 1966 年 2 月 1 日开工，2 月底竣工，完成甜水丫子向西至东台境内海堰河口一段（长 22.462km），完成土方314 万 m^3。两期工程共完成土方 634 万 m^3，国家投资 62 万元。是年 7 月，川东港新闸建成排水。

第三次，1972 年春为解决东台电力翻水站水源问题对串场河—通榆河一段何垛河（长 3500m）进行施工。西段利用原有河道 1 000m；东段新开挖 2500m，于 4 月 5 日开工，5 月底竣工，完成土方 59.4 万 m^3，投资 21.3 万元（县自筹）。河床标准：底宽30m，底高程−1.5m，坡比 1∶2.5。

第四次，1976 年冬盐城专署决定东台、大丰两县共同拓宽河道。1976 年 11 月开工，1977 年 2 月竣工，完成川东港东段干河（长 18.8km）土方 371 万 m^3，国家投资 47.68 万元，自筹 44 万元。东台动员民工 30000 人，拓宽西段干河，从通榆河边到潘丿河，长32.1km，于 11 月 2 日开工，12 月 31 日竣工，完成土方 381 万 m^3。国家投资 62.14 万元，自筹 31.2 万元。河底宽西首起点 15m，东至闸上终点 90m，河底高程−1.0～−1.5m，坡比 1∶3～1∶3.5。同时，在通榆河东岸建节制闸 1 座。

至 1987 年，沿河配套建筑物有：公路桥 1 座，大拖拉机桥 3 座，手扶拖拉机桥 2 座。

据 2010 年《江苏省骨干河道名录》，何垛河全长 29km，东台境内 26.6km。据东台市第一次全国水利普查，何垛河全长 29km，东台境内 18km。

3.3.2 垦区河道

3.3.2.1 东台河

东台河，又名煎盐河，清代是东台盐场的运盐河。淮南十场志图示，清初东台河西起东台串场河，东至张家团河一带。随着海岸的东移，民国时期可通航的东台河已达华丿。东台河沿河地势是东西两头高，中间低，过去积水均汇集于中部，通过南北向河道，经川东港、竹港、王港入海。

东台河整治工程 1955 年冬开工施工。整治工程自串场河至华丿段利用旧河扩浚，向东至闸口为平地新开，从蹲门口入海，全长 55km，于 11 月 10 日开工，12 月 18 日竣工，实做 35 个晴天，完成土方 438.8 万 m^3，国家投资 128.41 万元。河床竣工标准为：串场河至樊家坝河宽 6m。樊家坝至潘堡河河底宽 9～12，坡比均为 1∶3。从潘堡至农场河河底宽 11m，向东至闸口河底宽加到 17m，坡比为 1∶3.5。全河底高程从西首的 0.0m向东按 1/55000 比降到闸 1.0m。东台河挡潮排涝闸，亦于 1956 年建成。

1958 年春天，拓宽东台河。该工程分两段施工。先施工潘堡河至东台河闸一段，长17.2km^2，该段于 4 月 17 日开工，5 月 18 日竣工，完成土方 70 万 m^3，河底宽 20～27m，国家投资 10.6 万元。1962 年兴办东台河西段拓宽工程，东从潘堡河起，西至北腰灶，长 7.1km。该工程 12 月 5 日开工，24 日结束，完成土方 35.4 万 m³，河底宽 20m。1965 年整治何垛河（川东港），东台河以北流域划归何垛河，东台河以南地区划入堤东垦区。

1958 年通榆河开通后，东台河从其东岸起（减去市区段 3.5km），至原东台河闸，全长 51.5km。1996 年秋冬兴建川水港闸，该河从原东台河闸向东开挖延伸 4.8km，河道全线长度变化为 56.3km，据 2010 年《江苏省骨干河道名录》，东台河西起通榆河（东台），东迄黄海（川水港闸），全长 57.3km。据东台市第一次全国水利普查，该河道西起东台市东台镇蔡六居委会，东迄弶港镇，全长 57km。

3.3.2.2　梁垛河

梁垛河是堤东地区第一条按子午线定方向的东西向河道，称之为河网建设的定向河，该河位于东台河和三仓河之间，西起梁垛镇境内的通榆河，向东穿越南沈灶镇的连片洼地天鹅荡（约 6667hm²），继转入高地，流经三仓镇、新农乡、弶港农场、海堤乡境内，到梁垛河闸出海。

1970 年，东台县制订《水电建设十年规划》和"三河一路"施工计划。"三河一路"即新开梁垛河、安源河、垦区干河、五七公路四项工程。"三河一路"工程 1970 年冬施工，自筹资金 270 万元，粮食 200 万 kg，于 11 月 25 日开工，12 月 31 日竣工。

1970 年新开挖的梁垛河，西起通榆河东岸，东至垦区干河，长 40.303km。该河河底宽 8~50m，底高程从 0.0m 渐变到 -0.8m；河坡，西段的 27.848km 为 1∶3，东段的 12.455km 为 1∶3.5；青坎宽度 5.5~25m。河北岸堆土外做成公路路基，路面宽 12m，路顶高程 5m，河南岸堆土外做成机耕路，路面宽 10m，路顶高程 5m，路边各栽树 4 行。投入该河施工的民工 58113 人，工日 257 万个，完成土方 698 万 m³。

梁垛河东段续建工程从垦区干河向东至梁垛河闸西坝，系在海滩平地新开，长 11.9km。施工中利用挖河土方建筑河南、北岸海堤，并修建公路 10km，开挖闸塘一处，浚深中沟 3 条。该期工程 1971 年 11 月 20 日开工，1972 年 1 月 26 日竣工，完成土方 506.57 万 m³。河道标准为：垦区干河以西的 0.38km，河底宽 50m，底高程 -0.8m，河坡 1∶3.5，青坎 20m，北堆土外做公路，南堆土外做机耕路，河路、堆土均与 1970 年已开挖的梁垛河衔接。垦区干河以东至闸塘上游坝，长 11.52km，河底宽 40m、高程从 -0.8m 渐变到 -1.0m，河坡 1∶3.5；坝东 40m，河底宽 40m 逐渐放大到 80m，闸建成放水后与之相连，青坎随着河底放宽逐渐由 100m 缩小到 80m。

梁垛河的建成，改善了当地排涝条件，但由于闸大河小，1972 年汛期最大流量仅 100m³/s。为发挥闸的效益，1974 年冬季兴办梁垛河拓浚工程，分东、西两段施工。该工程 11 月 10 日开工，12 月底竣工，完成土方 498.44 万 m³。拓浚河段的工程标准是：东段——从东潘堡河至梁垛河闸，长 18.14km，河底宽 50~110m，底高程 -0.67~ -1.3m，河坡均为 1∶3.5；中段——从高海河至东潘堡河，河床已达标准；西段——从输水河至高海河，长 18.3km，河底宽 15m，底高程 -0.3m，河坡 1∶3。为保护河床，从海堤桥至闸口的河道两岸青坎上，距河口 5m 处筑一条子埝，顶宽 2m，比地面高 0.6m，坡比 1∶3；两坡满铺草皮。光沙不毛地段，在青坎中心加做两道子埝，每隔 30m 再做一条横向子埝，用以拦蓄雨水径流，避免冲坏河坡、淤塞河床。

1980年9月初，发生倒坝事故，清淤完成土方20多万m³，使河床恢复到原有标准。

1981年14号台风暴潮袭击东台沿海，三仓河闸下游引河挡潮坝溃决，海潮经新东河进入梁垛河。海潮带来的大量泥沙，造成东段河床严重淤塞。1981年冬进行人工捞淤。该工程从垦区干河向东至九中沟，长9.2km，除从新东河至九中沟的4.54km，将河底宽度从原90m扩大到100m外，其余断面均恢复到原来标准。11月17日开工，于12月18日竣工，完成土方107.56万m³，铺草皮3.9万m²。同年11月17—28日进行捞淤，疏通航道，完成土方8.38万m。

梁垛河从1970年开挖到1981年捞淤，用工16.11万人次，做土方1 838.95万m³，用工日797.15万个。对照原有河道状况，1987年，梁垛河已淤积土方156.19万m³，较为严重的是农干河至闸口15km河段，淤土83.32万m³。

沿河建筑物，经过16年（1971—1987年）的配套，西有接通榆河的向东船闸，东有挡潮排涝的梁垛河闸；穿越海堤、黄海公路、头富公路处，均有可通车的公路桥；沿线还有大拖拉机桥2座，手扶拖拉机桥9座，人行桥3座。

据2010年《江苏省骨干河道名录》，梁垛河全长53.5km，东台境内53.5km。据东台市第一次全国水利普查，何垛河全长53km，东台境内53km。

3.3.2.3 三仓河

三仓河位于堤东腹部，受水面积大，河床宽阔，历史上在发展盐业和开发滩涂方面，起过重大作用。三仓河从安丰镇通榆河起，东至六里舍三仓河闸，1979年从闸下开挖新东河，将三仓河向北延伸与梁垛河接通，1982年开挖梁垛河南闸上游干河接新东河从南闸出海。该河流经安丰、南沈灶、三仓、新农、弶港农场、海堤、弶港等乡（镇、场），全长61km。1954年《三仓河、方塘河流域排涝工程规划》划分三仓河流域面积483.5km²，其中耕地2.4万hm²，草田1.04万hm²。三仓闸下游港槽淤死后，其流域面积调整并入堤东独立排区范围。

清代，三仓河是安丰盐场灶河，由串场河向东至沈家灶，长15km，为河水总汇段，沈家灶向东分一、二、三、四、五仓河，加上南五仓河共六道。清康熙五年（1666年），安丰场盐商郑永成倡议预借盐税11000余两，挑浚五条沙河，费用由灶民陆续用盐抵补。办法虽好，但未实施。康熙四十七年（1708年），徽商余维睿疏浚灶河。乾隆五年（1740年）挑浚，嘉庆三年（1798年）商人捐资疏浚。晚清民国时期，疏浚之事少见。

三仓河历来向西排水入里下河地区。清嘉庆六年（1801年），巡抚岳起为保护堤西民田，严令禁止向西排水。由于东部积水无出路，大水时依然漫水过坝或开坝放水。晚清及民国时期水利失修，向西排水频繁。

1950年为减轻东水西压，改善堤东排水状况及创造开垦条件，东台县政府决定将三仓河疏通出海。工段西起三仓镇，东至三门闸，长20.3km，动员民工23327人，由县长徐植领导施工，于11月21日开工，到12月31日竣工，完成土方149.7万m³。河床标准为：河底宽10m，底高程为0.0～0.5m，河坡1:3，设计流量34.9m³/s。河成后三仓镇一带的木船可直达弶港，弶港人可乘班船到东台。1951年汛期，在三仓镇附近三仓河出现河水东流的情况。

1954年大水，里下河水位甚高，为执行省令，曾将向西排水口全部堵闭，以保里下河地区农业生产。由于当时向东和向北两方面排水流量甚小，不能及时宣泄积水，致灾情更重，三仓河流域受淹面积达 80%，地面积水 0.5～1.2m，退水时间延续 30～45 天。灾后，在省、地直接领导下，规划三仓河、方塘河治工程，确定以"改变历来流向，独立排水入海"为原则，设计的三仓河闸为 10 年一遇标准，河床土方先按 3 年一遇标准开挖，选定的三仓河河线，在新农小街以西利用老三仓河，以东平地新开至六里舍三仓河闸出海，全长 43.7km。三仓河工程，由盐城专署设立三仓河工程指挥部领导施工，动员射阳、阜宁、大丰、东台四县民工 79714 人，于 1954 年 11 月 29 日开工，因天气被迫于 12 月底停工。1955 年春继续施工，3 月 10 日全部竣工。总计完成土方 481.5 万 m³（1954 年冬完成 337.6 万 m³，1955 年春完成土方 143.9 万 m³），国家投资 214.5 万元。竣工标准：由西向东河底宽 4～56m，底高程 0～－1.0m，河坡 1∶3～1∶3.5。

1958 年，江苏省水利工作会议作出按 10 年一遇标准扩浚三仓河的决定，工程于 2 月 27 日开工，5 月 27 日竣工，完成土方 804 万 m³，实做工日 298 万个，国家投资 114.9 万元。

由于三仓河闸闸下引河淤塞，从 1962 年起三仓河即失去排水入海的功能。1979 年冬从三仓河闸下 1.35km 处开挖新东河，与梁垛河接通将三仓河的水引至梁垛河闸出海。新东河全长 7.7km，动员民工 35745 人，11 月 21 日开工，12 月 30 日竣工；完成土方 222.53 万 m³，实做工日 104.41 万个，铺草皮 25 万 m²；成河底宽 20m，底高程－1.0m，河坡 1∶3.5；出土结合筑东岸海堤。由于新东河河床比三仓河、梁垛河狭窄，水流较急，引起河床冲刷。1980 年冬，县动员民工 18000 人，扩浚新东河。该工程于 11 月 20 日开工，12 月 24 日竣工，完成土方 124.83 万 m³，铺草皮 29 万 m²。扩浚后的新东河河底宽为 50m（未扩浚前为 20m）。1981 年汛期，新东河遭潮水入侵，河床淤土 86.12 万 m³。为保持三仓河新东河排水能力，1981 年冬组织民工全部清除淤土。

1982 年兴建梁垛河南闸，配套开挖梁垛河南闸上游干河，西连新东河、东接梁垛河南闸，全长 9.6km。为防止高水北压梁垛河，并保证梁垛河南闸的设计排涝能力，在新东河北端的梁垛河右岸处打坝隔绝，引导三仓河水从梁垛河南闸入海，此线三仓河全长 59.1km。2010 年，为保障沿海开发，满足沿海新垦区引淡、排涝和通航需要，从新东河南口处沿三仓河轴线方向向东新开挖东延段 5.9km，河底宽 40m，河底高程－1.0m，河坡 1∶3，三仓河河道全线长度变化为 49.7km（鉴于项目规模原因，河道设计标准未能达到实际要求，在工区预留二期工程用地，设计河底宽 80m）。2010 年《江苏省骨干河道名录》记载，该河道西起通榆河（东台），东迄黄海（梁垛河南闸），全长 59.1km。据东台市第一次全国水利普查，该河道西起安丰镇联合村，东迄弶港镇，全长 46km。

3.3.2.4 安弶河

安弶河是东台堤东地区七条干河之一。安弶河西起安丰镇南通榆河东岸，东至方塘河，流经安丰、富安、富东、许河、新农、新街六乡（镇）。

由于三仓河至方塘河之间，南北河多，东西河少，公社与公社之间的河道布局不够统一，为调度水流，统一大、中、小三沟工程布局，实现排灌分开，县政府决定开挖安弶河。根据汇水面积，河床西段小、东段大，河、路、点（居民点）三结合，全河成卯西向，公路布置在河的北岸。

1970 年 11 月，东台县动员 10 万人进行"三河一路"工程的施工。安弶河是其中之一。该工程于 1970 年年底竣工，河底宽由西向东 8～12m，底高程 0.0～－0.5m，完成土方 380 万 m^3。从头富河至西潘堡河的富许公路长 12km，河路同时完成，1971 年通车。安弶河开成后，起到西引东排及沿线农水工程布局的导向作用。至 1987 年，沿河配套建筑物有：腰闸 1 座，公路桥 3 座，大拖拉机桥 8 座，手扶拖拉机桥 10 座。富安至许河的公路全线通车，与 204 国道及黄海公路联网。

据 2010 年《江苏省骨干河道名录》，安弶河全长 33.3km，东台境内 33.3km。据东台市第一次全国水利普查，安弶河全长 34km，东台境内 34km。

3.3.2.5　方塘河

方塘河位于堤东南部，清代是富安盐场的灶河。1954 年《三仓河、方塘河流域排涝工程规划》始名方塘河，划分的流域范围是：南至海安边界，北至今安弶河一线，西至串场河，东至海堤，总面积 376.5 km^2。整治后的方塘河西起富安镇东坝闸，向东流经富安、富东、许河、唐洋、新街、新农六乡（镇），全长 41.15km。方塘河排水，20 世纪 50 年代从三仓河闸出海；三仓闸淤死后，60 年代改由新港闸出海；新港闸淤死后，80 年代从梁垛河南闸出海。

清嘉庆《东台县志》载：富安场灶河有两条河流。第一条自富安转水墩起至仲家河止，长 22.5km；第二条自西盐坝至许家河，长 20km。明隆庆元年（1567 年）盐运使楚孔生，疏浚第一条灶河，东至许家河南边的曹家坝出海，长 22km。后间有疏浚活动。1943 年春对方塘河东段（东起方塘，西至张灶）进行捞浅，施工 16 天，做土方 9.05 万 m^3，清除浅段 230 处。

1956 年，东台县整治方塘河工程 3 月 3 日开工，6 月 11 日竣工。完成申家洋河以东至三仓河，以及方塘河口至六里舍一段的三仓河（长 35.9km）的整治任务，做土方 522 万 m^3。申家洋河向西至富安工段，长 14.25km，于 1956 年冬季施工，动员民工 21761 人，11 月 13 日开工，月底竣工，完成土方 67.4 万 m^3。

60 年代初，为解决三仓河以南地区排水问题，建新港闸，并将方塘河从新街东边向东南延伸至闸口。延伸段长 13.4km，定名新港干河。

新港干河由东台县自筹资金和国家补助兴办，挖河土方结合兴筑海堤，经三次施工而成。第一次开挖新港干河是 1963 年 12 月至 1964 年 4 月，完成土方 228.4 万 m^3，铺草皮 17 万 m^2，配套桥梁 3 座，使用经费 73 万元。成河底宽 10m，底高程 －1.0m，河坡 1：3。第二次拓宽新港干河，1964 年 11 月 22 日开工，12 月 22 日竣工，将河底宽从 10m 拓宽到 30m（闸上直线段 70m），完成土方 166.6 万 m^3，使用经费 40.17 万元。第三次拓宽新港干河 2 月 5 日开工，3 月下旬竣工，将河底从 30m 拓宽到 55m，做土方 91 万 m^3，使用自筹经费 18.5 万元。

新港闸淤堵，方塘河失去入海口门，方塘河水汇入三仓河，从梁垛河南闸出海。为畅通水流，于 1983 年春疏浚新农境内方塘河淤浅段，拆除三仓河边 8m 的节制闸。2 月 23 日开工，3 月 17 日竣工。疏浚工段从三仓河口向南长 2554m，实做工日 78674 个，完成土方 16.78 万 m^3，成河底宽 32m，共支用经费 7 万元。至 1987 年，方塘河沿线配套建筑物有：腰闸 1 座，公路桥 3 座，大拖拉机桥 8 座，手扶拖拉机桥 10 座。

1990 年 11 月实施方塘河出海段一期工程（从新街直线向东延伸），西起新港干河新街段（老方塘河向北弯道处），东至渔舍垦区中心河，全长 4.8km；1991 年 11 月实施方塘河出海段二期工程，西起渔舍垦区中心河，东至新建的方塘河闸，全长 7.7km。两期出海工程新开方塘河向东至方塘河闸段长 12.5km。至此，方塘河改为全流程东西向，全线长度变化为 42.1km，其中富安至新街 29.6km，新街至方塘河闸 12.5km。据 2010 年《江苏省骨干河道名录》，方塘河西起通榆河（富安），东迄黄海（方塘河闸）、三仓河（北线），河道全长 50.5km（北线）。据东台市第一次全国水利普查，该河道西起富安镇双富居委会，东迄弶港镇方塘河闸，全长 43km。

3.3.2.6　红星河

红星河是独立排水区六条干河之一，位于该区南部边界，西起串场河，利用富安三中沟，向东与唐洋的腰灶河向南连接，流经唐洋、新街、弶港三乡镇入新港干河。

1964 年建成的新港闸、方塘河以南的排水向东入新港干河的线路最佳，因此有新开红星河的规划。1967 年冬开挖红星河东段。该段自新民河至新港干河，长 10km。时值"文革"时期，工地无法坚持施工，做土方 170 万 m^3，河床未达标准。

1972 年富安电力翻水站建成，红星河地区水源可以解决。但工程不配套，水质不稳定。东南片的新储河、新民河、东串场河等大沟河水含盐量常达 3‰ 以上，且淡咸变化无常，影响生产、生活用水。

1973 年开挖红星河以解决排涝排咸出路问题。该工程 11 月 10 日开工，12 月 21 日竣工，完成土方 235 万 m^3，投资 61.5 万元。此工程从新港干河向西至腰灶河。

1978 年周洋建腰闸后，腰闸以西河水逐渐好转，可用于抗旱。1980 年新港闸淤堵，红星河地区咸水通过红星闸排入渔舍垦区干河，再经渔舍涵洞入海，效益锐减。到 1987年，沿河配套建筑物有：腰闸 1 座，手扶拖拉机桥 15 座，公路桥 1 座。

据 2010 年《江苏省骨干河道名录》记载，红星河为重要跨县河道，西起海安古贲通榆河，东至新港闸，全长 25.5km。据东台市第一次全国水利普查，该河道起自海安县大公镇贲集村，迄至弶港镇新港村，全长 39km，东台境内长 17.9km。

3.3.2.7　输水河

输水河是安丰电力翻水站的配套工程。1969 年安丰翻水站建成，所翻的水无法送到梁垛河及东台河。为此，1969 年冬新开输水河。该河南起安丰镇境内三仓河边的联合闸，向北穿过梁垛河至东台乡朱陈村境内的东台河，长 101.83km，河底高程 0.0～－0.5m，河底宽 8～10m，共做土方 101.83 万 m^3。1985 年冬，东台乡组织民工 560 人对境内的输水河（东台河至梁垛河）进行疏浚。该工段长 3510m，做土方 4.97 万 m^3，河底宽 8m，河底高程－0.5m，河坡 1：2.5，疏浚后解决抗旱水源入境不畅的问题。至 1987 年，沿河配套建筑物有：闸 1 座，大拖拉机桥 2 座，手扶拖拉机桥 11 座。

据 2010 年《江苏省骨干河道名录》，输水河全长 12km，东台境内 12km。

3.3.2.8　头富河

头富河是堤东垦区的纵向调度河之一，南起富东乡境内的方塘河，经南沈灶、六灶乡、头灶镇入川东港。取富东、头灶两地首字定名为头富河，头灶境内河段又名中心河。

1971 年，统一规划，平地开河，河线为子午向，由沿线乡（镇）各自施工所辖的河段。共做土方 194.9 万 m³。河床标准为：河底宽 10m，河底高程 0.0m，坡比 1∶3。东台河以北河底宽 6～8m。

头富河由南至北串联方塘河、安弶河、三仓河、梁垛河、东台河等五条大河之水。至 1987 年，沿线配套建筑物有：水闸 9 座（其中配套闸 2 座），公路桥 3 座，大拖拉机桥 5 座，手扶拖拉机桥 19 座，人行桥 5 座。

据东台市第一次全国水利普查登记，头富河与头灶中心河定为两条河道，头富河为市管骨干河道，从宿安镇富民村（属原富东镇）方塘河至头灶镇练垛村东台河，全长 19km；头灶中心河为镇管河道，从东台河至何垛河（东台与大丰边界），长 10.4km。2010 年《江苏省骨干河道名录》记载，头富河南起方塘河，北迄东台河（六灶），全长 18.3km。

3.3.2.9 潘堡河

潘堡河亦称西潘堡河，是堤东垦区的一条纵向调度河流，南起与海安县交界的七里涵和丁堡河接通，北到大丰县川东港，全长 50.5km。其中东台境内长 34.8km。该河流经唐洋、许河、三仓、曹丿、新曹农场等乡镇场，因河线由潘丿至李堡镇，故名潘堡河。

1953 年，为解决堤东地区排水出路问题，沟通东西向 5 条干河，开辟北排入川东港通道，东台县政府依据南高北低的地势，规划开挖潘堡河。经盐城专员公署批准，于 1953 年 6 月 17 日开工，中途因大雨停工，延至 1954 年 3 月竣工。在工人数最多时 35590 人，共做土方 111.78 万 m³，国家投资 16.6 万元，银行贷款 2.75 万元（由农民自筹归还）。1954 年排水效益显著。1960 年大丰潘丿镇的潘堡河内打土坝 1 座，以防南水压境。后经两县磋商，协议开坝。此后东台河以北河床，积淤日甚一日，不能排水。

1959 年 5 月，海安县开挖的丁堡河，并与潘堡河相接，送 20m³/s 江水给东台抗旱、保港。同年冬，东台即将方塘河以南的潘堡河拓宽浚深，做土方 136.4 万 m³。此后，在"四五"计划期间，三仓、曹丿公社对境内潘堡河曾进行裁弯捞浅，使三仓河至东台河之间的潘堡河河床得以巩固和扩大，发挥排、灌、航作用。

1980 年新港闸淤堵，方塘河流域排水困难。1983 年冬拓浚方塘河至三仓间的潘堡河，北调南水，经三仓河出梁垛河南闸入海。该工程 11 月 20 日开工，12 月 7 日竣工，完成土方 108 万 m³，实做工日 49.79 万个。

潘堡河经多次整治，至 1987 年，河床已达以下标准：方塘河以南至海安县丁堡闸，河底高程−1.5m，河底宽 15m；三仓河以南至方塘河，河底高程 0.3m，河底宽 18m；坡比均为 1∶3。按 3.3m 水位计算，排水能力由 18m³/s 增加到 45m³/s。三仓河以北至东台河，河底高程 0.5m，河底宽 6～7m。东台河至川东港已淤死。沿线配套建筑物有：节制闸 6 座，公路桥 3 座，大拖拉机桥 11 座，手扶拖拉机桥 4 座，人行桥 2 座。

根据《东台市水利工程管理办法》第三条规定，西潘堡河自唐洋镇心红村丁堡南闸至三仓镇兰址村三仓河，全长为 17.8km；三仓河至梁垛河之间称为四号河，长 4.5km；梁垛河至大丰市界仍称西潘堡河，河道长 12.5km（因修建东蹲公路该段河道被切断，东蹲公路北至大丰市界段为原曹丿镇与省属新曹农场界河，2005 年冬、2006 年春曹丿镇与新曹农场联合进行河道疏浚）。据 2010 年《江苏省骨干河道名录》，河道为重要跨县河道，南起三仓河（三仓），北迄川东港（大丰大桥），全长 27.5km。据东台市第一次全国水利普查，河道南起三仓镇镇东村，北至大丰市大桥镇大桥村，全长 28km，东台境内从三仓河至大丰市界长 17km；三仓河以南段划入丁堡河。

3.3.2.10　东潘堡河

1959 年三仓河闸下淤积，排水能力下降，东台县政府决定增开东潘堡河，引三仓河水，归东台河闸入海。东潘堡河南起新农乡境内的三仓河，北至新曹乡境内的东台河，于 1959 年冬动员民工 2.74 万人，11 月 15 日开工，次年 1 月 26 日竣工，完成土方 273.6 万 m³，成河底宽 15m，底高程 0.0m，国家投资 75.17 万元。

1966 年，因东潘堡河效益显著，故而继续拓宽河床，动员民工 9500 人，于 11 月 10 日开工，年底竣工，完成土方 124.2 万 m³，河底宽达 20m，底高程 -0.6～-1.0m。至 1987 年，沿河配套建筑物有：节制闸 2 座，公路桥 2 座，人行桥 3 座。

据 2010 年《江苏省骨干河道名录》，东潘堡河为重要跨县河道，南起红星河，北至大丰市境内川东港，全长 47.6km。据东台市第一次全国水利普查，东潘堡河南起红星河、北至大丰市大丰港经济开发区管委会，其下游河道为川东港，河道全长 49km，东台境内长 40km。

3.3.2.11　垦区干河

垦区干河是靠近海边的调度河，分两期开挖而成。

1970 年兴办"三河一路"工程，垦区干河是三河之一。南起六里舍三仓河，北至林场五支沟，长 10.5km。成河标准为：第一段，三仓河至梁垛河，河底宽 10m，底高程 -0.5～-0.7m，坡比 1∶4；第二段，梁垛河以北，河底宽 6m，底高程 0.5m，坡比 1∶3.5。完成土方 174.69 万 m³，配行制闸 2 座，拖拉机桥 3 座。

1976 年，开挖三仓河南至新港干河之间的垦区干河，又名南垦区干河，长 7.27km。完成土方 77.64 万 m³，配建节制闸 1 座，大拖拉机桥 3 座。成河标准：河底宽 8～10m，底高程 0.0～0.5m。1983 年春疏浚跃进河至三仓河一段（长 5.63km），成河底宽 10m，底高程 0.0m，河坡 1∶3，完成土方 15.76 万 m³。

1984 年，为改善海堤乡的航运和灌溉条件，疏浚三仓河以北的垦区干河。河长 10km，完成土方 122 万 m³。经过二期建设和二期捞浅，南接新港干河，中经三仓河、梁垛河的垦区干河形成，南水北排作用显著。

据 2010 年《江苏省骨干河道名录》，北垦区干河长 10.5km，南垦区干河长 7.8km。

3.3.2.12　渔舍中心河

渔舍中心河挖于 1976 年，南起弶港镇八中沟，并与海堤河相接，北至三仓河，河道中段近 2km 穿过渔舍农场，其余均在弶港镇境内，全长 14.5km。1990 年 5 月实施河道疏浚机械施工，6 月 10 日竣工，共做土方 39.6 万 m³。成河底高程 -0.8m，底宽 10m。现状河道在弶港集镇段有三处坝埝，河底宽约 18m、河底高程 0～-1.0m。据东台第一次全国水利普查，渔舍中心河全长为 15.6km，南起弶港镇新港村，北迄弶港镇弶南村向阳河。

3.3.3　河道汇总

至 2010 年，境内有市管及市级以上管理的骨干河道 29 条、长 646.3km，其中省管流域性骨干河道 2 条、长 67.5km，盐城市管区域性骨干河道 2 条、长 65.7km，市管（含跨县和县内）骨干河道 25 条、长 513.1km。具体汇总见附表 1 和附表 2。

3.3.4　河道疏浚

1988—2010 年，东台市坚持每年冬春组织实施市办河道疏浚工程，重点实施市管河道的疏浚整治，先后疏浚骨干河道 34 条（段）、长 353.08km，完成土方 2639.12 万 m³（根据测量资料统计），累计投入资金 3.87 亿元（其中劳动积累代金 1.08 亿元），见表 3-1。

表 3-1　　　　　　1988—2010 年度东台市市办河道疏浚工程一览

年份	河道（段）名称	施工性质	起迄点	长度/km	土方/万 m³	底高程/m	底宽/m
1988	原种场七中沟	疏浚	通榆河—原种场齿轧花厂河	3	15.25	−1.0	15
1989	新东河	疏浚	三仓—梁垛河	7.4	118.4	−1.0	40
	梁垛河南闸上游干河	疏浚	新东河—梁垛河南闸	9.1	87.27	−1.0	40～60
1990	梁垛河中段	疏浚	三仓镇七一桥—弶港镇海堤桥	12.3	68.63	−0.5～−2.0	20～40
	渔舍中心河	疏浚	新港干河—渔舍涵洞	14.3	39.6	−0.8	10
1991	方塘河边防段	拓浚	新港干河—渔舍中心河	4.6	52.9	−1.0	20
1992	方塘河闸上游运料河	新开	渔舍中心河—方塘河闸	7.7	134.17	−1.0～−1.5	40～60
1993	方塘河边防段	拓浚	新港干河—渔舍中心河	4.6	110.09	−1.0	40
	五中沟	拓浚	通榆河—富安翻水站	3	10.6	−1.5	15
1994	方塘河中段	疏浚	西潘堡河—方塘河腰闸	8.4	38.4	−1.0	20
1995	何垛河（川东港）西段	疏浚	通榆河—东风河	13	52.7	−1.0	10～15
1996	方塘河西段	拓浚	富安船闸—头富河	7.2	16.54	−1.0	10～15
1996	何垛河（川东港）东段	疏浚	东风河—东大沟	12	100	−1.0	15～25
1997	川水港闸上游引河	新开	老东台河闸—川水港闸	4.8	107.19	−1.0	40
1998	通榆河五期泰东河接线段	新开	尤进河口—范公桥	5.5	305.8	−4.0	50
1999	通榆河六期	新开	范公桥—通榆河—何垛河	5.8	239.2	−4.0	50
2000	川水港闸上游	拓浚	老东台河闸—川水港闸	4.62	47.8	−1.0	60～80
2000	头富河南段	拓浚	富东方塘河—安为河	7.42	23.3	−0.5	12～15
2001	头富河中段	疏浚	安弶河—三仓河	5.9	18.5	−1.0	12
2002	方塘河中段（西）	疏浚	头富河—西潘堡河	12.85	47.4	−1.0	13～15
2003	网界河	拓浚	东台抽水站下—红星河	3.12	7.95	−0.8	7
	东台河西段	疏浚	红星河—头灶中心河	27.5	137.01	−0.8	16
2004	东台河中段	疏浚	头灶中心河—东潘堡河	20.62	86.28	−0.8～−1.0	15～30
2005	三仓河西段	疏浚	通榆河—头富河	15.47	70.9	−1.0	22～40
2006	三仓河中段	疏浚	头富河—东潘堡河	19.16	148	−1.0	35～60
2007	安弶河	疏浚	安丰镇丰新村—新街镇陈文村	33.42	162	−0.5～−1.0	8～15

年份	河道（段）名称	施工性质	起 迄 点	长度/km	土方/万 m³	底高程/m	底宽/m
2008	红星河	疏浚	腰灶河—新港干河	17.92	106	−1.0	10~20
	头富河中段（北）	疏浚	三仓河—东台河	6.88	41	−1.0	8
2009	头富河北段（头灶中心河）	疏浚	东台河—何垛河	11.4	49	−0.8	12
	南垦区干河	疏浚	方塘河—三仓河	7.8	39	−0.5	10
	农干河	疏浚	三仓河—五支河	10.2	50.14	−0.5	15
2010	渔舍中心河北段	疏浚	方塘河—弶港镇向阳河	6.12	36.78	−1.0	10~25
	输水河	疏浚	三仓河—东台河	11.95	37.6	−1.0	6
	东风河	疏浚	东台河—何垛河	8.03	33.72	−1.0	10
合计	34 条（段）			353.08	2639.12		

3.4 涵闸

东台建闸历史悠久，从明万历十一年（1583 年）建丁溪、小海正闸起，至清末（1911 年），在境内范公堤上建闸 12 座。范堤各闸东御海潮，排泄西水，经古河口、王家港、斗龙港出海。

民国初期，南通实业家张謇在苏北沿海兴办垦殖公司，开河筑堤围滩，废灶兴垦。境内各公司在各自的围垦海堤上兴建小型通海涵闸 10 座。抗日战争前，国民政府兴办导淮工程，又在东台沿海建川东闸、竹港闸、王港闸、下明闸等中型闸，开拓排水入海口门，排涝御卤。20 世纪 40 年代初，大丰建县，范公堤上的 4 座闸及沿海的王、竹、川、下明闸划入大丰县。

中华人民共和国成立后，东台先后兴建 7 座中型挡潮排涝闸和 1 座排水涵洞——渔舍涵洞，其中三仓河闸、新港闸、渔舍涵洞和东台河闸分别与 1963 年、1981 年、1992 年和 1997 年报废。至 2010 年，正常运行的有梁垛河闸、梁垛河南闸、方塘河闸和川水港闸 4 座，合计 24 孔，总净宽 176m，设计日平均排涝流量 1079m³/s。具体的涵闸见附表 6。

3.4.1 挡潮排涝闸

3.4.1.1 梁垛河闸

梁垛河闸位于琼港镇海滨村（原笆斗村）南、梁垛河入海口处，建成于 1972 年 6 月，闸身共 9 孔，北边孔为通航孔，总净宽 56m，设计日平均排涝流量：274m³/s，最大实测流量 948m³/s（出现在 1993 年 8 月 6 日）。承担堤东梁垛河流域及周边 605km² 面积的排涝、挡潮、蓄淡、渔船入海通航和防汛安全。建闸后，由于死生港北移威胁涵闸安全，1980—1982 年在闸下引河南、北堤外增做块石沉排丁坝 8 条，挑流保滩保闸。1980 年 10 月至 1981 年 5 月，在上游接高防冲槽、接长护底护坡，在下游增做二级消力池、消力后接做灌砌块石护底、干砌块石护坦和防冲槽，改装闸门止水，增加止水橡皮、不锈钢滑道等。1981 年 12 月至 1982 年 4 月，更换泄水孔 8 台启闭机。1987 年 10 月至 1988 年 1 月，更换钢筋混凝土闸门为平面直升钢闸门。2002 年 10 月，按沿海挡潮建筑物达标建设要求，实施除险加固施工。

3.4.1.2 梁垛河南闸

梁垛河南闸位于梁垛河闸南 210m 处，建成于 1983 年 7 月，与梁垛河闸共用一条出海港道闸总净宽 40m、设计日平均流量为 256m³/s，最大实测流量为 597m³/s。1984 年 4—5 月对闸门重新进行喷锌处理。经过 20 多年运行，受潮水和空气中氯离子的侵蚀，闸身各部位混凝土均有不同程度的碳化，钢筋混凝土胀剥落，反拱底板出现较严重的裂缝，钢闸门严重锈蚀，建筑物、金属结构及机电设备均存在不同程度的老化，对建筑物安全构成严重的隐患。2005 年 4 月，经江苏省水利建设工程质量检测站安全检测，并经省专家组鉴定为三类闸，亟待进行加固。2006 年 9 月，经江苏省水利厅及盐城市水利局批复同意，实施梁垛河南闸除险加固工程。

3.4.1.3 方塘河闸

方塘河闸位于弶港镇渔舍村以东 4km、方塘河入海口处，1991 年 12 月 28 日至 1992 年 6 月 23 日建成，闸总净宽 40m，5 孔，每孔净宽 8m，中孔兼通航，闸身总宽 47.65m，为Ⅲ级水工建筑物，设计日平均排涝流量 292m³/s。东台堤东灌区南部区域原来是从新港闸排水入海，由于新港闸下游港道淤积严重，到 1980 年已完全失去排水功能。1982 年渔舍涵洞建成后，部分涝水从渔舍涵洞排泄，但大部分涝水需北调经梁垛河闸和梁垛河南闸入海由于南水北排，增加工北部低洼地区的排水压力，同时因流程长、排泄不畅又造成南部地区河道水质污染严重 1990 年，东台编制上报《东台市沿海独立排区水利工程规划——方塘河闸及东南片引淡工程》。1991 年 5 月 23 日，江苏省水利厅、省农业资源综合开发管理局《关于转发东台市沿海独立排区水利工程规划评估意见的通知》批准该规划是年，根据江苏省水利厅和省农业资源综合开发管理局《关于方塘河地区排涝引淡工程设计任务书的批复》和《关于方塘河闸工程扩大初步设计及概算的批复》精神，东台市组织方塘河闸工程设计和施工工程总投资 2203.15 万元。该闸主要为堤东灌区南部 2.4 万 hm² 耕地提供排涝设施条件。

3.4.1.4 川水港闸

川水港闸位于东台市弶港镇蹲门村东南 5km、东台河入海口处，立项名称为新东台河闸，1997 年 2 月 16 日至 6 月 13 日建成，闸总净宽 40m，5 孔，每孔净宽 8m，中孔兼通航，闸身总宽 48.05m，为Ⅲ级水工建筑物，设计日平均流直 257m³/s。由于该闸入海口处港槽为川水港，故新闸建成后定名为川水港闸。原东台河闸于 1956 年 7 月建成，设计日平均流量 187m³/s。随着岸滩东移，下游港道不断延长，1995 年该闸下游港道 12 长达 5km，排水量只达到原设计的 1/3 左右。1996 年 8 月，市水利局报送《东台河闸东迁方案》的规划报告，是年 8 月 21 日江苏省水利厅、省农业资源综合开发管理局《关于东台河闸东迁方案的批复》批准该规划。后经江苏省政府办公厅、省水利厅、省农业资源综合开发管理局批准，将新闸址选在原东台河闸下游 4.8km、滩面高程 2.5m 的低滩上，工程总投资 3355 万元，该闸主要为堤东灌区北部低洼地区 2.67 万 hm² 耕地提供排涝设施条件。

3.4.1.5 三仓河闸

三仓河闸位于东台弶港镇六里舍三仓河尾闾,为中华人民共和国成立后东台在沿海兴建的第一座中型挡潮排涝闸,是方塘河、三仓河流域 860km² 涝水的入海口门。

1954 年大水后,东台堤东地区"改变历来流向,单独排水入海",决定兴建三仓河闸。1954 年 11 月,三仓河闸址定在六里舍。三仓河闸由江苏省治淮总指挥部按 10 年一遇排涝标准设计。日平均流量 277m³/s。水位组合为:①上游 4.66m,下游 −1.0m;②上游 −0.1m,下游 6.5m 加浪高 1.0m。闸孔净宽 56m,共分 7 孔(其中排水孔 6 个),单孔净宽 8m。北边孔为通航孔,净宽 8m。闸底板为平底,底面高程 −1.0m。公路桥荷载标准为汽-10、拖-60,桥面净宽 7m。闸门型式:排水孔钢弧形,通航孔钢直升,配 2×10 绳鼓启闭机 8 台。

三仓河闸于 1955 年 2 月 5 日开挖闸塘,3 月 19 日起开挖闸下引河,4 月 7 日浇筑底板,7 月 27 日开坝放水。共完成土方 88.7 万 m³,混凝土 9899m³,石方 10787m³。工程总投资 273 万元。三仓河闸和三仓河工程的建成,使堤东地区形成独立向东排水入海的格局。但其下游引河和出海港槽出现回淤现象。该闸下引河长 2.5km,河底高程 −1.23m,河底宽 21m,河坡 1∶3.5。1955 年 7 月挖成,至 12 月河底就淤高到 2.6~3.0m,闸门埋入淤土 4m,无法开启。

1956 年 4 月清淤,汛期排水,汛后筑坝挡淤。1960 年初,闸外 5km 基本淤成平地,高程为 3.2~3.6m,5 月 2—28 日将闸下引河向东延伸 3km,与三里丫子连接。8 月上旬暴雨,闸上水位高达 4.19m,过闸日平均流量 190m³/s。

1962 年汛期,闸上水位 4.46m 时,过闸日平均流量只有 53m³/s,占设计流量的 19%。汛后回淤到 3.2m 左右。建闸后 7 年,为闸下引河的捞淤保港,完成土方 130 多万 m³,支出经费 50 多万元,在距闸 3100m 处筑坝挡潮。

1976 年 8 月疏浚下游引河,高水位排水冲淤,汛后打坝挡淤,1977 年 6 月 10 日拆坝放水冲淤,7 月 19 日过闸日平均流量 28.9m³/s,汛后于 10 月 8 日筑坝挡潮防淤,坝外淤为平地。

1979 年在三仓闸外 1350m 处开挖新东河,引水经梁垛河闸入海,三仓闸不再承担直接排水入海的任务。

1981 年 9 月 1 日 14 号台风过境,沿海出现历史最高潮位,闸下挡潮坝溃决,海潮涌入,将三仓闸第 5 孔闸门冲坏,上游护坦亦遭破坏。1982 年修复后,仍起着公路交通和调节闸的作用。

3.4.1.6 东台河闸

东台河闸位于蹲门口西侧,排水总面积 411km²。东台河闸由省治淮指挥部按 10 年一遇排涝标准设计。日平均流量 187m³/s。水位组合为:①上游 4.2m,下游 −1.0m;②上游 0.07m,下游 5.9m 加浪高 1.0m。设计消能水位:上游 4.5m,下游 −1.0m。闸身共分 3 孔,每孔净宽 10m,闸底板高程 −1.0m。交通桥荷载标准为汽-10、拖-60,净宽 4.0m。闸门为弧形钢门,配启闭机 3 台。

东台河闸工程 1955 年 12 月 11 日开工,1956 年 7 月 15 日建成,完成混凝土 4211m³,石方 5980m³,土方 24.68 万 m³,总投资 102 万元。

东台河闸出口的川水港属淤涨型海岸，闸下引河不断向东延伸，经常产生淤积。1956—1970 年，以筑防淤坝办法挡淤，1970—1984 年，平均 4 年进行一次人工清淤，累计完成土方 94.9 万 m^3。1984 年下游引河长达 3.5km，闸身距深港 12km，改用水力冲淤保港，正常情况每天利用一次低潮开闸放水冲港，淤积严重时，由通榆河边三站翻水，抬高上游干河水位，每天利用两个低潮开闸放水冲港，效果较好。

东台河闸建成后，发挥较好的排涝作用：1960 年 8 月 26 日上游水位 3.02m，最大排水流量 369m^3/s；1962 年大涝期间为里下河排水 22 天；1970 年 8 月 26 日上游水位 3.63m，最大排水流量 314m^3；1984 年该闸排水面积缩小到 293km^2，排水流量下降到 80m^3 窄，占设计流量的 42.8%。由于川水港比较稳定，闸下两侧滩地基本未围垦，潮汐来去正常，加上水利部门冲淤保港，延长该闸的使用寿命，1987 年仍在发挥作用。

3.4.1.7　新港闸

新港闸位于东台市东南角与海安县交界处，距北凌闸 280m，两闸交角 15°，排水同出老坝港经川港入黄沙洋，1964 年建成。1963 年编制《新港地区水利规划》，产生"因势利导，南北分排"的治水方略。同时，决定在川港建闸，以承担三仓河以南 549km^2 的涝水入海任务。

新港闸由盐城专署水利局按 10 年一遇标准设计。日平均流量 292m^3/s。水位组合为：①上游 3.8m，下游 −1.0m；②上游 1.5m，下游 6.5m 加浪高 1.2m。消能水位上游 2.5m，下游 0.5m。闸身共分 5 孔，每孔净宽 8.0m，总净宽 40m。北边孔为通航孔，其余 4 孔为泄水孔。闸底板高程 −1.0m。公路桥荷载标准为汽-10、拖-60，桥面净宽 5m。闸门为平板钢闸门，用 5 台绳股式手摇电动两用启闭机启闭。

闸塘土方于 1963 年 12 月 5 日开工，1964 年 3 月 23 日开始浇筑混凝土，7 月 14 日闸门及启闭设备安装结束，7 月 17 日由省、地、县及有关部门组成的验收委员会进行竣工验收。因干旱，当年未拆坝放水。共完成土方 39.3 万 m^3，铺草皮 2 万 m^2，混凝土 5958m^3，石方 6684m^3，管理所房屋 160m^2。实用工日：民工 33.68 万工日；技工 3.42 万工日。工程实际使用经费 170 万元。新港闸建成后，在排涝、通航、改善东南片河道水质等方面发挥显著的作用。

1965 年大水，闸上水位 4.02m，过闸日平均流量 200m^3/s。1970 年以前渔船能正常通航，东南片河水含盐量保持在 1‰ 以下。闸下引河底高程汛期均在 0.0m 左右，枯水季节定期放水冲港，河底高程也能保持在 0.5m 左右。从 1971 年开始，下游港口发生变化，滩面增高，下游引河淤积加快、加重。1972 年汛期冲淤后，闸上水位 3.51m，过闸日平均流量 326m^3/s，汛后，闸下很快回淤，11 月，下游引河河底已淤高到 2.3m。1973 年，经过人工踩挖，水泵船冲淤，海船来回搅动泥沙，上游翻水抬高闸上游水位，开闸冲港，在下游打开一条水槽，保证汛期能开启闸门排水。汛后，每天开闸放水两次，每次 3~4h，冲淤保港。但淤积情况仍日益加重，到 1976 年 2 月，闸下游已淤成一片沙滩，距闸 4500m 以内港槽高程达 1.5~2.4m。

1976 年在闸身安装水泵 8 台，提水能力 6m^3/s，高水头冲淤。闸上游建 24m^3/s 抽水站，既抽排又冲淤等方法，进行冲淤保港未奏效，闸下港槽距闸 4.5km 以内淤高至 2.3m 以上。1977 年东台在该闸北侧围垦滩地 6667hm^2，加速下游港槽的回淤。1980 年秋在闸下 500m 处筑挡潮坝，新港闸完全失去排水作用。同年，海安县亦放弃北凌闸，在其东南 10km 处另建新闸。1984 年，经省政府批准，在老北凌闸外筑堤围垦，新港闸成为二线海堤上的交通桥。

3.4.1.8　渔舍涵洞

1977 年海滩围垦建立渔舍垦区，总面积 58km²，排水向西入新港干河。由于新垦区土壤含盐量高，咸水进入内地后影响新街、新农、三仓公社 1.33 万 hm² 农田灌溉和人畜饮水。

1982 年 2 月下旬，经实地查勘决定将涵洞建在跃进河东端的退建海堤处。4 月 16 日，地区围垦指挥部以盐署围指〔1982〕5 号文批复同意新建 3m×3.5m 两孔排涝涵洞 1 座，打通东面的废海堤，新开下游引河入海。涵洞工程经费由地区补助 20 万元，不足部分自筹。

据设计渔舍涵洞共两孔，每孔净宽 3.5m、净高 3.0m，洞上部分填土至高程 9.0m，与海堤顶相平，底板高程 0.0m；排水流量，日平均最大 20m³/s；水位组合为：①上游 2.0m，下游 6.0m 加浪高 1m；②上游 3.5m，下游 -0.5m。

渔舍涵洞及其附属工程于 1982 年 3 月 6 日开挖闸塘，5 月 10 日浇底板，7 月 11 日开始安装洞门。整个工程于 8 月 10 日竣工。共浇筑混凝土 1020m³，浆砌块石 1100m³，干砌块石 306m³，做土方 12.03 万 m³，铺草皮 1 万 m²，做工日 9 万个。工程总投资 36.84 万元。渔舍涵洞的投入运行，解决渔舍垦区单独排水入海的出路，不仅咸水不再向内地倒灌，而且帮助东南片排一部分咸水入海。

1983 年 7 月 1 日发生暴雨，渔舍垦区内河水位达 4.4m，使用渔舍涵洞排水，3 日早上内河水位就降至 2.9m，入海流量达 20m³/s。

1984 年 5 月 8 日放水排盐，下游引河底宽由 5m 冲宽到 20m，底高由 0.5m 冲深到 0.0m；上游河水水质显著改善；内河含盐量由 8.5‰降到 3.9‰，新港干河河水含盐量由 7.4‰降到 1.0‰。

1986 年 4 月下旬，对渔舍涵洞下游扭曲面裂缝及墙后的空洞采取灌砂密实法修补，控制险情。共用黄沙 25 吨，工日 920 个。

3.4.2　灌区抽水站与船（套）闸

1954 年大水后，为减轻里下河排水压力，东台堤东垦区被省规划为独立排水入海区（四至为：东至海堤、西至串场河、南至海安、北至东台河），并规划实施自流引江工程（从海安丁堡河引水），至此，启动东台堤东独立排灌区建设 20 世纪 60 年代初，江苏省规划实施新通扬运河、通榆河、泰东河等引江工程，东台堤西地区全面实现改引淮水为自流引江，堤东灌区开始规划从通榆河提水灌溉。1969 年，建成安丰抽水站，堤东地区东台河以南实现真正意义上的独立排灌，区内工农业生产、航运、环境用水及部分人畜饮水除降雨外，主要靠安丰抽水站从通榆河提水在国家和省、盐城市的大力支持下，东台于 1972 年建成东台、富安抽水站。1994 年、2001 年、2004 年先后实施富安、东台、安丰抽水站拆除新建或迁址重建工程。至 2009 年，通榆河沿线 3 座抽水站总装机容量达 3590kW，设计流量达 92m³/s。是年 9 月，开工建设新富安抽水站，该站建成后，通榆河沿线 3 座站总装机容量达 4340kW，设计流量达 104m³/s。为沟通灌区与里下河圩区的水上交通，通榆河东岸兴建向东、富安、安丰 3 座船闸。中型抽水站见附表 7，中、小船闸见附表 8。

3.4.2.1 安丰抽水站

安丰抽水站位于通榆河东岸安丰镇丰新村（原丰南村）境内。原站于 1967 年 5 月开工建设，1969 年 5 月建成投入运行，安装 2 台叶轮，直径 3m 的 3CJ-70 型全调节立式轴流泵（时称"亚洲第一泵"），设计扬程 3.2m、流量 36m³/s，变电所安装 SJL-3200/35 型 3200kVA 变压器 1 台，由安丰变电所负责供电。该站通过上游引河接三仓河、下游接通榆河，站下游原护坡长 15m，因两岸冲刷坍塌严重，于 1970 年接长干砌块石护坡、护坦 40m；1995 年在站房下游引河上建 8 孔清污桥 1 座，每孔设 4m 宽拦污栅，并配抓斗式清污机 1 台。大泵运行 30 多年，工程设备老化、效益衰减，不能适应堤东灌区发展需要。泵站于 2002 年正式列入国家大型灌区续建配套与节水改造工程项目。

2003 年盐城市发展计划委员会、水利局《关于堤东灌区 2003 年度续建配套节水改造项目实施方案的批复》，将安丰抽水泵站改造列入年度工程项目。工程总投资 1209.07 万元，工程经费 60% 由中央和省补助，40% 由东台自筹。工程改造项目包括更换水泵、电机，改造进、出水流道，接长站下护底、护坡，拆建厂房、控制室等。工程于 2004 年 11 月 6 日开工建设，2005 年 12 月底竣工，2006 年 3 月投入试运行，2008 年 11 月 25 日通过竣工验收。工程实际完成投资 1192.17 万元。改造后的泵站安装 2 台 2400ZLQK24-1.5/2 型全调节立式轴流泵，配 TL1000-40/3250-1000kW 立式同步电动机 2 台套，总装机容量 200kW；设计扬程 2m、流值 48m³/s。安丰抽水站主要受益范围为三仓河流域梁垛、安丰、富安、南沈灶、三仓、许河、弶港、弶港农场等镇（场），并通过输水河向堤东东西向骨干河道补充水源，直接受益耕地面积达 3.07 万 hm²，同时为沿海涵闸提供冲淤保港水源。

3.4.2.2 东台抽水站

东台抽水站位于通榆河东岸东台镇谢家湾。原站 1972 年 2 月开建设，同年 6 月投入使用，安装苏排Ⅱ型坫工泵 8 台，32 英寸立式轴流泵 2 台，75kW 电机 10 台；设计流量 20m³/s。由于建站早，机泵、电气设备陈旧、老化，运行效率极低。1999 年实施通榆河东台段拓浚工程时，该站经争取列入通榆河影响配套工程。2000 年 10 月拆除旧站，11 月开工建设新站，2001 年 9 月新泵站工程竣工投入使用。泵站设计扬程 1.5m、流量 24m³/s。安装 1600ZXB8-2 型 45°斜式半调节轴流泵 3 台，配 TDXZ280kW 同步电动机 3 台套，采用 HISH-09 型齿轮箱传动，总装机容量 840kW；同时配套建设 35kV 室内变电所 1 座。改造工程计完成土方 44976m³、钢筋混凝土 2688m³，耗用木材 126m³、水泥 1183t、黄沙 2310t、碎石 4345t、钢筋 122t、型钢 35t。工程总投资 1240 万元。东台抽水站采用堤身式块基型结构，肘形进水、平直管出水流道。进水口设有检修门槽；出水流道分为两孔，采用"人"字形拍门断流，拍门外侧设有快速闸门，配套卷扬式启闭机启闭。站下 71.34m 处建有 5 孔清污工作桥 1 座，每孔配宽 4m 的拦污栅，并配抓斗式清污机 1 台。该站受益范围为东台河流域的东台、头灶、弶港、新曹农场等镇（场），同时为川水港闸、梁垛河闸冲淤保港提供水源。

3.4.2.3　富安抽水站

富安抽水站位于原富安镇富西村、西距通榆河东岸 200m，上游通过五中沟与方塘河相连，下游为通榆河。该站于 1972 年 1 月建成投入使用，设计流量 18～20m³/s，为Ⅳ级水工建筑物。1993 年 10 月，该站拆除，移至原址东 3km 的五中沟中游段、富南村境内重建。工程 1993 年 9 月 1 日开工，历经近 8 个月，于 1994 年 4 月 29 日竣工，工程总投资 354 万元。重建后安装 10 台套苏排Ⅱ型坽土泵，配 35kV 变电所 1 座，设计流量 20m³/s，装机容量 750kW。为解决富安镇四联片排水，在抽水站中间建有 5m 节制闸 1 座，配钢筋混凝土闸门、5t 绳鼓启闭机。该站副厂房北侧设有户外 35kV 变电所 1 座，安装主变 2 台，站变 1 台。富安抽水站东迁后，站下五中沟段变为里下河水系，成 3km 长的引河穿过富安集镇，河道断面小、交通船只多，开机后水流不畅，对船只停泊和航行安全构成威胁，加上苏排Ⅱ型坽工泵效能不高，技术含量低，不适应经济发展需要。

2008 年，市水务局决定站址西迁回原址（原富安镇富西村，即与富南村合并后的双富居委会），当年正式列入国家第二批拉动内需项目。2009 年 2 月 11 日，江苏省发展改革委、水利厅批复工程可行性研究报告。9 月 2 日，盐城市发展改革委、水利局转省发展改革委、水利厅批复工程初步设计及概算，泵站概算总投资 3058 万元，其中中央投资 1019 万元、省级配套 1122 万元、东台市配套投资 917 万元。新泵站工程防洪按 30 年一遇洪水设计，100 年一遇洪水校核，工程等级为Ⅲ等、中型泵站。水泵中心西距通榆河口 170m，设计流量 32m³/s，设计扬程 2.54m，总装机功率 1500kW。

2009 年 9 月 30 日，泵站工程实施围堰施工。10 月 26 日，泵站工程全面开工建设。泵站建设的主要工程量为：挖填土方 58687m³，浇筑混凝土 5913m³，采购安装 3 台套主机泵、5 台套回转式清污机、7 扇钢闸门、6 台卷扬式启闭机，采购安装高低压成套电气设备，安装 10kV 电力线路 1.5km，安装自动化监控系统 1 套。泵站工程采用堤身式布置，站内布置 3 台套 1800ZLB12-2.5 型立式开敞轴流泵，配 YL500-28/2150 立式异步电机。水泵采用钟形流道进水，箱涌出水，快速闸门断流。站身采用块基型整体结构，分 3 孔，单孔净宽 5.5m，站身顺水流向长 21m，垂直水流向宽 20.5m。站下 20m 处设清污机桥，共分 5 孔，单孔净宽 4.5m，顺水流向长 11.6m，清污机桥上设回转式清污机。泵站共设 28 个沉降观测点，分布于主泵房、检修间、控制室、翼墙等部位。西迁原址的新富安抽水站建成后，站上五中沟段两岸实行封闭、水位抬高，变为堤东水系，两侧农田仍归里下河水系。

富安泵站建设工程于 2011 年 4 月竣工，10 月 29 日通过工程投入使用阶段验收，2012 年 7 月 5 日通过省和盐城市验收。新富安泵站工程建成后，方塘河流域的富安、许河、唐洋、新街、源港、弶港农场近 2.4 万 hm² 耕地直接受益，堤东灌区灌溉保证率可提高到 75% 以上，并可为方塘河闸提供冲淤保港水源。

3.4.2.4　向东船闸

向东船闸该闸位于梁垛河与通榆河交汇处，1972 年建成运行。闸室长 110m、宽 12m，闸门宽 7m，为推拉式电动启闭，停电时可人工操作。该闸水利部门参与建设，建成后由交通部门运行管理。

3.4.2.5 富安套闸

1976年，富安镇为沟通集镇水上交通，利用五中沟（在原富安抽水站上游，归属堤东水系，两岸建圩口闸封闭）北侧的串场河圩口闸作为上闸首（改造原4m宽闸门、增加进水孔），在其北侧串场河上新建下闸首，形成可通航的套闸。工程由富安镇政府筹资，于是年10月开工，1977年7月建成投入使用。工程主要参数：上闸首闸门净宽5m，进水孔直径0.8m，下闸首闸门净宽4m，闸室长105m，闸室上口宽26m、底板宽12m；闸室底板高程：上闸首（南端）处0.0m，下闸首（北端）－0.5m。工程施工中一并疏浚该处萎缩的串场河段，使通榆河和串场河的运输船只可抵达富安集镇，并直接进入堤东地区河网。

1993年，富安抽水站拆除迁址到距老站址东3km处的五中沟中段重建，站下五中沟与通榆河之间水系贯通，套闸失去功能，运输船只能停靠富安集镇，无法进入堤东河网。为此市政府决定在搬迁富安抽水站的同时，在抽水站下游300m处北侧、富安镇园艺村境内重建富安套闸，沟通里下河与堤东水运交通。1993年1月28日，市政府召集市水利局和富安镇主要负责人会办，决定新富安套闸由市水利局和富安镇政府"共同集资兴建，各半负担"，市财政适当支持。1994年10月27日，市水利局与富安镇政府就套闸建设、管理相关事宜进行协商，并达成一致意见。新富安套闸由市水利局和富安镇政府共同投资兴建，共同经营管理。套闸工程由东台市水利勘测设计室设计，东台市水利建筑工程处承建。新套闸主体工程按六级航道标准设计，闸门净宽7m，闸室长100m闸门采用钢筋混凝土人字门，配齿条推杆启闭机，输水廊道阀门配螺杆启闭机。根据富安集镇规划要求，南闸首公路桥面放宽至10m。工程于1995年3月1日正式开工，1995年9月22日竣工运行，完成土方4.3万m^3，浇筑混凝土1701m^3。工程总投资230万元，其中市财政补助90万元，余由市水利局与富安镇政府平均负担，2009年9月，富安抽水站启动迁回通榆河东岸旧址重建工程，五中沟水运通道被切断，富安套闸失去功能，堤东南部地区水运船只通过新建的安丰船闸，从三仓河、头富河进入方塘河流域。

3.4.2.6 安丰船闸

安丰船闸工程为东台堤东灌区续建配套和节水改造工程三期项目，建在堤东灌区三仓总干渠（三仓河）西端、安丰镇丰南村境内。2006年10月24日，盐城市发展与改革委员会、盐城市水利局批准项目实施方案；2007年3月12日，盐城市水利局以盐水农〔2007〕14号文批准项目预算。安丰船闸设计闸门净宽12m，闸室净宽12.0m、净长120m。工程沟通堤东灌区与里下河地区之间的航运，为两区增加双向排涝能力30m^3/s。船闸土建安装工程由市水利建设有限公司中标承建，中标总价1433.54万元；2007年3月28日开工，2008年11月25—26日，省水利厅、盐城市水利局联合组织船闸水下工程验收，2010年8月25日，船闸工程竣工投入试运行。

3.4.2.7 堤东灌区内部小型船闸

堤东灌区封闭、调节小涵闸兼有通航套闸功能的有7座，即丁堡闸、头灶中心河闸、四灶盈西闸、姜洼船闸、红卫闸、李灶船闸、安云闸。

（1）丁堡闸。该闸位于唐洋镇心红村境内潘堡河上，由于该河段与海安境内丁堡河相接，东台境内方塘河以南段又称丁堡河，故名丁堡闸。该闸主要沟通东台堤东灌区与南通地区的航运交通，通行能力为100t以下单船。2009年市水务局补助经费，对闸门进行更换，并对门槽、门挡进行维修加固。

（2）头灶中心河闸。建在头灶镇中心河上。2007 年经市水务局批准对闸门、活动门挡、铜丝绳、工作桥栏杆进行更换，由于运输船只吨位越来越大，加上上游河道不配套，过闸船只渐少，其闸主要起封闭作用。

（3）四灶盈西闸。建在东风河上（原四灶镇水务站门前），下游直通川东港—何垛河，由四灶镇水务站经营和管理。2001 年后因无船过闸，船闸以封闭功能为主。

堤东灌区内部曹丿镇的姜洼船闸、南沈灶镇的红卫闸、李灶闸、安云闸等为内部调节闸兼通航船闸，由于堤东水系规划调整，2001 年后，这些闸失去调节和通航作用，并逐步废弃。

3.4.3　小型闸站

1987 年年底，东台堤东灌区有边界节制涵闸 29 座，内部调节涵闸 83 座；虾区配套圩口闸 822 座，套闸 13 座，隔圩闸 29 座；全市有机电灌排站 1050 座、1100 台、24941.51kW，其中单灌站 736 座、751 台、12682.5kW，单排站 127 座、144 台、6435kW，灌排结合站 187 座、205 台、5824kW，抽水流量为 377.77m³/s，有效灌溉面积 51427.5hm²。1988—2010 年，围绕提高农田挡、排、灌、降标准，分区新建、改造堤西圩口闸，改造、新建堤东封闭、调节涵闸，规划发展小型灌排设施。至 2010 年，建设堤东地区边界节制涵闸（洞）29 座、内部调节闸 60 座，堤西圩区圩口闸 984 座。全市小型泵站 1426 座（含已报废站 38 座），其中单灌站 1080 座、单排站 324 座、灌排结合站 22 座，有水泵 1485 台、32948kW，设计流量 574.60m³/s，其中灌溉站流量 176.58m³/s，排涝站流量 398.02m³/s，排涝模数 0.74m³/(s·km²)。

堤东封闭闸、调节闸 20 世纪 60—80 年代，东台在堤东地区南、西和北侧 3 个方向边界河道上，先后建成 29 座封闭小涵闸（洞），在骨干河道两侧兴建丁堡河北闸和潘堡河南、北闸等 83 座内部调节闸。2003 年 10 月至 2004 年 5 月，为保证堤东东部区域水稻生长和导咸引淡需要，在堤东灌区续建配套与节水改造 2002 年度项目中，安排新建农干河北闸、老海堤河涵洞、南垦区干河北闸；新建和改造东台河北岸的部分小涵闸（洞），即引水闸 1 座、分水闸 17 座、节制闸 7 座、排水闸 6 座、封闭闸 4 座、灌溉工程 2 处。2009 年实施 2006 年度灌区节水改造项目，新建新储河引水闸、东潘堡河闸 2010 年度新建弶港方塘河灌溉站、新曹何垛灌溉站、富安同胜闸、富安富西东闸、孙东何垛河闸、新曹十中沟闸。1988—2010 年，堤东地区小型涵闸累计新建 18 座，改造 41 座。至 2010 年，堤东地区完好涵闸总数计 89 座，其中节制闸 29 座、调节闸 60 座（不含拆除、报废涵闸 43 座）。小涵闸（洞）见附表 9，小型泵站见附表 10，报废、拆除节制闸、调节闸见附表 11。

3.4.3.1　堤东灌排站

堤东灌区历来以旱作为主，灌区河道上游沿线地区和少量水稻种植，随着河道水质改善和国家对水稻种植补贴政策的实施，水稻种植面积有所扩大，加之大棚、设施农业等高效农业对灌溉动力的需求，堤东灌区小泵站相应发展。根据统计，堤东灌区现有小泵站 916 座，其中灌溉站 906 座、排涝站 1 座、灌排结合站 9 座，有水泵 929 台、13361kW，设计流量 149.15m³/s，设计灌溉面积 21546.68hm²、排涝面积 2000hm²。

3.4.3.2　圩区坤口闸、排灌站

1987年，圩区配套圩口闸822座，套闸13座，隔圩闸29座；排涝动力1994台机、27986kW。1991年特大洪涝灾害后，圩区开展联圩并圩、圩区达标交圈、"无坝市"等建设治理工程，不断改造、新建圩口闸、排涝站，完善挡排基础设施。至2005年，圩区共有圩口闸969座，排涝站300座，安装水泵346台，配套功率14334kW。2010年，据汛前检查统计，圩区共有圩口闸984座，排涝站323座、366台，配套动力17296.1kW，排涝流量398.02m³/s，排涝模数0.74m³/(s·km²)；灌溉站187座、小泵190台、配套功率2290.5kW，灌溉流量27.43m³/s。

3.4.3.3　市区闸站

东台市市区于1999年4月启动防洪排涝工程，分片、分期实施闸站工程建设，至2010年，城市市区何垛河以南老城区片建有12座闸、4座站，设计总排涝流量22m³/s。市区闸站工程在发挥防洪排涝功能的同时，兼顾抬高市区内河水位的作用，其中长青二中沟闸站、九龙港闸、东窑河闸、南城河闸为老城区抬高水位工程的控制性节点工程。抬高水位工程实施后可将市区何垛河以南、串场河以东、通榆河以西、东窑河与南城河一线以北内河水位常年保持在1.8m，达到改善内河水质的目的。东风圩区片建有圩口闸17座，排涝站3座，排涝流量2.3m³/s；西溪圩区片建有圩口闸8座，排涝站1座，排涝流量2m³/s。城市防洪工程中，由市河道堤防管理处直接管理的闸、站有12座。具体见附表12。

第4章 沿海水土流失规律研究

4.1 研究背景及动态

4.1.1 研究背景

　　水、土资源以及生态系统是地球上生命生存的基本要素。长久以来，人口增长及土壤侵蚀带来的人地矛盾愈发突出。在人口数量不断增加以及人类大范围、高频次的活动干预下，以及自然界中水流冲刷、空气流动及重力挤压等带来的外营力影响了土壤的结构性，干扰土壤剥离和破坏的过程，使得土壤的搬运及沉积的循环加快，土地侵蚀问题越发严重（郑粉莉等，2008；周宁等，2014）。土壤侵蚀过程发生在陆地板块运动最为活跃的地区，作为全球范围内普遍存在的环境问题，其引起的水土流失、河道淤积乃至山体滑坡和泥石流严重影响人们的生存且严重阻碍了社会进步和经济文明的发展。我国由于水土流失空间分布差异较大、土壤流失量大且沟谷间侵蚀灾害频发等特点成了土壤侵蚀最严重的国家之一。2019 年我国 271.08 万 km^2（占全国国土面积的 28.1%）的土地因土壤侵蚀造成的水土流失无法正常使用。其中因水流冲刷或地底渗流等造成的水力侵蚀面积达到了 113.47 万 km^2，占总侵蚀面积的 40%，即国土面积的 12%。水土流失包括了土壤侵蚀、水的损失两个部分，其中土壤侵蚀又包括泥沙流失和土壤营养物质流失。土壤侵蚀不仅破坏农业用地，同时也在破坏生态环境。土壤侵蚀已发展成为人类史上最普遍，持续性强的地质灾害。对于经济、生态、文化等破坏也日益增加，研究土壤侵蚀规律变化和恢复重建生态系统的对策，已成为 21 世纪自然科学、国际土壤学、农林学和环境科学等领域研究热点。

　　江苏省沿海地区位处我国东部，东临黄海，有着十分丰富的濒海滩涂资源，未开发滩涂总面积达 50 万 hm^2，约占全国滩涂总面积的 25%。滩涂围垦工作已有多年历史，滩涂里富含着丰富的资源，经历了兴海煮盐、临港工业、围海养殖、垦荒植棉等多阶段发展。濒海滩涂的围垦开发可以增加国土资源、增加经济建设用地，同时可以促进地区经济发展。合理规划、有序开发沿海滩涂资源，可以在为我国城市化建设提供建设用地的同时确保耕地总面积动态平衡，实现国土资源的持续长效利用。沿海滩涂是陆海相互作用由过渡带不断演化形成的特殊生态系统，作为海岸带的主要组成部分之一，滩涂区域拥有宝贵的土地资源和空间利用价值。滩涂按其所处水域类型一般可分为海滩、河滩和湖滩三种。海滩指的是潮汐中位于大潮高潮位与低潮位之间的潮浸地带，河滩和湖滩指的是河流、湖泊的常水位与洪水位之间的滩地。此外可以按滩涂的组成成分分为岩滩、沙滩、泥滩，按潮位、宽度和坡度，可分为高潮滩、中潮滩、低潮滩等。针对不同类型的滩涂，其可开发利用形式也有所不同。总的来说，人类现在对于滩涂资源的开发方向分为向陆地方向发展和向海洋方向发展。向陆方向发展，可以通过围垦、引淡洗盐等措施形成农牧渔业畜产用地；向海洋方向发展，可以作为开发海洋的前沿阵地。在我国，滩涂的具体应用形式有五种，分别是：开辟成盐田，围海造陆，作为耕地；利用滩涂特点，发展水产养殖业；填筑滩涂，作为沿海城市、交通及工业用地；发展海洋旅游业。自中华人民共和国成立以来，我国进行了大量的滩涂资源开发，但仍然存在着诸多问题，例如滩涂海域的环境污染、滩涂生态系统功能严重退化、滩涂资源的利用效率低等。

就滩涂围垦而言，作为我国长期以来开发与利用滩涂资源的一种重要方法，能为我国沿海城市提供大量的土地资源。在对这些土地资源的利用上，农业种植是主要形式。将沿海滩涂围垦开发以增加耕地面积、增加棉粮油供给并促进沿海经济发展，也是维系国家粮食安全的重要保障。但进行滩涂围垦，必然会引起滩涂土壤性质的改变，并且这种改变会随着围垦程度的加深而受到越来越多的人类活动的影响。如何使人类活动对土地的影响趋于良性发展是其中的关键。在对滩涂进行开发时，应做到有计划、有步骤地开发沿海滩涂，确保耕地资源总量不减少，实现耕地资源可持续利用。对于沿海滩涂的开发，要坚持开发与保护并行，科技创新驱动，从增效、节约和减排三个方面入手，走一条海洋经济绿色发展之路。为此在对沿海滩涂开发的过程中要切实地做到沿海滩涂管理的制度化，规范化建设；要推进高品质滩涂农业作物的培育，注重滩涂农业土壤的质量保持；要因地制宜，做好功能区划；还要坚守生态保护红线，保护好重要的湿地保护区。

江苏沿海以滩涂围垦获得的大量耕地主要特点包括新围垦区和老垦区的土壤含盐量差异十分巨大。新围垦区的土壤含盐量过高，并且土壤碱性大，对于作物的生长发育极为不利。因为存在土壤特性的差异，不同的围垦区土地的适宜作物类型、种植结构等存在差异。还有部分老围垦区的土壤出现了不同程度的盐渍化，影响了耕地质量和农作物产量。针对围垦时间不超过10年的新围垦区，其土壤特点是含盐量高，含砂量高，土壤结构性差，土壤有机质含量较低，黏聚力较小，比较容易发生土壤侵蚀，导致新开挖的沟坡、河坡土体极不稳定，水土流失现象严重。"一年挖，二年塌，三年平，四年开垦可种田"这句谚语在当地广为流传。部分堤、圩堆心土不实亦易使堤圩心土受侵蚀流入沟河。据统计沿海新围垦区新挖深1.5～2.5m的土质沟渠，没有防护措施的情况下一个汛期平均沟深淤浅40%，仅5～6个月便淤积成与周边同高程的平地。新围垦区常见的水土流失现象，其定义是指土体在水力、重力、风力等外营力作用下，水土资源和土地生产力的破坏和损失，包括土地表层侵蚀和水土损失。水土流失除了导致沿海新围垦区土壤数量减少、土地生产力下降，还会引起江河淤积、水体污染、洪涝灾害加剧等环境问题。因为在水土流失的过程中，流失的不仅仅是土壤颗粒，还包括土壤中大量的有机质、作物生长所需的盐分等。江苏沿海地区的土壤侵蚀以水力侵蚀为主，在水力侵蚀的作用下，河岸、沟渠边坡的土壤颗粒在水力侵蚀的作用下，会大量流入河流沟渠中，由于海潮顶托和闸、坝等水利工程或者其他因素导致水流流速减缓后，水流中携带的泥沙会大量淤积于某一地区，逐渐导致围垦区的闸下港槽和排水河道的淤废。

在我国面临"资源约束趋紧、环境污染严重、生态系统退化"的严峻形势下，水土资源作为保障国民经济和谐健康发展的基础性资源尤为重要，作为经济增长点的沿海新围垦区土壤侵蚀及防治技术研究是非常必要的。

4.1.2　研究动态

4.1.2.1　土壤侵蚀进展

最早进行土壤侵蚀机理研究的是德国的土壤学家 Wallny，早在 19 世纪末，Wallny 通过布设土壤侵蚀试验小区，开始了土壤流失量的系统观测和侵蚀因子的定量研究，然后根据观测结果提出了土壤侵蚀与影响地表径流的因素之间的关系，例如降雨雨量、边坡坡度、土壤类型。土壤侵蚀的定量研究从此开始。

1917 年，米勒在密苏里农业试验站（Missouri Agricultural Experiment Station）建立了第一个有严格定义的侵蚀径流小区，通过变更轮作方式进行长期试验，总结出了不同土壤可蚀性试验研究中各个影响因子产生的作用，以此研究土壤侵蚀和径流之间的关系。20 世纪 30 年代，库克通过对大量径流小区进行模拟试验分析，发现侵蚀性降雨及土壤团粒结构造成的土壤运移及植物覆盖情况会对小区模拟结果造成影响，从而将其归纳为土壤侵蚀的三大因子。

在 1930—1942 年，美国科学家 Bennett 等，以径流小区法为基础，陆续在美国各地建立了土壤侵蚀试验站。这些土壤侵蚀试验站采集了大量的土壤侵蚀数据，为之后的土壤侵蚀研究提供的数据支持。20 世纪 30 年代，Cook 等学者在系统而科学地分析了大量土壤侵蚀资料后，完善了土壤侵蚀影响因子的类型，提出的土壤侵蚀影响因子包括土壤可蚀性、降雨和径流侵蚀力以及植被覆盖度。在通过大量的土壤侵蚀数据观测后，国外学者已经基本确定能影响土壤侵蚀量的各个影响因子。土壤侵蚀研究开始进入定量研究阶段，这一阶段学者们的主要工作是定量研究土壤侵蚀的各个影响因子对土壤侵蚀量的实际影响程度，并在其基础上建立土壤侵蚀模型以预测土壤侵蚀量。

20 世纪 40 年代后，津格通过径流小区降雨模拟试验并及气象地形资料搜集，研究了土壤流失现象与沟底坡长坡度的关联性，确定了地形因子对土壤侵蚀速率的定量影响关系。史密斯博士在津格研究的基础上，在原有的坡长坡度因素的基础上加入了水土保持因子和作物因子，为之后通用土壤流失方程即 USLE 模型的构建提供了思路和理论依据。1965 年在与施麦尔合作中，史密斯花费了 30 余年搜集了美国 30 个州的土壤侵蚀观测资料，在经过多次检验核算之后提出了著名的通用土壤流失方程（USLE），首次采用降雨侵蚀力、土壤可蚀性因子、耕作因子及植物覆盖因子、坡度坡长因子和水保措施五大因子作为预测地表侵蚀和沟壑侵蚀引起的年平均土壤流失量的方法。后来这种试验方法成了土壤侵蚀研究的经典方法。伴随着土壤侵蚀学科的发展和对侵蚀规律的不断系统综合研究，愈来愈多的人认识到水土保持工作的重要性。进入 20 世纪，境外土壤侵蚀规律与机理研究成果和进展主要在以下几个方面：

（1）土壤侵蚀发生的机理。以前认为土壤侵蚀主要与土壤运移或土壤肥力流失等因素有关，而最近二三十年很多研究者试图从更综合、更普遍的角度来研究土壤侵蚀机理。美国的 Switoniak 等认为土壤侵蚀与其土壤密度、透水性、颗粒组成以及植物根系深度等指标联系紧密起来。新西兰的 Eger 认为判别土壤侵蚀是否具有积极作用，取决于它在整个生态系统中所发挥的功能是否合适，如降水分布、养分循环等。

（2）土壤质地中的颗粒组成尤其是表层土壤的颗粒组成对土壤侵蚀的影响。过去人们在研究土壤侵蚀时更关注土壤中的细颗粒成分，而 Ferrier 则认为土壤中尤其是表层土壤中的粗颗粒同样影响着土壤侵蚀过程。为验证这个观点，Ferrier 专门设计了小、中、大 3 种不同颗粒组成的试验田，试验证明当土壤中尤其是表层土壤中的粗颗粒成分在某一临界值以下时，土壤侵蚀与粗颗粒覆盖度成正比。

（3）国外学者还特别重视短时高强降雨造成的土壤侵蚀。众所周知大部分土壤侵蚀都发生在丰雨量、高雨强的汛期，但是目前大多土壤侵蚀预报模型是基于年降雨、月降雨等降雨特征，这就造成了土壤侵蚀预测结果误差较大。

在 20 世纪 70 年代以后，科学技术蓬勃发展，在土壤侵蚀的研究方面，出现了许多新的试验方法。新的方法极大地便利了土壤侵蚀模型的研究。国际上涌现了大量的物理过程模型。例如水蚀预报模型（WEEP）、欧洲土壤侵蚀预报模型（EUROSEM）、非点源地区流域环境反应模型（ANSWERS）。其中水蚀预报模型是一种基于泥沙侵蚀过程的模型，建立于土壤学、植物学、水力学等学科基础之上，能较好地反映侵蚀产沙的时空分布，外延性良好。欧洲土壤侵蚀预报模型中采用 Yang 的单位水流功率概念，将侵蚀分为细沟侵蚀和细沟间侵蚀，具有良好的物理基础。非点源地区流域环境反应模型的建立基于模拟流域管理对土壤侵蚀和泥沙沉积的影响，主要用于模拟暴雨期间和暴雨后流域的特性。

科学技术同样也便利了对于复杂地形地区的土壤侵蚀研究，例如矿区。虽然早在 1967 年，Wolman 等学者就对矿区工程施工及采矿时的松散堆积物进行了大量的研究工作，但他们并没能建立起适用于矿区的土壤侵蚀模型。直到 1997 年，美国部分学者在 Wolman 研究的基础上，通过对通用土壤流失预报方程（RUSLE）中参数的修改，提高了该模型在矿区等特定地区的适用性及准确性，这一方程也被称作 1.06 版 RUSLE。

21 世纪以来，随着人们对于土壤侵蚀过程的研究越发深入，传统的研究方法已经无法满足研究所需。而以空间信息为核心 3S 技术在一定程度上可以满足人们对于土壤侵蚀模型研究的需求，因此将 3S 技术与土壤侵蚀模型结合是现阶段的土壤侵蚀模型研究新方向。在 3S 技术中，与具体的土壤侵蚀研究结合较为紧密的便是地理信息系统（Geographic Information System，GIS）。GIS 技术首次应用于实践是在 1967 年的加拿大，由 Tomlinson R 建立，主要用于分析和利用加拿大土地统计局收集的数据。GIS 技术应用于土壤侵蚀模型研究中，能体现土壤侵蚀的空间异质性，还可以有效地提高水土保持措施空间布置的合理性。

土壤水蚀研究以问题为导向，是通过揭示过程与机理，并据此提出防治对策。我国在西周时就有关于对侵蚀地貌的分类、成因的描述，《诗经》中的"既景乃冈，相其阴阳……度其隰原，彻田为粮。""高岸为谷，深谷为陵"。经过长期的探索与实践，提出了兴修梯田、修筑陂塘池、淤地坝工程，引洪漫地，推行"区田法"，开展造林种草。秦汉时期，《汉书》中有记载黄河流域水土流失的严重，一百二十市斤水中有十升泥沙。随着土壤侵蚀的日益加剧，从宋朝开始利用修筑梯田的方法抵御土壤侵蚀。明朝徐贞明大力提倡"治水先治源"的理论，并研究出土壤侵蚀、颗粒搬运与泥沙沉积三者间的定量关系。在我国，系统的土壤侵蚀研究最早开始于 20 世纪 20 年代。当时在晋鲁豫地区，有一部分来自金陵大学的教授进行了水土流失的调查及径流情况观测。随后，该校开设了土壤侵蚀及其防治方法这一课程。在 1933 年，原黄河水利委员会成立并设置林垦组专业从事防治土壤冲刷工作。在 20 世纪 40 年代，我国建立了天水水土保持试验区，这是我国的第一个水土保持试验站。50 年代初，我国大力提倡水土保持工作的开展，并取得了重要研究成果，建立了国家水土保持委员会。20 世纪 50 年代，水利部、中国科学院和黄河水利委员会联合组织了大规模的实地考察，旨在详细了解黄河流域尤其黄河中游水土流失情况，为治理黄土高原地区水土流失积累了丰富经验。其后，我国陆续建立了诸多水土保持试验站，到 1960 年，全国共建立了 181 处水土保持试验站。这些试验站采集的大量数据为之后我国的土壤侵蚀模型研究打下了坚实的基础。

我国近现代土壤侵蚀科学研究开始于 20 世纪 40 年代。1940 年一些科学家和研究人员为解决防沙问题在老黄河水利委员会成立林垦设计委员会以研究水土保持绿化工作。在国外，野外及室内人工模拟降雨是取得坡面侵蚀产沙的主要手段，我国在 20 世纪 80 年代开始推广使用。室内人工模拟降雨设施主要以中科院地理所以及水保所在 20 世纪 80 年代所建为代表，设施现代化，技术先进。室外人工模拟降雨设施可以分为大型、中型、小型以及微型四种，大型设施以黄河水利委员会西峰水保试验站 1984 年在南小河沟试验站所建为代表，中小型以山西离石水保所 20 世纪 80 年代在王家沟试验站所建为代表。经过70 多年坚持不懈的探索和研究，我国土壤侵蚀工作取得了丰硕的研究成果并广泛应用推广，揭示了土壤侵蚀规律及过程，初步建立了适用于我国的坡面土壤流失预报模型，并且正研究流域为单元的侵蚀预报模型的适用性，如 GeoWEPP 等，在典型地区开展小流域综合治理示范项目研究试验，建立行之有效的水土保持绩效评价体系，强化水土保持的监管体制。

70 年代中期，通用土壤流失方程传入我国，刘宝元等学者在其基础上根据中国水土保持试验站点的大量实测资料，对其进行修正，建立了中国水土流失方程（CSLE）。其后国际上大量成熟的土壤侵蚀模型陆续传入我国，我国学者修正了这些模型的参数，使之更好地适用于我国实际情况。例如在 20 世纪 90 年代初，王万忠等学者依据延安、绥德、子洲等地的降雨径流观测资料分析了五种降雨特性参数与土壤流失量的关系，包括降雨量、降雨历时、降雨强度、降雨次数、瞬时雨率。大量的关于土壤侵蚀影响因子的研究工作，便利了土壤侵蚀模型的建立与修正工作，最终服务于土壤侵蚀模型的实际应用研究中。

在 21 世纪，我国学者贴合土壤侵蚀研究国际方向，研究 GIS、RS 技术与土壤侵蚀模型的结合应用，逐步使之具备实际应用价值。例如，卜兆宏等学者研究了 GIS 技术与USLE 模型的结合，并成功地应用到了山东省和太湖流域等大区域的土壤侵蚀量估算中。李亚平等以信阳市商城县为例研究了 GIS 技术和 RUSLE 模型的结合。陈锐银以四川省水土流失重点防治区土壤侵蚀资料，研究了 GIS 技术与 CSLE 模型的结合。研究 GIS 技术与土壤侵蚀模型的结合，能更好地研究土壤侵蚀的时空变化，以李亚平等基于地形坡度的大别山山区商城县土壤侵蚀研究为例，在结合 GIS 技术后，发现实验区受地形影响，其土壤侵蚀程度由北向南，随着地势的升高而逐渐加重。

同样，应用新的研究方法，国内学者对土壤侵蚀规律的研究更加细致，并取得了许多进展。邓龙洲等研究了侵蚀性风化花岗岩坡底土壤发育特征，研究表明在强烈侵蚀的风化花岗岩坡地上，侵蚀过程严重影响了土壤的演变过程。侵蚀程度越高，其土壤发育程度越差。周柱栋等通过在草原上进行的野外放水冲刷试验研究了植株密度在不同流量下的坡面径流泥沙粒径分选规律。杨丹以野外长期定位观测试验为基础，研究了蔬菜种植、农作物混种和饲草种植影响下的产流产沙过程，分析了土地利用方式对地表侵蚀产沙过程的影响。谢云等的研究表明在降雨量、时段雨强、平均雨强这三种侵蚀性降雨标准中时段雨强的精度最高；吴发启等的试验表明土壤结皮会减缓降雨入渗速率、增大地表径流量和减少侵蚀量的作用，且雨强越小土壤结皮对土壤侵蚀的影响作用越大，雨强越大，影响作用越小。张玉斌等的试验结果表明不同质地的土壤其径流和入渗过程差异明显。对于同一质地的土壤，随着前期表层土壤的含水率增大，会减少土壤入渗量，增大径流强度，并且坡面的产流时间会提前，在试验中，若降雨前土壤含水量越大，从片蚀发展成沟蚀的时间越短。张以森等的研究表明对于盐碱土，降雨量和径流量与土壤侵蚀量之间成正相关关系，存在侵蚀最小启动雨量，临界坡度为 $20°\sim26.5°$；佘冬立等的试验表明沿海围垦区粉砂土坡面的坡度和降雨雨强两个侵蚀因子与输沙率存在密切关系；王爱娟等对四种不同土壤的试验结果表明单位水流功率与土壤侵蚀量之间关系不明显，降雨雨强和历时对侵蚀量影响较大。邢伟等通过遥感调查和地面调查相结合的方法，对比项目区水土流失状况的变化，分析不同水土保持方法对水土流失现象的防控效果。试验后发现在梯田和水平阶进行重点工程实施之后，土壤侵蚀现象出现缓解且效果明显优于区域封禁补植措施。周宁等以黑龙江省拉林河流域为研究区，使用 USLE 模型结合地理统计分析法和时空分析法对土壤侵蚀模数进行计算，并以此在地理信息系统中建立了该流域的空间栅格数据库，通过地理信息系统对试验区数据的处理得到研究区之间土壤侵蚀模数的分布存在较强空间相关性的结论，其主要呈现从西向东、从北向南的线性递增趋势，对黑龙江省临河区实现水土保持信息化管理具有重要意义。

20 世纪 80 年代以来，水土流失的测量方法和技术设备有了较大改进，新建的水土流失观测试验站相继投入使用，不同侵蚀类型区的实测在全国展开。同时，随着遥感技术的发展普及和国家越来越重视水土流失问题，在全国范围进行大区域水土流失监测工作全面展开。20 世纪 90 年代以来，土壤侵蚀研究又有了许多新的技术突破，将遥感技术和地理信息系统相结合，在遥感技术的基础上利用 GIS 优秀的数据管理能力和数据综合处理能力对土壤侵蚀开展研究。进入 21 世纪，运用新理论、新技术，水土保持监测逐步走向自动化信息化，同时我国逐步完善了全国水土保持监测网络，建立了水土保持数据库。当前我国坡耕地占耕地面积的 1/5，其中坡度大于 $15°$ 的占 46%；陡坡地大量开垦以及高强度人类活动，把流域变成了由不同斑块镶嵌的破碎景观。在坡面尺度上重点开展陡坡侵蚀过程机理研究，探讨泥沙分选搬运机制，高含沙量水流的水动力学特性，以及特殊的浅沟侵蚀机理等问题；在流域尺度上重点研究了异质景观流域侵蚀产沙对环境因子的响应，以及景观单元间水沙汇集与输移过程规律（傅伯杰，2010）。在丰富的理论研究基础上，构建陡坡侵蚀机理方程和适用于复杂景观流域的泥沙输移比模型。同时我国复杂侵蚀环境决定了水土保持措施的多样性，因此在耕作、生物、工程等措施的防蚀机理和适宜性研究基础上，总结出了西北黄土区、东北黑土区、西南紫色土区等水蚀区的水土流失综合调控与治理范式。

1991 年 6 月,我国首部水土保持法在全国人代会上通过,代表着我国水土保持工作向着法制化、规范化、科学化逐步发展。2011 年 3 月 1 日,新水土保持法正式颁布施行,这是我国水土保持法制建设的又一个新的里程碑,标志着我国水土保持事业进入了一个新的发展时期。我国近年来在土壤侵蚀综合治理等领域已达到或接近一流国家水平,但因为我国独特的地理多样性,对特定区域的土壤侵蚀预报模型开发和研究进展仍然要落后于世界先进水平。

4.1.2.2　侵蚀性降雨特征

土壤侵蚀是指土壤在内外力的作用下被分散、剥离、搬运和沉积的过程,引起土壤侵蚀的作用力主要有内外营力及人为活动作用。土壤侵蚀不仅破坏宝贵的土地资源,而且将大量的有机物和重金属排放到河流和湖泊中,混在冲走的土壤中污染水体,使水体富营养化。认识到土壤侵蚀对人们生产生活造成的大量负面影响,多年来许多研究人员对土壤侵蚀进行了研究。研究造成土壤侵蚀的影响因素,一般情况下动力因子为降雨因子。大量的观测数据分析结果表明,在自然界中,并非所有的降雨事件都能引起水土流失,一般只有部分降雨事件能够产生地表径流从而导致土壤侵蚀,这一部分被称为侵蚀性降雨。研究侵蚀性降雨的特征可以帮助我们深入分析土壤侵蚀机理,同时能利用降雨资料分析当地的土壤侵蚀状况。为研究侵蚀性降雨特征,首先要区分造成侵蚀的降雨事件的临界值,即侵蚀性降雨标准。自然界的降雨事件场次很多,拟定侵蚀性降雨标准可以据此排除不造成土壤侵蚀的降雨,保留会造成土壤侵蚀的降雨事件,能够减少统计分析信息的工作量并比较精确地计算其相应的降雨侵蚀力,它是研究土壤侵蚀规律的一个重要环节和内容。

Wischmeier 利用全美径流小区试验数据,依据雨量拟定出了适合美国的侵蚀性降雨标准为降雨量小于 12.7mm,若满足该标准则计算降雨侵蚀力时可以不计入该次降雨事件,但如果该次降雨事件的 15min 降雨量超过 6.4mm,则仍将这次降雨事件计入计算结果。Elwell 和 Stocking 则认为降雨标准应该是日降雨量 25mm 和降雨强度在 25mm/h 同时筛选来估算 Rhodesia 的年土壤流失和径流。Renard 等对美国某流域的降雨侵蚀力计算成果表明,利用侵蚀性降雨标准筛选之后的降雨事件累加得出的降雨侵蚀力值会比所有降雨事件的降雨侵蚀力值小,但土壤侵蚀情况和径流情况是否变化,还无观测数据加以分析。张汉雄等利用甘肃省西峰无覆盖农地的观测数据拟定了当地的侵蚀性降雨标准,具体标准为 5min 降雨强度达到 0.78mm/min,或者 24h 降雨雨量达到 55mm。周佩华等使用人工降雨试验方法,分析了产流历时和雨强的相关性。江忠善等对黄土高原地区的侵蚀性降雨进行了分析,建立了侵蚀性降雨标准为降雨量大于 10mm,但没有分析降雨事件的筛选精度。王万忠等在西北黄土高原地区拟定了 20°无覆盖径流小区的侵蚀性降雨标准的雨量标准为 8.1mm,28°草地覆盖度大于 65% 的径流小区的侵蚀性降雨标准的雨量标准为 10.9mm,覆盖度为 70% 的洋槐林径流小区的侵蚀性降雨标准的雨量标准为 14.6mm,并指出不同覆盖的径流小区侵蚀性降雨标准不同。谢云等分析了位于黄河水系的团山沟小流域,收集了团山沟径流小区 8 年的气象观测资料和径流资料,拟定该小流域的侵蚀性降雨标准的雨量标准为 12mm。刘和平等利用北京密云地区石匣水土保持实验站的休闲地小区和坡耕地小区十年的气象资料、径流资料和土壤侵蚀观测资料,分析了不同年限长度下的侵蚀性降雨的降雨量标准,研究表明年限达到 7 年时,其确定的侵蚀性降雨量标准趋于稳定,并且确定了侵蚀性降雨标准为雨量达到 18.9mm 和最大 30min 雨强达到 17.8mm/h。汪邦稳等以收集的 2001—2009 年这 9 年的 1359 场降雨资料为基础,分析了江西北部红壤区侵蚀性降雨标准在不同下垫面下大差异,发现下垫面不同需要数据长度不同,建立侵蚀性降雨标准需要的数据长度,可以在一定程度上反映不同水保措施产生作用需要的年限;研究还发现设有水土保持工程的试验小区的侵蚀性雨量标准提高了,布有水保措施的径流小区的侵蚀性雨量标准为 16.2mm,比裸露地表径流小区的 11.4mm 提高了 42.1%。程庆杏等选择位于皖南山丘地区的歙县华源河流域布设的 3 个不同下垫面条件的径流小区的气象观测资料和侵蚀资料为研究样本,建立了皖南山丘地区侵蚀性降雨标准为雨量分别达到 13.6mm、14.6mm 和 14.7mm。根据此侵蚀性降雨标准,可排除 50% 以上的自然降雨事件,而漏选的侵蚀性降雨事件造成的土壤侵蚀量仅占总量的 3% 左右。李林育等采用频率分析法对四川省紫色丘陵地区的资料进行了分析,研究了该区域的侵蚀性降雨特征和土壤侵蚀特征。王万中、集菊英根据黄土高原的特征拟定了降雨标准为 9.9mm 为侵蚀性降雨标准。谢云等设定标准为 30min 降雨强度为 0.25mm/min。张永涛通过小流域径流试验设定标准为 17.3mm。综上所述,侵蚀性降雨标准的研究国内外已做了大量工作,不同学者对降雨侵蚀力的计算的标准也不相同,但由于气候条件和土壤条件的差异、模型的不同而导致采用的标准也不相同,各地的侵蚀性降雨标准并不统一,且苏北地区侵蚀性降雨标准尚未有人作出专门研究。

分析侵蚀性降雨的特征有助于对土壤侵蚀状况进行定量分析。卢喜平等对四川省紫色丘陵地区的数据进行了分析,进一步分析了侵蚀性降雨特征,发现该地区年降雨量中有 3/5 以上的降雨事件可归为侵蚀性降雨,发生的集中期为 5—9 月,侵蚀性降雨空间分布特征为边缘地区值较大。马良等利用江西北部红壤坡地上 6 年的实测数据,分析拟定了江西北部红壤地区的侵蚀性降雨标准的雨量标准为 11.2mm 及雨强标准为 0.78mm/h。谢红霞等以湖南省 21 个站点 50 年的降水实测数据为基础,研究发现,侵蚀性降雨的年内分布集中,侵蚀降雨时间主要发生在 4—8 月,年际波动大,各试验站的侵蚀性降雨事件发生场次平均约为 36 场,4—6 月时期侵蚀性降雨累积场次占全年总降雨事件场次的四成以上。张岩等利用黄土高原地区 6 个水土保持试验站的断点雨强资料和气象站的 30 年日降水观测资料,分析了该地区侵蚀性降雨的发生频率、降雨历时等降雨特征和次降雨侵蚀力的统计学特征,黄土高原 6 个站侵蚀性降雨事件的发生频率和侵蚀降雨的雨量均值波动大,每个站的次降雨量、降雨历时、降雨侵蚀力的分布特征曲线都接近指数分布。王改玲等利用山西省阳高县的大型径流观测场 5 年的野外实测资料,研究了晋北黄土地区侵蚀性降雨特征,结果表明,山西北部黄土地区的降雨为季风性降雨,7 月和 8 月雨量值和雨强值均较大,5—9 月的平均降雨量为 223.8mm,其中侵蚀性降雨量为 84.64mm,7 月、8 月一半的降雨为侵蚀性降雨但其产生的侵蚀量占年侵蚀量的 77.4%;大雨的平均次降雨侵蚀量是中雨的 2.9 倍,中雨和大雨仅占总降雨场次的 32.2% 但却产生了 72.3% 的侵蚀量。顾璟冉等利用试验小区的观测数据和贵州西部高原地区的典型小流域的降水、径流与土壤侵蚀资料,分析了贵州西部的侵蚀性降雨特征,研究结果表明中雨即以上的侵蚀降雨造成的侵蚀量约占总侵蚀量的 99.5%，降雨历时在 1~6h 的降雨造成侵蚀可能性大，且产生的侵蚀量大，6 月、7 月侵蚀降雨造成的侵蚀量大约占总侵蚀量的 78%，同时应重视汛期水保工作。李林育等以四川省紫色丘陵地区的实测资料为基础，结果表明紫色土丘陵地区总降雨量中有 3/5 以上为侵蚀性降雨量，空间分布上表现为四周大中间小，北部为降雨侵蚀力为空间分布的高值区，低值中心位于空间分布上的中部。

4.1.2.3　降雨侵蚀力

土壤侵蚀分为水力侵蚀和重力侵蚀，其中造成水力侵蚀的主要来自降雨。降雨侵蚀力是各种模型预测侵蚀的主要评价参数。降雨侵蚀力是指降雨引起土壤侵蚀的潜在能力。度量降雨侵蚀力是预报土壤流失的关键，具有重要的现实意义。如何统计计算降雨侵蚀力，许多学者对其进行了翔实的研究。

Wischmeier 依据美国境内水土保持试验站的降雨资料和侵蚀实测数据，通过对降雨量、雨强、降雨动能等因子及它们相互排列组合的复合因子与土壤侵蚀量之间进行了回归分析，研究发现 EI_{30} 与土壤侵蚀量的相关性最佳，并将其应用于通用土壤流失方程中，用作预报多年平均土壤流失量，其建立的指标在许多国家得到了广泛的应用。Weisslstok 等利用美国西部俄勒冈州 Elkin Road 流域的 3 个气象站点资料，将 15min 等间隔资料整编为 60min 等间隔资料，并建立了这两类资料与 EI_{30} 之间的回归关系。Foster 综合了降雨量、降雨强度、径流量等指标系统地分析，经过对比优胜与 EI_{30}。王万中等对全国降雨侵蚀力值的计算与分布进行了详细的研究，结果表明 EI_{30} 指标对于表征我国降雨侵蚀力特征是比较适宜的。卜兆宏等研究发现侵蚀性降雨量与侵蚀动能之间有相关性极高，每年汛期降雨量与年土壤流失量之间相关性较高，并运用 I_{30} 的年代表值建立了降雨侵蚀力的新算法。

20 世纪 80 年代初，我国学者一直致力于研究降雨侵蚀力指标，不过降雨类型的不同，各地区采用的指标也不同，为了简化方法，大部分地区还是采用的 Wischmeier 的 EI_{30} 的计算方法，只是都有所修正。当断点降雨强度大于 76mm/h 时，可采用 Brown 建立的动能公式计算。基于次降雨模型，Richardson 利用幂函数结构构建了日降雨侵蚀力的计算模型。在我国的学者中，对于模型的研究，章文波、谢云等对日降雨模型进行修正，提出适合我国通用的降雨模型，大量的研究证明了此模型的可靠性。基于日降雨模型，又有学者研究出月降雨模型，例如 Silva、周伏建、Wischmeier、CREAMS 模型、吴素业等。无论是哪种模型，寻求最适合当地的计算模型，对比降雨侵蚀力是当代研究者主要的研究方向。

由于我国地域辽阔、气候差异明显，地区与地区之间土壤质地也差别明显，故许多学者针对我国某一地区的特点对降雨侵蚀力进行了分析。谢红霞等基于 50 年实测资料分析了湖南降雨侵蚀力特征，发现年内降雨侵蚀力的分布很不均匀，年际降雨侵蚀力波动很大。顾璟冉等基于贵州西部高原地区的径流小区观测资料和该地区典型小流域的资料，对贵州西部地区的降雨侵蚀力进行了分析，发现 EI_{60} 是该区降雨侵蚀力的最佳指标；降雨侵蚀力值不小于 500MJ·mm/(hm²·h) 的侵蚀性降雨事件的累计侵蚀量占总侵蚀量的 73.6%。王改玲等对山西省的降雨侵蚀力特征进行了研究，研究发现该地区多数降雨历时较短、降雨强度较大，降雨产流主要为超渗产流，土壤侵蚀主要取决于降雨强度，因此

I_{10}、I_{30}、I_{60} 与降雨侵蚀力的相关程度明显较雨量好，且其组合形式 HI_{10} 既兼顾了降雨动能和时段最大雨强的影响，相关性最好。

由于降雨侵蚀力直接计算很繁琐，需要完整的降雨过程资料，不利于降雨侵蚀力的运用，因此许多学者提出了降雨侵蚀力的经验计算方法。章文波等运用气象观测站的降水实测资料对各类型的计算降雨侵蚀力方法进行了评估，对年降雨量、月降雨量、日降雨量等五种气象资料用于计算降雨侵蚀力的结果进行了比较，发现以逐年日雨量为基础估算年侵蚀力的效果最佳。李璐等以 260 个站点的气象资料为基础，利用 SPSS 软件，依据多年平均降雨侵蚀力计算模型以及汛期雨量与降雨侵蚀力高度相关的学术思想，拟合了气象站的汛期降雨量与侵蚀力之间的曲线，并利用检验站的数据对其进行了精度评价。马良等结合顶点实测资料对赣北红壤地区的降雨侵蚀力做了研究，建立了该地区适用降雨侵蚀力因子的最佳算式；通过降雨侵蚀力的分析计算，江西北部红壤地区多年平均侵蚀力为 8695 $MJ \cdot mm/(hm^2 \cdot h)$，建立了赣北红壤地区的降雨侵蚀力经验算法，运用经验算法表明当年降雨量产生 10% 的浮动时，会导致年降雨侵蚀力发生 27% 的变化。

4.1.2.4　土壤可蚀性因子研究动态

土壤可蚀性因子用以描述在降水过程中在重力及水力冲刷作用下土壤颗粒分散及产生运移过程的难易程度。Middleton 于 20 世纪初最早提出了土壤可蚀性（Soil Erodibility）这一概念，从 20 世纪 30 年代初，美国各国学者便开始大量地从土壤理化性质、土壤质地等方面着重地研究土壤可蚀性，其中关于土壤可蚀性的研究，按照分析方向的不同可以分为：土壤可蚀性评价的指标确定、在时空维度下的变化与波动分析估算和分析可蚀性因子构成方法。布尤科提出将根据土壤性质将土壤根据粒径大小进行颗粒分级，将砂粒粉粒的含量之和与黏粒的含量之比作为土壤可蚀性指标，以此研究了土壤质地与侵蚀程度的定量关系；班尼特通过土壤侵蚀过程中土壤中土体及黏粒中二氧化硅和三氧化二铁含量摩尔比的变化规律，探究两者之间的相关程度最后经过试验验证后对两物质摩尔比的分级标准进行了确定。直到 1963 年，在 Oznesenskil 提出公式 $E = dh/a$ 之后，Olson 和 Wischmeier 根据这些理论，在公式中正式提出土壤可蚀性因子这一概念并给出了相应的计算方法。

土壤可蚀性因子 K 是描述标准径流小区下在单位降雨侵蚀力的作用下产生的土壤侵蚀量的指标，可以对水力侵蚀下的土壤侵蚀情况进行准确地预测。Wischmeier 将土壤理化分析各项参数与土壤可蚀性因子 K 值通过回归方程分析总结出所适应的方程。20 世纪 70 年代初，Wischmeier 又制作了 NOMO 图法，通过耕作土壤的方法得出 NOMO 公式的雏形。1990 年 Williams 提出土壤可蚀性因子计算公式（EPIC 方程）发展成为与土壤颗粒级配与有机质含量之间的关系。此种模型的方法适用性很强，我国有不少专家都以此模型对我国土壤可蚀性因子进行研究。Shirazi 等提出在无法获取土壤团粒结构或全部粒径组成以及土壤颗粒分级标准不同的情况下，使用不同颗粒大小分组的土壤集合平均粒径计算 K 值。Torri 等在 20 世纪 90 年代提出在对喀斯特地貌特征地区以及土壤黏性较重的区域进行土壤可蚀性分析时，在难以取得详细的土壤粒径资料的情况下，可以仅采用土壤粒径和有机质数据构建估算模型进行计算。

我国研究土壤可蚀性因子的历史较短，不过近几年研究成果颇多。朱显谟开创了我国对于土壤研究的先河，他在基于土壤性质的侵蚀研究中分析了膨胀系数以及分散速率等土壤性质与侵蚀速率之间的关系，以此将土壤影响作用分类为抗冲性和抗蚀性两种，并在此基础上提出改善植被因素会影响土壤可蚀性因子且有助于得出实验结果。田积莹等在讨论陕甘宁境内的黄土风成因的主要颗粒组成过程中，将砂粒、粗粉粒、黏粒及物理性黏粒四种粒级作为土壤理化性质与侵蚀关系研究的主要指标。史德明等通过测定土壤透水性、径流系统、分散性等水分性质，研究了野外土壤侵蚀的土壤可蚀性指标。岑奕等利用 EPIC 方程在结合华中地区土壤类型分布图的情况下对当地的土壤可蚀性因子进行分析研究，并对其分布特征进行了研究。汪邦稳等在皖西皖南的高坡度（≥15°）土壤可蚀性实验研究中，使用 EPIC 模型和 NOMO 公式对实测数据进行模拟验证，发现同一种土壤在两种模型的模拟估算后结果差异较大，即在高边坡地区 EPIC 方程和 NOMO 公式的适用性都较低。翟伟风对东北典型黑土区土壤可蚀性因子的研究中，利用 NOMO 公式对当地土壤可蚀性因子进行对比，发现诺谟公式得出的土壤可蚀性因子小于实验值，并且以此进行修正，最终总结出适合当地的土壤可蚀性因子计算方法。饶良懿等在对砒砂岩覆土区的二老虎沟流域进行土壤可蚀性研究时，使用 EPIC 等多种模型对其小流域土壤可蚀性因子 K 进行了估算，结果表明在砂粒含量较高（59%～71%）且黏粒含量较高（6%～11%）的实验小区中进行 K 值模拟和估算，结果发现 Torri 模型的适用性最好，Shirazi 次之，EPIC 模型最次。唐夫凯等在岩溶峡谷区对可蚀性因子 K 值进行估算时，使用了 USLE 等多种模型进行了研究，该溶洞黏粒含量极小，皆小于 0.002mm。结果发现 Torri 模型的模拟结果最好，EPIC 模型略差，而 Shirazi 模型的不确定性最高，实验发现 Torri 模型对于溶洞抗蚀性的研究十分敏感，Shirazi 模型则是在土壤黏粒成分含量较高的情况下用以计算砂岩地区的土壤可蚀性因子较为敏感。EPIC 作为综合性模型，可以适用于很多区域，但是在岩溶区、砂土区的适应性较差，主要原因在于这些试验区土壤各成分占比不均匀且成分之间的大小偏向极化，使用 EPIC 模型进行泛化后会产生较大误差。邹从荣在沂蒙山沂源县的土壤侵蚀研究中，通过径流小区试验进行土壤性质资料的采集，之后通过 NOMO 公式和 EPIC 方程对土壤可蚀性因子 K 进行了分析，主要研究区域位于大张庄镇的土壤贫瘠、不保肥不保水的河边耕地区域。该地区的土壤颗粒以砂粒和粉粒为主，两者之和占据了土壤总颗粒的九成，这点与东台市围垦区情况极其相似。其模拟结果也与本次实验呈现一致性，即通过误差分析法之后修正的 NOMO 公式更加适合沂源县的 K 值预测。杨洁等在江西省水土保持科学研究所建立的标准径流小区运用 NOMO 公式和 EPIC 公式计算红壤 K 值，结果发现这两个公式皆适合当地 K 值的计算。

4.1.2.5　坡度

Wischmeier 在定义了 $K=A/RLSCP$ 之后，在标准径流小区中，坡度与降雨因子是比较容易控制的变量，尤其以坡度因子，最早开始研究的是 Zingg，他提出土壤侵蚀量与坡度的 1.4 次方成正比。Wischmeier 则利用 USLE 方程得到了土壤侵蚀量与坡度呈 2 次方关系。随后又通过改正将坡度改为坡度正弦值的二次多项式。应用到了第二版 USLE 方程中。对于坡度的研究一直没有间断过。Foster 认为 USLE 模型中的坡长因子关系式仅仅适用于大于 4m 的情况，并且通过在 0.61m 坡长的情况下总结出小于 4m 的短坡的坡度因子关系式。McCool 等通过分析 20 个数据资料，发现土壤侵蚀量与坡度之间的关系接近于 USLE 的通用方程，但是存在一个转折点，转折坡度大致在 8°左右，这就验证了 Foster 的短坡理论的说法，从而证明出 Foster 的理论并非空穴来风，也证明了 Wischmeier 的通用方程的正确性。我国也曾出现一大批对侵蚀量与坡度因子之间进行研究的学者。杨子生通过坡长 20m、宽 2m、坡度为 5°且裸露的径流小区进行研究，得出坡度因子与坡度呈 1.32 次方正相关关系。靳长兴得出了当流量一定时，临界坡度为 24°～29°。金秋、吴玉柏、黄明逸等通过人工降雨模拟试验得出，当降雨强度大于 40mm/h、60mm/h 时，黄棕壤土的临界坡度为 20°～26.5°，当大于 80mm/h 时，临界坡度则大于 26.5°。

4.1.2.6 江苏沿海垦区土壤侵蚀

江苏地区沿海滩涂资源相当丰富，其中苏北地区在沿海滩涂开发和利用土壤资源拥有悠久的历史，当地劳动者也积累了相当丰富的沿海滩涂围垦区治理和粮食种植经验。江苏地区的人们利用占全国 1/4 以上的滩涂地区创造了巨大的社会经济效益。因此，为了保障该地区社会经济效益的持续增长和缓解日益激化的人地矛盾，对江苏沿海滩涂土壤侵蚀的成因和预防措施研究受到了全国各地环境学者们的关注。

李鹏等在研究不同围垦年限下的沿海滩涂中使用灰色关联法探究土壤含盐量与粒径分布特征的关系，为日后沿海开发战略的顺利实施及滩涂资源的合理运用及滩涂水土流失科学治理提供了理论依据。许艳在分析围垦年限 40 年以内的滩涂垦区耕地质量因子的时空双维度变化的过程中通过对苏中地区淤涨型海滩进行研究，揭示了沿海滩涂新围垦区多年的变化动态和影响机理；之后在模拟土地利用变化过程的试验中以土地利用类型结构及综合指数研究江苏省如东县时间维度下的滩涂围垦区土地利用类型结构变化趋势和影响机理。邱捷等以江苏沿海条子泥垦区长期撂荒地和水稻田两种土地利用类型为研究样地，探讨了土壤颗粒分形维数及其与土壤粒径分布、土壤理化性质之间的关系，发现土壤颗粒分形维数可以较好反映土壤理化性质特征及变化过程，可作为评价苏东沿海围垦区盐渍土发育和演变规律的指标。胡海波等研究了江苏沿海平原沙土区土壤年侵蚀模数与引起土壤侵蚀各因素的关系，并对抗冲指数进行了深入探讨。杨延春等采用人工模拟降雨模式深入研究了江苏滨海盐土土壤侵蚀量与土壤含盐量之间的关系，结果表明两者之间呈显著正相关。佘冬立等通过人工模拟土槽径流冲刷试验及坡度及上方来水流量对沿海滩涂围垦区盐碱粉壤土边坡径流剥蚀过程的影响，结果发现上方来水流量与坡度对径流剥蚀速率存在显著正效应且互相制约，期望以此弥补国内对盐碱土边坡水土流失过程动力学机理研究的不足。陈倩等研究不同坡度及不同流量条件下的沿海滩涂盐碱土坡面的土壤冲刷试验，通过研究边坡坡度、来水流量及产沙率对水动力学中各参数的相关系数分析，对江苏如东地区土壤的抗冲刷性能进行了研究，结果发现，使用剪切力和水流功率都可以较好地预测不同坡度和流量条件下的坡面产沙率，以此为海涂围垦区盐碱土地工程边坡的土壤侵蚀预报模型的建立提供科学依据。

沿海滩涂的土壤侵蚀机理研究需要大量的野外观测资料和合适的计算模型、数学分析方法以及大量的基础理论支持，国内对于苏东地区沿海滩涂高钠盐粉砂质土壤的侵蚀研究缺乏足够的研究成果，因此需要长时间跨度的试验和模型模拟，为此方向的研究者提供数据基础和理论依据。

4.2 试验方案

4.2.1 试验区概况

江苏东台地区属于苏北沿海淤积质砂土区,野外径流小区设立在距离海边 20km 的华丿镇。该地区的土壤性质与滩涂区域较为类似,属沿海淤积性砂土区,同时因为成陆开垦时间短,土壤砂性重且土壤团粒结构性极差,以至于土壤浅层渗透性能力较强,无法有效地储水保肥,在降雨过程中会导致土壤颗粒随水流被冲刷后造成流失,不利于干旱条件下植物生长。测区高程 4.1m,地形较为平缓,该试验区域的土壤性质、植被覆盖以及天气变化都是东台沿海新围垦区域比较具有代表性的。试验区内根据坡度不同布设 7 个径流小区,坡度分别为 1°、2°、5°、15°、26.5°、35°、45°。其中设立 26.5°、35°、45°三种陡坡的目的是对东台沿海围垦区的高坡度沟渠边坡土壤侵蚀情况进行模拟。各径流小区具体平面及剖面尺寸见表 4-1 及图 4-1。

表 4-1　　　　　　　　　　径流小区坡度及长宽记录表

小区编号	A	B	C	D	E	F	G
坡度	35°	45°	26.5° (1:2)	15°	5°	2°	1°
长×宽/(m×m)	3.5×2.5	2.5×2.5	5×2.5	5×2.5	20×5	20×5	20×5

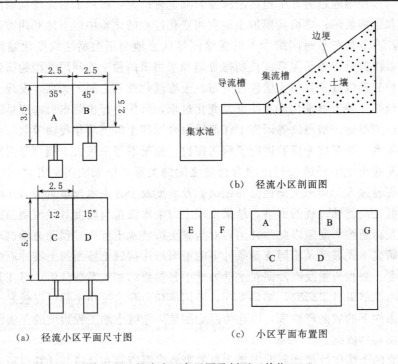

（a）径流小区平面尺寸图　　　　　（c）小区平面布置图

（b）径流小区剖面图

图 4-1　径流小区布置图及剖面（单位：m）

径流小区为了计算方便,可按坡度的依次标记 A、B、C、D、E、F 和 G 七个区域,分别对应坡度为 35°、45°、26.5°、15°、5°、2°、1°。布设方式上,以 A、B 小区相邻,

C、D 小区相邻，E、F、G 三个小区分别排布于左右两侧进行试验。各小区的尺寸及整体布局图见图 4-1。

4.2.2 试验准备

根据试验区所处地区天然土壤盐分较低，为模拟沿海新围垦土壤盐分测定效果，自海边取海水至径流小区浇灌调高土壤盐分。将径流小区表面杂草拔除，每次浇灌海水前疏松土壤以便海水入渗，浇灌采用农具使水土混合均匀再进行土地平整。其中海水浇灌共设置 4 次，每月 1 次，用以调节径流小区土壤含盐量以期与实际土壤情况相似。浇灌过程中待水分充分被土壤吸收后再次浇灌，过程中不得产生地表径流，直至土壤达到饱和含水量时即停止浇灌。待土壤自然风干后取土进行盐分测定，并用土壤水分测定仪测定土壤含水量，若土壤盐分仍然过低，则重复上述浇灌过程，直到土壤盐分含量满足试验开始条件。

对于不同坡度的径流小区采用不同的浇灌方式均匀浇灌，见表 4-2。

表 4-2 各径流小区坡度及海水浇灌方式

小区编号	A	B	C	D	E	F	G
坡度	35°	45°	26.5°	15°	5°	2°	1°
浇灌方式	水勺	水勺	水勺	水勺	水管	水管	水管

4.2.3 资料的观测与采集

1. 野外观测

（1）侵蚀观测：每次降雨后观测土壤侵蚀的土壤表面的平整情况及坡面角度的变化，若无雨则每周进行 1 次观测，并及时清理小区表面杂物和落叶。

（2）土壤容重测定：在径流小区试验前期使用环刀对径流小区各区域中的土壤进行取样，每个小区取样 3 次，之后在实验室中进行称量计算得到土壤初始容重。

（3）径流量与泥沙流失量的测定：每次降雨结束后，使用搅拌的方法将集水池中的砂质搅匀，之后使用 300mL 的容器对每个雨后的集水池进行采样，每个池子取 3 次；在实验室中将容器中的液体烘干，得到水样的含砂率并通过样品与池中水体积的等比放缩计算计算出每次降雨带来的土壤流失量。当径流小区中的集水池有任意一个池子水位达到或将要达到阈值则将所有水池中的水排空，之后取出集水池中泥沙，将蓄水池清空并冲洗干净。

（4）气象要素的测定：气象要素通过气象站及国家地理数据云网站进行搜集，气象站对降雨数据每日测量一次且结果储存于移动气象站的数据采集仪内，于每周定期采集数据。

2. 室内实验

野外径流小区的主要观测项目可以分为野外的直接观测和实验室的土壤理化性质分析。

（1）土壤容重测定：采用环刀法，实验初期、实验末期各测 1 次。

（2）土壤有机质测定：采用外加热法，实验初期、实验末期各测 1 次。

（3）土壤颗粒级配分析：使用马尔文 MS200 型激光粒度仪测定。实验初期、实验末期各测一次，实验期间每个月测定 1 次。

试验时间为 2011—2019 年。

4.3　土壤及降雨变化分析

4.3.1　土壤特性

4.3.1.1　土壤容重及渗透系数

土壤容重，又称干容重，是土体结构在未受到破坏的自然状态下，单位体积的土壤烘干后的重量与同体积水重的比值，单位一般为 g/cm³。土壤容重由单位体积的土体中孔隙和固体颗粒决定，其大小与土壤质地、组成、有机质含量、密实程度、耕作措施等有关。一般土壤容重为 1.0～1.6g/cm³，沙土容重较大，黏土容重较小。测定土壤容重的方法很多，如环刀法、蜡封法、水银排开法等。本次试验采用环刀法取样，环刀容积 100cm³。从表 4-3 可以看出，径流小区的平均土壤容重为 1.30g/cm³。整个观测期内，试验后期各径流小区土壤容重均有不同程度的增大，平均增大 0.09g/cm³，而土壤容重的增大导致土壤孔隙减少，土壤持水和渗透能力都会降低。各径流小区在 8 月初及 9 月初土样的土壤容重达到最小，因 7 月末到 9 月初降雨较少，只有 51.8mm，沙性土没有雨水入渗密实使土壤表层变得疏松，导致土壤容重下降。自 9 月中旬开始，野外径流小区受台风影响降雨不断，一部分疏松的土壤因雨水冲刷流失，一部分沉积下来，土壤重新变得密实。土壤容重的变化与小区坡面土壤降水密实和干旱疏松的规律一致。

表 4-3			径流小区土壤容重变化			单位：g/cm³	
坡　度	1°	2°	5°	15°	26.5°	35°	45°
初始土壤容重	1.36	1.3	1.24	1.34	1.3	1.33	1.23
6 月土壤容重	1.37	1.44	1.29	1.32	1.31	1.32	1.34
7 月土壤容重	1.39	1.46	1.3	1.34	1.39	1.34	1.3
8 月土壤容重	1.37	1.42	1.28	1.32	1.27	1.28	1.31
9 月土壤容重	1.28	1.38	1.27	1.32	1.3	1.33	1.27
10 月土壤容重	1.36	1.46	1.33	1.34	1.35	1.32	1.34
最终土壤容重	1.4	1.49	1.31	1.37	1.4	1.37	1.37
变化值	0.04	0.19	0.07	0.03	0.1	0.04	0.14

本试验研究表明，土壤容重越大，土壤孔隙度越小，土壤的持水量、渗透系数就越小。观测期内同时监测试验始末及每月初的渗透系数，因微型磁盘渗透计（mini disk infiltrometer）的使用局限，不适用于坡度较大的区域，因此只比较 1°和 2°小区的渗透系数。从图 4-2 可以看出，1°和 2°径流小区渗透系数变化趋势与土壤容重的变化趋势相反，总体上呈减小的趋势，8—9 月径流小区土壤容重达到最小水平而渗透系数最大。当土壤含水量接近饱和时，土壤持水量随容重的增大而减小，因此当发生一定程度的降雨后，土壤容重的增大，土壤渗透系数减小，导致初始产流时间提前，径流系数增大，土壤流失量增多。图 4-3 显示土壤容重与渗透系数呈线性反相关，土壤容重越大，土壤渗透性越弱。

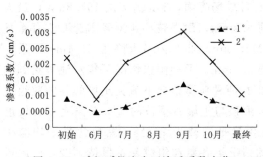

图 4-2　1°和 2°径流小区渗透系数变化

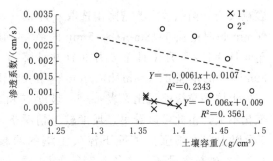

图 4-3　土壤容重与渗透系数关系

4.3.1.2　土壤颗粒级配变化分析

土壤颗粒级配是土壤重要的物理性质之一，指的是土壤中不同大小粒径的土壤颗粒的组合状况。土壤颗粒级配分砂粒、粉粒、黏粒三个粒级含量，常以占总量的百分数来表示。土壤颗粒级配与土壤通气性、保肥及保水能力密切相关，土壤砂粒含量高，则土壤透水性强，保水性差，保肥能力差；土壤黏粒含量高，则土壤孔隙度大，干时紧实板结，湿时泥泞，通气透水差，保水保肥强。

雨水的冲刷作用下径流小区坡面土壤发生水土流失，土壤的颗粒级配必然发生变化。对比试验始末各径流小区地表土壤的颗粒级配（见表 4-4），即 2016 年 5 月 1 日和 11 月 1 日小区取土样，各小区土壤的砂粒含量平均增大 3.6%，粉粒含量平均减少 2.6%，黏粒含量平均减少 1%，其中坡度为 15°的小区变化幅度最大，砂粒含量增大 7.4%，粉粒含量减少 7.1%，黏粒含量基本不变。由此可得出小颗粒土粒主要为粉粒，因质量较轻，易随地表径流迁移，因此粉粒及黏粒较砂粒更易流失。坡度从 1°到 15°，试验始末土壤砂粒含量的变化量从 2.1%增大到 7.4%，当坡度大于 15°后变化量减小到 2.7%，说明坡度较小时，细小土壤颗粒极易被击溅流失；在坡度较大时，土壤颗粒受到沿坡面向下的重力分力越大，导致土壤颗粒越容易流失，粗、细土壤颗粒同时流失，也是大坡度小区土壤实验始末土壤颗粒级配变化较小的原因。

表 4-4　　　　　　　　　　　试验始末径流小区坡面土壤颗粒级配对比表　　　　　　　　　　　%

坡度	5月1日			11月1日		
	砂粒	粉粒	黏粒	砂粒	粉粒	黏粒
1°	68.8	24.4	6.8	70.9	21.4	7.7
2°	76.3	17.8	5.9	81.3	15.0	3.7
5°	77.1	17.5	5.4	79.2	16.5	4.3
15°	68.7	24.4	6.9	76.1	17.3	6.6
26.5°	69.8	23.2	7.0	74.6	19.7	5.7
35°	82.7	12.7	4.6	84.1	12.9	3.0
45°	75.6	18.6	5.8	78.3	17.3	4.4

为了进一步分析观测期内流失土壤的颗粒级配的变化情况，选取雨强相对较大和雨强相对较小两种不同侵蚀条件，对比集水池内采集的流失土壤以及降雨前后小区地表土壤的

颗粒级配。雨强较大典型降雨选取 6 月 21—22 日单场降雨，24h 内降雨 197.8mm，最大 30min 瞬时雨强 54.8mm/h，5min 内最大降雨 8.2mm；雨强较小典型降雨选取 5 月 1 日至 6 月 9 日，5 月 1 日至 6 月 9 日共计降雨 212.5mm，24h 内最大降雨 61.4mm，最大 30min 瞬时雨强 22.8mm/h，5min 内最大降雨 3.8mm。两种雨强情况下集水池采集到的流失土壤颗粒级配对比见表 4－5。坡度 1°和 2°在两种典型情况下流失土壤的各颗粒组成变化不大，由此可以看出，坡度较小情况下，雨强与土壤各颗粒的流失关系密切；坡度 5°及以上在大雨强的情况下流失土壤的粉粒含量平均减少 2.5%，黏粒含量平均减少 1.2%，砂粒含量平均增多 3.7%，而小雨强的情况下各颗粒组成基本保持不变，由此可以看出当坡度较大时，大雨强更易带走土壤中的小颗粒土粒，粉粒及黏粒更容易流失。图 4－4 为雨强较大情况下，降雨前后小区土壤颗粒级配对比，降雨前后，径流小区地表土壤的颗粒组成发生了显著的变化，粉粒及黏粒的含量明显减少，砂粒含量的变化程度随坡度的增大而增大。而在雨强较小情况下，降雨前后小区土壤颗粒组成基本未发生变化（图 4－5）。

表 4－5　　　　　**两种雨强情况下集水池采集到的流失土壤颗粒级配对比表**　　　　　%

坡度	6 月 21—22 日 (197.8mm)			5 月 1 日—6 月 9 日 (212.5mm)		
	砂粒	粉粒	黏粒	砂粒	粉粒	黏粒
1°	68.7	26.9	4.4	76.6	19.5	3.9
2°	72.5	25.1	2.4	78.0	19.6	2.4
5°	76.0	21.9	2.1	81.4	16.1	2.5
15°	73.9	22.3	3.8	79.6	17.0	3.4
26.5°	73.1	22.7	4.2	78.8	17.4	3.8
35°	82.1	15.3	2.6	85.2	12.4	2.4
45°	76.8	19.1	4.1	81.2	14.3	4.5

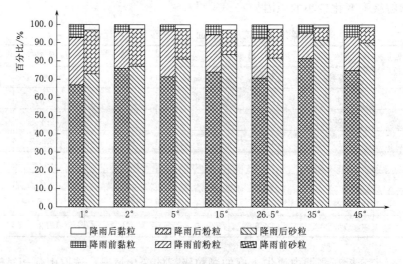

图 4－4　降雨前后小区土壤颗粒级配对比（2016 年 6 月 21 日）

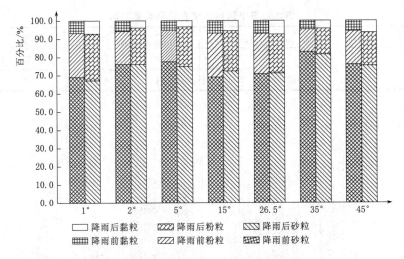

图 4-5　降雨前后小区土壤颗粒级配对比（2016 年 5 月 1 日—6 月 9 日）

4.3.1.3　土壤有机质含量变化分析

有机质是土壤的重要组成部分，指的是存在于土壤中所有的含碳有机物质，对土壤肥力高低具有极其重要的意义。土壤中有机质含量虽然只占很小的一部分，但是却是植物生长发育所需营养物质的主要来源，对改善土壤结构和理化性质有很大的影响。土壤有机质含量高，则土壤中的有机胶体与黏土矿物更容易接触，复合成胶体，使水稳性团聚体和土壤孔隙度增加，土壤容重减低，从而影响水分的入渗。本试验定期清理地表杂草、落叶，除部分植物残体未及时清理，无外来有机质来源干扰。对比试验初及试验末土壤有机质含量（图 4-6），试验初径流小区有机质平均含量为 7.07g/kg，试验末平均含量为 6.06g/kg，说明土壤有机质含量总体呈下降趋势，部分小区微有增加，主要为初始有机质含量较低的 2°、35°、45°小区，但增加幅度很低；初始有机质含量高的 1°、5°、15°、26.5°小区的下降幅度较微增的几个小区微增幅度大得多，说明水土流失是造成土壤肥力下降最重要因素之一。

分析不同边坡条件下土壤有机质含量，需排除外来有机质的干扰，为此土壤有机质分析土样选取时间较为接近的 7 月 5 日径流小区采集的土样及 7 月 8 日集水池收集的土样进行对比（表 4-6），集水池于 7 月 6 日进行过一次清池，因此可基本排除外来有机质干扰。从表 4-6 可以看出，无论是缓坡还是陡坡，集水池中的土壤有机质含量均高于其对应的径流小区，说明有机质随水流同时流失。对比径流小区及集水池中有机质的变化情况，当坡度较小时集水池中土壤与小区坡面土壤有机质含量的变化率平均为 1.60%，数据比较接近，坡度在 15°以上时，集水池中土壤有机质含量与小区土壤坡面的平均变化率增大至 63.8%，45°小区变化率最大，为 123.71%，由此可以看出坡度对以土壤有机质为代表的土壤养分流失有直接影响，并有坡度越大，土壤有机质更易流失的特点。

从表 4-7 可看出，坡底土壤含水量水量明显大于坡中和坡顶土壤含水量，有 $\theta_{坡顶} < \theta_{坡中} < \theta_{坡底}$，除与毛管水上升高度有关外，还与坡面土壤水分因为受重力的影响沿坡面向下运移重新分布的规律是一致的。

表 4-6　　　　　　　　　　　集水池与小区内土壤有机质含量对比　　　　　　　　　　单位：g/kg

径流小区	1°	2°	5°	15°	26.5°	35°	45°
集水池	10.58	11.15	9.48	10.39	7.50	3.80	7.67
小区内	10.24	11.12	9.37	7.14	4.87	2.88	3.43

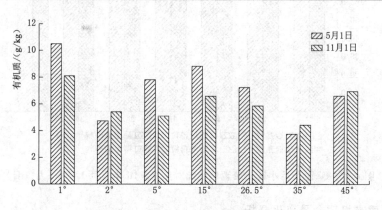

图 4-6　实验始末土壤有机质的对比图

表 4-7　　　　　　　　　　　　小区 5—10 月含水量实测表　　　　　　　　　　　　　　%

位置	5月1日	5月3日	5月10日	5月26日	5月29日	6月2日	6月5日	6月7日
坡脚	29.2	29.4	24.2	17	26.6	24.0	28	25.9
坡中	25.8	25.8	21.3	20.2	25.4	20.4	24	19.4
坡顶	19.7	27.4	21.0	17.8	23.8	21.0	23.7	22.0
位置	6月9日	6月15日	6月21日	6月22日	7月2日	7月7日	7月8日	7月12日
坡脚	25.3	19.9	15.2	37.9	34.4	36.2	39.6	37.9
坡中	22.2	16.1	13.5	32.9	28.6	29.9	31.2	29
坡顶	22.6	17.7	11.7	33.5	28.1	28.1	28.2	26.0
位置	7月16日	7月25日	8月1日	8月10日	8月17日	8月23日	9月1日	9月11日
坡脚	36.4	21.2	14.8	15.2	10.4	4.9	6.5	3.4
坡中	30.2	17.3	13.4	16.6	12.3	7.3	9.1	3.3
坡顶	25.2	10.6	9.8	16.3	13.1	6.5	5.4	4.6
位置	9月17日	9月27日	10月3日	10月8日	10月17日	10月23日	10月31日	平均
坡脚	29.6	19.9	34.4	35.0	28.7	34.5	34.3	25.18
坡中	21.2	15.2	26.3	30.5	23.7	27.3	28.5	21.55
坡顶	24.1	15.10	25.6	24.7	19.9	25.8	24.7	20.13

　　为进一步分析运用土壤含水量与坡度之间的关系，通过 SPSS 软件计算分析含水量与坡度的相关系数，因坡度数据不符合正态分布，Pearson 相关系数不能适用，因此采用

Spearman 相关系数进行分析。分析采用的数据为 2016 年各径流小区 5—10 月土壤含水量监测数据。经计算，坡度和土壤含水量之间的 Spearman 相关系数为－0.407，两者之间不相关的双侧显著性值为 0，小于 0.01，因此坡度和土壤含水量为显著的中等程度相关且为负相关。

同理分析土壤含水量与降雨量之间的关系，采用 Pearson 相关系数计算分析含水量与降雨量的相关系数，据此判断土壤含水量与降雨量之间的相关关系。经计算，降雨量和土壤含水量之间的 Pearson 相关系数为 0.421，两者之间不相关的双侧显著性值为 0，小于 0.01，因此降雨量和土壤含水量为显著的中等程度相关且为正相关。

4.3.2 土壤含水量

土壤含水量是研究土壤中水分循环的重要物理参数。土壤含水量尤其是初始含水量与土壤产流产沙密切相关，土壤初始含水量越大，水分入渗率低，达到稳定入渗平衡的时间越短，导致土壤产流提前，土壤颗粒随地表径流流失，因而观测研究坡面地表的土壤含水量情况对研究沿海地区土壤侵蚀规律具有重要意义。常用的含水量测量方法有称重法、张力计法、电阻法等。称重法，也称烘干法，由于每次需取土测定，在有限的小区面积内反复取土必然会破坏土体结构，长期会对土壤侵蚀的监测结果造成影响，不利于周期较长的定点监测；张力计法只有在土壤比较湿润的时候测量才比较准确，考虑到径流小区需进行不同坡度土壤侵蚀实验，坡面土壤与地下水联系十分微弱，极易受降雨和蒸发的影响，遇到连续无降雨天气，表土含水量极低，不宜使用对土壤水分依赖度较高的张力计法测定；电阻法快速、成本低，但测量精度低且稳定性差，本实验对含水量测量精度要求较高，因此不采用电阻法测土壤含水量。

本次试验采用国内外学术界公认的时域反射法（TDR 土壤水分测定仪）监测田间土壤含水量。TDR 土壤水分测定仪类似于雷达系统，基于电磁波在不同介质中的传播速度不同，通过测定土壤的介电常数来测量土壤含水量。虽然 TDR 测土壤含水量会受到土壤盐分的影响，但根据实际观测结果，除观测初期 TDR 不能适用外，其余时候由于降雨淋盐作用土壤盐分低。TDR 土壤水分测定仪操作便捷快速，测量结果准确可靠且有较强的独立性。TDR 法所测得的土壤含水量均为地表 0～10cm 土壤的体积含水量。图 4-7 为本次试验观测期内的监测结果，表 4-8 为各径流小区土壤含水量统计结果。从图 4-7 可看出，坡度不同时，土壤含水量对降雨的响应不同，结合表 4-8，2°小区的响应程度最高。从表 4-8 可以看出，坡度为 1°的小区土壤含水量的平均值最大，说明坡度为 1°的径流小区保水性最好。坡度为 35°的小区土壤含水量的平均值及标准差是最小的，说明坡度为 35°的径流小区土壤含水量波动较小。经比较各径流小区土壤颗粒级配分析结果，坡度 35°的径流小区的含沙量在所有小区中最高，砂粒含量高，土壤蓄水能力变差，土壤水容易流失下渗，因此，含沙量高的沿海沙土水分更容易流失，更应加强水土保持。

为研究坡面地表水分的分布情况，以 5°小区为例，测量 E 小区坡脚、坡中和坡顶三处的含水量。从表 4-9 可看出，E 小区坡脚含水量明显大于坡中和坡顶含水量，有 $\theta_{坡顶} < \theta_{坡中} < \theta_{坡底}$，除与毛管水上升高度有关外，还与坡面土壤水分因为受重力的影响沿坡面向下运移重新分布的规律是一致的。

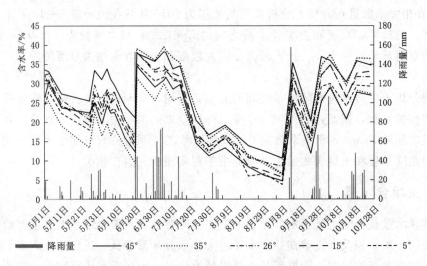

图 4-7　2016 年径流小区土壤含水量变化图

表 4-8　　　　　　　　　2016 年径流小区土壤含水量统计表

坡度	极小值/%	极大值/%	均值/%	标准差
45°	4.78	34.62	21.52	8.31
35°	6.40	31.50	20.14	7.13
26.5°	8.56	38.20	25.14	8.57
15°	5.72	38.10	24.46	9.24
5°	3.84	35.14	22.43	8.48
2°	6.62	39.66	26.90	9.40
1°	10.64	38.32	28.47	8.48

表 4-9　　　　　　　　　E 小区 5—10 月含水量实测表　　　　　　　　　　　%

位置	5月1日	5月3日	5月10日	5月26日	5月29日	6月2日	6月5日	6月7日
坡脚	29.2	29.4	24.2	17	26.6	24.0	28	25.9
坡中	25.8	25.8	21.3	20.2	25.4	20.4	24	19.4
坡顶	19.7	27.4	21.0	17.8	23.8	21.0	23.7	22.0
位置	6月9日	6月15日	6月21日	6月22日	7月2日	7月7日	7月8日	7月12日
坡脚	25.3	19.9	15.2	37.9	34.4	36.2	39.6	37.9
坡中	22.2	16.1	13.5	32.9	28.6	29.9	31.2	29
坡顶	22.6	17.7	11.7	33.5	28.1	28.1	28.2	26.0
位置	7月16日	7月25日	8月1日	8月10日	8月17日	8月23日	9月1日	9月11日
坡脚	36.4	21.2	14.8	15.2	10.4	4.9	6.5	3.4
坡中	30.2	17.3	13.4	16.6	12.3	7.3	9.1	3.3
坡顶	25.2	10.6	9.8	16.3	13.1	6.5	5.4	4.6

位置	9月17日	9月27日	10月3日	10月8日	10月17日	10月23日	10月31日	平均
坡脚	29.6	19.9	34.4	35.0	28.7	34.5	34.3	25.18
坡中	21.2	15.2	26.3	30.5	23.7	27.3	28.5	21.55
坡顶	24.1	15.10	25.6	24.7	19.9	25.8	24.7	20.13

为进一步分析运用土壤含水量与坡度之间的关系，通过 SPSS 软件计算分析含水量与坡度的相关系数，因坡度数据不符合正态分布，Pearson 相关系数不能适用，因此采用 Spearman 相关系数进行分析。分析采用的数据为 2016 年各径流小区 5—10 月土壤含水量监测数据。经计算，坡度和土壤含水量之间的 Spearman 相关系数为 -0.407，两者之间不相关的双侧显著性值为 0，小于 0.01，因此坡度和土壤含水量为显著的中等程度相关且为负相关。

同理分析土壤含水量与降雨量之间的关系，采用 Pearson 相关系数计算分析含水量与降雨量的相关系数，据此判断土壤含水量与降雨量之间的相关关系。经计算，降雨量和土壤含水量之间的 Pearson 相关系数为 0.421，两者之间不相关的双侧显著性值为 0，小于 0.01，因此降雨量和土壤含水量为显著的中等程度相关且为正相关。这也验证了图 4-7 中土壤含水量的高低与降水量时空分布的一致性。

4.3.3 土壤含盐量

土壤含盐量是指土壤中所含盐分的质量占干土质量的百分数。一般将土壤中的盐分按溶于水的难易程度可分为易溶盐、中溶盐、难溶盐。其中易溶盐的含量和类型对植物的生长的影响极其明显。高盐土壤中，因为植物的渗透作用，土壤中的盐分和营养物质很难被植物吸收，而在盐分含量过低的土壤中，植物同样会因为缺少足够的盐分而影响发育。江苏沿海新围垦区土壤由沿海滩涂经围垦形成陆地，其土壤因为海水的影响，呈现盐分含量过高的特征，不利于作物生长。研究新围垦区的土壤含盐量变化对于促进该地区的作物生长有积极作用。

测定土壤中水溶性盐含量的方法主要包括质量法和电导法两种。质量法的主要步骤是将土壤样本与一定体积的纯水进行混合，使土壤样本中的水溶性盐充分溶解于水中后，测定水中所含的盐分大小与类型。质量法的结果直观且精确，但操作繁琐且测定所需时间较长。电导法的工作原理是基于电解质溶液的电导率在一定范围内与溶液的离子活度呈正相关关系，所以可以用土壤浸取液的电导率大小反映土壤的不同盐分浓度。与质量法相比，电导法因为其测定方便快捷且精度较高而被广泛接受。但因为电导法无法进一步地对土壤样本所含盐分的类型进行判定，并且目前电导法尚无明确的盐渍化程度表示方法，这对于电导法测定土壤含盐量的实际应用有所限制。目前来说，欧美国家的学者在测定时，一般采用土壤饱和土浆浸取液电导率，而国内则有许多学者任务可以直接使用 25℃时的土壤样本电导率来表示土壤盐分含量。2016 年径流小区土壤含盐量变化如图 4-8 所示。

由图 4-8 可以看出，土壤初始盐分虽达到试验开始的条件，但随着降雨淋盐过程的开始径流小区土壤盐分便急剧下降，2016 年 5 月 10 日之后土壤盐分一直在 0~0.5g/kg

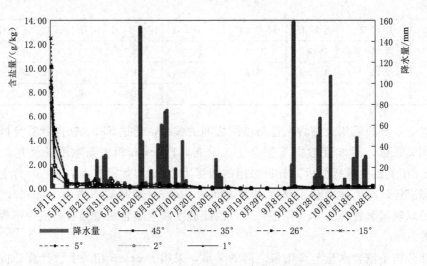

图 4 - 8　2016 年径流小区土壤含盐量变化

之间波动，不同坡度的盐分变化趋势一致。分析其中原因：①由于径流小区全部建设在原地面之上，以地下水补给为形式的土壤毛管水上升高度达不到原地面以上的坡面高度，因而坡面土壤蒸发不能得到高矿化度地下水补给；②因径流小区位置临近东台河，加速了淋盐洗盐的过程，地下水含盐量较其他地区低；③ProCheck 测量土壤含盐量是基于土壤中盐分越高，其电导性越强的原理，而干旱时土壤含水量低，测得电导率为 0，此时测得的盐分数据不具代表性，相反干旱季节测得的电导率偏低的情形有可能土壤盐分反而较高。因此，从盐分变化的角度，本实验不能完全模拟江苏省沿海新垦区的脱盐过程。杨延春等通过室内人工模拟降雨，研究江苏沿海土壤侵蚀量与土壤盐分的关系，试验结果显示土壤侵蚀量与土壤盐分呈线性正相关，同时也指出江苏省沿海盐分与黏聚力呈线性负相关关系。但从影响土壤侵蚀的机理上来讲，盐分对土壤侵蚀的影响属于间接影响，自然状态下，盐分高的土壤往往土壤结构性差且植被发育程度低，土壤有机质得不到补充，形成团聚体的植被根系、腐殖质、微生物菌丝等黏结剂少，土壤黏聚性差，因此相同降雨条件下，盐分高的土壤更容易流失。因此，防治江苏省沿海土壤侵蚀除了要注重正常的水土保持措施外，还要高度重视土壤的脱盐过程，尤其是植被在淋盐洗盐过程中的脱盐改土，通过引淡洗盐、在沿海新垦区推广耐盐作物可以加快土壤的脱盐过程和有机质积累，促进土壤团聚体形成，土壤黏聚力和抗侵蚀力增强。

　　通过 SPSS 软件进一步分析研究盐分与坡度及降雨量的关系，因坡度数据不符合正态分布，因此土壤盐分和坡度的相关分析采用 Spearman 相关系数进行分析。通过软件分析，坡度和土壤含水量之间的 Spearman 相关系数为 −0.186，两者之间不相关的双侧显著性值为 0.005，小于 0.01，可判断两者为显著的极弱相关，说明土壤盐分与坡度关系不密切。

　　采用 Spearman 相关系数及 Kendall 秩相关系数计算分析土壤盐分与降雨量之间的关系。经计算，降雨量和土壤盐分之间的 Spearman 相关系数为 0.237，Kendall 秩相关系数为 0.145，两者之间不相关的双侧显著性值为 0，小于 0.01，因此降雨量和土壤盐分为显著的弱相关且为正相关，进一步说明降雨淋盐作用可加速土壤脱盐理论的正确性。

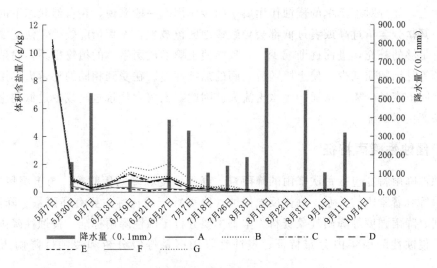

图 4-9 2019 年径流小区土壤含盐量变化

表 4-10   **2019 年各径流小区土壤含盐量汇总**   单位：g/kg

径流小区	标准差	极大值	极小值	均值
A	2.39	10.11	0.01	0.93
B	2.46	10.45	0.03	1.06
C	2.54	10.76	0.04	1.02
D	2.38	10.04	0.00	0.95
E	2.63	10.94	0.00	0.75
F	2.48	10.34	0.00	0.75
G	2.43	10.29	0.06	1.20

由图 4-9 土壤含盐量曲线可知，地表土壤含盐量在 5 月 30 日的测定结果出现明显减少，结合 2019 年野外径流小区降雨资料，发现自试验开始观测以来到 5 月 30 日，仅在 5 月 25 日和 5 月 26 日有降雨，总降雨量为 14.7mm。说明野外径流小区的土壤中所含盐分极易随降雨而流失。分析出现这种极易流失的原因，主要有三点：其一，土壤中所含盐分来自海水，其盐分类型主要是易溶性盐，在降雨时，容易溶于地表径流中而被带走；其二，野外径流小区的各个径流小区设立于原地表以上，土壤中的毛细管水无法达到径流小区的坡面高度，使得各坡面的土壤含盐量无法得到补充；其三，野外径流小区设立于东台河岸边，河水加速了野外径流小区土壤的盐分流失的效率。

比较图 4-9 及表 4-10 中的具体变化趋势及数据，可以发现在土壤含盐量出现明显下降后，部分径流小区地表土壤含盐量出现短暂的上升过程，其后再次降低，并在较低水平趋于稳定。试验区的各个径流小区土壤含盐量总体来说均处于逐渐减小的趋势中。总体来说，各野外径流小区测定结果变化趋势相近，同时标准差相近，说明其变化幅度大致相同。并且比较试验末期的各个径流小区土壤含盐量测定结果，可以发现野外径流小区土壤盐分冲洗效果较好。

实际上，盐分对于土壤的侵蚀作用属于间接作用。一般来说，在自然状态下的某地区土体中，其盐分含量过高或者过低都会导致该地区植被生长发育情况较差，使土壤中的有机质没有足够的补充，进而逐渐减少，导致能使土壤形成团聚体的植物根系，腐殖质和微生物菌丝等黏结物质减少，使土壤颗粒之间的黏结性差。在受到相同的外营力作用时，土壤颗粒之间更容易分离，从而产生水土流失。因此，土壤含盐量过高或者过低的土体一般会更容易产生水土流失。

4.3.4　侵蚀性降雨特征

侵蚀性降雨特征包括每次降雨的降雨量、降雨强度和降雨历时等，与土壤侵蚀强度、分布规律等有着紧密的关系。具体反映侵蚀性降雨特征的指标主要有降雨量、降雨历时、降雨时间、降雨强度等降雨气象资料，本书主要分析侵蚀性降雨标准、侵蚀性降雨年际分布特征、侵蚀性降雨年内分布特征、侵蚀性降雨雨量等级分析和侵蚀性降雨历时分布特征。

4.3.4.1　侵蚀性降雨标准

分析侵蚀性降雨特征，首要是筛选出发生侵蚀的降雨事件，筛选的标准就是侵蚀性降雨标准。所以利用 2015—2017 年的观测资料拟定出野外径流小区域的侵蚀性降雨标准，再对侵蚀性降雨特征进行分析。

采用 RUSLE 中的计算方法计算降雨动能 E，即

$$E = \sum_{r=1}^{n} (e_r P_r) \tag{4-1}$$

$$e_r = 0.29[1 - 0.72\exp(-0.05i_r)] \tag{4-2}$$

式中：E 为次降雨动能，MJ/hm^2；e_r 为时段单位降雨动能，$MJ/(hm^2 \cdot mm)$；P_r 为与 e_r 对应的时段雨量，mm；i_r 为降雨强度，mm/h。

降雨侵蚀力 R 采用经典的 EI_{30} 指标，即

$$R = EI_{30} \tag{4-3}$$

式中：R 为降雨侵蚀力，$MJ \cdot mm/(hm^2 \cdot h)$；$I_{30}$ 为最大 30min 雨强，mm/h。

理想条件下的侵蚀性降雨标准是所有满足侵蚀性降雨标准的降雨事件的降雨侵蚀力之和等于所有实际发生侵蚀的降雨事件的降雨侵蚀力之和，故根据此原则拟定侵蚀性降雨标准。具体方法如下：

(1) 分析收集到的 2015—2017 年降雨过程资料和侵蚀资料，对降雨过程资料进行次降雨资料整理，降雨间隔时间 6h 之内的算作同一次降雨事件，降雨间隔时间 6h 以上的视为不同的降雨事件，共有降雨事件 258 次。

(2) 根据次降雨资料，运用式（4-1）～式（4-3）计算得出每次降雨的降雨侵蚀力，将实际发生侵蚀的降雨事件的降雨侵蚀力相加，得到实际降雨侵蚀力之和 R_0。

(3) 把这 2015—2017 年的所有降雨事件按降雨量从大到小排序，然后从最大降雨量事件的降雨侵蚀力开始累加，直到累加至某一降雨事件使得降雨侵蚀量累加值 R_1 等于或者绝对值最接近实际降雨侵蚀力之和 R_0。此时，对应的这一降雨事件的降雨值即可拟定为侵蚀性降雨标准的雨量标准。

根据观测资料得出的结果为侵蚀性降雨标准的雨量标准为 10.8mm。同理将上述方法中的按雨量排序并进行累加替换为按最大 30min 雨强即 I_{30} 排序并进行累加，得出侵蚀性降雨标准的最大 30min 雨强标准为 7.6mm/h。

4.3.4.2 侵蚀性降雨年际分布特征

侵蚀性降雨的年际分布是影响土壤侵蚀情况年际分布的重要因素，对进一步分析土壤侵蚀有重要意义。根据拟定的侵蚀性降雨标准，筛选出侵蚀性降雨，分析侵蚀性降雨的年际分布特征。按照降雨量不小于 10.8mm 或 $I_{30} \geqslant 7.6$mm/h 的侵蚀性降雨标准对 2011—2017 年的降雨资料进行筛选，发生侵蚀的降雨事件共计 264 场，其中 2011 年发生侵蚀性降雨 36 场，2012 年发生侵蚀性降雨 38 场，2013 年发生侵蚀性降雨 34 场，2014 年发生侵蚀性降雨 38 场，2015 年发生侵蚀性降雨 46 场，2016 年发生侵蚀性降雨 45 场，2017 年发生侵蚀性降雨 27 场，平均每年发生侵蚀性降雨 37.3 场。侵蚀性降雨量共计 7573.7mm，其中 2011 年侵蚀性降雨量 1143.5mm，2012 年侵蚀性降雨量 919.0mm，2013 年侵蚀性降雨量 722.5mm，2014 年侵蚀性降雨量 875.0mm，2015 年侵蚀性降雨量 1626.0mm，2016 年侵蚀性降雨量 1657.6mm，2017 年侵蚀性降雨量 630.1mm，平均每年侵蚀性降雨量为 1082.0mm。分析这 7 年的侵蚀性降雨量，发现 2016 年侵蚀性降雨量最大，占总侵蚀性降雨量的 21.9%，2017 年侵蚀性降雨量最小，占总侵蚀性降雨量的 8.3%。2011—2017 的年平均侵蚀性降雨场次为 37.7 场，年平均侵蚀性降雨量为 1082.0mm。从以上数据可以发现苏北沿海地区侵蚀性降雨场次年际变化大和年最大侵蚀性降雨场次与年最小侵蚀性降雨场次相差 19 场，年最大侵蚀性降雨场次约为年最小侵蚀性降雨场次的 1.70 倍。苏北沿海地区侵蚀性降雨量年际变化大，年最大侵蚀性降雨场次约为年平均侵蚀性降雨场次的 1.22 倍，年际变异系数 $C_v=0.16$；年最大侵蚀性降雨量与年最小侵蚀性降雨量相差 910.4mm，年最大侵蚀性降雨量约为年最小侵蚀性降雨量的 2.63 倍，年最大侵蚀性降雨量约为年平均侵蚀性降雨量的 1.53 倍，年际变异系数 $C_v=0.36$。通过比较侵蚀性降雨场次和侵蚀性降雨雨量的变化情况，可以得出侵蚀性降雨量的年际变化明显比侵蚀性降雨场次的年际变化剧烈。

再对 2011—2017 年的全年降雨量与侵蚀性降雨量进行比较，由图 4-10 可得，侵蚀性降雨量与年降雨量的变化趋势基本一致。侵蚀性降雨量的变化规律也和全年降雨的变化规律一致。7 年累计降雨量 8309.5mm，其中 2011 年年降雨量为 1266mm，2012 年年降雨量为 1030mm，2013 年年降雨量为 774mm，2014 年年降雨量为 968.5mm，2015 年年降雨量为 1748.5mm，2016 年年降雨量为 1775.3mm，2017 年年降雨量为 747.2mm。最大年降雨量与最小年降雨量相差 1028.1mm，最大年降雨量约为最小年降雨量的 2.38 倍，最大年降雨量约为年平均降雨量的 1.50 倍，年际变异系数 $C_v=0.33$，年降雨量的年际变化较大。

通过分析比较侵蚀性降雨和全年降雨的变化情况，可以得出，侵蚀性降雨的变化趋势与年降雨量变化趋势基本同步，但侵蚀性降雨量的年际变化幅度比年降雨量的年际变化幅度略大。

通过分析表 4-11，发现年侵蚀性降雨场次占年降雨场次的百分比为 37.0%~65.4%，变异系数为 0.17，平均占比 51.6%，年侵蚀性降雨量占年降雨量的百分比为

84.3％～93.4％，变异系数为 0.03，平均占比为 90.6％，说明年侵蚀性降雨量占比变化幅度小，占比数值较稳定，同时从多年均值来看 51.6％的降雨场次产生了 90.6％的降雨量。

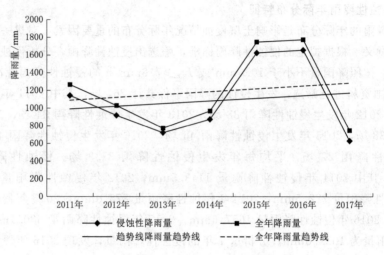

图 4－10 侵蚀性降雨量与全年降雨量变化

表 4－11　　　　　　　侵蚀性降雨情况与全年降雨情况比较表

年份	侵蚀性降雨场次/场	全年降雨场次/场	侵蚀性降雨场次/全年降雨场次/%	侵蚀性降雨量/mm	全年降雨量/mm	侵蚀性降雨量/全年降雨量/%
2011	36	78	46.2	1143.5	1266	90.3
2012	38	73	52.1	919	1030	89.2
2013	34	52	65.4	722.5	774	93.3
2014	38	68	55.9	875	968.5	90.3
2015	46	79	58.2	1626	1748.5	93.0
2016	45	97	46.4	1657.6	1775.3	93.4
2017	27	73	37.0	630.1	747.2	84.3
平均	37.7	74.3	51.6	1082.0	1187.1	90.6
合计	264	520	—	7573.7	8309.5	—

4.3.4.3 侵蚀性降雨年内分布特征

侵蚀性降雨年内分布直接影响土壤侵蚀的年内分布，具有重要意义。通过对 2011—2017 年侵蚀性降雨的数据分析可知，侵蚀性降雨的年内分布不均匀，降雨场次与雨量集中于 5—10 月，且降雨强度明显高于其他月份。其年内分布情况见表 4－12。

分析 2011—2017 年的各月侵蚀性降雨场次值，侵蚀性降雨每月都会发生，月平均场次为 22 场，1 月与 2 月是发生场次最少的月份，7 年数据总体来看分别发生了 9 场侵蚀性降雨，7 月发生场次最多，7 年数据总体来看达到了 47 场，5—10 月是降雨场次最集中的

表 4-12   侵蚀性降雨年内分布统计

月　份	1	2	3	4	5	6	7	8	9	10	11	12
降雨场次/场	9	9	11	20	27	24	47	44	23	14	23	13
平均降雨场次/场	1.29	1.29	1.57	2.86	3.86	3.43	6.71	6.29	3.29	2.00	3.29	1.86
累计侵蚀性降雨量/mm	118.0	137.5	213.5	347.0	553.2	909.3	1879.9	1523.2	744.8	531.3	437.0	179.0
平均侵蚀性降雨量/月	16.86	19.64	30.50	49.57	79.03	129.90	268.56	217.60	106.40	75.90	62.43	25.57
平均雨强/(mm/h)	1.52	1.71	3.49	2.92	2.19	2.91	4.90	4.49	3.34	2.58	2.53	1.60

时期，这一时期的侵蚀性降雨场次达到总场次的 67.8%，这一时期包含了整个汛期。从每年发生的侵蚀性降雨事件来看，每年平均月度发生 1.29 场侵蚀性降雨，7 月每年平均发生 6.71 场侵蚀性降雨，为发生侵蚀性降雨最多的月份。

侵蚀性降雨雨量与场次变化情况如图 4-11 所示。侵蚀性降雨量的变化趋势和侵蚀性降雨场次的变化趋势并不一致，侵蚀性降雨量的特征曲线呈单峰型，1—7 月呈上升趋势，7—12 月呈下降趋势，侵蚀性降雨量的最大值出现在 7 月，侵蚀性降雨场次的特征曲线有三个峰值，最大值也出现在 7 月。通过比较侵蚀性降雨量的变化趋势和侵蚀性降雨场次的变化趋势可知，侵蚀性降雨量和侵蚀性降雨场次之间没有必然的联系。

再分析侵蚀性降雨量的分布，月平均侵蚀性降雨量为 631.1mm，侵蚀性降雨量的极值出现在 7 月，月侵蚀性降雨量达到了 1879.9mm，1 月侵蚀性降雨量最小，仅有 118.0mm，且月际变化大，月降雨量变异系数 $C_v=0.85$，5—10 月是侵蚀性降雨量最集中的时期，5—10 月的累加侵蚀性降雨量达到总侵蚀性降雨量的 81.1%。11月至次年 4 月各月的侵蚀性降雨场次和侵蚀性降雨量明显低于 5—10 月的侵蚀性降雨场次和侵蚀性降雨量。其中 11 月至次年 4 月月平均侵蚀性降雨场次为 14.2 场，月平均侵蚀性降雨量为 238.7mm；5—11 月月平均侵蚀性降雨场次为 29.8 场，月平均侵蚀性降雨量为 1023.6mm。进一步分析各月的侵蚀性降雨平均降雨强度，7 月和 8 月的侵蚀性降雨平均雨强明显高于其他月份，其平均降雨强度的最大值同样出现在 7月，与降雨场次和侵蚀性降雨量的极值出现在同一月份，达到了 4.90mm/h，最小值为 1 月的 1.52mm/h。

从图 4-11 可以得出，5—10 月侵蚀性降雨量变化幅度大，而 11 月至次年 4 月侵蚀性降雨量变化幅度小，相对稳定。这是由于受当地气候特征的影响，当地夏季容易发生大暴雨，可能造成大量土壤侵蚀。

4.3.4.4 侵蚀性降雨雨量等级分析

雨量等级按照 24h 降雨量的不同，可以划分为小雨（24h 降雨量<10mm）、中雨（10mm≤24h 降雨量<25mm）、大雨（25mm≤24h 降雨量<50mm）、暴雨（50mm≤24h降雨量<100mm）、大暴雨（100mm≤24h 降雨量<250mm）、特大暴雨（250mm≤24h降雨量）。侵蚀性降雨事件雨量等级分布如图 4-12 所示。

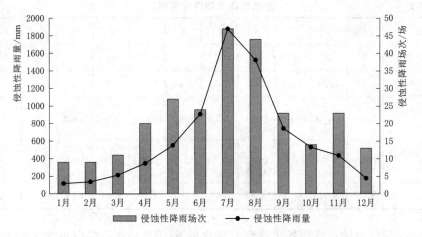

图 4-11　侵蚀性降雨量和侵蚀性降雨场次年内变化图

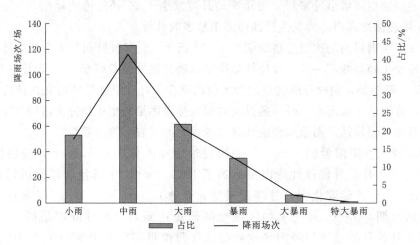

图 4-12　侵蚀性降雨事件雨量等级分布

　　对侵蚀性降雨事件进行雨量等级分析有助于以后利用常规气象资料对土壤侵蚀情况进行估计。分析 2011—2017 年的 264 场侵蚀性降雨的降雨过程资料，小雨事件 50 场、占 18.9%，中雨事件 116 场、占 43.9%，大雨事件 58 场、占 22.0%，暴雨事件 33 场、占 12.5%，大暴雨事件 6 场、占 2.3%，特大暴雨 1 场、占 0.4%。可见侵蚀性降雨事件最多的是中雨事件，中雨及以上的降雨事件占了总降雨事件的 81.1%。进一步分析不同雨量事件的降雨强度，小雨平均降雨强度为 3.73mm/h，中雨平均降雨强度为 1.84mm/h，大雨平均降雨强度为 2.93mm/h，暴雨平均降雨强度为 5.05mm/h，大暴雨平均降雨强度为 8.89mm/h，特大暴雨平均降雨强度为 8.36mm/h。小雨事件的平均雨强超过了中雨事件和大雨事件，这是由于小雨虽然降雨量小，但是降雨历时短，导致降雨强度反而比中雨和大雨大，可见即使小雨也不应忽视其对土壤侵蚀的影响。显而易见暴雨即暴雨以上降雨事件雨强大，理论上会造成大量的土壤侵蚀。

4.3.4.5　侵蚀性降雨历时分布特征

　　降雨历时是重要的降雨特征，分析侵蚀性降雨的降雨历时，对认清土壤侵蚀规律与侵蚀性降雨之间的关系具有重要意义。2011—2017 年的侵蚀性降雨资料显示发生的侵蚀性降雨历时为 0.25~67.83h，将其分为 12 种不同的降雨历时，分别为降雨历时≤2h、2h<降雨历时≤4h、4h<降雨历时≤6h、6h<降雨历时≤8h、8h<降雨历时≤10h、10h<降雨历时≤12h、12h<降雨历时≤14h、14h<降雨历时≤18h、18h<降雨历时≤24h、24h<降雨历时≤36h、36h<降雨历时≤48h、降雨历时>48h，如图 4-13 所示。

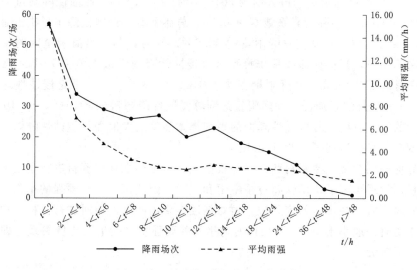

图 4-13　降雨场次与平均雨强分布

降雨历时≤2h 的场次为 57 场，占总场次的 21.6%；2h<降雨历时≤4h 的场次为 34 场，占总场次的 12.9%；4h<降雨历时≤6h 的场次为 29 场，占总场次的 11.0%；6h<降雨历时≤8h 的场次为 26 场，占总场次的 9.8%；8h<降雨历时≤10h 的场次为 27 场，占总场次的 10.2%；10h<降雨历时≤12h 的场次为 20 场，占总场次的 7.6%；12h<降雨历时≤14h 的场次为 23 场，占总场次的 8.7%；14h<降雨历时≤18h 的场次为 18 场，占总场次的 6.8%；18h<降雨历时≤24h 的场次为 15 场，占总场次的 5.7%；24h<降雨历时≤36h 的场次为 11 场，占总场次的 4.2%；36h<降雨历时≤48h 的场次为 3 场，占总场次的 1.1%；降雨历时>48h 的场次为 1 场，占总场次的 0.4%。分析发现降雨历时≤2h 的场次最多，降雨历时>48h 的场次最少且占比很小，36h<降雨历时≤48h 的场次也很少，降雨历时≤24h 的场次占总场次的 94.3%，可以得出侵蚀性降雨的降雨历时一般不会超过 24h。4h<降雨历时≤6h、6h<降雨历时≤8h、8h<降雨历时≤10h 这 3 种降雨历时的场次占比接近，差异不明显，但其平均降雨强度仍然呈减小的趋势。进一步分析这 12 种降雨历时的平均降雨强度，平均降雨强度随着降雨历时的增加总体呈减小的趋势，降雨历时≤2h 的雨强最大，达到了 15.17mm/h，降雨历时>48h 的雨强最小，为 1.55mm/h，降雨历时≤2h 的雨强约为降雨历时>48h 的雨强的 9.8 倍，相差很大。总体上降雨历时与平均降雨强度之间呈反比例关系，应重视短时侵蚀性降雨发生时的土壤侵蚀防护工作。

4.3.4.6　小结

通过对 2015—2017 年的降雨资料和侵蚀资料的分析，得到苏北沿海围垦区的侵蚀性降雨标准为降雨量达到 10.8mm 或者最大 30min 雨强达到 7.6mm/h。按照拟定的侵蚀性降雨标准对 2011—2017 年的降雨资料进行了筛选，共计筛选出 264 场侵蚀性降雨。

进一步分析这 264 场侵蚀性降雨，侵蚀性降雨的场次和降雨量年际变化大，侵蚀性降雨场次最大值为 2015 年的 46 场，侵蚀性降雨场次最小值为 2017 年的 27 场，年际变异系数 $C_v = 0.16$；侵蚀性降雨量的最大值为 2016 年的 1657.6mm，侵蚀性降雨量的最小值为 2017 年的 630.1mm，年际变异系数 $C_v = 0.36$。总体上看，侵蚀性降雨场次占总降雨场次的 51.6%，侵蚀性降雨量却占总降雨量的 90.6%。同时，苏北沿海围垦区的侵蚀性降雨的年内分布不均匀，其特征曲线呈单峰型，月侵蚀性降雨量最大值为 7 月的 1879.9mm，最小值为 1 月的 118.0mm，月降雨量变异系数 $C_v = 0.85$，5—10 月是侵蚀性降雨量最集中的时期，5—10 月的累加侵蚀性降雨量达到总侵蚀性降雨量的 81.1%，5—10 月应为水土流失防治的重点时期。月侵蚀性降雨的平均降雨强度最大值和月侵蚀性降雨的雨量最大值同样出现在 7 月，达到了 4.90mm/h。

为更好地利用常规气象资料和天气预报信息，对侵蚀性降雨资料进行了雨量等级划分并进行分析，发现小雨平均雨强超过了中雨和大雨，因此短历时高雨强的小雨应引起我们的重视，它对土壤侵蚀影响不容忽视。再对侵蚀性降雨的降雨历时进行分析，得出侵蚀性降雨的降雨历时一般小于 24h；降雨历时与平均降雨强度之间呈反比例关系，即降雨历时越短平均雨强越大。

4.4　土壤侵蚀影响因子计算

4.4.1　降雨侵蚀力

4.4.1.1　降雨侵蚀力因子计算

关于如何计算降雨侵蚀力许多专家做了研究，其中最经典的算法是美国 RUSLE 模型中应用的算法，RUSLE 模型是目前全球土壤侵蚀研究中运用最为广泛的一个模型，该公式结构合理，参数代表性普遍、应用广泛。本节采用 RUSLE 中的方法计算降雨侵蚀力 R，公式如下：

$$R = E I_{30} \tag{4-4}$$

$$E = \sum_{r=1}^{n}(e_r P_r) \tag{4-5}$$

$$e_r = 0.29[1 - 0.72\exp(-0.05i_r)] \tag{4-6}$$

式中：R 为降雨侵蚀力，MJ·mm/(hm²·a)；I_{30} 为最大 30min 雨强，mm/h；E 为次降雨动能，MJ·hm²；e_r 为时段单位降雨动能，MJ/(hm²·mm)；P_r 为与 e_r 对应的时段雨量，mm；i_r 为降雨强度，mm/h。

利用降雨进行降雨侵蚀力计算，首先需要确定侵蚀性降雨，第 4.3.4 节利用 2015—2017 年的野外径流小区试验资料与降雨过程资料拟定了苏北沿海围垦区的侵蚀性降雨标准为雨量≥10.8mm 或 $I_{30} \geq 7.6$mm/h，以此侵蚀性降雨标准对 2011—2017 年降雨资料进行筛选。

土壤侵蚀研究一般以次降雨事件为基础，RUSLE 模型中的降雨侵蚀力计算就是以次降雨事件为基础，但是降雨资料目前一般都是每日的过程降雨资料，不便于分析侵蚀性降雨特征和土壤侵蚀规律。因此，对日降雨过程资料进行次降雨分解就显得很有必要。通过分析降雨资料很容易发现一日可能发生多次降雨事件，一次降雨事件的历时也可能经历几日，故需确定次降雨的划分标准。结合 RUSLE 模型的研究成果和国内学者谢云等做的研究，可以认为降雨间隔在 6h 以内的降雨事件能视为一次降雨事件。

综上，运用次降雨标准划分标准和侵蚀性降雨标准对 2011—2017 年的降雨过程资料进行分析，剔除雨量小于 10.8mm 和最大 30min 雨强小于 7.6mm/h 的降雨事件，共得到 264 场侵蚀性降雨事件。利用式（4-4）～式（4-6）计算出每次降雨事件的降雨侵蚀力 R_c，将每个月内发生的所有侵蚀性降雨的降雨侵蚀力累加就可求得每月降雨侵蚀力 R_m，再对每年各月的降雨侵蚀力进行累加就可求得每年的降雨侵蚀力 R_y。

（1）月降雨侵蚀力 R_m 的计算。将筛选出的侵蚀性降雨代入式（4-4）～式（4-6）计算，即可得到次降雨侵蚀力值 R_c，再根据每月发生的侵蚀性降雨次数累加次降雨侵蚀力值就可得到月降雨侵蚀力值 R_m，公式如下：

$$R_m = \sum_{i=1}^{n} R_c \tag{4-7}$$

式中：R_m 为月降雨侵蚀力值；R_c 为次降雨侵蚀力值；n 为该月发生的侵蚀性降雨次数。

（2）年降雨侵蚀力 R_y 的计算。将式（4-4）计算出的每年的月降雨侵蚀力 R_m 累加即可得到每年的年降雨侵蚀力值 R_y，公式如下：

$$R_y = \sum_{j=1}^{12} R_m \tag{4-8}$$

式中：R_y 为年降雨侵蚀力值；R_m 为月降雨侵蚀力值；j 为发生侵蚀性降雨的月份。

4.4.1.2 次降雨侵蚀力分析

通过计算得出每次侵蚀性降雨的降雨侵蚀力 R_c，分析次降雨侵蚀力值 R_c 的特征，可以为土壤侵蚀的防治和水土保持措施的设计提供理论支撑。

由次降雨侵蚀力值 R_c 可知次降雨侵蚀力最大值为 2015 年 8 月 9 日开始的那场降雨所产生，其次降雨侵蚀力 $R_c = 5876.8 (MJ \cdot mm)/(hm^2 \cdot h)$，其最大 30min 雨强 $I_{30} = 82mm/h$；次降雨侵蚀力最小值为 2016 年 11 月 12 日开始的那场降雨所产生，其次降雨侵蚀力 $R_c = 4.7 (MJ \cdot mm)/(hm^2 \cdot h)$，其最大 30min 雨强 $I_{30} = 3mm/h$。可见次降雨侵蚀力值 R_c 变化范围大，最大次降雨侵蚀力值约为最小次降雨侵蚀力值的 1250 倍，所有次降雨侵蚀力的平均值为 205.0 (MJ \cdot mm)/(hm^2 \cdot h)，最大值约为平均值的 29 倍。

为便于分析次降雨侵蚀力的特征，将次降雨侵蚀力分等级进行分析，具体标准为次降雨侵蚀力 $R_c > 200 (MJ \cdot mm)/(hm^2 \cdot h)$ 的降雨事件称为强侵蚀力降雨，次降雨侵蚀力 $200 \geqslant R_c > 100 (MJ \cdot mm)/(hm^2 \cdot h)$ 的降雨事件称为中高侵蚀力降雨，次降雨侵蚀力 $100 \geqslant R_c > 50 (MJ \cdot mm)/(hm^2 \cdot h)$ 的降雨事件称为中侵蚀力降雨，次降雨侵蚀力 $50 \geqslant R_c > 25 (MJ \cdot mm)/(hm^2 \cdot h)$ 的降雨事件称为中低侵蚀力降雨，次降雨侵蚀力 $R_c \leqslant 25 (MJ \cdot mm)/(hm^2 \cdot h)$ 的降雨事件称为低侵蚀力降雨。强侵蚀力降雨占总侵蚀性降雨事件的 23.17%，中高侵蚀力降雨占总侵蚀性降雨事件的 10.61%，中侵蚀力降雨占总侵蚀性降雨事件的

14.77%，中低侵蚀力降雨占总侵蚀性降雨事件的 14.36%，低侵蚀力降雨占总侵蚀性降雨事件的 38.64%，可得高侵蚀力降雨和低侵蚀力降雨发生场次明显高于其他等级侵蚀降雨，其中低侵蚀力降雨发生场次最多。

4.4.1.3 降雨侵蚀力年际分布特征

年降雨侵蚀力是影响土壤侵蚀情况的重要影响因子，对分析土壤侵蚀规律有重要作用。利用式（4-8）计算出年降雨侵蚀力 R_y，2011 年年降雨侵蚀力为 9681.6(MJ·mm)/(hm²·h)，2012 年年降雨侵蚀力为 6147.6(MJ·mm)/(hm²·h)，2013 年年降雨侵蚀力为 4691.7(MJ·mm)/(hm²·h)，2014 年年降雨侵蚀力为 3810.3(MJ·mm)/(hm²·h)，2015 年年降雨侵蚀力为 15150.9(MJ·mm)/(hm²·h)，2016 年年降雨侵蚀力为 11581.2(MJ·mm)/(hm²·h)，2017 年年降雨侵蚀力为 2958.6(MJ·mm)/(hm²·h)。分析 2011—2017 年的年降雨侵蚀力，可知 2015 年的年降雨侵蚀力值最大，其 $R_y = 15150.9$(MJ·mm)/(hm²·h)；2017 年的年降雨侵蚀力值最小，其 $R_y = 2958.6$(MJ·mm)/(hm²·h)；7 年平均降雨侵蚀力值 $R_{y平均} = 2958.6$(MJ·mm)/(hm²·h)，年际变异系数 $C_v = 0.54$，最大年降雨侵蚀力值约为最小年降雨侵蚀力值的 5.1 倍，可见年降雨侵蚀力值变化大，值分布离散。

进一步分析比较降雨侵蚀力和侵蚀性降雨量各自的变化情况，降雨侵蚀力和侵蚀性降雨量值分布如图 4-14 所示。从图 4-14 可以得出降雨侵蚀力的变化趋势为 2011—2014 年呈下降趋势，2014—2015 年呈增长趋势，2015—2017 年呈下降趋势，其特征曲线先有一个谷值再有一个峰值，降雨侵蚀力年际变异系数 $C_v = 0.54$；侵蚀性降雨量的变化趋势为 2011—2013 年呈下降趋势，2013—2016 年呈增长趋势，2016—2017 年呈下降趋势，其特征曲线先有一个谷值再有一个峰值，侵蚀性降雨量年际变异系数 $C_v = 0.36$。通过对比可以得到，降雨侵蚀力和侵蚀性降雨量特征曲线类似，但变化趋势不同步，且降雨侵蚀力年际变异系数大，即降雨侵蚀力值变化幅度更大。这是由于降雨侵蚀力是复合因子，综合考虑了雨量和雨强的影响。

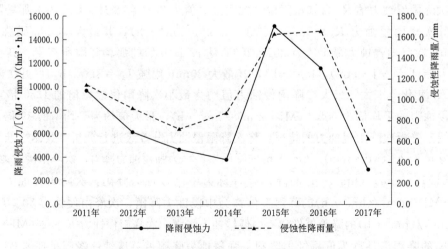

图 4-14 降雨侵蚀力和侵蚀性降雨量值分布

4.4.1.4 降雨侵蚀力年内分布特征

降雨侵蚀力的年分布对土壤侵蚀量的年内分布有直接影响，分析降雨侵蚀力的年内分布特征对预测土壤侵蚀量有重要意义。年内降雨侵蚀力分布的突出特点是月际分布极不均匀，汛期5—10月的降雨侵蚀力明显高于非汛期月份。运用式（4-7）计算并分月累加得到了这7年来各月的降雨侵蚀力值，1月月降雨侵蚀力为252.7(MJ·mm)/(hm²·h)，2月月降雨侵蚀力为233.4(MJ·mm)/(hm²·h)，3月月降雨侵蚀力为665.5(MJ·mm)/(hm²·h)，4月月降雨侵蚀力为1000.7(MJ·mm)/(hm²·h)，5月月降雨侵蚀力为2528.5(MJ·mm)/(hm²·h)，6月月降雨侵蚀力为6661.9(MJ·mm)/(hm²·h)，7月月降雨侵蚀力为18326.4(MJ·mm)/(hm²·h)，8月月降雨侵蚀力为16592.6(MJ·mm)/(hm²·h)，9月月降雨侵蚀力为3492.6(MJ·mm)/(hm²·h)，10月月降雨侵蚀力为2238.9(MJ·mm)/(hm²·h)，11月月降雨侵蚀力为1751.8(MJ·mm)/(hm²·h)，12月月降雨侵蚀力为276.9(MJ·mm)/(hm²·h)。

由图4-15分析降雨侵蚀力的年内分布，发现其特征曲线呈单峰型，1—7月呈上升趋势，7—12月呈下降趋势，降雨侵蚀力的变化趋势与侵蚀性降雨量的变化趋势相同。7月的降雨侵蚀力值最大，其值 $R_m=18326.4(MJ·mm)/(hm²·h)$，侵蚀性降雨场次的最大值和侵蚀性降雨量的最大值同样出现在7月；2月的降雨侵蚀力值最小，其值 $R_m=233.4(MJ·mm)/(hm²·h)$；最大月降雨侵蚀力约为最小月降雨侵蚀力的78.5倍，平均月降雨侵蚀力值 $R_{m平均}=4501.8(MJ·mm)/(hm²·h)$，月际变异系数 $C_v=1.35$，变化很大。5—10月是降雨侵蚀力最高的时期，5—10月降雨侵蚀力累加值达到了 $R_{5-11}=49840.9(MJ·mm)/(hm²·h)$，占总降雨侵蚀力的92.3%，比5—10月的累加侵蚀性降雨量占总侵蚀性降雨量值81.1%高一些，这是因为5—10月包含了夏天，而夏天短时暴雨多发，其最大30min雨强很大，所以降雨侵蚀力占比高于侵蚀性降雨量占比。进一步分析5—10月和11月至次年4月的降雨侵蚀力，5—10月各月的降雨侵蚀力明显大于11月至次年4月各月的降雨侵蚀力，5—10月的平均降雨侵蚀力为 $R_{5-10平均}=8306.8(MJ·mm)/(hm²·h)$，11月至次年4月的平均降雨侵蚀力为 $R_{11月至次年4月平均}=696.8(MJ·mm)/(hm²·h)$，前者约为后者的11.9倍，差距明显。所以5—10月是发生土壤侵蚀的主要季节，应重点预防土壤侵蚀。

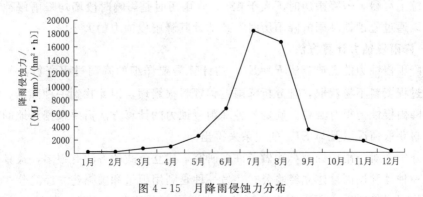

图4-15 月降雨侵蚀力分布

4.4.1.5 降雨侵蚀力与降雨历时分布特征

雨量和雨强直接影响降雨侵蚀力的大小，为进一步全面分析降雨侵蚀力的特征，分析降雨特征中的降雨历时对降雨侵蚀力的影响很有必要。

和第 4.3.4 节所述一致，将降雨历时分为 12 种不同的降雨历时，分别为降雨历时≤2h、2h<降雨历时≤4h、4h<降雨历时≤6h、6h<降雨历时≤8h、8h<降雨历时≤10h、10h<降雨历时≤12h、12h<降雨历时≤14h、14h<降雨历时≤18h、18h<降雨历时≤24h、24h<降雨历时≤36h、36h<降雨历时≤48h、降雨历时>48h。统计 12 种降雨历时各自的降雨场次和场均降雨侵蚀力，其值分布如图 4-16 所示。

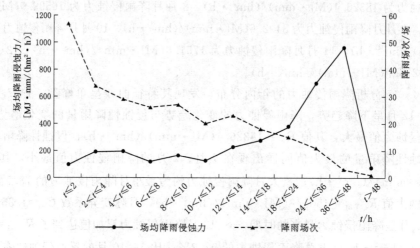

图 4-16 场均降雨侵蚀力与降雨场次值分布

分析图 4-16 可得，场均降雨侵蚀力总体上随着降雨历时的增加而增加，但当降雨历时大于 48h，降雨侵蚀力急剧下降。以降雨历时为划分刻度，降雨侵蚀力与降雨场次总体上呈现负相关。对时段场均降雨侵蚀力和降雨历时进行相关性分析，可得时段场均降雨侵蚀力和降雨历时相关系数为 0.371，表明时段场均降雨侵蚀力和降雨历时实正相关。若剔除降雨历时大于 48h 的数据，再对时段场均降雨侵蚀力和降雨历时进行相关性分析，可得时段场均降雨侵蚀力和降雨历时相关系数为 0.957，时段场均降雨侵蚀力和降雨历时高度正相关。综上可得，若降雨历时不大于 48h，降雨历时是影响时段场均降雨侵蚀力的关键因子，可以通过侵蚀性降雨的降雨历时大致估计其降雨侵蚀力的大小。

4.4.1.6 降雨侵蚀力计算方法

由于降雨侵蚀力的经典算法 $R=EI_{30}$ 的计算需要详细的降雨过程资料，但是这类详细的降雨过程资料不易获取，且分析降雨过程资料很繁琐，因此找到一种准确、简便的方法来计算降雨侵蚀力很有必要。确定一种降雨侵蚀力的计算方法需要根据当地的降雨特性和降雨资料获取情况以及与 EI_{30} 的关系来得出。

国内外学者对降雨侵蚀力算法做了许多研究，建立公式的方法有很多，最具代表性的有两种：一种是利用雨量建立经验公式；另一种是利用雨量和雨强建立经验公式。从降雨侵蚀力的物理意义来看，雨量雨强模型综合考虑了雨量和雨强因素，其结果会更准确一些。雨量模型公式形式如下：

$$R = aP^b \qquad (4-9)$$

式中：R 为降雨侵蚀力；P 为雨量；a、b 为系数。

雨量雨强模型公式形式如下：

$$R = cPI_{30} \qquad (4-10)$$

式中：R 为降雨侵蚀力；P 为雨量；I_{30} 为最大 30min 雨强；c 为系数。

本节利用 2011—2017 年的降雨过程资料，通过回归分析建立上述两种形式的降雨侵蚀力经验公式，比较其优劣，找到适合苏北沿海围垦地区的降雨侵蚀力计算方法。

(1) 次降雨侵蚀力计算方法。利用前文所述筛选出的 264 场侵蚀性降雨的数据进行回归分析，建立的次降雨侵蚀力计算方法如下所示：

雨量模型：$\qquad R_c = 0.5309 P_c^{1.5626} \quad (R^2 = 0.7542) \qquad (4-11)$

雨量雨强模型：$\qquad R_c = 0.2314 P_c I_{30} \quad (R^2 = 0.9793) \qquad (4-12)$

式中：R_c 为次降雨侵蚀力；P_c 为一场侵蚀性降雨的降雨量；I_{30} 为该场降雨的最大 30min 雨强。

通过有效系数 R^2 值的比较，可见雨量雨强模型明显比雨量模型准确，雨量雨强模型拟合度高，对实际计算降雨侵蚀力有重要意义。

(2) 月降雨侵蚀力计算方法。利用前文所述内容，对月侵蚀性降雨和月降雨侵蚀力数据进行回归分析，建立的月降雨侵蚀力计算方法如下所示：

雨量模型：$\qquad R_m = 0.2748 P_m^{1.5821} \quad (R^2 = 0.8763) \qquad (4-13)$

雨量雨强模型：$\qquad R_m = 0.1561 P_m I_{30} \quad (R^2 = 0.9463) \qquad (4-14)$

式中：R_m 为月降雨侵蚀力；P_m 为一个月侵蚀性降雨的月降雨量；I_{30} 为该月侵蚀性降雨的最大 30min 雨强。

通过对两种模型的分析发现，月降雨侵蚀力雨量模型较次降雨侵蚀力雨量模型有效系数有所提高，月降雨侵蚀力雨量雨强模型较次降雨侵蚀力雨量雨强模型有效系数有所降低，但月雨量雨强模型的有效系数 R^2 值仍然比月雨量模型高，说明月降雨侵蚀力雨量雨强模型优于月降雨侵蚀力雨量模型。

(3) 年降雨侵蚀力计算方法。利用前文所述内容，对 2011—2017 年的年侵蚀性降雨和年降雨侵蚀力数据进行回归分析，建立的年降雨侵蚀力计算方法如下所示：

雨量模型：$\qquad R_y = 0.1792 P_y^{1.519} \quad (R^2 = 0.89) \qquad (4-15)$

雨量雨强模型：$\qquad R_y = 0.0976 P_y I_{30} \quad (R^2 = 0.9031) \qquad (4-16)$

式中：R_y 为年降雨侵蚀力；P_y 为一年侵蚀性降雨的年降雨量；I_{30} 为该年侵蚀性降雨的最大 30min 雨强。

分析建立的两种年降雨侵蚀力计算模型，可得年降雨侵蚀力雨量模型较月降雨侵蚀力雨量模型有效系数有所提高，年降雨侵蚀力雨量雨强模型较月降雨侵蚀力雨量雨强模型有效系数有所降低，但年雨量雨强模型的有效系数 R^2 值仍然比年雨量模型高，虽然两者有效系数 R^2 值相差不大，说明年降雨侵蚀力雨量雨强模型略优于年降雨侵蚀力雨量模型。

表 4-13　雨量模型和雨量雨强模型 R^2 值

降雨侵蚀力模型	次降雨侵蚀力模型	月降雨侵蚀力模型	年降雨侵蚀力模型
雨量模型 R^2 值	0.7542	0.8163	0.89
雨量雨强模型 R^2 值	0.9793	0.9463	0.9031

进一步分析建立的降雨侵蚀力模型的适用性,从表 4-13 可以发现随着时间尺度的变大,雨量模型的有效系数 R^2 值越来越大,雨量雨强模型的有效系数 R^2 值越来越小,当时间尺度为一年时,雨量模型的有效系数 R^2 值与雨量雨强模型的有效系数 R^2 值很接近,且两种模型的拟合度都较高,说明在较长时间尺度上降雨侵蚀力雨量模型已经具有了适用性,它能在宏观上反映该地区的降雨侵蚀力大小。

经过以上分析,可以得出计算次降雨侵蚀力应运用雨量雨强模型,即 $R_c = 0.2314 P_c I_{30}$,得到的数据精度较高;计算月降雨侵蚀力也应运用雨量雨强模型,即 $R_m = 0.1561 P_m I_{30}$,得到的数据精度较高;计算年降雨侵蚀力,雨量模型即 $R_y = 0.1792 P_y^{1.519}$ 和雨量雨强模型即 $R_y = 0.0976 P_y I_{30}$ 均适用,可根据获得的降雨资料情况灵活选择,得到的数据均具有较高精度。

4.4.1.7　降雨侵蚀力与土壤侵蚀的关系

降雨侵蚀力指标综合考虑了降雨量和降雨强度的影响,理论上能较好地反应土壤侵蚀

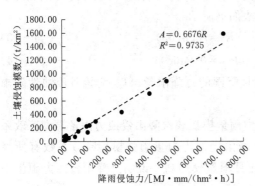

图 4-17　降雨侵蚀力与土壤侵蚀模数散点分布

情况,为进一步验证降雨侵蚀力指标在苏北沿海围垦区的适用性,结合 2017 年的侵蚀资料,对降雨侵蚀力和土壤侵蚀模数进行分析。降雨侵蚀力与土壤侵蚀模数的散点分布如图 4-17 所示。

由图 4-17 可知,降雨侵蚀力与土壤侵蚀模数的散点分布呈现规律性,且两个参数是正相关的。对降雨侵蚀力与土壤侵蚀量进行回归分析,可以得到降雨侵蚀力与土壤侵蚀量的关系如下:

$$A = 0.6676R \qquad (4-17)$$

式中:A 为土壤侵蚀模数;R 为降雨侵蚀力。

上述回归分析关系式的有效系数 R^2 达到了 0.9735,拟合度高,能在实践中运用,即若能求得降雨侵蚀力,即可进一步估算土壤侵蚀模数。再运用 Excel 分析降雨侵蚀力与土壤侵蚀模数的相关性,得到相关系数为 0.984,说明降雨侵蚀力与土壤侵蚀模数高度正相关。与上文的单因子和侵蚀模数的相关性进行比较,如表 4-14 所示,可以得到复合因子降雨侵蚀力与土壤侵蚀模数相关性最高,说明复合因子比单因子更能反映土壤侵蚀情况。

表 4-14　各因子与土壤侵蚀模数相关性表

因　子	次降雨量	平均雨强	最大 30min 雨强	降雨侵蚀力
相关系数	0.557	0.629	0.861	0.984

4.4.1.8 小结

通过运用 RUSLE 模型中的计算方法得到了 2011—2017 年的降雨侵蚀力数据,分析了次降雨侵蚀力的特征,该地区次降雨侵蚀力最大值达 5876.8(MJ•mm)/(hm²•h),远超这 7 年所有侵蚀性降雨的平均次降雨侵蚀力值,次降雨侵蚀力值变化幅度大,不利于当地防治土壤侵蚀和水土保持措施的布置。又分析了年降雨侵蚀力的分布特征,发现年降雨侵蚀力变化大,年降雨侵蚀力最大值达 15150.9(MJ•mm)/(hm²•h),年降雨侵蚀力最小值仅有 2958.6(MJ•mm)/(hm²•h),且数值分布离散,年际变异系数达 0.54。

进一步分析了降雨侵蚀力的年内分布特征,其特征曲线呈单峰型,降雨侵蚀力的年内分布极不均匀,变异系数 C_v 达 1.35,月降雨侵蚀力最大值出现在 7 月,其值达 18326.4(MJ•mm)/(hm²•h),与侵蚀性降雨场次的最大值和侵蚀性降雨量的最大值出现的月份相同。就苏北沿海围垦区而言,5—10 月是其降雨侵蚀力分布的集中期,这一时期的累积降雨侵蚀力值占总降雨侵蚀力的 92.3%。比较降雨侵蚀力和侵蚀性降雨量的年内分布,可见 5—10 月的降雨侵蚀力占比 92.3% 高于 5—10 月的侵蚀性降雨量占比 81.1%,这是由于夏天的短历时暴雨会明显加大降雨侵蚀力。

分析降雨特征中的降雨历时与降雨侵蚀力之间的关系,可以得到场均降雨侵蚀力总体上随着降雨历时的增加而增加,若降雨历时不大于 48h,降雨历时是影响时段场均降雨侵蚀力的关键因子。

由于运用 RUSLE 模型中采用的降雨侵蚀力经典计算方法需要详细降雨过程资料,且计算过程繁琐,不利于广泛使用,因此通过回归分析建立了适用于当地的降雨侵蚀力经验计算方法。分析建立的降雨侵蚀力计算方法,可见计算次降雨侵蚀力时可以运用雨量雨强模型,即 $R_c=0.2314P_cI_{30}$,得到的数据精度较高;计算月降雨侵蚀力时可以运用雨量雨强模型,即 $R_m=0.1561P_mI_{30}$,得到的数据精度较高;计算年降雨侵蚀力,雨量模型即 $R_y=0.1792P_y^{1.519}$ 和雨量雨强模型即 $R_y=0.0976P_yI_{30}$ 均适用,可根据获得的降雨资料情况灵活选择,得到的数据均具有较高精度。

分析降雨侵蚀力与土壤侵蚀模数之间的关系,降雨侵蚀力与土壤侵蚀模数之间呈高度正相关,对其运用了回归分析和相关性分析,通过回归得出一个拟合度好的回归方程,有效系数达到了 0.9735。所以由以上降雨侵蚀力与土壤侵蚀模数的回归分析和相关性分析可知,降雨侵蚀力指标在苏北沿海围垦区的适用,并可用于预测当地的土壤侵蚀模数,指导当地的水土保持工作。

4.4.2 土壤可蚀性

4.4.2.1 通用土壤流失方程(USLE)

通用方程(USLE)标准径流小区法是国际上测定土壤可蚀性因子 K 值最常用的办法,通过分析影响土壤侵蚀的各个因子,总结出一套适合径流小区关于土壤可蚀性因子的计算方法。然而这只是一种通用的方程,由于地方的差异,运用其他方法计算土壤可蚀性因子 K 值都需要与该方法进行修正。通用公式中关于土壤可蚀性因子实测 K 值的计算,见式(4-18)。

$$K = \frac{A}{RLSCP} \tag{4-18}$$

式中：K 为土壤可蚀性因子，$\text{t} \cdot \text{hm}^2 \cdot \text{h}/(\text{hm}^2 \cdot \text{MJ} \cdot \text{m})$，其中国际制单位的 $\text{t} \cdot \text{hm}^2 \cdot \text{h}/(\text{hm}^2 \cdot \text{MJ} \cdot \text{m})$ ＝美制单位（short. ton. ac. h/（100ft. short. ton. ac in）；A 为土壤流失量，t/hm^2；R 为降雨侵蚀力因子，$\text{MJ} \cdot \text{mm}/(\text{hm}^2 \cdot \text{h} \cdot \text{a})$；$L$ 为坡长因子，无量纲；S 为坡度因子，无量纲；P 为水土保持措施因子，无量纲；C 为水土保持措施因子，无量纲。

此次试验采用的不是标准径流小区，标准径流小区中坡度坡长因子，LS 取 1，无量纲，而这是在坡度为 9％、垂直投影坡长在 22.13m 小区的情况下，故研究者采用非标准径流小区，需要将 LS 转化为标准径流小区。

对于坡度因子，可采用式（4-18）～式（4-20）。

$$S = 21.91\sin\theta - 0.96, \quad 适用于 \ \theta \geqslant 10° \tag{4-19}$$

$$S = 16.8\sin\theta - 0.50, \quad 适用于 \ 5° < \theta < 10° \tag{4-20}$$

$$S = 10.8\sin\theta + 0.03, \quad 适用于 \ \theta \leqslant 5° \tag{4-21}$$

而对于坡长因子，可采用式（4-21）～式（4-25）计算。

$$L = \left(\frac{\lambda}{22.13}\right)m \tag{4-22}$$

式中：m 为可变的坡度指数；22.13 为标准径流小区的坡长，m；λ 为水平投影坡长；θ 为标准径流小区坡度。

$$m = 0.2, \quad \theta < 0.5° \tag{4-23}$$

$$m = 0.3, \quad 0.5° \leqslant \theta < 1.5° \tag{4-24}$$

$$m = 0.4, \quad 1.5° \leqslant \theta < 3° \tag{4-25}$$

$$m = 0.5, \quad 3° \leqslant \theta \tag{4-26}$$

对于本次试验中的作物覆盖因子 C，采用蔡崇法等方法计算，由于此次径流小区试验是裸露无植物状态，故 C 取 1；对于本次试验中的水土保持措施因子 P，P 一般是指土壤流失量采取水保措施之后相对于顺坡种植时土壤流失量的比例，取值范围一般在 0～1。1 值一般表示不采取任何水土保持措施的地区，0 值一般表示该地区采取某种水土保持措施情况下不会发生土壤侵蚀的地区，故此次试验中 P 取值为 1。

对式（4-22）进行计算汇总，计算出各径流小区通用方程中的各项参数，包括土壤流失量 A，降雨侵蚀力因子 R，坡度指数 M，水平投影 λ 坡长因子 L，坡度因子 S，从而计算出 7 个径流小区的土壤可蚀性因子 K 值，见表 4-15。

其中标准径流小区实测法除了无量纲单位，均采用国际制单位。

表 4-15　　　　　　　　　各径流小区土壤可侵蚀因子 K 值

径流小区	A	R	θ	$\sin\theta$	S	M	坡长	λ	L	LS	K
A	330	4123.21	35	0.57	11.61	0.5	3.5	2.87	0.36	4.18	0.020
B	280	4123.21	45	0.71	14.53	0.5	2.5	1.77	0.28	4.11	0.017

径流小区	A	R	θ	sinθ	S	M	坡长	λ	L	LS	K
C	210	4123.21	26.5	0.45	8.82	0.5	4	3.58	0.40	3.55	0.015
D	106	4123.21	15	0.26	4.71	0.5	4	3.86	0.42	1.97	0.014
E	50	4123.21	5	0.09	0.97	0.5	20	19.92	0.95	0.92	0.014
F	20	4123.21	2	0.03	0.41	0.4	20	19.99	0.96	0.39	0.013
G	13	4123.21	1	0.02	0.22	0.4	20	20.00	0.97	0.21	0.016

注 A 单位: t/hm^2; R 单位: $MJ \cdot mm/(hm^2 \cdot h)$; K 单位: $t \cdot hm^2 \cdot h/(hm^2 \cdot MJ \cdot m)$。

4.4.2.2 诺谟公式法

诺谟公式与通用土壤流失方程同样是经验公式，但他们建立模型的数据类型不同。在计算土壤可蚀性因子时，通用土壤流失方程需要野外径流小区土壤在一段时间内的降雨量以及土壤流失量等数据，测定时间较长。而诺谟公式则可以通过在试验室直接分析土壤的理化性质计算得出土壤可蚀性因子 K 值，数据测定时间较短。诺谟公式中涉及的土壤理性性质包括土壤渗透性，土壤结构，土壤有机质含量和土壤颗粒级配。具体的诺谟公式如下所示：

$$K = \frac{\left[2.1 \times 10^{-4} M^{1.14}(12 - O_M) + 3.25(S - 2) + 2.5(P - 3)\right]}{100} \quad (4-27)$$

式中：K 为土壤可蚀性因子；P 为土壤渗透性等级系数；S 为土壤结构等级系数；O_M 为土壤有机质含量，%；M 为美国粒径分级制中粒径范围在 $0.002 \sim 0.1mm$ 的土壤颗粒含量值与 100% 减去粒径小于 $0.002mm$ 的土壤颗粒含量值的差值的乘积。获取土壤颗粒级配的数据后，通过诺谟公式可直接计算出野外径流小区土壤的土壤可蚀性因子。

1. 土壤颗粒级配

土壤颗粒级配作为土壤物理性质中的重要部分，是指土壤中不同粒径的土壤颗粒所占的百分比。土壤颗粒级配能直观的表征土壤颗粒组成形式，影响着土体的通气能力，保肥及保水能力。自然状态下，土壤中的砂粒含量高，则土壤孔隙率大，土体通气性好，但保肥及保水能力差；而土壤中的黏粒含量高，则土壤孔隙率小，土体通气性差，但保肥及保水能力强。

自然状态下，通过某地区的土壤颗粒级配可以直接得到该地区的土壤质地。在美国，科学家们进行土壤颗粒级配分析时，一般会按土壤颗粒的大小将土壤颗粒划分为三个级别，分别是粒径小于 $0.002mm$ 的黏粒，粒径在 $0.002 \sim 0.05mm$ 的粉粒，粒径在 $0.05 \sim 2mm$ 的砂粒，通常使用其占总量的百分比来表示各粒级颗粒的数量。对于粒径大于 $2mm$ 的颗粒往往不作为土壤颗粒级配中的研究对象。在了解到某地区土壤中的三种粒级土壤颗粒百分比后，可利用美国农部制的土壤质地三角图获得该地区的土壤质地。参考美国土壤质地三角图，可以查询得到各区土壤质地。图 4-18 为经修改的中文版美国土壤质地三角图。

本节研究中使用马尔文 MS200 型激光粒度仪直接测定土壤中的各个粒径的颗粒含量，在总结颗粒级别后，结合图 4-18 确定土壤质地。

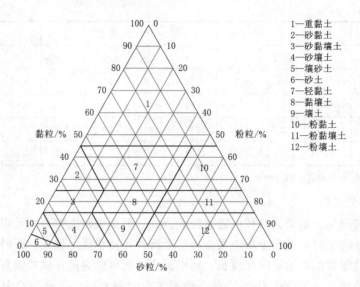

1—重黏土
2—砂黏土
3—砂黏壤土
4—砂壤土
5—壤砂土
6—砂土
7—轻黏土
8—黏壤土
9—壤土
10—粉黏土
11—粉黏壤土
12—粉壤土

图 4-18 美国土壤质地三角图

径流小区试验中，在测定土壤颗粒级配时，需要在各个径流小区内采集土壤样本。为了综合评估某一径流小区的土壤颗粒级配情况，随机在顶部、中部和底部各选择一个位置采集土样，充分混合土样后，在实验室测定 3 次该土样的颗粒级配，取其均值作为测定结果。

表 4-16 是 2019 年径流小区实验初期土壤颗粒级配结果。表 4-17 是 2019 年径流小区实验末期土壤颗粒级配结果。

表 4-16　　　　　　　　　2019 年径流小区实验初期土壤颗粒级配分析

区 域	粒 径 组 成/%				
	<0.002	0.002~0.05	0.05~0.10	0.10~2.0	土壤质地
A	2.14	56.75	31.54	9.56	粉壤土
B	1.48	52.76	34.75	11.01	粉壤土
C	1.26	52.16	33.28	13.30	粉壤土
D	1.40	47.84	39.26	11.51	壤土
E	1.25	51.33	36.76	10.66	粉壤土
F	1.28	52.27	33.77	12.67	粉壤土
G	1.71	61.80	28.63	7.85	粉壤土

表 4-17　　　　　　　　　2019 年径流小区实验末期土壤颗粒级配分析

区 域	粒 径 组 成/%				
	<0.002	0.002~0.05	0.05~0.10	0.10~2.0	土壤质地
A	0.15	44.18	45.03	10.63	壤土
B	0.00	57.58	38.76	3.66	粉壤土
C	1.29	52.30	33.22	13.19	粉壤土

区　域	粒　径　组　成/%				
	<0.002	0.002~0.05	0.05~0.10	0.10~2.0	土壤质地
D	1.65	53.75	35.62	8.97	粉壤土
E	1.39	51.86	36.08	10.68	粉壤土
F	1.19	49.57	38.17	11.07	粉壤土
G	1.10	57.78	31.26	9.86	粉壤土

对比表 4-16 和表 4-17 中所列数据，可以看出在实验末期，A 区、F 区和 G 区中，黏粒和粉粒所占比例有所减少，砂粒所占比例相应增长；而在 C 区、D 区和 E 区中，黏粒及粉粒所占比例略微增加，砂粒所占比例有所减少；B 区仅粉粒所占比例增加，黏粒及砂粒均有所减少。总体来说，各个径流小区的土壤颗粒级配除 A 区和 D 区外变化不大。其中 A 区的砂粒占比减少了 14.56%，D 区的砂粒占比增大了 6.18%，出现了土壤质地的变化。

分析实验数据，可以说明在土壤流失过程中，不同坡度下的土体中，土壤颗粒中的砂粒和粉粒及黏粒均会被冲刷，并且三种颗粒被带走的概率是相近的，因此土体产生水土流失前后的颗粒级配无明显变化。考虑到测量误差和实验区土壤的颗粒级配处于壤土和粉壤土的交界处附近，认为在实验末期，A 区和 D 区的土壤质地出现的改变是在合理范围内的。

2. 土壤渗透性等级系数的确定

当土层达到水饱和状态后，土壤中水分受重力作用而向下输移的能力被称为土壤的渗透性。土壤的渗透性是土壤重要的理化性质之一，在土壤渗透性不好的时候，会因为更容易产生地表径流而导致土壤更容易流失。诺谟公式中使用土壤渗透性等级系数代表土壤渗透性对于土壤可蚀性的影响，具体的确定是通过土壤质地查询经验表格得到的。查询表格见表 4-18。

表 4-18　　土壤渗透等级系数查询表

土壤质地（美国）	渗透等级 P	渗透速度
砂粒黏土、黏壤土	4	中慢
壤土、粉壤土	3	中
壤砂土、砂壤土	2	中快
砂土	1	快

在野外径流小区试验中，总结各个径流小区历年实测土壤颗粒级配资料，之后按照图 4-19 中的美国土壤质地三角图查询可以得到各个径流小区的土壤质地，再利用土壤质地查询表 4-18 得到该径流小区在该时间段的土壤渗透性等级系数。查询结果如表 4-19 所示。

表 4-19　　2015—2019 年野外径流试验小区土壤渗透等级系数

径流小区		A	B	C	D	E	F	G
2019 年	试验初期	2	3	3	3	3	3	3
	试验末期	2	3	3	3	3	3	3
2018 年	试验初期	2	3	4	5	6	7	8
	试验末期	2	2	3	2	3	4	3

续表

径流小区		A	B	C	D	E	F	G
2017 年	试验初期	3	3	3	3	3	3	3
	试验末期	3	3	3	3	3	3	3
2016 年	试验初期	3	3	3	3	3	3	3
	试验末期	3	3	3	3	3	3	3
2015 年	试验初期	2	2	3	3	3	3	3
	试验末期	2	2	3	3	3	3	3

3. 土壤结构等级系数

土壤结构是指土壤颗粒（包括团聚体）的排列与组合形式，一般指形态和大小有所差异，且彼此可以分开的结构体。土壤结构与土壤颗粒级配有密切的联系，一般来说，砂粒或者黏粒占比较大的土壤，其结构往往不良。在诺谟公式中，以土壤结构等级系数指代土壤结构对于土壤可蚀性的影响，其具体的确定通常由土壤团粒含量查表 4-20 得出。在 2019 年野外径流小区试验中所使用的土壤样本中的土壤颗粒主要的类型为极细颗粒状，其结构等级系数 S 均为 1。

表 4-20　　　　土壤结构等级系数查询表

土壤类型	粒径大小/mm	结构等级系数 S
块状、片状	>10	4
中或粗颗粒状	2~10	3
细颗粒状	1~2	2
极细颗粒状	<1	1

4. 土壤有机质含量的测定

土壤有机质含量代表的是单位体积土壤中含有的各种动植物残留物，微生物及微生物分解合成的有机物质的数量。一般表示为有机质质量占干土质量的百分比。在试验中，采用外加热法测定土壤中的有机质含量。野外径流小区历年实测土壤有机质资料测定结果如表 4-21 所示。

表 4-21　　　　　　　　　　土壤有机质含量计算　　　　　　　　　　　　　%

径流小区	A	B	C	D	E	F	G
2015 年	7.3	7.5	7.2	8.5	7.4	8.2	7.1
2016 年	6.8	6.6	6.2	6.4	7.4	6.5	7.5
2017 年	4.1	6.8	6.6	7.7	6.5	5.1	6.3
2018 年	7.2	6.7	7.2	8.1	8.2	8.0	7.8
2019 年	7.5	7.7	8.6	8.2	8.1	8.6	8.4

5. 土壤颗粒级配分析

2019 年径流试验小区具体的颗粒级配数据已在本节土壤颗粒级配章节列出，根据试验初期及试验末期所测得的颗粒级配数据计算 M 值，如表 4-22 及表 4-23 所示。同时汇总 2015—2018 年野外径流试验小区土壤颗粒级配资料，计算诺谟公式中的 M 值，其结果如表 4-24 所示。

表 4-22 试验初期土壤颗粒级配

径流小区	A	B	C	D	E	F	G
粉砂+极细砂	88.29	87.51	85.44	87.10	88.09	86.05	90.44
100-黏粒	97.86	98.52	98.74	98.60	98.75	98.72	98.29
M	8640.06	8621.14	8436.00	8587.89	8699.15	8494.75	8888.62

表 4-23 试验末期土壤颗粒级配

径流小区	A	B	C	D	E	F	G
粉砂+极细砂	89.22	96.34	85.52	89.38	87.94	87.74	89.04
100-黏粒	99.85	100.00	98.71	98.35	98.61	98.81	98.90
M	8908.16	9634.42	8441.94	8790.26	8671.77	8670.05	8805.45

表 4-24 2015—2018 年野外径流试验小区 M 值

径流小区		A	B	C	D	E	F	G
2015 年	试验初期	6383.19	7049.75	8386.81	8364.84	7935.25	7874.45	8135.27
	试验末期	6701.82	6646.17	7092.77	7127.08	7357.82	7320.61	7761.00
2016 年	试验初期	6462.12	7965.90	7970.10	7783.16	7690.98	7838.53	7866.08
	试验末期	6689.61	7671.65	7522.45	7684.16	8016.43	8072.40	7776.64
2017 年	试验初期	6462.12	7965.90	7970.10	7783.16	7690.98	7838.53	7866.08
	试验末期	7354.71	7992.90	8018.46	7878.75	7881.60	8164.80	7933.64
2018 年	试验初期	8350.35	5636.87	5754.85	6992.29	7210.56	7333.11	7848.22
	试验末期	8625.27	8685.95	8803.88	8495.49	8500.00	8669.09	8705.60

6. 土壤可蚀性因子 K 的确定

根据前文计算结果,使用诺谟公式可以计算土壤可蚀性因子 K 值。2019 年野外径流试验小区的土壤可蚀性因子的具体计算结果如表 4-25、表 4-26 所示。同时根据 2015—2018 年野外径流试验小区的实测资料,汇总前文计算结果,使用诺谟公式计算野外径流小区往年土壤可蚀性因子,计算结果如表 4-27 所示。

表 4-25 2019 年试验初期土壤可蚀性因子 K 值

径流小区	M	O_M	P	S	K
A	8908.162	7.5	2	1	0.243
B	9634.424	7.7	3	1	0.282
C	8441.944	8.6	3	1	0.181
D	8790.256	8.2	3	1	0.218
E	8671.771	8.1	3	1	0.220
F	8670.05	8.6	3	1	0.188
G	8805.453	8.4	3	1	0.205

表 4 - 26   2019 年试验末期土壤可蚀性因子 *K* 值

径流小区	*M*	O_M	*P*	*S*	*K*
A	8640.063	7.5	2	1	0.233
B	8621.137	7.7	3	1	0.244
C	8436.002	8.6	3	1	0.181
D	8587.894	8.2	3	1	0.211
E	8699.145	8.1	3	1	0.221
F	8494.749	8.6	3	1	0.183
G	8888.625	8.4	3	1	0.207

表 4 - 27   2015—2018 年诺谟公式下土壤可蚀性因子 *K* 值

径流小区		A	B	C	D	E	F	G
2015 年	试验初期	0.157	0.198	0.267	0.185	0.237	0.188	0.263
	试验末期	0.170	0.183	0.215	0.149	0.215	0.171	0.247
2016 年	试验初期	0.184	0.288	0.308	0.288	0.229	0.285	0.230
	试验末期	0.193	0.274	0.286	0.284	0.242	0.296	0.227
2017 年	试验初期	0.309	0.275	0.288	0.213	0.281	0.368	0.298
	试验末期	0.367	0.276	0.290	0.217	0.290	0.387	0.301
2018 年	试验初期	0.240	0.178	0.162	0.165	0.167	0.182	0.210
	试验末期	0.252	0.312	0.284	0.214	0.208	0.227	0.241

7. 土壤可蚀性因子 *K* 值修正

由于试验中土壤结构变化及存在测量误差等，在同一个径流小区中的土壤可蚀性因子计算结果在试验初期和试验末期有差异。为减小误差，计算均值，具体结果如表 4 - 28 所示。

表 4 - 28   诺谟公式下历年土壤可蚀性因子 *K* 值修正

径流小区	A	B	C	D	E	F	G
2015 年	0.163	0.190	0.241	0.167	0.226	0.179	0.255
2016 年	0.188	0.281	0.297	0.286	0.235	0.290	0.229
2017 年	0.338	0.275	0.289	0.215	0.285	0.378	0.300
2018 年	0.246	0.245	0.223	0.190	0.188	0.204	0.226
2019 年	0.238	0.263	0.181	0.214	0.221	0.185	0.206

4.4.2.3 EPIC 模型

1. EPIC 模型计算过程

EPIC（Erosion - Productivity - Impact - Calculator）方程是一个土壤侵蚀与生产力影响估算模型，是一个定量评价"气候—土壤—作物—管理"系统的综合动力学模型。事实上，EPIC 模型由许多模块组成，包括气象模拟、水文学、侵蚀泥沙、营养循环等，一共有 300 多个数学方程。其中 EPIC 模型中关于土壤可蚀性因子确定如式（4-28）所示：

$$K = \left\{ 0.2 + 0.3\exp\left[-0.0256S_a\left(1 - \frac{s_i}{100}\right) \right] \right\} \times \left(\frac{S_a}{C_l + S_a}\right)$$

$$\times \left[1 - \frac{0.25c}{C + \exp(3.72 - 2.95c)} \right] \times \left[1 - \frac{0.7S_n}{S_n + \exp(-5.51 + 22.9S_n)} \right] \quad (4-28)$$

式中：s_i 为粉粒（粒径在 0.002～0.05mm 之间）含量；S_a 为砂粒（粒径在 0.05～2mm 之间）含量；C_l 为黏粒（粒径小于 0.002mm）含量；C 为有机质含量。

$$S_n = 1 - s_i/100 \quad (4-29)$$

式中，允许 K 值变化范围为 0.1～0.5。

在通过室内实验测定土壤颗粒级配和土壤有机质含量后，可计算出土壤可蚀性因子 K 值。在 2019 年野外径流小区中的实测土壤颗粒级配资料和有机质含量资料基础上，土壤可蚀性因子 K 值的具体计算过程见表 4-29 和表 4-30。根据 2015—2018 年野外径流小区的实测资料，采用 EPIC 模型计算出野外径流试验小区中各个径流小区的往年土壤可蚀性因子值，计算结果汇总于表 4-31 中。

2. EPIC 模型 K 值修正

与诺谟公式相同，EPIC 模型的计算结果因为受到测定的有机质和颗粒级配分析存在一定误差，需要对计算结果进行修正。取同年野外径流小区的两次计算结果求平均值，计算结果见表 4-32。

表 4-29　　　　　　　　　　试验初期 EPIC 模型下土壤可蚀性因子 K 值

径流小区	s_i	S_a	C_l	C	S_n	K
A	44.18	55.67	0.15	7.5	0.56	0.251
B	57.58	42.42	0.00	7.7	0.42	0.291
C	52.30	46.41	1.29	8.6	0.48	0.270
D	53.75	44.60	1.65	8.2	0.46	0.272
E	51.86	46.76	1.39	8.1	0.48	0.268
F	49.57	49.24	1.19	8.6	0.50	0.263
G	57.78	41.12	1.10	8.4	0.42	0.285

表 4-30　　　　　　　　　　试验末期 EPIC 模型下土壤可蚀性因子 K 值

径流小区	s_i	S_a	C_l	C	S_n	K
A	56.75	41.10	2.14	7.5	0.43	0.277
B	52.76	45.76	1.48	7.7	0.47	0.270
C	52.16	46.58	1.26	8.6	0.48	0.269
D	47.84	50.77	1.40	8.2	0.52	0.257
E	51.33	47.42	1.25	8.1	0.49	0.267
F	52.27	46.45	1.28	8.6	0.48	0.270
G	61.80	36.49	1.71	8.4	0.38	0.291

表 4 - 31　　　　　　　　2015—2019 年 EPIC 模型下的土壤可蚀性因子 **K** 值

径　流　小　区		A	B	C	D	E	F	G
2015 年	试验初期	0.210	0.243	0.301	0.292	0.283	0.264	0.215
	试验末期	0.229	0.232	0.248	0.251	0.260	0.253	0.208
2016 年	试验初期	0.267	0.277	0.265	0.266	0.280	0.287	0.267
	试验末期	0.246	0.273	0.243	0.265	0.283	0.276	0.235
2017 年	试验初期	0.241	0.270	0.223	0.241	0.267	0.257	0.236
	试验末期	0.272	0.280	0.272	0.273	0.278	0.287	0.263
2018 年	试验初期	0.253	0.212	0.221	0.225	0.235	0.237	0.245
	试验末期	0.262	0.233	0.277	0.233	0.233	0.260	0.267

表 4 - 32　　　　　　　　EPIC 模型下历年土壤可蚀性因子 **K** 值修正

径流小区	A	B	C	D	E	F	G
2015 年	0.219	0.238	0.275	0.271	0.272	0.258	0.211
2016 年	0.257	0.275	0.254	0.265	0.281	0.281	0.251
2017 年	0.257	0.275	0.248	0.257	0.273	0.272	0.250
2018 年	0.258	0.222	0.249	0.229	0.234	0.248	0.256
2019 年	0.264	0.280	0.270	0.265	0.268	0.266	0.288

4.4.2.4　土壤侵蚀计算

本节使用了三种土壤侵蚀模型对同一野外径流小区的土壤可蚀性因子进行计算，其中通用土壤流失方程计算结果为国际单位，诺谟公式和 EPIC 模型计算结果为美国惯用单位，为方便比较，将美国惯用单位乘以 0.1317 转化为国际制单位。

1. 通用土壤流失方程

根据 2015—2019 年东台野外径流小区土壤实测资料，采用通用土壤流失方程计算的土壤可蚀性因子值 K 值如表 4 - 33 所示。

表 4 - 33　　　　　　　　通用土壤流失方程计算结果

年份	A	B	C	D	E	F	G	均值	标准差
2015	0.007	0.005	0.006	0.005	0.002	0.006	0.004	0.005	0.001
2016	0.007	0.005	0.005	0.005	0.002	0.005	0.010	0.006	0.002
2017	0.020	0.025	0.013	0.013	0.013	0.013	0.016	0.016	0.005
2018	0.017	0.016	0.015	0.012	0.008	0.017	0.015	0.014	0.003
2019	0.028	0.046	0.031	0.035	0.016	0.027	0.031	0.031	0.009

　　根据土壤可蚀性的定义可以知道，土壤可蚀性的强弱主要取决于土壤自身的理化性质，即同一地区的同种土壤，其土壤可蚀性因子应该是相同的。但在分析表 4-32 所列数据时可以发现，2019 年的各个径流小区计算结果之间存在较大的差异，其标准差为0.009，是野外径流小区所有观测年份的计算结果中最大的一年。分析各个径流小区的土壤可蚀性因子存在较大差异的主要原因可能是侵蚀量的测定存在误差。

　　在设计径流小区时未能充分考虑到当地受台风影响时出现了强降雨现象，使得在2019 年的试验观测期内出现了集水池满溢的情况，使得径流小区流失的泥沙部分外溢，影响测定数据。

　　再比较各个年份计算结果的均值大小，发现各年份的计算结果均值同样存在明显的倍数关系。即 $K_{2015} \approx K_{2016} \approx \frac{1}{2}K_{2017} \approx \frac{1}{2}K_{2018} \approx \frac{1}{4}K_{2019}$，其中 2015 年与 2016 年的土壤可蚀性因子计算结果均值约为 0.006；2017 年与 2018 年计算结果均值为 0.015；2019 年计算结果均值为 0.031。

　　分析导致这种现象出现的主要影响因素是观测期间的当地降雨雨量、雨强及土壤流失量。

　　汇总野外径流小区在 2015—2019 年中试验观测期间的降雨总量，如表 4-34 所示。

表 4-34　　　　　　　　野外径流小区历年观测期降雨总量汇总表

年　　份	2015	2016	2017	2018	2019
降雨总量/mm	1068.8	977.30	551.00	539.50	263.00

　　比较表 4-34 中各项数据，发现 2015—2019 年的试验观测期间降雨总量也基本可以按大小分为三个级别。与土壤可蚀性因子相似的是，2015 年与 2016 年的观测期降雨总量接近，均值为 1023.05mm；2017 年与 2018 年的观测期降雨总量接近，均值为545.25mm；2019 年的观测期降雨总量为 263.00mm。

　　汇总野外径流小区 2015—2019 年中试验观测期间的土壤流失量，如表 4-35 所示。通过比较各个径流小区在不同年份之间的土壤流失总量，其数值是大致相近的。进一步分析各野外径流小区在不同的降雨量下，观测期间的土壤流失总量大致相同的原因主要是因为降雨导致径流小区内出现了土壤结皮现象，影响了土壤颗粒的继续流失。

表 4-35　　　　　　2015—2019 年野外径流小区土壤流失总量　　　　　　单位：kg

年份	2015	2016	2017	2018	2019
A	291.4	246.6	276.7	253.9	187.5
B	155.2	136.6	246.6	167.3	216.6
C	231.3	182.2	182.2	222.8	205.0
D	113.0	99.6	99.6	99.6	125.0
E	244.4	205.8	446.5	304.4	258.5
F	253.0	197.9	197.8	267.7	192.0
G	104.0	221.3	130.0	130.0	120.0

2. 诺谟公式及 EPIC 模型计算结果比较分析

诺谟公式中所用的粒径分级是采用的美国制，能够直接使用地区有限，通过公式中可以看出，实验得出的土壤渗透等级和土壤结构等级也是在一定范围内有一个固定的取值，这更加说明了诺谟公式的局限性和不准确性，并且土壤渗透等级和土壤结构等级也是通过美国制的土壤质地分级所得，粒径只要稍微有所差别，得出的土壤渗透等级和土壤结构等级 S 就会有所不同，而一般粒径差距很大的，却会产生土壤渗透等级和土壤结构等级相同，得出的土壤可蚀性因子 K 值却差距很小。对于适应性来说，不同地区地域、自然因素的不同，也会导致该地区土壤性质有所差异。不过研究者可以以诺谟公式作为对标准径流试验小区土壤可蚀性因子 K 值的一个参考模型。

EPIC 公式是一个定量评价"气候—土壤—作物—管理"系统的综合动力学模型，相较于诺谟公式，有着较好的使用性，综合了气候，作物等因子，目前在世界各地都可以使用，不过它还是有着一定的局限性，由于它对土壤理化性质做了过多的因素分析，应用到其他地区时需要对模型进行参数修正校正，并且对于有机质因子，不是最主要因子，有机质的多少对于结果大小没有太多的差距。所以 EPIC 模型也只能作为标准径流试验小区土壤可蚀性因子 K 值的一个参考模型。

土壤可蚀性因子 K 值是一个反应土壤性质和降雨强度综合性因子。因此，在应用诺谟公式和 EPIC 方程时应该根据当地实测数据进行修正改进，更应该注重标准径流小区的数据，有合理性的分析数据，才能够准确地体现一个地区的土壤可蚀性因子的大小。

诺谟公式和 EPIC 模型关于土壤可蚀性因子 K 值的计算，其数据来源相似，但其计算结果存在差异。野外径流小区实测数据利用诺谟公式计算土壤可蚀性因子的结果汇总如表 4-36 所示。

表 4-36 可蚀性因子 K 值诺谟公式计算结果

项目	年份	A	B	C	D	E	F	G	均值	标准差
美国惯用单位	2015	0.163	0.190	0.241	0.167	0.226	0.179	0.255	0.203	0.037
	2016	0.188	0.281	0.297	0.286	0.235	0.290	0.229	0.258	0.041
	2017	0.338	0.275	0.289	0.215	0.285	0.378	0.300	0.297	0.051
	2018	0.246	0.245	0.223	0.190	0.188	0.204	0.226	0.217	0.024
	2019	0.238	0.263	0.181	0.214	0.221	0.185	0.206	0.216	0.029
国际单位	2015	0.022	0.025	0.032	0.022	0.030	0.024	0.034	0.027	0.005
	2016	0.025	0.037	0.039	0.038	0.031	0.038	0.030	0.034	0.005
	2017	0.045	0.036	0.038	0.038	0.038	0.050	0.039	0.039	0.007
	2018	0.032	0.032	0.029	0.025	0.025	0.027	0.030	0.029	0.003
	2019	0.031	0.035	0.024	0.028	0.029	0.024	0.027	0.028	0.004

本节将 2015—2019 年采用诺谟公式得到的土壤可蚀性因子 K 值转换为国际单位，进行比较后发现：

（1）野外径流小区自 2015—2019 年的各个年内的各径流小区之间的计算结果差异较

小，这五年内最大的差异存在于 2017 年，其标准差仅 0.007。

（2）野外径流小区 2015—2019 年的各年土壤可蚀性因子计算结果平均值之间差异较大，其中最大值为 2017 年的 0.039，最小值为 2015 年的 0.027。

野外径流小区资料利用 EPIC 模型计算土壤可蚀性因子的结果汇总如表 4-37 所示。

表 4-37　　　　　　　　　可蚀性因子 K 值 EPIC 模型计算结果

项目	年份	A	B	C	D	E	F	G	均值	标准差
美国惯用单位	2015	0.219	0.238	0.275	0.271	0.272	0.258	0.211	0.249	0.026
	2016	0.257	0.275	0.254	0.265	0.281	0.281	0.251	0.266	0.013
	2017	0.257	0.275	0.248	0.257	0.273	0.272	0.250	0.261	0.011
	2018	0.258	0.222	0.249	0.229	0.234	0.248	0.256	0.242	0.014
	2019	0.264	0.280	0.270	0.265	0.268	0.266	0.288	0.271	0.009
国际单位	2015	0.029	0.031	0.036	0.036	0.036	0.034	0.028	0.033	0.003
	2016	0.034	0.036	0.033	0.035	0.037	0.037	0.033	0.035	0.002
	2017	0.034	0.036	0.033	0.034	0.036	0.036	0.033	0.034	0.002
	2018	0.034	0.029	0.033	0.030	0.031	0.033	0.034	0.032	0.002
	2019	0.035	0.037	0.036	0.035	0.035	0.035	0.038	0.036	0.001

本节将 2015—2019 年采用 EPIC 模型得到的土壤可蚀性因子 K 值转换为国际单位，进行比较后发现：

（1）野外径流小区自 2015—2019 年的各个年内的各径流小区之间的计算结果差异较小，这五年内最大的差异存在于 2015，其标准差仅 0.003。

（2）野外径流小区 2015—2019 年的各年土壤可蚀性因子计算结果平均值之间差异较小，最大值与最小值的差值仅有 0.003。

比较诺谟公式与 EPIC 模型计算结果之间的差异，可以发现 EPIC 模型较诺谟公式更为合理。具体来说，EPIC 模型的计算结果中，各个年份内各个径流小区的测定值更为接近。同时，各个年份的测定结果均值之间的极差较小。符合土壤可蚀性因子的定义要求。

根据诺谟公式与 EPIC 模型计算结果差异，分析其产生的可能原因如下：

（1）诺谟公式中关于土壤渗透等级系数和土壤结构等级系数的确定不够细致。在诺谟公式中，确定土壤渗透等级系数和土壤结构等级系数的取值时，均是按照在试验测定的土壤数据在某一个范围内时只取得一个固定值，这表明了诺谟公式在使用时的不准确性。同时，因为土壤渗透等级系数的确定是按土壤质地划分的，而土壤质地的确定是通过土壤颗粒级配查询土壤质地三角图得到的。在确定土壤质地时，可以发现土壤颗粒级配在某一个范围内改变时并不会改变土壤质地。因此反映到诺谟公式中的计算结果会存在误差。

（2）EPIC 模型中参数更为细致，对于有机质的注重程度不同。EPIC 模型中之间利用土壤颗粒级配数据进行计算，较诺谟公式更为细致。但 EPIC 模型中的有机质因子的多少对于计算结果的影响没有诺谟公式中大。实际计算时会发现，土壤有机质含量过大时，诺谟公式的土壤可蚀性因子计算结果会出现负值，而 EPIC 模型中不会。

比较诺谟公式、EPIC 模型计算结果与通用土壤流失方程计算结果之间的差异，可以发现其差异是普遍存在的，具体来说：

（1）比较 2015—2019 年的实测数据平均值，诺谟公式和 EPIC 模型中的实测 K 值的差异较通用土壤流失方程中的差异更小。

（2）比较同一年的实测土壤可蚀性因子。以 2019 年为例，通用土壤流失方程的计算结果均值为 0.031，诺谟公式的计算结果均值为 0.028，EPIC 模型的计算结果均值为 0.036，存在差异。其标准差的比较中也可以发现同样土壤流失方程的各个径流小区计算结果之间差异较大。

分析这种差异存在的主要原因是关于降雨量以及土壤侵蚀量的测定结果不够准确。其测定的数据所需时间较诺谟公式和 EPIC 模型更长，更容易出现误差，在一定程度影响了通用土壤流失方程的应用。

4.4.2.5　小结

本节利用通用土壤流失方程、诺谟公式和 EPIC 模型结合野外径流小区的各个径流小区在 2015—2019 年的实测土壤流失量，土壤有机质含量、土壤颗粒级配等数据计算了各个径流小区在各年的试验观测期间的土壤可蚀性因子，并进行了比较分析，其结论主要包括：

（1）2019 年野外径流小区的土壤可蚀性因子计算结果平均值不同，其中通用土壤流失方程的计算结果平均值为 0.031，诺谟公式的计算结果平均值为 0.028，而 EPIC 模型的结果平均值为 0.036。

（2）在比较通用土壤流失方程的历年计算结果时，发现其土壤可蚀性因子的大小，与试验观测期间的降雨总量大小关系相同。其原因主要是同一个径流小区在不同的降雨量下，其土壤侵蚀量因为土壤结皮现象的出现而大致相同。

（3）比较诺谟公式和 EPIC 模型的计算结果后发现，EPIC 模型因为能更细致的考虑到土壤颗粒级配数据，其计算结果更为合理。同时 EPIC 模型和诺谟公式关于土壤有机质含量的注重程度不同。

（4）比较通用土壤流失方程与诺谟公式、EPIC 模型的差异时，发现通用土壤流失方程的计算结果较诺谟公式、EPIC 模型的计算结果更不合理，分析其主要原因通用土壤流失方程的计算数据测定周期过长，容易产生较大的误差。

4.4.3　坡度坡长

RUSLE 模型中的坡长坡度因子计算根据美国耕地坡度制定，应用在本章节中进行计算时因中国地形地貌和气候条件等差异性需要借鉴刘宝元等对坡度在 $9°\sim55°$ 的陡坡侵蚀研究结果对方程进行修正，对径流试验小区的数据进行处理，则：

$$S = 21.91\sin\theta - 0.96, \quad 当\ \theta \geqslant 10° \tag{4-30}$$
$$S = 16.8\sin\theta - 0.50, \quad 当\ 5° < \theta < 10° \tag{4-31}$$
$$S = 10.8\sin\theta + 0.03, \quad 当\ \theta \leqslant 5° \tag{4-32}$$

而对于坡长因子，可采用公式如下：

$$L = \left(\frac{\lambda}{22.13}\right)^m \tag{4-33}$$

式中：m 为坡度系数（当 $\theta < 0.5°$ 时，m 取值 0.2；当 θ 位于 $0.5°\sim1.5°$ 之间时，m 取值

0.3；当 θ 位于 1.5°和 3°之间时，m 取值 0.4；当 $\theta>3$°时，m 取值 0.5）；λ 为水平投影坡长；θ 为径流小区坡度。计算结果见表 4-38。

表 4-38　　　　　　　　　　径流小区坡长坡度因子计算结果

径流小区	θ	S	λ	L	LS
A	35	11.61	2.87	0.36	4.18
B	45	14.53	1.77	0.28	4.11
C	26.5	8.82	5	0.48	4.23
D	15	4.71	4.83	0.47	2.21
E	5	0.97	19.92	0.95	0.92
F	2	0.41	19.99	0.96	0.39
G	1	0.22	20	0.97	0.21

4.4.4　覆盖与管理

实际计算中，覆盖和管理因子因为其综合作用往往受交互因素的影响，故而无法独立评估。在实际推算覆盖和管理因子 C 的时候，一般需要知道该地区侵蚀性降雨在全年各月的分布情况，以及该地区植被和管理措施在降雨季节能提供多达程度的侵蚀控制作用。在推算过程中，由于实际植物的覆盖作用是随生长季节逐渐变化的，因此在有植物覆盖作用的地区，C 值的计算需要按植物生长程度划分不同时段计算。仅就研究而言，试验进行期间要求坡面无植物覆盖，并且不做特殊管理，因此 C 值取 1。

4.4.5　水土保持措施

一般而言，草皮或者密植作物对于土壤提供的保护作用都需要一些水土保持措施进行辅助配合以达到更优效果。就农田而言，具体的水土保持措施包括有等高耕种，等高带状种植，构建梯田等措施。具体的水土保持措施因子的确定往往是在多年数据的统计下，总结出来的一个经验值。仅就本试验而言，由于试验进行期间未采取任何水土保持措施，因此水土保持因子取 1。

4.5　土壤侵蚀规律分析

4.5.1　坡度

土壤侵蚀模数，是指单位时段内（年）单位水平投影面积（km²）上的土壤侵蚀总量（t）。土壤侵蚀模数是土壤侵蚀强度分级的主要指标。本次试验将每次降雨观测后对土壤侵蚀量进行了汇总（表 4-39），从而得出每次试验的侵蚀量，由于坡度，面积等因子的不同，造成侵蚀量各异，所以将土壤侵蚀量转化为土壤侵蚀模数来描述各径流小区土壤侵蚀的强度。2018 年 5 月至 2018 年 10 月每次降雨后的土壤侵蚀量见表，汇总得出了各个径流小区 5 个月内的土壤侵蚀模数，总结坡度对土壤侵蚀模数之间的关系（图 4-19）。

表 4 - 39 　　　　　　　　　不同坡度条件下土壤侵蚀量变化　　　　　　　　单位：kg

小区	土 壤 侵 蚀 量										
	5月1日	5月5日	5月6日	5月11日	5月12日	5月16日	5月21日	5月22日	5月24日	5月25日	5月29日
1°	3.8	11.25	6.24	2.14	0.31	3.8	1.2	1.76	4.43	2.29	0.99
2°	6.09	17.23	9.51	3.21	0.46	6.2	1.84	2.72	7.12	3.09	1.57
5°	15.2	42.02	23.78	7.82	1.15	14.5	4.62	6.82	17.15	8.56	3.35
15°	3.24	9.11	5.14	1.72	0.23	3.01	0.99	1.44	3.69	1.84	0.79
26.5°	6.49	18.01	9.99	3.3	0.48	6.25	1.89	2.85	7.24	3.65	1.65
35°	8.76	34.86	14.01	4.62	0.65	8.55	2.64	3.96	9.79	5.15	2.21
45°	5.33	14.99	8.51	2.15	0.39	5.15	1.62	2.49	6.02	3.08	1.44

小区	土 壤 侵 蚀 量										
	6月9日	6月19日	6月27日	6月28日	6月30日	7月6日	7月9日	7月22日	7月24日	7月26日	7月30日
1°	1.92	0.32	6.52	4.2	6.02	6.52	1.21	15.02	3.02	0.5	0.23
2°	3.05	0.46	9.92	6.27	10.5	10.0	1.82	22.84	4.15	0.9	0.29
5°	7.62	1.15	25.14	16.0	25.1	25.1	4.56	57.06	10.2	2.36	0.78
15°	1.64	0.22	5.31	3.5	5.31	5.33	0.97	12.15	2.19	0.56	0.17
26.5°	3.27	0.45	11.56	6.59	10.5	10.4	1.92	23.45	4.33	0.97	0.32
35°	4.47	0.67	14.52	9.26	14.9	14.5	2.67	32.97	5.99	1.32	0.44
45°	2.56	0.44	8.29	5.57	8.06	8.56	1.56	19.89	3.56	0.79	0.22

小区	土 壤 侵 蚀 量										
	8月2日	8月3日	8月11日	8月12日	8月13日	8月16日	8月17日	8月20日	8月26日	8月31日	9月11日
1°	0.91	0.21	0.91	8.01	0.7	7.51	3.01	0.69	7.92	0.31	0.2
2°	1.38	0.32	0.19	12.3	0.96	11.5	4.71	1.02	11.9	0.49	0.25
5°	3.44	0.78	0.34	30.0	2.55	28.0	11.7	2.55	30.0	1.21	0.75
15°	0.73	0.17	0.08	6.59	0.57	6.04	2.54	0.51	6.41	0.23	0.17
26.5°	1.42	0.32	0.16	12.3	1.11	12.9	4.96	1.21	12.5	0.45	0.32
35°	1.96	0.42	0.21	17.8	1.71	16.8	6.81	1.52	17.6	0.69	0.43
45°	1.19	0.33	0.15	10.7	0.94	10.1	4.14	0.93	10.6	0.41	0.24

小区	土 壤 侵 蚀 量										
	9月15日	9月16日	9月17日	9月19日	9月20日	9月21日	10月9日	10月15日	10月17日	10月21日	10月25日
1°	1.12	6.25	1.09	3.1	0.41	0.47	0.52	1.38	0.52	0.72	1.22
2°	1.67	9.58	1.65	4.5	0.69	0.78	0.78	1.65	0.77	0.99	1.82
5°	4.02	23.9	4.21	11.2	1.53	1.89	1.89	4.02	1.92	2.66	4.42
15°	0.87	5.07	0.89	2.4	0.3	0.42	0.42	0.89	0.41	0.57	0.99
26.5°	1.76	10.0	1.77	4.89	0.6	0.89	0.88	1.7	0.89	1.21	0.92
35°	2.42	13.8	2.44	6.54	1.03	1.26	0.55	1.56	0.99	0.68	0.49
45°	1.35	8.45	1.54	3.99	0.57	0.55	0.66	1.46	0.59	0.59	0.44

由图 4-19 得知，随着坡度的增大，土壤侵蚀模数大致呈现增长趋势，不过当达到 35°时，土壤侵蚀模数最高，说明在 35°～45°时，更容易产生重力侵蚀。为了更好地探究坡度与土壤侵蚀模数之间的关系，通过 SPSS24 对坡度与土壤侵蚀模数进行相关性分析，得出 $R^2=0.960$，说明坡度与土壤侵蚀模数正相关，对坡度与土壤侵蚀模数进行回归分析，见表 4-40 和图 4-20。通过表 4-40 的模型分析总结出坡度与土壤侵蚀模数的线性方程。得出 2018 年苏北沿海新围垦区的降雨侵蚀模数经验公式为

$$y = 7144.08x + 1197.739 \tag{4-34}$$

式中：y 为土壤侵蚀模数，t/km^2；x 为坡度，(°)。

为了进一步探索总结坡度与土壤侵蚀模数之间的关系，总结 2018 年内 5—10 月的土壤侵蚀模数，分析坡度与土壤侵蚀模数之间的关系，见表 4-41 和图 4-21。得出坡度与月土壤侵蚀模数的相关值为 0.942～0.990，见图 4-21。无论是与年土壤侵蚀模数还是与土壤侵蚀模数之间的关系，相关性都表现得极为显著，这说明地形因子对本次试验中起主导作用。

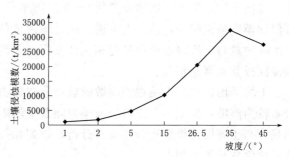

图 4-19　坡度与土壤侵蚀模数之间的关系

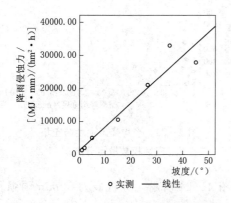

图 4-20　坡度与土壤侵蚀模数回归曲线

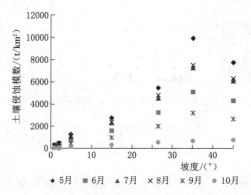

图 4-21　坡度与月土壤侵蚀模数的关系

表 4-40　　　　　　　　坡度与土壤侵蚀模数回归模型概要及参数估计

模 型 摘 要			系 数	
R^2	F	Sig	b	常量
0.922	59.192	0.001	7144.08	1197.739

表 4-41　　　　　　　　坡度与土壤侵蚀模数相关系数

月　份	5	6	7	8	9	10
相关系数	0.942	0.960	0.958	0.960	0.957	0.990
显著性	0.002	0.001	0.001	0.001	0.001	0.000
样本数	7	7	7	7	7	7

4.5.2　降雨特征

降雨是土壤侵蚀的重要影响因子，分析试验地区的降雨特征与土壤侵蚀的关系对当地水土保持工作和土壤侵蚀量分析预测意义重大。降雨特征主要包括降雨量、降雨强度、降雨历时等，本节主要分析次降雨量对土壤侵蚀的影响、平均降雨强度对土壤侵蚀的影响和最大 30min 雨强对土壤侵蚀的影响。本节所述的土壤侵蚀模数为整个试验小区的总体侵蚀模数。

次降雨量与土壤侵蚀模数的散点分布如图 4-22 所示。分析整理 2017 年的试验数据，从中选出了发生侵蚀且数据完整的 20 场降雨事件。本文进一步分析可知，次降雨量与土壤侵蚀模数呈正相关，总体上来说，随着降雨量的增加，侵蚀模数也会增加。利用 Excel 对次降雨量与土壤侵蚀模数进行相关性分析，得到相关系数为 0.557，说明次降雨量与土壤侵蚀模数显著正相关。

平均降雨强度与土壤侵蚀模数的散点分布如图 4-23 所示。进一步分析，可见数据点分布较为离散，但总体上土壤侵蚀模数随着平均雨强的增加而增加。利用 Excel 对平均降雨强度与土壤侵蚀模数进行相关性分析，得到相关系数为 0.629，说明平均降雨强度与土壤侵蚀模数显著正相关。

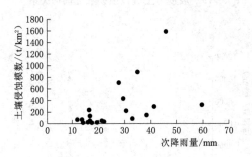

图 4-22　次降雨量与土壤
侵蚀模数散点分布

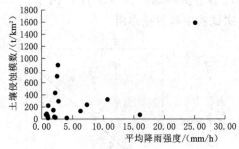

图 4-23　平均降雨强度与土壤
侵蚀模数散点分布

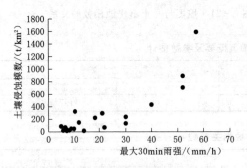

图 4-24　最大 30min 雨强与土壤
侵蚀模数散点分布

最大 30min 雨强与土壤侵蚀模数的关系如图 4-24 所示，分析最大 30min 雨强（即 I_{30}）与土壤侵蚀模数的关系。进一步分析，可见 I_{30} 与土壤侵蚀模数呈正相关，整体上来说随着 I_{30} 的增大，土壤侵蚀模数也随着增大。利用 Excel 对 I_{30} 与土壤侵蚀模数进行相关性分析，得到相关系数为 0.861，说明 I_{30} 与土壤侵蚀模数高度正相关，I_{30} 是影响土壤侵蚀模数的重要因子。I_{30} 与土壤侵蚀模数的相关性明显高于平均雨强与土壤侵蚀模数的相关性，说明平均雨强由于受降雨历时影响不能准确地反应降雨事件的特征，进一步导致不能准确反应土壤的侵蚀情况，故同理可知最大 30min 雨强能准确地反应降雨事件的特征，则更能准确反应土壤侵蚀情况。

综上所述，定性的来看，降雨特征因子都是影响土壤侵蚀模数的关键因子，其中 I_{30} 对土壤侵蚀模数影响最大；定量来看，降雨特征中的单因子与土壤侵蚀量之间的数学关系较复杂。

4.5.3 降雨侵蚀力

降雨侵蚀力指标综合考虑了降雨量和降雨强度的影响，理论上能较好地反应土壤侵蚀情况，为进一步验证降雨侵蚀力指标在苏北沿海围垦区的适用性，结合 2017 年的侵蚀资料，对降雨侵蚀力和土壤侵蚀模数进行分析。降雨侵蚀力与土壤侵蚀模数的散点分布如图 4-25 所示。

通过图 4-25，可得降雨侵蚀力与土壤侵蚀模数的散点分布呈现规律性，且两个参数是正相关的。对降雨侵蚀力与土壤侵蚀量进行回归分析，可以得到降雨侵蚀力与土壤侵蚀量的关系如下：

$$A = 0.6676R \qquad (4-35)$$

式中：A 为土壤侵蚀模数；R 为降雨侵蚀力。

上述回归分析关系式的有效系数 R^2 达到了 0.9735，见表 4-42，拟合度高，能在实践中运用，即若能求得降雨侵蚀力，即可进一步估算土壤侵蚀模数。再运用 Excel 分

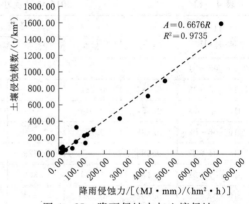

图 4-25 降雨侵蚀力与土壤侵蚀
模数散点分布

析降雨侵蚀力与土壤侵蚀模数的相关性，得到相关系数为 0.984，说明降雨侵蚀力与土壤侵蚀模数高度正相关。与上文的单因子和侵蚀模数的相关性进行比较，如表 4-42 所示，可以得到复合因子降雨侵蚀力与土壤侵蚀模数相关性最高，说明复合因子比单因子更能反映土壤侵蚀情况。

表 4-42　　　　　　　　各因子与土壤侵蚀模数相关性表

因　子	次降雨量	平均雨强	最大 30min 雨强	降雨侵蚀力
相关系数	0.557	0.629	0.861	0.984

所以由以上降雨侵蚀力与土壤侵蚀模数的回归分析和相关性分析可知，降雨侵蚀力指标在苏北沿海围垦区的适用，并可用于预测当地的土壤侵蚀模数，指导当地的水土保持工作。

4.5.4 径流量

水流动力是造成土壤侵蚀的主要动力来源之一，它可以分离并运输转移土壤颗粒。研究土壤径流规律需与土壤侵蚀规律相结合，相同的降雨以及土壤条件下，产生的径流量越大，土壤侵蚀量越大。径流系数是指某一范围和时间内产生的径流量与降雨量的比值，是

反映总降雨或某段时间内多少降雨变成径流的指标。表 4-43 为观测期内径流系数变化表，径流量数据采集自每次降雨后集水池内的水量，为排除集水池渗漏影响，所采用的降雨数据两次测量的间隔不超过 3 天，由于水量溢出、池底裂缝渗漏等原因，部分数据缺失。从 6 月 21—22 日单场降雨总量 197.8mm，各径流小区的径流系数达到较高水平，平均 0.291，2°、5°小区达到观测期最大，可以看出径流小区的径流量与降雨量呈正相关关系，降雨量越大，径流量越大。7 月 7 日单场降雨的土壤径流系数平均 0.484，坡度 45°的小区径流系数甚至达到 0.892，由降雨监测结果可以看出，7 月 2—6 日持续降雨，降雨总量达 259.0m，土壤含水量平均 34.11%，到达饱和状态。由于前期含水量达到饱和，7 月 7 日单场降雨的径流量受此影响，产流时间提前，径流量变大，由此进一步证实土壤初始含水量对径流的影响是显著的。

表 4-43　　　　　　　　　　2016 年径流小区径流系数统计

观测日期 （年-月-日）	径 流 小 区 径 流 系 数							降雨量 /mm
	45°	35°	26.5°	15°	5°	2°	1°	
2016-05-01	开　始　试　验							
2016-05-03	0.036	0.066	—	0.062	0.018	0.014	0.007	22.5
2016-05-29	0.154	0.014	—	0.099	0.044	0.053	0.020	39.4
2016-06-02	0.188	0.251	—	0.379	0.113	0.129	0.074	61.4
2016-06-22	0.380	—	0.329	—	0.259	0.231	0.258	197.8
2016-07-02	0.139	0.271	0.306	0.217	0.065	0.086	0.090	49.4
2016-07-07	0.892	0.826	0.564	0.457	0.183	0.246	0.218	79.8
2016-07-08	0.385	0.370	0.278	0.231	0.056	0.056	0.074	10.8
2016-07-12	0.230	0.444	0.415	0.309	0.106	0.106	0.140	18.8
2016-07-15	0.391	0.773	0.525	0.364	0.106	0.152	0.210	52.8
2016-10-03	0.317	0.551	0.381	0.428	0.138	0.185	0.154	128.6
2016-10-31	0.123	0.604	0.320	—	0.180	0.153	0.083	60

注　观测日期均为单场降雨后观测日期；降雨量为单场降雨雨量。

图 4-26 为 2016 年 7 月 2 日至 10 月 3 日 6 场降雨径流小区土壤径流系数与坡度变

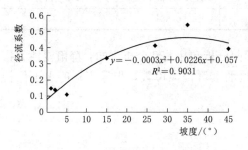

$y = -0.0003x^2 + 0.0226x + 0.057$
$R^2 = 0.9031$

图 4-26　2016 年径流小区土壤
径流系数与坡度关系

化，由图 4-26 可以看出，坡度≤5°时径流系数相差不大，说明平缓坡土壤的产流主要受土壤性质以及地表状况的影响，坡度的影响不大；坡度>5°时径流量线性增加，过 35°坡度时又开始减小，说明随坡度增大，土壤的产流量由坡度因素主导，且在 26.5°~35°存在一个临界值，具体数值仍需进一步试验观测。

进一步采用 SPSS 软件进一步分析研究径流系数与坡度及降雨量的关系。径流系数和降雨量的 Pearson 相关系数为 0.742，两者之间不相关的双侧显著性值为 0，小于 0.01，两者为显著的强相关。

采用 Spearman 相关系数计算分析径流系数与坡度之间的关系，经计算，径流系数与坡度之间的 Spearman 相关系数为 0.264，两者之间不相关的双侧显著性值为 0.02 小于 0.05，因此径流系数和坡度之间为显著的弱相关且为正相关。

4.5.5　土壤侵蚀量

降雨是导致土壤侵蚀的主要原因。江苏沿海地区全年土壤侵蚀形式主要为水力侵蚀，因此观测期也是水土流失的重点监测时段，表 4-44 为径流小区观测期处理后的土壤侵蚀模数，泥沙流失量数据采集自每次清池收集到的土壤，原计划采用钢管尺读数测量单场降雨的侵蚀情况，因人为扰动和读数误差等原因未采用。由表 4-44 可以看出，土壤流失量与阶段内的降雨总量关系不明显，而与 24h 内的降雨量有密切关系，这是因为产生径流受降雨前期含水量的影响，当前期土壤含水量高，土壤受降雨影响易饱和，易产生径流量；反之，则不易产生径流，这也是阶段降雨量与土壤流失量关系不明显的主要原因之一。

表 4-44　　　　　　　　不同边坡条件下土壤侵蚀模数统计

清池日期（年-月-日）	径流小区土壤侵蚀模数/(t/km²)							雨量/mm	24h 最大降雨量/mm
	45°	35°	26.5°	15°	5°	2°	1°		
2016-06-09	1585	1367	2086	820	54	15	42	212.5	61.4
2016-06-22	9725	7474	5782	4731	1322	658	914	203.2	197.8
2016-07-06	1582	6480	2533	753	350	443	489	250.2	116.4
2016-07-08	3045	4769	2191	750	262	317	352	90.6	90.6
2016-09-17	4604	4622	4314	2367	94	261	199	314	180.6
2016-10-03	1317	3469	1310	538	76	284	217	262.8	116.8
2016-10-31	971	1532	1512	471	38	177	96	178	106.4
2016 年总计	22829	29714	19729	10430	2196	2154	2309	1714.5	

注　土壤侵蚀模数是指上次清池日期到本次清池日期总侵蚀模数；降雨量同理。

从径流小区土壤侵蚀模数与降雨量变化图（图 4-27）可以直观地看出，观测期初期的侵蚀模数明显大于观测期后期，6 月 21 日和 9 月 16 日的总体降雨量相差不大，且降雨前后的两次清池之间均无特大降雨产生土壤流失，可以基本判断两次清池之间的泥沙流失量由一场降雨产生，但是后者的泥沙流失量明显小于前者，这主要是因为试验初期土地平整，土层被扰动，土壤侵蚀模数最大，随后随着侵蚀过程的持续，经自然雨水浸润和重力密实后土壤侵蚀模数降低。

降雨强度与土壤侵蚀关系十分密切，图 4-26 为各径流小区土壤侵蚀模数与最大 30min 瞬时雨强的关系分析图，可以看出各径流小区土壤侵蚀模数与最大 30min 瞬时雨强呈线性相关，因此推论坡度一定条件下，坡面土壤侵蚀模数随降雨强度的增加有线性增加的趋势。坡度一定条件下，单场降雨雨强大则降雨雨滴动能大，作用于地表土壤颗粒容易造成土粒分散、飞溅，形成地表径流，冲刷土体，侵蚀和输沙能力增强。除 15°小区外均为正相关，15°小区因为当地生长着一种叫作节节草的植物，导致该小区地表覆盖率和坡面

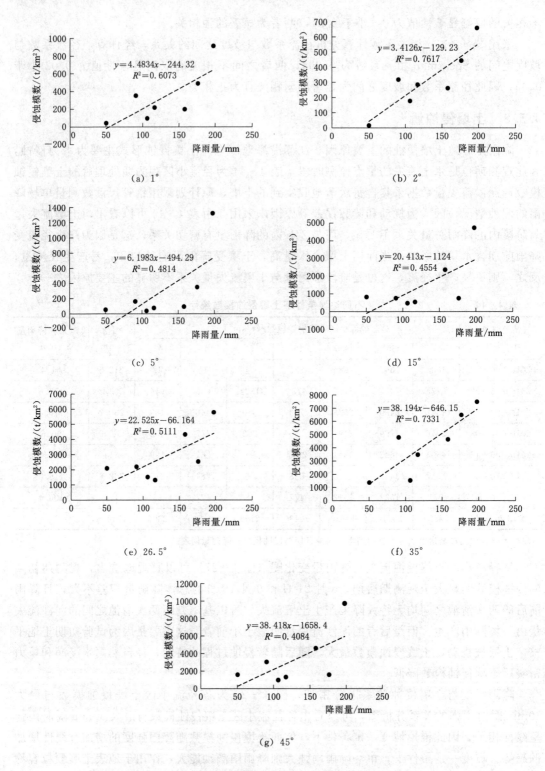

图 4-27　2016 年径流小区土壤侵蚀模数与降雨量关系

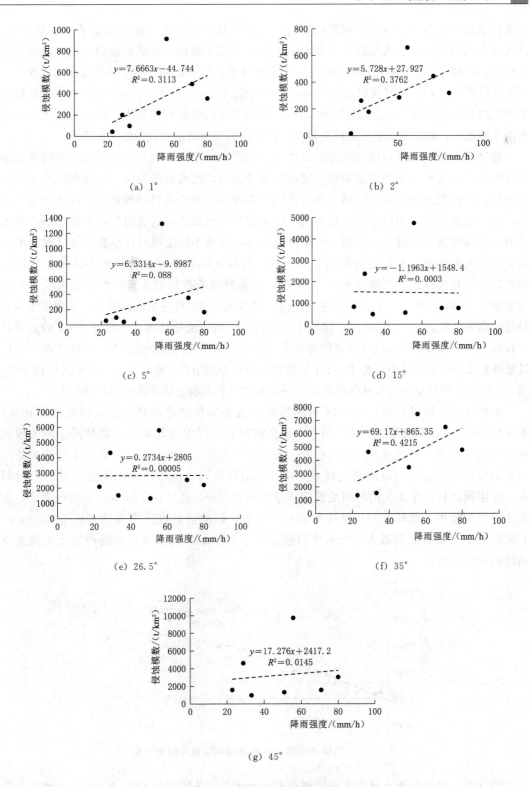

图 4-28 2016 年径流小区土壤侵蚀模数与最大 30min 瞬时雨强关系

土壤根系含量较其余小区高,试验初期由于土地平整增加的表土临时覆盖了节节草根系,然而随着试验进行,地表松散浮土被冲刷流失,节节草根系重新暴露地表,虽在观测期内适时除草,但节节草根系较深很难除尽,由此可见植被根系对保土固土有积极作用。此外不同坡度条件下,6 月 21 日降雨最大 30min 瞬时雨强(降雨强度为 55.6mm/h)与土壤侵蚀模式均偏离拟合趋势线,一方面是因为 6 月 21 日降雨历时长降雨总量大,另一方面因为试验初期土壤疏松,由此可以看出降雨总量及降雨强度都是影响土壤侵蚀的关键因素。

坡度亦是影响土壤侵蚀的关键因素之一。坡度在一定范围内,土壤的流失量随坡度的增加而增大,这是因为当雨量雨强一定而坡度增加时,坡面径流增大,土壤颗粒由于受到沿坡面向下的重力分力和水流动力双重作用,沿坡面的下滑趋势逐渐加大,因此侵蚀量加大,侵蚀模数增加,而过了某一临界值后随坡度增人而减小,这是因为过了临界值后发生重力侵蚀并可能产生滑坡。由图 4-27 可以看出,径流小区土壤侵蚀模数总体呈现随坡度增大而增大的趋势,但变化趋势间并不一致,当坡度不大于 5° 时,缓坡小区的土壤侵蚀模数较小且比较接近;当坡度为 5°~35° 时,土壤侵蚀模数与坡度呈线性正相关关系,说明坡度小于 26.5° 时一般不会发生重力侵蚀;坡度大于 35° 时侵蚀模数降低,说明发生重力侵蚀的临界坡度为 26.5°~35° 时,这与江苏沿海垦区河、堤边坡坡比不低于 1:2 的要求是一致的。关于该临界坡度的具体区间有待进一步观测和研究。整个观测期,坡度 2° 和 5° 的侵蚀模数较 1° 小区略有降低,除 1°、2°、5° 坡度本身相差较小外,还可能因为 1° 小区周边空旷,而 2°、5° 小区常被周边落叶林落叶覆盖,一定程度上会影响土壤侵蚀量的监测结果。

由图 4-28 可以看出,9 月 16 日测得的土壤流失量变化趋势与雨强变化趋势相反,而 9 月 16 日的日降雨量观测期内最大,因此可以看出降雨量和雨强两者共同影响土壤流失。为探究两者对土壤流失的影响程度,采用 SPSS 软件分析计算降雨量与土壤流失量以及降雨强度与土壤流失量的相关系数。在江苏沿海地区,由于汛期降雨集中且间隔时间短,除汛期之初产生流失的时间受前期雨量影响较大外,此后由于降雨后土壤湿度大,前期雨量影响较小,据测定,一般只有 20mm 左右,因此近似以日降雨量不小于 20mm 或日降雨量小于 20mm 但最大 30min 降雨强度大于 10mm/h 的降雨量作为产生土壤流失量的降雨量参与统计。

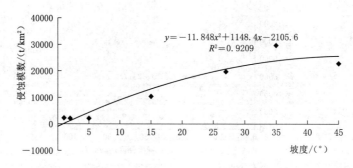

图 4-29 2016 年径流小区土壤侵蚀模数与坡度关系

经计算,降雨量和土壤流失量之间的 Pearson 相关系数为 0.419,Spearman 相关系数为 0.349,Kendall 秩相关系数为 0.266,两者的不相关的双侧显著性值小于 0.05,因此降雨量和土壤侵蚀量为显著的弱相关且为正相关。而降雨强度和土壤流失量之间的 Pearson 相关系数为 0.427，Spearman 相关系数为 0.362，Kendall 秩相关系数为 0.266，两者的不相关的双侧显著性值小于 0.05，因此降雨强度和土壤侵蚀量也是显著的弱相关且为正相关。因此，可以判断降雨量及降雨强度两者都是影响土壤侵蚀量的关键因素，从相关分析结果看，降雨强度对土壤侵蚀量的影响较降雨量更显著。

土壤流失量和坡度的相关分析采用 Spearman 相关系数进行分析（见图 4-29）。通过软件分析，坡度和土壤流失量之间的 Spearman 相关系数为 0.766，两者的不相关的双侧显著性值小于 0.05，可判断两者为显著的强相关。从相关系数的数值上看，坡度和土壤流失量的相关程度大于土壤流失量与降雨量和降雨强度的相关程度，但是土壤是一个复杂变化的系统，试验初期的土壤扰动大，相同降雨条件下，较中后期产生的流失量更大，因此不能简单从数值上判断谁的影响程度更大。

4.6 小结

本研究开展试验的地区为江苏省东台市，东台沿海地区具有苏北沿海围垦区的典型气候特征和土壤质地，可以利用试验资料来分析苏北沿海围垦区土壤侵蚀规律。

（1）通过土壤含水量、土壤盐分、土壤侵蚀量以及径流量的规律研究全面分析江苏沿海新垦区沟渠边坡的土壤侵蚀规律，坡度为 1°的径流小区平均含水量最高，保水性最好，坡面含水量分布坡脚含水量明显大于坡中和坡顶。坡度和土壤含水量之间中等程度相关且为负相关，相关关系显著。降雨量和土壤含水量之间存在显著的中等程度相关且为正相关。土壤盐分随着降雨淋盐过程的开始急剧下降，随后一直在 0～0.5g/kg 波动，淋盐洗盐过程迅速。土壤盐分和坡度的相互关系为显著的极弱相关。土壤盐分与降雨量之间的关系为显著的弱相关且为正相关。径流量与土壤流失量密切相关，径流量变化的趋势与土壤流失量的变化趋势基本一致，呈先增大后减小的趋势，存在一个临界坡度。径流量与降雨量呈正相关关系，平缓坡时土壤性质以及地表状况是径流产生的主要影响因素，坡度的影响不大，当坡度大于 5°时，坡度成为影响径流的主导因素。

（2）根据 2011—2017 年资料，江苏沿海围垦区的侵蚀性降雨标准为降雨量达到 10.8mm 或者最大 30min 雨强达到 7.6mm/h。侵蚀性降雨场次和侵蚀性降雨量年际变化大，侵蚀性降雨场次占总降雨场次的 51.6%，侵蚀性降雨量占总降雨量的 90.6%。侵蚀性降雨的年内分布不均匀，其特征曲线呈单峰型。5—10 月是侵蚀性降雨量最集中的时期，5—10 月的累加侵蚀性降雨量达到总侵蚀性降雨量的 81.1%。侵蚀性降雨的降雨历时一般小于 24h；降雨历时与平均降雨强度之间呈反比例关系，即降雨历时越短平均雨强越大。次降雨侵蚀力值变化幅度大，次降雨侵蚀力最大值达 5876.8(MJ·mm)/(hm²·h)，远超这 7 年所有侵蚀性降雨的平均次降雨侵蚀力值。年降雨侵蚀力变化幅度大，年降雨侵蚀力最大值达 15150.9(MJ·mm)/(hm²·h)，年降雨侵蚀力最小值为 2958.6(MJ·mm)/(hm²·h)。年降雨侵蚀力和侵蚀性降雨量特征曲线类似，但变化趋势不同步，且降雨侵蚀力年际变异系数大。年内降雨侵蚀力特征曲线呈单峰型，月降雨侵蚀力最大值出现在 7 月，其值达 18326.4(MJ·mm)/(hm²·h)。5—10 月是降雨侵蚀力分布的集中期，这一时期的降雨侵蚀力累计值占总降雨侵蚀力的 92.3%。

（3）通过回归分析建立了当地降雨侵蚀力计算方法。建立的降雨侵蚀力计算方法分三种情况：次降雨侵蚀力雨量雨强模型、月降雨侵蚀力雨量雨强模型、年降雨侵蚀力，雨量模型和雨量雨强模型均适用，可根据获得的降雨资料情况灵活选择。

（4）分析降雨侵蚀力与土壤侵蚀模数之间的关系，降雨侵蚀力与土壤侵蚀模数之间呈高度正相关，对其运用了回归分析和相关性分析，通过回归得出一个拟合度好的回归方程，有效系数达到了 0.9735。所以由以上降雨侵蚀力与土壤侵蚀模数的回归分析和相关性分析可知，降雨侵蚀力指标在江苏沿海围垦区的适用性较好，并可用于当地或类似地区条件的土壤侵蚀模数预测，为水土保持乃至生态环境修复保护提供技术支持。

第5章 沿海土壤侵蚀模型研究

5.1 研究背景及动态

5.1.1 研究背景

当今世界，土壤侵蚀是广受人们关注的主要生态环境问题。土壤侵蚀预报是对水土流失状况进行监测并对水土保持措施进行效益评估的主要方法，而土壤侵蚀模型则是用来进行水土流失监测以及预报的主要工具。土壤侵蚀指土壤在受到重力、水力、风力等其他外力的作用下，使土粒发生搬运、堆积、破坏和剥落的水土流失过程。土壤侵蚀会导致土壤发生严重退化，进而导致土地荒漠化，破坏生态环境，极大地影响着人们的农业生产生活；泥沙搬运堆积，淤塞河道，进而诱发洪涝灾害。因此，土壤侵蚀的预报与控制至关重要，土壤侵蚀模型的研究对水土资源防护乃至区域生态环境修复有着极为重要的意义。

5.1.2 研究动态

土壤侵蚀模型是定量研究土壤侵蚀的有效工具，在深入研究土壤侵蚀过程和指导水土流失治理的实践中发挥重要的作用。近30年来，世界各国投入大量人力和物力，探索土壤侵蚀内在规律，开发研究了许多经实际检验有效的土壤侵蚀模型。其中广泛使用的有USLE/RUSLE、WEPP、SHE、GIS等。国外对于土壤模型的发展研究大致可以分为三个阶段，即土壤侵蚀量与单因子之间的关系研究阶段，土壤侵蚀物理过程模型的研究阶段，现代技术与土壤侵蚀模型相结合的研究阶段（将3S技术应用于各种土壤侵蚀模型的阶段）。

5.1.2.1 土壤侵蚀量与单因子之间的关系研究阶段

该研究阶段所经历的时间大概在1870—1970年，土壤侵蚀量与单因子间的关系是这个阶段研究的主要问题。该阶段大量试验小区的建立和大量试验数据的得出，为土壤侵蚀模型的初步建立提供了有效支撑。20世纪初，米勒等在密苏里农业试验站（Missouri Agricultural Experiment Station）建立的试验小区为不同轮作方式条件下土壤侵蚀和径流之间关系的研究提供了丰富的数据资料。之后，贝尼特等美国土壤专家在一系列考察和研究的基础上建立了土壤侵蚀试验基站，同时引进了米勒所研究土壤侵蚀和径流关系的方法，并将其应用到实践当中。20世纪30年代，库克等经过对丰富的试验小区数据资料进行缜密系统的分析后，采用实证分析的方法，提出了土壤侵蚀的影响因子土壤可蚀性、降雨侵蚀力以及植被覆盖。库克等的研究为土壤侵蚀模型的发展和完善开拓了新的方向。

20 世纪 40 年代，Zingg 等对土壤侵蚀速率和地形因子（坡度坡长）进行了研究，用实证的方法建立了定量关系。后来史密斯根据 Zingg 等的研究成果把作物管理与水保措施加入其中，这个时候，通用土壤流失方程的雏形已经出现。20 世纪 40 年代所提出的马斯格雷夫方程将土壤侵蚀、植被、坡度、坡长、降雨强度等因子联系起来进行描述分析，在美国东部各州的农地和林地的片蚀和细沟侵蚀预报中得到实践。在 20 世纪 60 年代，威斯奇迈尔等在对美国各州将近 1000 个试验小区的系统分析和运行后，提出了著名的通用土壤流失方程（USLE）。通用土壤流失方程全面地考虑到影响土壤侵蚀的自然因素 R、K、LS、C、P，分别代表降雨侵蚀力、土壤可蚀性、坡长坡度、作物管理和水土保持措施五大因子。USLE 模型是在丰富的信息资料和大量的试验基础上实证计算而来的，因此实用性很强，在世界范围内得到了推广。这类经验性方程具有成本低、计算简单等优势，直到目前还有许多学者仍在关注和使用。在 20 世纪 70 年代，威斯奇迈尔和史密斯对 USLE 模型中所存在的弊端进行修正，让通用土壤流失方程得到更广泛的应用。通用土壤流失方程的弊端在于只能计算年降雨侵蚀量而不能对次降雨侵蚀量进行计算，因此，美国在 1985 年起修订 USLE 模型，并在 1997 年颁布了通用土壤流失方程的修订方程，即 RUSLE，这样无论是长期的土壤侵蚀预报还是次降雨土壤侵蚀计算的问题均得以解决。

5.1.2.2　土壤侵蚀过程模型研究阶段

该阶段所经历的时间范围大概在 20 世纪 60—80 年代。随着科学技术的发展，人们突破了时代的局限，对土壤侵蚀过程机理有了更为深刻的认识。土壤侵蚀的研究主要以物理基础的过程模型为主。这类模型最早出现在 20 世纪 60 年代，是以物理为基础，通过结合各种数学模型和数学方法，并利用水文、气象、水力等跨学科基本原理，将数学模型简化，最后总结土壤侵蚀量与影响因子之间的定量关系。说到底，这些模型只能看成是基于物理基础的数学概念模型，还不是真正意义上的物理模型。20 世纪 60 年代，Negev 提出了基于物理过程的侵蚀模型，该模型基于土壤侵蚀发生的过程，将降雨击溅、薄层水流泥沙输移等过程考虑在内，但是在计算过程中却用经验关系来进行确定。之后梅耶等吸收了 Negev 的研究成果，在考虑到土壤侵蚀过程的基础上于 1969 年提出了产沙过程模型。20 世纪 70 年代梅耶等建立了细沟土壤侵蚀平衡方程，定性分析了水流分离与产沙荷载的关系。20 世纪 80 年代至目前，很多过程模型相继出现，以 ANSWERS、WEPP 和 EU-ROSEM 最具有代表性。WEPP 水蚀模型为目前比较完备的土壤侵蚀预报模型，它几乎涉及侵蚀的所有过程。EUROSEM 模型是欧洲提出的土壤侵蚀模型。它将土壤侵蚀分为细沟间侵蚀和细沟侵蚀，它考虑到植被对动能的影响和岩石对降雨入渗、侵蚀的影响。LISEM 模型是荷兰的土壤侵蚀模型，同样，它也考虑到土壤侵蚀的各个过程，并可以完全兼容地理信息系统的数据模拟土壤侵蚀的发生过程。

5.1.2.3　3S 技术与土壤侵蚀模型结合的研究阶段

将现代技术和土壤侵蚀模型结合的研究阶段是土壤侵蚀模型发展的最新阶段，该阶段是将 3S 技术与土壤侵蚀模型相结合的研究阶段。从 20 世纪 80 年代直到目前，随着科学技术的发展，新技术、新手段的不断出现，新的研究方法也不断涌现。将 3S 技术与土壤侵蚀模型研究的结合是现代土壤侵蚀模型研究的新要求，这是由于土壤侵蚀过程伴随着复杂性和广泛性，传统的研究方法对土壤侵蚀模型的研究已经遇到了掣肘。而面向空间对象的 3S 技术的发展正好满足了学者对土壤侵蚀模型研究的要求。20 世纪中叶，加拿大地理学家汤姆林森开发出世界上首个地理数据分析系统，于 1963 年第 1 次提出 GIS（地理信息系统）这一概念。加拿大在 1972 年建立了集地质、生态、土地利用和土壤等信息数据的土地系统。20 世纪 70 年代，美国参考加拿大所建立的土地系统也建立了土地信息系统，并在 20 世纪 80 年代中期完成了全国土壤地理信息系统。随着科学技术的不断创新和发展，各类土壤侵蚀数据资料的积累和不断涌现出的新技术的结合，为土壤侵蚀模型的完善提供了强有力的技术支撑。

土壤侵蚀模型大致可分为经验统计模型、物理过程模型、分布式模型三种。20 世纪 60 年代，Smith 和 Wischmeier 在分析了全美范围内径流泥沙观测资料的基础上提出目前最广为应用的通用土壤流失方程（USLE），数学模型为 A＝RKLSCP，以 USLE 方程为基础分析了各因子在土壤流失方程中的作用。随着人们对于土壤侵蚀理念的深入研究以及人工降雨技术的广泛应用，美国科学家进一步改进了 USLE，这就是后来的 RUSLE。USLE 和 RUSLE 两者都是针对平原及缓坡的土壤侵蚀研发出的预报模型，因此难以适用于复杂坡面。另外，RUSLE 模型是基于年降雨的侵蚀产沙模型，受限于单次高强度降雨或一天降雨。国外土壤预测模型较多，其中最为人熟知的是美国 USLE 模型以及 RUSLE 模型。通用土壤流失方程中涉及的土壤侵蚀影响因子包括降雨和径流侵蚀力、土壤可蚀性、坡长、坡度、植被覆盖和管理以及水土保持措施。通用土壤流失方程因结构式简单，建立方法可靠，被各国学者广泛接受，其建立方法仍是对后续土壤侵蚀模型的开发具有指导意义。同时因为该模型的建立于丰富的数据基础上，其实用性较高，同样，因为其数据来源限制，该模型的适用性较差。此外，该模型仅仅是一个经验模型，缺乏了对土壤侵蚀过程及其机理的深入剖析。其后各国学者纷纷依照通用土壤流失方程的建立方法，建立了适用于自己国家（地区）的土壤侵蚀模型，之后，美国农业部针对通用土壤流失方程存在的诸多弊端，开始了对于该方程的修正工作，并在 1992 年颁布了新一代的通用土壤流失预报方程（RUSLE）。之后陆续颁布了 RUSLE2、RUSLE3 等相关模型。

美国农业部（USDA）组织农业研究局、土壤保持局、森林局和美国内政部土地管理局等部门以及十几所大学历时 20 多年开发了新的科研项目——水蚀预报模型 WEPP（Water Erosion Prediction Project）。WEPP 属于一种连续的物理模拟模型，可以根据每次的降雨量预测地表径流、土壤侵蚀量等参数，亦可以根据一天的气象数据预测。WEPP 需要输入的参数较多，可以进行相对复杂的模拟，如比利时科学家 Mullan Donal 使用 WEPP 模型模拟验证缓冲措施在不同降雨、径流的条件下能否持续有效。近年来，WEPP 模型流域版推出与 GIS 集成研发的预报模型 GeoWEPP，成为国内外学者研究的重点。墨西哥科学家 Lourdes Gonzalez - Arqueros 等使用 GeoWEPP 模拟不同历史环境下的土地利用对水土流失的影响；Gonzalez Virginia Ⅰ 等补充完善了 GeoWEPP 模型分水岭水土流失的影响。EHE（Systeme Hydrologique Europeen）是典型的分布式土壤侵蚀模型，广泛地运用于研究河床侵蚀和泥沙的运动空间分布等情况，主要应用于河流流域。

20 世纪 40 年代，我国开始致力于土壤侵蚀模型的相关研究，由于缺乏相应的技术指导，导致研究停留在一些基础试验数据的测定方面。改革开放之前，我国基本通过试验观测数据界定土壤侵蚀的影响因素以及地域侵蚀特征等等，在老一辈的经验基础上不断融入新的影响因子进一步完善土壤侵蚀量的计算公式，使之更具有效性及适用性。由于对于土壤侵蚀方面的研究起步较晚，因此在土壤侵蚀模型方面的研究开始的也比较晚。但是我国水土保持方面的专家在国外早期研究的基础上，通过对土壤侵蚀模型各个因素的大量研究工作，最终取得了丰硕的成果。

我国对于土壤侵蚀模型方面的研究成果主要包括经验统计模型和物理成因模型。经验统计模型又分为坡面侵蚀产沙经验模型和流域侵蚀产沙经验模型。坡面侵蚀产沙经验模型主要是结合我国地形地貌的实际情况参考或直接利用了 USLE 模型，并且依据我国的实际观测资料计算出土壤侵蚀的各类影响值。我国对于各侵蚀因子的定量研究，对于坡长、坡度、地形、降雨径流因子的研究较为成熟，然而对于水土保持因子以及植被因子的系统研究较少。其中，比较具有代表性的模型有江忠善和刘宝元的经验侵蚀模型。1996 年，江忠善主要以沟间地裸露地基准状态坡面土壤侵蚀模型基础，然后将浅沟侵蚀影响因素用修正系数的方法进行了处理，从而建立了计算沟间地次降雨侵蚀产沙量的方程式。2001年，刘宝元建立了中国土壤流失方程，即 CSLE，这个模型主要应用于坡面多年平均年土壤流失量的计算，确立了中国土壤侵蚀模型预报的基本形式。这个模型最大的特点就是形式简单，而且实用，可以应用于不同地区。

流域产沙模型需要考虑的因素和坡面侵蚀略有不同，主要是气象、水文、下垫面因素。1980 年，江忠善根据黄土高原上几个小流域的资料得到了次暴雨流域产沙公式。1985 年，范瑞瑜建立了黄河中游地区小流域土壤侵蚀预报模型，主要选取了降雨侵蚀影响因子、土壤可蚀性指标、流域平均坡度、植被影响系数、工程措施影响系数。主要探讨了不同地区小流域自然以及人为因素间影响流失量的有关参变数。1991 年，金争平对小流域产沙的 17 个影响因子进行了统计和分析，找出了主导因子，然后用主导因子建立了适用于不同条件下的若干泥沙预报方程，但是这个方程仅仅适用于皇甫川流域，并不实用。1999 年，李钜章利用了黄河中游不同地区具有大量淤地坝的条件，然后通过侵蚀影响因素机理的研究和分析，在侵蚀形态类型区的划分等基础上探讨侵蚀变权模型。除了上述经验模型外，杨艳、孙立达、陈法扬、周佩华、周伏建等也提出了相应的经验侵蚀产沙模型。

在坡面物理成因模型领域，主要是采用水动力学。1994 年，王礼先等利用了一维水流模型，将导出的坡面流近似模型和土壤侵蚀的基本方程进行了结合计算求解，从而得出了坡地侵蚀的数学模型，该模型同时适用于缓坡、陡坡、裸地、农地、林地。1998 年，段建南专门针对我国干旱半干旱地区的实际情况，利用微机技术建立了数学模型 SLEM-SEP，并且在晋西北砖窑沟试验区得到了验证。在流域物理成因领域，包为民在 1994 年根据黄河中游、北方干旱地区流域的超渗产流水文特征以及冬季积雪的累积和融化机制，提出大流域水沙耦合模拟物理概念模型，一共分为汇流、产流、产沙以及汇沙 4 个部分。1996 年，汤立群从流域产沙、输送和沉积的基本原理出发，并且结合了黄土地区的真实地貌和产沙规律，将流域划分为了梁峁坡上、下部及沟谷坡三个典型的地貌单元，并且分别进行水沙演算，模型主要包由流模型和泥沙模型两部分组成。

20 世纪 70 年代末，通用土壤流失方程传入我国，众多学者对土壤侵蚀的各个因子进行了系统性研究，其中江忠善等研究降雨强度、降雨量等降雨特性与土壤侵蚀量之间的关系，刘宝元考虑了坡长以及坡度对于土壤侵蚀的影响重大。卜兆宏等系统的研究了 USLE 模型在中国的适用性，对于降雨侵蚀、坡长、坡度等 5 个因子统一了算法，为之后的应用提供宝贵材料。包为民等通过研究提出大流域水沙耦合模拟物理概念模型。白清俊通过室内放水模拟实验，建立了细沟侵蚀带的综合产流模型及细沟侵蚀产沙的数学物理模型。

90 年代新一代土壤侵蚀预报模型——WEPP 模型研发成功，我国学者开始了 WEPP 模型机理研究与模型适用性研究。目前 WEPP 模型的机理研究主要为模型的一些参数因子对模拟产流产沙的关系。张鹏宇等对 WEPP 模型土壤数据库中的 K_i 和 K_r 因子与通用流失方程 USLE 中的 K 因子进行相关分析，结果当土壤含沙量小于 30％时，两者有强相关性；雷廷武等分析了沟长变化对 WEPP 模型土壤可蚀性因子的影响，就误差来源进行理论分析并提出减少误差的方法；由于砾石尤其是表土砾石覆盖对土壤侵蚀过程的重要影响，王小燕等修正了 WEPP 模型模拟砾石土壤流失的相关参数。

WEPP 模型为针对美国气象以及观测数据建立起来的物理模型，其在中国适用性仍需进一步验证。模型的适用性研究主要分为两个部分：一是对模型的模块进行模拟验证，如 WEPP 模型输入的气象文件——随机气象生成文件 CLIGEN 与断点气象生成文件 BPCDG 两种格式应用对比研究；二是对 WEPP 模型在不同地理环境下径流量和侵蚀量的模拟验证，研究成果主要集中在黄土高原丘陵沟壑区和川中紫色丘陵区。胡云华等就以长江中上游的 5 个气象站资料为基础分析随机气象生成文件 CLIGEN 的模拟精度，结果表明 5 个地区的模拟精度相差不大，但是日天气数据误差大于月天气数据。近几年国内学者开始就 WEPP 模型在其他地区的应用展开研究，龙明忠等研究 WEPP 模型在贵州石漠化地区的适用性，结果表明 WEPP 模型在该地区适用性较差，模拟时必须注意修正裸岩率、土壤漏失等方面；刘远利等研究黑龙江黑土区模型适用性，结果表明模型模拟结果对坡度变化敏感，且不同水保措施条件下径流量和流失量的模拟效果较好，但不同坡度裸地的模拟效果较差；王树军就 WEPP 模型在旱地小流域的应用进行模拟，结果表明 WEPP 较适合模拟降雨量小且产流较小的条件，对降雨量大且降雨强度大的降雨情况未做说明。WEPP 模型在其他方面的研究也取得了不少的成果，如刘世良等就梯田改造对土壤径流量及侵蚀量的影响进行长期模拟，结果表明梯田整理对土壤流失控制效果随时间减弱，但对减少总产沙量有促进作用。

随着 3S 技术的发展，我国学者也尝试了将 GIS、遥感技术与土壤侵蚀模型相结合的应用。例如胡良军等借助 GIS 提取黄土高原区域沟壑密度、植被盖度等参数，建立了水土流失评价模型。王礼先等基于经验上的陡坡侵蚀规律，利用坡面流近似模型与侵蚀方程耦合求解，制定了坡地侵蚀的数学模型。任何事物的发展都具有联系，科技带动土壤侵蚀研究是现代化趋势，坡面土壤侵蚀模型研究逐步调整重心，分布式模型进入大众视线。利用 GIS 及神经网络开发新型模型。李志刚等运用神经网络和模糊学的方法，建立了通用型公路边坡冲刷预报模型，更加精准及便利。景海涛等利用 3S 技术，提出一种基于不同时相实测数据建立交互数字高程模型研究坡面土壤沉积与搬运间的量化关系，进而获得小流域坡面不同时相的土壤侵蚀量。

土壤侵蚀模型计算的难点在于地理信息的获取和各地气象数据的记录和计算。土壤侵蚀模型的数据搜集和模拟研究逐渐呈现出与卫星探测技术和计算机处理现代地理信息技术与土壤侵蚀模型的结合将是土壤侵蚀模型发展过程中的最新阶段。随着 20 世纪 80 年代之后，随着科学技术的进步和大数据时代的来临，新技术、新手段的出现，新的研究方法也逐渐涌现。可从时空双维度进行观测的地理信息系统与学者对土壤侵蚀模型研究的要求完美契合。加拿大地理学家汤姆林森于 19 世纪 60 年代提出了 GIS 概念，这便是世界上首个集采集、存储、检查、操作分析及显示地理数据的系统，即地理数据分析系统。之后基于 GIS 理论，将其系统细化为三大方向，分别是 GIS 中面向对象技术（如 ARC/INFO7.0、FACET 系统等）、时空系统技术（根据时空因素的变化特征可分为包括静态时空、历史动态、回溯时态和双时态四个方面的系统）及以地理信息为基础的建模技术（GIMS）。李锐等将汛期雨强和降雨量、沟壑河网的空间分布等作为评价因子，构建了土壤流失评价模型。蔡崇法等在进行 USLE 模型计算下的土壤侵蚀数据库的试运算的同时运用地理信息系统 IDRISI 系统对小流域内土壤流失量进行研究。王培俊等基于 GIS 和遥感技术，构建生态系统评价指标体系和评估模型，对不同水土保持措施下长汀县 2005—2016 年生态系统服务价值时空变化进行了评估。在 RUSLE 模型、WEPP 模型等已经得到广泛应用的情况下，CSLE 模型作为近年来诞生的新模型，在针对我国不同区域下进行模拟的试验资料仍然稀缺，其模型的适用性需要在大量的不同地区的试验基础上进行研究。

5.2　土壤侵蚀模型选择

5.2.1　RUSLE 模型

5.2.1.1　RUSLE 计算

采用修正土壤流失 RUSLE 模型来进行径流小区土壤侵蚀量的模拟量化，计算公式如下：

$$A = R \cdot K \cdot LS \cdot C \cdot P \tag{5-1}$$

式中：A 为年均土壤侵蚀模数，$t/(km^2 \cdot a)$；R 为降雨侵蚀力因子，$(MJ \cdot mm)/(km^2 \cdot h \cdot a)$；$K$ 为土壤可蚀性因子，$(t \cdot km^2 \cdot h)/(km^2 \cdot MJ \cdot mm)$；$LS$ 为坡长坡度因子，无量纲；C 为地表植被覆盖与管理因子，无量纲；P 为水土保持措施因子，无量纲。

（1）降雨侵蚀力（R）计算。通过径流小区试验结果分析，降雨量、降雨强度对土壤侵蚀的影响巨大，是影响土壤流失的最主要因素。降雨侵蚀力因子表现的是降雨对土壤侵蚀的影响力。雨滴降落冲击土壤表面，土粒飞溅剥离，土壤表面形成凹陷，水流汇集继而形成地表径流，水流带动土壤运移，造成水土流失。降雨侵蚀力因子的大小与很多因素有关，例如降雨量、降雨动能等。现今世界上已有大量降雨侵蚀力的相关研究，其中，最经典的降雨侵蚀力因子计算公式最早是由威斯迈尔提出，表示为降雨动能和最大 I_{30} 的乘积。由于该算法需要较为全面的资料，一些研究区域很难获得相关数据，因此各国学者通力研究，现如今已经制定许多 R 的计算方法，比较有代表性的有：

1）1969 年威斯迈尔提出由月平均雨量 P_i（mm）和年平均雨量 P（mm）计算降雨

侵蚀力，计算公式如下：

$$R = \sum_{I=1}^{12} 1.735 \times 10^{\left[\left(1.5 \times lg\frac{P_i^2}{P}\right) - 0.8188\right]} \tag{5-2}$$

1980 年 Arnoldus 提出基于同样降雨资料的计算方法，公式如下：

$$MFI = \sum_{i=1}^{12} \frac{P_i^2}{P} \tag{5-3}$$

$$R = (4.17 \times MEI) - 152 \tag{5-4}$$

式中：P_i 和 P 分别为月均和年均降雨量，mm；MEI 为修正 Fournier 指数。

2）基于日降雨量拟合模型来计算降雨侵蚀力，其中降雨量和侵蚀力为幂函数关系，模型通过计算半月侵蚀力的和以及相关参数得出年降雨侵蚀力。计算公式如下：

$$R_{半月} = \alpha \sum_{k=1}^{n} (P_k)^\beta \tag{5-5}$$

$$R_{年} = \alpha \sum_{i=1}^{24} R_{半月} \tag{5-6}$$

式中：P_k 为第 k 天日雨量，其中 $k=1$，2，$\cdots$，m 为某半月内侵蚀降雨量的天数；P_k 必须大于等于 12mm，否则记为 0。

$$\alpha = 21.586\beta^{-7.1891} \tag{5-7}$$

$$\beta = 0.8363 + \frac{18.177}{P_{d12}} + \frac{24.455}{P_{y12}} \tag{5-8}$$

式中：P_{d12} 为日雨量要达到 12mm 以上的日平均降雨量；P_{y12} 为日平均雨量达 12mm 以上的年平均降雨量。

3）利用日降雨量数据计算月降雨侵蚀力：

$$E_j = \alpha [1 + \eta(2\pi fj - w)] \sum_{J=1}^{N} R_{k\beta} \qquad R_k > R_0 \tag{5-9}$$

式中：E_j 为月降雨侵蚀力，$(MJ \cdot mm)/(hm^2 \cdot h)$；$R_k$ 为第 k 日降雨量，要大于 $R_0 = 12.7mm$；N 为该月日降雨量超过 12.7mm 的天数；f 取值 0.083；w 取值 1.167。

当 P 年均降雨量大于 1050mm 时，α 与 β 的关系如下：

$$log\alpha = 2.11 - 1.57\beta \tag{5-10}$$

β 取值范围在 1.2～1.8 之间，η 与年降雨量 P 的关系如下：

$$\eta = 0.58 + 0.25P/1000 \tag{5-11}$$

4）利用 5—10 月降雨量计算降雨侵蚀力：

$$R = 0.44488P^{0.96982} \tag{5-12}$$

式中：P 为 5—10 月降雨量，mm。

本节对降雨侵蚀力因子的计算主要是采用基于日降雨量拟合模型的方法，对东台市径流小区 2015 年、2016 年、2017 年进行模拟，所以需要利用东台市 2015 年、2016 年、2017 年的降雨数据进行拟合。这三年东台市径流小区降雨量大于 12mm 的天数见表 5-1～

表 5-3。

根据表 5-1～表 5-3 的数据，分别进行计算，可分别算得 2015 年、2016 年、2017 年的降雨侵蚀力 R 因子，计算结果见表 5-4。

表 5-1   **2015 年降雨量不小于 2mm 统计**

日期（月-日）	降雨量/mm	日期（月-日）	降雨量/mm	日期（月-日）	降雨量/mm
01-29	12.0	06-27	24.0	08-19	43.0
03-17	53.0	06-28	26.0	08-25	14.0
04-03	21.0	06-29	17.0	09-06	17.0
04-05	15.0	06-30	24.0	09-22	28.0
05-15	59.0	07-11	56.0	09-29	15.0
05-27	22.0	07-17	36.0	09-30	40.0
05-29	19.0	07-18	20.0	11-07	15.0
06-16	20.0	07-19	30.0	11-12	29.0
06-17	14.0	07-26	35.0	11-22	23.0
06-24	39.0	07-31	30.0	11-24	16.0
06-25	16.0	08-01	29.0	12-09	13.0
06-26	31.0	08-10	193.0		

表 5-2   **2016 年降雨量不小于 12mm 统计**

日期（月-日）	降雨量/mm	日期（月-日）	降雨量/mm	日期（月-日）	降雨量/mm
01-05	13.5	06-27	16.8	09-30	50.0
03-08	31.5	07-01	41.6	10-01	66.8
04-06	16.5	07-03	60.0	10-07	106.4
04-20	28.0	07-04	43.8	10-20	28.6
04-26	21.0	07-05	72.6	10-21	25.6
05-02	19.0	07-06	74.2	10-22	48.0
05-09	13.8	07-07	16.4	10-26	27.2
05-15	20.0	07-11	18.6	10-27	30.6
05-21	13.0	07-15	44.6	11-07	17.5
05-27	26.6	08-03	27.6	11-18	13.0
05-31	30.0	08-05	13.6	11-22	12.0
06-01	31.4	09-15	22.6	11-26	25.0
06-21	153.2	09-16	158.0	12-21	40.5
06-22	44.6	09-29	13.2		

表 5-3   2017 年降雨量不小于 12mm 统计

日期（月-日）	降雨量/mm	日期（月-日）	降雨量/mm	日期（月-日）	降雨量/mm
01-05	22.2	06-26	22.4	09-03	12.8
01-07	14.0	06-30	31.9	09-04	46.6
04-09	19.8	07-01	15.8	09-25	22.8
04-10	13.7	07-02	32.6	09-30	23.0
04-17	13.1	07-10	46.0	10-01	34.8
05-04	15.9	07-30	27.8	10-02	21.8
05-08	14.6	08-12	20.8	11-17	12.0
06-10	27.1	08-18	16.8		
06-25	14.6	08-19	29.8		

表 5-4   降雨侵蚀力因子（R）计算结果

年 份	2015	2016	2017
$R/[(MJ \cdot mm)/(km^2 \cdot h \cdot a)]$	10749	46778	5026

（2）土壤可蚀性因子 K 计算（见表 5-5）。本次模拟建基于土壤理化性质实验的基础之上，因此模拟采用 Williams 在侵蚀力评价中提出的 EPIC 模型，土壤可蚀性因子与土壤的颗粒分布及有机质含量有关。计算公式如下：

$$K = 0.1317 \left\{ 0.2 + 0.3 \exp \left[-0.0256 SAN \left(1 - \frac{SIL}{100} \right) \right] \right\} \times \left(\frac{SIL}{CLA - SIL} \right)^{0.3}$$

$$\times \left[1 - \frac{0.25C}{C + \exp(3.72 - 2.95C)} \right]$$

$$\times \left[1 - \frac{0.7SN_1}{SN_1 + \exp(-5.51 + 22.9SN_1)} \right] \tag{5-13}$$

式中：K 单位原为美制单位，转换为国际单位 $(t \cdot km^2 \cdot h)/(km^2 \cdot MJ \cdot mm)$ 需要乘以转换系数 0.1317；SAN 为砂粒含量，%；SIL 为粉粒含量，%；CLA 为黏粒含量，%；C 为有机质含量，%；$SN_1 = 1 - SN/100$。

表 5-5 K 因 子 计 算

小 区	1°	2°	5°	15°	26.5°	35°	45°
2010 年	0.0908	0.0878	0.0956	—	—	—	—
2011 年	0.0908	0.0878	0.0956	—	—	—	—
2015 年	0.1253	0.1119	0.0943	0.1012	0.0992	0.0785	0.0912

（3）坡长坡度因子（LS）计算（见表 5-6）。RUSLE 模型编写的坡长坡度因子公式是基于美国缓坡地区建立的，因此，本次计算运用刘宝元等基于坡度在 9%～55% 陡坡侵蚀的研究对坡度因子进行修正。计算公式如下：

$$S = 10.8\sin\theta + 0.03, \quad 当 \theta < 5° \tag{5-14}$$
$$S = 16.8\sin\theta - 0.50, \quad 当 5° \leqslant \theta < 14° \tag{5-15}$$
$$S = 21.91\sin\theta - 0.96, \quad 当 \theta \geqslant 14° \tag{5-16}$$
$$L = (\lambda/22.13)^\alpha \tag{5-17}$$
$$\alpha = \beta/(\beta + 1) \tag{5-18}$$
$$\beta = (\sin\theta/0.0896)/[3.0(\sin\theta)^{0.8} + 0.56] \tag{5-19}$$

式中：λ 为水平坡长；α 为坡长指数；22.13 为标准小区的坡长，m；θ 为各径流小区的坡度，(°)。

表 5-6　　　　　　　　　　　　　LS 因 子 计 算

θ	$\sin\theta$	β	α	λ	L	S
45°	0.71	1.00	0.50	2.50	0.34	14.53
35°	0.57	0.85	0.46	3.50	0.43	11.59
26.5°	0.45	0.70	0.41	4.00	0.50	8.83
15°	0.26	0.44	0.30	4.00	0.59	4.71
5°	0.09	0.16	0.14	20.00	0.99	0.97
2°	0.04	0.08	0.07	20.00	0.99	0.47
1°	0.02	0.03	0.03	20.00	1.00	0.21

（4）植被覆盖与管理因子 C 与水土保持措施 P 因子计算。主要模拟径流小区潜在土壤侵蚀量（$C=1$，$P=1$），并将模拟值与实测值对比分析，研究植物覆盖对土壤侵蚀的缓解能力。

5.2.1.2　RUSLE 模拟结果分析

利用 RUSLE 模型分别对 2015 年、2016 年、2017 年东台市试验小区进行模拟，最终得出不同坡度小区的土壤侵蚀模数模拟值和实测值，具体数据见表 5-7～表 5-9。

表 5-7　　　　2015 年试验小区土壤侵蚀模数 RUSLE 模型模拟值和实测值对比

侵蚀模数	模拟值 /(t/km²)	实测值 /(t/km²)	模拟值 /实测值	侵蚀模数	模拟值 /(t/km²)	实测值 /(t/km²)	模拟值 /实测值
1°	350	1120	0.313	26.5°	5680	3900	1.456
2°	686	534	1.285	35°	5099	33303	0.153
5°	1180	444	2.658	45°	5820	24832	0.234
15°	3710	2800	1.325				

表 5-8　　　　2016 年试验小区土壤侵蚀模数 RUSLE 模型模拟值和实测值对比

侵蚀模数	模拟值 /(t/km²)	实测值 /(t/km²)	模拟值 /实测值	侵蚀模数	模拟值 /(t/km²)	实测值 /(t/km²)	模拟值 /实测值
1°	1259	2309	0.545	26.5°	25680	19729	1.302
2°	2477	2154	1.150	35°	20996	29714	0.707
5°	4942	2096	2.358	45°	26177	22829	1.147
15°	16587	10430	1.590				

表 5-9　　　　　　　　　2017 年试验小区土壤侵蚀模数模拟值和实测值对比

侵蚀模数	模拟值 /(t/km²)	实测值 /(t/km²)	模拟值 /实测值	侵蚀模数	模拟值 /(t/km²)	实测值 /(t/km²)	模拟值 /实测值
1°	171	352	0.486	26.5°	3569	17990	0.198
2°	334	474	0.705	35°	2941	31131	0.094
5°	695	322	2.158	45°	3569	27200	0.131
15°	2322	2364	0.982				

根据这三年土壤侵蚀量的实测值，在现有径流小区的坡度条件下，低坡度小区基本符合坡度越大侵蚀模数越大的规律，但 1°小区的实测土壤侵蚀模数在三年间都出现了侵蚀模数超过 2°或 5°小区的现象，究其原因发现整个试验小区周边均为落叶林地，经常会出现落叶覆盖小区的现象，然而 5°小区离该落叶林地距离最近受到的影响最大，其次是 2°小区也会受到部分影响，而 1°小区周边则完全空旷，符合裸地要求。

将三年的模拟值分别与实测值进行比值分析，比值越接近 1 则证明拟合度越高。除了 5°小区受到落叶的影响较大以外，试验小区在这三年间对于 26.5°以下的小区拟合度总体较好。由于 5°小区并非是完全的裸地状况，在这里对 5°小区的植被覆盖和管理因子进行调整，C 因子从 1 修改为 0.5 重新进行土壤侵蚀模拟，结果见表 5-10。

表 5-10　　　　　　　　　5°小区修正后的土壤侵蚀模拟估计值

侵蚀模数	原模拟值/(t/km²)	现模拟值/(t/km²)	实测值/(t/km²)	现模拟值/实测值
2015 年	1180	590	444	1.329
2016 年	4942	2471	2096	1.179
2017 年	695	347	322	1.078

根据表 5-10 可知，5°小区在考虑了落叶覆盖因素之后模拟结果良好。因此，RU-SLE 模型在江苏沿海新围垦区适用于 26.5°以下的缓坡。对于坡度在 26.5°以上，从表 5-7~表 5-9 可以看出 2015 年、2017 年的高坡度小区模拟效果极差，但是 2016 年高坡度小区的模拟效果却较好。在这里考虑到 2016 年东台市的降水量较大，12mm 以上的降雨量的时间基本集中在试验的观测期。在这次的模拟中的降雨侵蚀因子的计算中采取了基于日降雨量拟合模型的方法，这个方法对于降雨侵蚀因子的计算仅考虑了 12mm 以上降雨量的天数，而 2016 年日降雨量达到 12mm 的总降雨量占了全年总降雨量的绝大部分，因此模拟结果较好。

RUSLE 模型在江苏沿海新围垦区仅适用于缓坡，不适用于陡坡的模拟。针对 RU-SLE 模型对于陡坡模拟结果较差的情况，一方面是由 RUSLE 模型本身就是一个缓坡地模型，是针对平原地区而建立的经验模型，尽管本文中对 RUSLE 模型中坡度因子的计算是基于刘宝元等对坡度在 9%~55%陡坡侵蚀研究中对坡度因子进行了修正，但依然有一定的局限性；另一方面也可能是由于本节对于降雨因子的算法采用的是基于日降雨量拟合模型的方法，针对不同降雨特征的年份可考虑采用不同的降雨因子计算方法。

5.2.2 CSLE 模型

RUSLE 模型虽然是使用次数最多、使用范围最为广泛的土壤侵蚀模型，但将其用以计算我国区域土壤流失情况的时候，依然因为地形地貌、地质条件、气象差异等因素无法对我国各区域的情况进行准确模拟和计算。在此基础上，刘宝元等根据 USLE 模型和 RUSLE 模型的计算方法，加上对我国土壤特点的研究，将模型内的所有因子的取值与地区的气候、地形、土壤及土地利用等因素进行修正，建立了适用于我国地域特性的 CSLE (Chinese Soil Loss Equation，CSLE) 土壤侵蚀计算模型。因为该模型在考虑国内的地形地貌及气象条件的前提下进行土壤侵蚀的模拟，因而具有较佳的适用性，水利部水土保持监测中心于近年提出在水力侵蚀地区采用 CSLE 模型对土壤侵蚀模数进行计算，其方程的基本形式为：

$$A = R \cdot K \cdot LS \cdot B \cdot E \cdot T \tag{5-20}$$

式中：A 为土壤侵蚀模数，t/(hm^2 · a)；R 为降雨侵蚀力因子，(MJ · mm)/(hm^2 · h · a)；K 为土壤可蚀性因子，(t · hm^2)/(hm^2 · MJ · mm)；LS 为坡长坡度因子，无量纲；B 为植被覆盖与生物措施因子，无量纲；E 为工程措施因子，无量纲；T 为耕作措施因子，无量纲。

5.2.2.1 降雨侵蚀力因子计算

CSLE 模型中，降雨侵蚀力计算方式如下：

$$\overline{R} = \sum_{k=1}^{24} \overline{R}_{半月k} \tag{5-21}$$

$$\overline{R}_{半月k} = \frac{1}{N} \sum_{k=1}^{N} \sum_{l=0}^{m} (\alpha P_{k,j,l}^{1.7265}) \tag{5-22}$$

式中：$\overline{R}$ 为多年平均年降雨侵蚀力，(MJ · mm)/(hm^2 · h · a)；k 为半月数，取值范围应为 1~24；$\overline{R}_{半月k}$ 为第 k 个半月的降雨侵蚀力，(MJ · mm)/(hm^2 · h)；k 取 1，2，…，N；N 为时间序列；j 取 0，1，…，m；m 为第 k 年第 l 个半月内的侵蚀性降雨日的数目（与 RUSLE 模型的差异在于此处规定侵蚀性降雨日必须满足日降雨量大于等于 10mm 而非 12mm）；$P_{k,j,l}$ 为第 k 年第 l 个半月第 j 次大于 10mm 的侵蚀性降雨量，mm；当某个半月中没有发生侵蚀性降雨该月 P 值应该取 0；α 作为计算参数，在不同季节取不同的参数值，与 5—9 月（暖季）时取值 0.3937，在 10 月至次年 4 月（冷季）时取值 0.3101。根据 2015 年降雨数据进行筛选并通过模型公式对降雨侵蚀力进行计算，结果见表 5-11。

表 5-11　　　　　　　　　　　　　2015 年降雨侵蚀力计算

k	总降雨量/mm	降雨日数/d	R	k	总降雨量/mm	降雨日数/d	R
1	0	0	0.0	6	53	1	294.1
2	12	1	22.6	7	36	2	150.8
3	0	0	0.0	8	0	4	0.0
4	0	0	0.0	9	59	1	449.3
5	0	0	0.0	10	43		260.2

k	总降雨量/mm	降雨日数/d	R	k	总降雨量/mm	降雨日数/d	R
11	0	1	0.0	18	83	3	809.9
12	221	9	4393.0	19	0	0	0.0
13	56	1	410.6	20	0	0	0.0
14	151	6	2276.0	21	43	2	205.0
15	222	2	4427.3	22	39	2	173.2
16	57	2	423.3	23	13	1	26.0
17	17	1	52.4	24	0	1	0.0
$\overline{R}_{2015}/[(\text{MJ}\cdot\text{mm})/(\text{hm}^2\cdot\text{h}\cdot\text{a})]$				14373.79			

经过计算可以得知 $\overline{R}_{2015}=14373.79(\text{MJ}\cdot\text{mm})/(\text{hm}^2\cdot\text{h}\cdot\text{a})$。2015 年降雨侵蚀主要发生在 6—8 月，这 3 个月由降雨产生的侵蚀力数值占到了全年的 80% 以上，其中以 6 月侵蚀性降雨次数最多，而 8 月的降雨侵蚀力数值最大。

根据 2016 年降雨数据进行筛选并通过模型公式对降雨侵蚀力进行计算，结果见表 5-12。

表 5-12　　　　　　　　　　2016 年降雨侵蚀力计算

k	总降雨量/mm	降雨日数/d	R	k	总降雨量/mm	降雨日数/d	R
1	16.6	1	39.6	13	371.8	3	10784.6
2	0	0	0.0	14	0	0	0.0
3	0	0	0.0	15	51.8	3	358.9
4	0	0	0.0	16	0	0	0.0
5	28.7	1	102.0	17	22.6	2	85.7
6	0	0	0.0	18	232.2	3	4784.4
7	18	4	45.6	19	184.2	2	2526.5
8	63	4	396.3	20	160	1	1981.1
9	57.6	4	431.1	21	17.5	3	43.4
10	39.3	2	222.8	22	50	2	265.9
11	41.6	1	245.8	23	0	0	0.0
12	214.6	8	4175.7	24	40.5	1	184.8
$\overline{R}_{2016}/[(\text{MJ}\cdot\text{mm})/(\text{hm}^2\cdot\text{h}\cdot\text{a})]$				26674.2			

经过计算可以得知 $\overline{R}_{2016}=26674.2(\text{MJ}\cdot\text{mm})/(\text{hm}^2\cdot\text{h}\cdot\text{a})$。2016 年由降雨引起的侵蚀现象于 2015—2020 年最为严重，具体表现为侵蚀性降雨时间较为分散（主要集中于 6—10 月）且次数较少但每次降雨造成的侵蚀力较大。其中 6 月发生侵蚀性降雨次数最多，7 月以仅 3 次的降雨造成了相当于全年 40% 的降雨侵蚀，而 8 月侵蚀性降雨次数较少且侵蚀力较弱，9—10 月虽侵蚀性降雨次数不多，但造成的侵蚀力较大。

根据 2017 年降雨数据进行筛选并通过模型公式对降雨侵蚀力进行计算，结果见表 5 - 13。

表 5 - 13   2017 年降雨侵蚀力计算

k	总降雨量/mm	降雨日数/d	R	k	总降雨量/mm	降雨日数/d	R
1	11	1	19.5	13	83.5	3	818.4
2	0	0	0.0	14	32	1	156.2
3	0	0	0.0	15	115	5	1422.2
4	0	0	0.0	16	68	3	574.1
5	0	0	0.0	17	74	3	664.3
6	0	0	0.0	18	96	3	1041.3
7	0	0	0.0	19	53.5	1	298.9
8	0	0	0.0	20	0	0	0.0
9	22	1	81.8	21	0	0	0.0
10	0	0	0.0	22	12	1	22.6
11	34.5	2	177.9	23	0	0	0.0
12	37	1	200.8	24	0	0	0.0
$\overline{R}_{2017}/[(MJ \cdot mm)/(hm^2 \cdot h \cdot a)]$				5478.01			

经过计算可以得知 $\overline{R}_{2017}=5478.01(MJ \cdot mm)/(hm^2 \cdot h \cdot a)$。2017 年由降雨引起的侵蚀现象较前两年相对偏弱，具体表现为侵蚀性降雨时间较为集中、次数较少且每次降雨造成的侵蚀力较小。其中 8 月发生侵蚀性降雨次数最多，而 9 月侵蚀性降雨次数较少但产生侵蚀力在全年范围内最大。

根据 2018 年降雨数据进行筛选并通过模型公式对降雨侵蚀力进行计算，见表 5 - 14。

表 5 - 14   2018 年降雨侵蚀力计算

k	总降雨量/mm	降雨日数/d	R	k	总降雨量/mm	降雨日数/d	R
1	28.0	2	97.7	13	37.9	3	164.8
2	0.0	0	0.0	14	101.6	6	904.8
3	0.0	0	0.0	15	46.5	4	234.7
4	0.0	0	0.0	16	61.4	5	379.5
5	13.5	1	27.7	17	46.5	3	234.7
6	23.5	2	72.2	18	53.4	4	297.9
7	0.0	0	0.0	19	0.0	0	0.0
8	0.0	0	0.0	20	0.0	0	0.0
9	136.6	8	1508.7	21	28.0	2	97.7
10	61.4	3	379.5	22	0.0	0	0.0
11	0.0	0	0.0	23	36.5	3	154.5
12	99.9	5	878.5	24	0.0	0	0.0
$\overline{R}_{2018}/[(MJ \cdot mm)/(hm^2 \cdot h \cdot a)]$				5432.942			

经过计算可以得知 $\overline{R}_{2018}=5432.942(\text{MJ}\cdot\text{mm})/(\text{hm}^2\cdot\text{h}\cdot\text{a})$。2018 年的降雨与其他年份的侵蚀性降雨分布不同，主要表现为 5—10 月多次少量的特点。其中 5 月的侵蚀性降雨次数最多且降雨产生的侵蚀力数值最大。

由上文计算所得 $\overline{R}_{2020}=5376.09(\text{MJ}\cdot\text{mm})/(\text{hm}^2\cdot\text{h}\cdot\text{a})$，将 2015—2020 年的侵蚀量数据进行平均计算，可得 $\overline{R}=9601.732(\text{MJ}\cdot\text{mm})/(\text{hm}^2\cdot\text{h}\cdot\text{a})$。

5.2.2.2 土壤可蚀性因子计算

CSLE 模型的土壤可蚀性模型属于经验模型，具有以下取值方法：基于收集到的径流小区观测资料，计算土壤可蚀性因子。标准径流小区计算土壤可蚀性因子 K 的公式为

$$K=A/R \tag{5-23}$$

式中：A 为坡长 22.13m 且坡度为 5°，清耕无植被覆盖径流小区观测多年平均土壤侵蚀模数，$\text{t}/(\text{hm}^2\cdot\text{a})$，一般情况应取多年观测数据，本节中选取径流小区跨度 6 年的 5 次数据记录；R 为与小区土壤侵蚀观测年限一一对应的多年平均年降雨侵蚀力，$(\text{MJ}\cdot\text{mm})/(\text{hm}^2\cdot\text{h}\cdot\text{a})$。计算可得，$K=0.014$。

5.2.2.3 坡长因子 L 和坡度因子 S

坡长因子计算公式为

$$L_i=\frac{\lambda_i^{m+1}-\lambda_{i-1}^{m+1}}{(\lambda_i-\lambda_{i-1})\cdot(22.13)^m} \tag{5-24}$$

式中：λ_i、λ_{i-1} 为第 i 个和第 $i-1$ 个坡段的坡长，m；m 的取值与坡度有关：

$$m=\begin{cases}0.2, & \theta\leqslant 1° \\ 0.3, & 1°<\theta\leqslant 3° \\ 0.4, & 3°<\theta\leqslant 5° \\ 0.5, & \theta>5°\end{cases} \tag{5-25}$$

坡度因子计算公式为

$$S=\begin{cases}10.8\sin\theta+0.03, & \theta<5° \\ 16.8\sin\theta-0.5, & 5°\leqslant\theta<10° \\ 21.9\sin\theta-0.96, & \theta\geqslant 10°\end{cases} \tag{5-26}$$

式中：S 为坡度因子（无量纲）；θ 为坡度，（°）。计算得到结果见表 5-15。

表 5-15　　　　　　　　　　CSLE 模型坡长坡度因子计算

径流小区	$\theta/(°)$	$\sin\theta$	S	λ	L	LS
A	35	0.57	11.61	2.87	0.36	4.18
B	45	0.71	14.53	1.77	0.28	4.11
C	26.5	0.45	8.82	3.58	0.4	3.55
D	15	0.26	4.71	3.86	0.42	1.97
E	5	0.09	0.97	19.92	0.95	0.92
F	2	0.03	0.41	19.99	0.96	0.39
G	1	0.02	0.22	20	0.97	0.21

5.2.2.4　其他因子

（1）植被覆盖与生物措施因子 B。根据相关规定，当土地利用类型为耕地时，不进行关于生物措施的选择，仅适用植被覆盖因子与其余五因子进行计算；当土地利用类型为非耕地时，应选择植被覆盖与生物措施因子两种相关因子参与其他五因子的计算。当土地利用类型为裸土时，B 值应取 1，否则应取值为 0。在理想情况下，本次实验径流小区是建立在没有植被覆盖的情况下的裸土地，所以 B 值取 1。

（2）水土保持工程措施因子 E。根据水土保持工程措施因子赋值规定，除"梯田、地埂、水平阶和水平沟、鱼鳞坑和大型果树坑"等水保工程措施需要进行特殊值的赋值，其他措施情况下不进行特别赋值，故 E 值应取 1。

（3）耕作措施因子 T。以流域区域为区分点对东台市沿海围垦地区的耕作措施因子进行计算。发现作为长江中下游平原丘陵水田三熟二熟区的沿江平原丘陵水田早三熟二熟区，其耕作措施因子应取值 0.338。

5.2.2.5　CSLE 模拟结果分析

通过使用 CSLE 模型对 2020 年径流小区中不同坡度下的土壤侵蚀模数进行模拟计算，结果见表 5-16。

表 5-16　2020 年径流小区 CSLE 模型裸地侵蚀模数模拟值、实测值对比

径流小区编号	模拟值 /[t/(km²·a)]	实测值 /[t/(km²·a)]	模拟值/实测值
A（35°）	204.84	131	1.564
B（45°）	201.41	242	0.832
C（15°）	173.97	162	1.074
D（26.5°）	96.54	113	0.854
E（2°）	45.08	15	3.006
F（5°）	19.11	12	1.593
G（1°）	10.29	15	0.686

根据土壤侵蚀模数的模拟计算和实测可以发现，在 CSLE 的模型模拟计算结果中，基本符合径流小区中坡度越大侵蚀模数越大的规律。将模拟值和实验值进行比值分析。可以看出，CSLE 模型对于径流小区的模拟值大多是拟合度较高的，但 E 区即 2°的径流小区的模型拟合度较低。

5.2.3　WEPP 模型

5.2.3.1　WEPP 模型介绍

土壤侵蚀是世界各国广为关注的环境问题之一，会对当地生态和生产生活造成无法弥补的破坏，破坏人类生存环境。土壤侵蚀是侵蚀力和抗蚀力的相互作用，侵蚀动力可以分为外、内动力两个部分。为了研究降雨对土壤侵蚀的影响，国外很早就提出相关的数学模型。1965 年，美国通过在全国区域内 21 个州、36 个地区开展径流小区实验，在分析统计多年观测实验收集到的土壤侵蚀相关数据的基础上，提出了目前广泛使用的通用土壤流失

方程，简称 USLE。但是 USLE 是经验统计模型，方程运算的结果虽考虑了坡度、降雨强度等因素的影响，但不能预测复杂坡面以及单场降雨所产生的土壤流失量、侵蚀过程等，只能适用于平缓坡和降雨均匀等简单情况。为克服这一点，美国农业部开始研发新一代水蚀预报模型 WEPP，于 1995 年发布正式发布第一版。

WEPP 模型可以模拟和预测不同时间尺度（日、月、季、每年及多年）、不同土地利用类型（农地、草地、林地、建筑工地及城区等）的径流量和土壤侵蚀量，同时还具备模拟和预测土壤水分的入渗、蒸发、农作物生长等功能。WEPP 模型适合于研究环境系统变化对水文及侵蚀过程的影响，包括气候变化、水文过程及产沙之间的相互作用。WEPP 模型是以一天为步长的模拟模型，属于一种连续的物理模拟模型。输入每天对土壤侵蚀过程有重要影响的植物和土壤特征后，WEPP 模型可以根据每次降雨确定地表状况的最新系统参数，从而判断地表是否将会有径流产生，并计算出一天时间内剖面一定空间位置的流量、土壤侵蚀量和输沙量。WEPP 模型模拟时不考虑风蚀和重力崩塌等影响，其模拟末端小流域的面积为 $1m^2 \sim 1km^2$。

WEPP 有三个版本：坡面版（图 5-1）、流域版和网格版。坡面版是其中最简单、最基本的模型版本。WEPP 模型将坡面侵蚀分为细沟侵蚀和细沟间侵蚀两种。细沟间侵蚀指的是雨滴击溅以及坡面漫流对土壤进行剥蚀和搬运的过程，坡长、坡度、土壤质地、初始土壤含水量与植被覆盖率等都是影响细沟间侵蚀的主要原因。细沟侵蚀指的是在沟渠内土壤所发生剥蚀、搬运和沉积的过程，在 WEPP 模型中描述为与土壤剥离、土壤颗粒转移和径流的携带能力有关的函数。

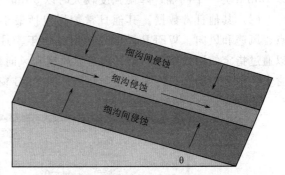

图 5-1　WEPP 模型坡面版示意

WEPP 模型是以稳态泥沙连续方程为基础来描述泥沙运动过程：

$$\frac{\mathrm{d}G}{\mathrm{d}x} = D_r + D_i \tag{5-27}$$

式中：x 为某点沿下坡方向的距离，m；G 为输沙量，kg/(s·m)；D_r 为细沟侵蚀速率，kg/(s·m²)；D_i 为细沟间泥沙输移到细沟的速率，kg/(s·m²)。

（1）当水流剪切力大于临界土壤剪切力，并且输沙量小于泥沙输移能力时，细沟内以搬运过程为主。

$$D_r = D_c \left(1 - \frac{G}{T_c}\right) \tag{5-28}$$

$$D_c = K_r (\tau_f - \tau_c) \tag{5-29}$$

式中：D_c 为细沟水流的剥离能力，kg/(s·m²)；T_c 为细沟间泥沙输移能力，kg/(s·m)；K_r 为细沟可蚀性参数，s/m；τ_f 为水流剪切压力，Pa；τ_c 为临界剪切压力，Pa。

（2）当输沙量大于泥沙输移能力时，以沉积过程为主。

$$D_r = \frac{\beta V_f}{q}(T_c - G) \tag{5-30}$$

式中：V_f 为有效沉积速率，m/s；q 为单宽水流流量，m^2/s；β 为雨滴扰动系数。

5.2.3.2　WEPP 模型输入参数

运行 WEPP 模型坡面版需要建立气候、土壤、坡度坡长和作物管理 4 个数据库，若进行灌溉模拟，还需要其他相关的输入数据。

1. 气象数据库

WEPP 模型可以识别 CLIGEN 格式和 BPCDG 格式两种气候数据文件格式，模拟采用 BPCDG 格式。BPCDG 格式文件建立所需的气象资料来源于东台华丿径流小区实地测量的日系列气象资料，不足部分用距径流小区 5km 的花舍站日系列气象资料补足。BPC-DG 文件生成可以采用手工整理，也可以建立以下两个文件，然后通过 BPCDG 窗口生成。

（1）降雨数据。降雨数据包括降雨的时间和数量，但需要指出的是文件中的降雨量不是累加值，而是一段降雨时间间隔内的降雨量，WEPP 界面根据降雨的时间和数量自动叠加。断点气候导入窗口允许的数据列数和降雨的单位十分灵活，为方便输入，时间间隔以 15min 为一个间隔，降雨强度较大时以 5min 为一个间隔。

（2）其他日常数据。其他日常数据包括最小和最大温度，可包括日太阳辐射量、露点、风速和风向。WEPP 界面只使用其中年、月、日、最大温度以及最小温度 5 列，可以通过指定使用太阳辐射量、露点、风速和风向列。降雨数据来源于降雨文件，任何在日常文件中列出的每日降雨量不会使用。BPCDG 窗口如图 5-2 所示。

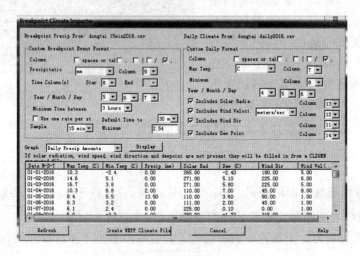

图 5-2　WEPP 建立 BPCDG 文件

最终生成 BPCDG 气象文件（部分），如图 5-3 所示。

WEPP 模型也可以生成日序列气候数据，输入数据相对简单，只需输入单场降雨日期、历时、雨量、最大雨强以及达到峰值的时间，然后运行模型得到日序列气候数据。输入界面如图 5-4 所示。

2. 土壤数据库

土壤数据库的建立涉及土壤反照率、初始饱和导水率、土壤临界剪切力、细沟土壤可蚀性、细沟间土壤可蚀性和有效水力传导系数 6 个参数。土壤数据库各参数的获取需要输入土壤的砂粒含量、黏粒含量、有机质含量、岩屑含量及阳离子交换量。这些参数既可以通过 WEPP 模型内部的公式进行计算得到，也可以通过计算标定。以建立 C 小区土壤文件为例，如图 5-5 所示。

```
4.30    C:\WEPP\Data\climates\observed\dongtai 15min.csv    C:\WEPP\Data\climates
\observed\dongtai daily.csv
  1   1   0
Station: Dongtai/Jiangsu
Latitude Longitude Elevation (m) Obs. Years    Beginning year  Years simulated
 32.89  120.68          3          1             2016            1
Observed monthly ave max temperature (C)
  6.0  10.7  14.6  21.4  24.5  27.9  31.7  32.4  28.0  21.3  14.6  10.7
Observed monthly ave min temperature (C)
 -1.2   0.5   4.6  11.7  15.2  20.3  25.0  24.4  19.8  16.0   6.9   2.5
Observed monthly ave solar radiation (Langleys)
 211.2 307.1 362.3 412.9 382.5 563.5 548.5 499.8 406.2 281.9 219.7 193.7
Observed monthly ave rainfall (mm)
 37.0   7.0  32.0  87.0 156.1 283.4 396.8  51.8 256.6 366.6  87.0  66.0
    day mon year nbrkpt tmax  tmin    rad   w-vel  w-dir   dew
                  (mm)  (C)   (C)  (ly/day) m/sec   deg    (C)
      1   1  2016   0   10.30  -2.40 265.4   5.00  180.0  -2.4
      2   1  2016   0   14.60   5.10 270.5   6.00  225.0  -5.1
      3   1  2016   0   16.70   3.80 271.2   5.00  225.0   5.8
      4   1  2016   3   10.30   6.80 109.9   8.00   45.0   7.0
 21.25  0.000
 21.50  1.500
 22.00  2.000
      5   1  2016   8    8.40   5.50 110.3   1.00   90.0   3.6
 01.00  0.000
 01.25  5.000
 03.25  5.000
 03.50  10.000
```

图 5-3 建立 BPCDG 格式的气候数据库（部分）

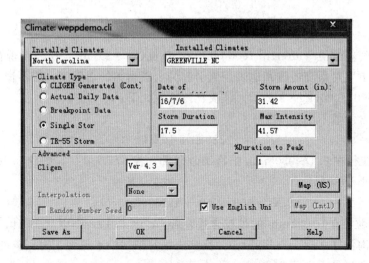

图 5-4 WEPP 建立日序列气候数据库

土壤反照率（soil albedo）：指的是被土壤表面反射向大气的太阳辐射，该参数用来估计土壤表面所接受到的净辐射，取值范围为（0，1）。WEPP 对表面干燥，无植被的土壤推荐值为（0.05，0.2）。

$$SALB = 0.6/\exp(0.4 \times ORGMAT) \tag{5-31}$$

式中：$ORGMAT$ 为土壤中有机质含量。

初始饱和度（initial saturaion level）：指在进行模拟之前土壤孔隙的含水量。

$$SAT = C_w/C \tag{5-32}$$

式中：C_w 为土壤中水的体积；C 为土壤中总的孔隙体积，$C = C_w + C_a$，C_a 为土壤中空气体积。

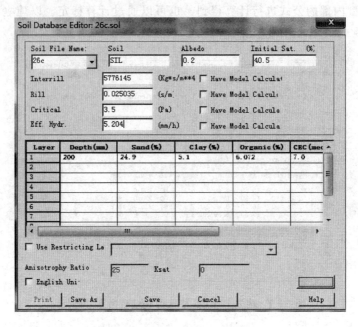

图 5-5　WEPP 模型建立土壤文件

土壤的沟间侵蚀值（interrill reodibility）：单位 $(kg \cdot s)/m^4$，往往出现在突然土壤侵蚀初期，反映土壤对雨滴击溅和地表径流引起的土壤剥离的敏感度，若不输入，模型默认输入值为 5，500，000 $(kg \cdot s)/m^4$。该值具体算法如下：

若土壤中含沙量不小于 30%：

$$K_{ib} = 2728000 + 192100 \times vfs \tag{5-33}$$

式中：vfs 为粒径在 0.1～0.05mm 的极细砂含量，若 $vfs > 0.40$，则以 0.40 计。

若含沙量小于 30%：

$$K_{ib} = 6054000 - 5513000 \times clay \tag{5-34}$$

式中：$clay$ 为粒径在 0.002mm 的黏粒含量，若 $clay < 0.10$，则以 0.10 计。

土壤的细沟侵蚀（rill erodibility）：反映土壤对细沟中水流剪切力剥离的敏感性。

若土壤中含沙量不小于 30%：

$$K_{rb} = 0.00197 + 0.030vfs + 0.03863e^{-184orgmat} \tag{5-35}$$

若 $vfs > 0.40$，则以 0.40 计；$orgmat < 0.0035$，以 0.0035 计。

若含沙量小于 30%：

$$K_{rb} = 0.0069 + 0.134e^{-20clay} \tag{5-36}$$

若 $clay < 0.10$，则以 0.10 计。

土壤的临界剪切力（critical shear）：土壤的临界剪切力是判定土壤中细沟分散是否会发生的临界值。

若土壤中含沙量不小于 30%：

$$T_{cb} = 2.67 + 6.5clay - 5.8vfs \tag{5-37}$$

若 $vfs<0.40$，则以 0.40 计；若 $clay>0.4$，则以 0.4 计。

若土壤中含沙量小于 30%：

$$T_{cb} = 3.5 \tag{5-38}$$

有效水力传导系数（effective hydraulic conductivity）：该值与土壤饱和导水率有关，但不等同于土壤饱和导水率。

若土壤中黏粒含量不大于 40%：

$$K_b = -0.265 + 0.0086(100sand)^{1.8} + 11.46CEC^{-0.75} \tag{5-39}$$

式中：CEC 为阳离子交换量，mmol/100g，该值必须大于 1。

若黏粒含量大于 40%：

$$K_b = 0.0066e^{\frac{2.44}{clay}} \tag{5-40}$$

将土壤参数的计算结果直接输入土壤数据库中生成土壤文件，见表 5-17。

表 5-17　　　　　　　　　土 壤 参 数 计 算

坡度/(°)	土壤反照率	初始饱和度/%	沟间侵蚀值/[(kg·s)/m⁴]	细沟侵蚀值/(s/m)	临界剪切力/Pa	有效水力传导率/(mm/h)
45	0.2	0.30	5873294	0.03	2.68	7.11
35	0.2	0.37	6595762	0.03	2.67	10.18
26.5	0.2	0.40	5776145	0.03	3.50	5.20
15	0.2	0.40	5780555	0.03	3.50	5.72
5	0.2	0.32	5709166	0.03	2.67	6.52
2	0.2	0.38	5854981	0.03	3.50	6.12
1	0.2	0.48	5745823	0.03	3.50	4.77

3. 坡度数据库

坡度数据库包括坡度、坡长、坡宽和坡面等因子，根据径流小区的实际坡度、坡长建立坡度坡长数据库。本次实验坡面为单一直线坡，坡度有 1°、2°、5°、15°、26.5°、35°和45°，输入到坡度数据库的坡度用百分比表示，以径流小区 1°为例，如图 5-6 所示。

4. 作物管理数据库

本次试验各径流小区地表无作物，并在观测期内适时除草，保证小区植被覆盖度小于5%，因此选择模型自带的 fallow 文件。

5.2.3.3　WEPP 模型模拟结果与分析

本节分别将 2016 年和 2017 年两年的气象数据、土壤数据、坡度数据代入 WEPP 模型软件中进行模拟，得到模拟值。将模拟值与实测值进行对比来初步观察 WEPP 模型的模拟效果。

受到试验条件的约束，无法对每一场降雨都能进行实时监测，进一步得到每场降雨的产沙情况。本次模拟以每个清池时间为节点，分析阶段侵蚀量的总和。表 5 - 18 和表 5 - 19 分别是 2016 年和 2017 年东台市华丿野外径流小区观测期内各个时段的土壤侵蚀模数模拟值和实测值对比表。2016 年由于条件有限，并未进行含砂率的测定，清池之后得到的泥沙晒干之后再行称重，然后再乘以 2 加以修正即可得到该时段的土壤侵蚀量实测值。而 2017 年则进行了含砂率的测定，通过含砂率来计算土壤侵蚀量，实测结果则更为精准。

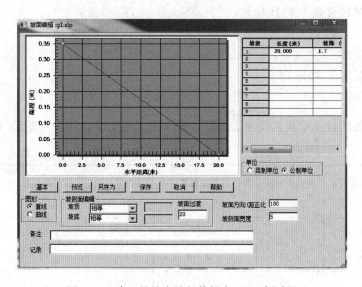

图 5 - 6　建立的坡度坡长数据库（以 1°为例）

表 5 - 18　　　　　　　　　　　　2016 年土壤流失量实测值与模拟值

坡度	日期（月．日）	模拟值/(t/km²)	实测值/(t/km²)	模拟值/实测值
1°	05.01—06.09	0	42	0.00
	06.10—06.22	784	914	0.88
	06.23—07.06	373	489	0.78
	07.07—07.08	218	352	0.63
	07.09—09.17	449	199	2.30
	09.18—10.03	348	217	1.64
	10.04—10.31	178	96	1.90
2°	05.01—06.09	9	15	0.60
	06.10—06.22	841	658	1.30
	06.23—07.06	622	443	1.43
	07.07—07.08	453	317	1.46
	07.09—09.17	420	261	1.64
	09.18—10.03	337	284	1.21
	10.04—10.31	182	177	1.05

续表

坡度	日期（月．日）	模拟值/(t/km²)	实测值/(t/km²)	模拟值/实测值
5°	05.01—06.09	18	54	0.33
	06.10—06.22	1163	1322	0.90
	06.23—07.06	706	350	2.06
	07.07—07.08	510	262	1.98
	07.09—09.17	592	94	6.43
	09.18—10.03	483	76	6.49
	10.04—10.31	213	38	5.71
15°	05.01—06.09	536	820	0.67
	06.10—06.22	5798	4731	1.25
	06.23—07.06	2684	753	3.64
	07.07—07.08	1236	750	1.68
	07.09—09.17	3019	2367	1.30
	09.18—10.03	1023	538	1.94
	10.04—10.31	497	471	1.08
26.5°	05.01—06.09	662	2086	0.32
	06.10—06.22	6213	5782	1.10
	06.23—07.06	3263	2533	1.31
	07.07—07.08	1262	2191	0.59
	07.09—09.17	3203	4314	0.76
	09.18—10.03	2776	1310	2.16
	10.04—10.31	1348	1512	0.91
35°	05.01—06.09	536	1367	0.40
	06.10—06.22	11279	7474	1.54
	06.23—07.06	6640	6480	1.05
	07.07—07.08	4309	4769	0.92
	07.09—09.17	6227	4622	1.37
	09.18—10.03	4144	3469	1.22
	10.04—10.31	1526	1532	1.02
45°	05.01—06.09	740	1585	0.48
	06.10—06.22	8180	9725	0.86
	06.23—07.06	4847	1582	3.13
	07.07—07.08	2061	3045	0.69
	07.09—09.17	4380	4604	0.97
	09.18—10.03	3478	1317	2.69
	10.04—10.31	1626	971	1.71

表 5 - 19   2017 年土壤流失量实测值与模拟值

坡度	日期（月．日）	模拟值/(t/km²)	实测值/(t/km²)	模拟值/实测值
1°	05.05—07.07	379	348	1.089
	07.08—10.02	0	4	0.000
2°	05.05—07.07	568	473	1.201
	07.08—10.02	0	1	0.000
5°	05.05—07.07	524	321	1.632
	07.08—10.02	0	1	0.000
15°	05.05—07.04	996	1020	0.976
	05.05—07.07	798	608	1.313
	07.08—10.02	874	736	1.188
26.5°	05.05—07.04	6463	5810	0.768
	07.05—07.07	6653	7190	0.786
	07.08—10.02	5267	4990	0.855
35°	05.05—07.04	13071	11680	1.119
	07.05—07.07	17036	14045	1.213
	07.08—10.02	7217	5406	1.335
45°	05.05—07.04	12364	10064	1.229
	07.05—07.07	12826	11728	1.094
	07.08—10.02	7265	5408	1.343

由表 5 - 18 和表 5 - 19 可知，不同坡度径流小区的拟合结果总体较好，其中 1°、2°、15°、26.5°、35°试验小区的拟合结果都很好，但是 5°小区和 45°小区的模拟结果较其他小区而言较差。WEPP 模型的研发主要是针对坡度 10°以下的缓坡的，模型模拟时一些数据不可避免需要美国的观测数据填补，而模型的数据库中不包含坡度 10°以上的观测资料且模型模拟所依赖的计算方程的部分参数对坡度的变化不敏感，因此 WEPP 模型不能很好地模拟坡度较大的径流小区。因此 WEPP 模型不能很好地模拟 45°小区的土壤侵蚀情况较为正常。

但是 5°小区实际所得的模拟值和实测值之比却比较大，究其原因，发现在径流小区的周边存在一片落叶林，7 月开始之后就会时常刮大风，常会有大量的落叶飘入试验场地，而 5°小区是离那片落叶林最为接近的，受到的影响最大。而模拟条件是裸地状态，5°小区地表覆盖大量的树叶势必会减少土壤流失量。根据对土壤的理化性质分析，发现 5°小区的土壤容重最低，因此 5°小区的土壤孔隙度在七个小区中是最大的，但是在 WEPP 模型中输入的土壤数据 sol 文件中并未涉及土壤孔隙度。在进行的土壤渗透性实验中发现 5°小区的土壤渗透系数最大，平均为 0.0029cm/s，由于孔隙度最大，因此渗透系数也是最大。渗透系数越大，大部分的降雨下渗，土壤含水量达到饱和的时间越长，地表形成的径流越小，土壤越不容易流失。综上两个原因，造成了 5°小区土壤流失实测值偏小，因此在本次模拟中 5°小区模拟值与实测值的比值偏大。

另外，还发现 5°、15°、45°试验小区在 2016 年的模拟中 6 月 23 日至 7 月 6 日阶段的模拟效果较差，这可能与 6 月 21 日特大降雨有关，根据 6 月 21 日降雨前后土壤颗粒级配分析可知，降雨前后模拟效果较差的径流小区土壤颗粒组成发生了极大的变化。通过径流量的模拟得出 WEPP 模型不能很好地模拟雨量大雨强大降雨事件的结论，WEPP 模型基于一个稳态的产流产沙过程，模拟过程中不能很好地修正某一单场降雨事件对土壤理化性质的影响，从而影响后期降雨的模拟。

表 5-20 和表 5-21 分别为 2016 年和 2017 年全年观测期土壤流失总量实测值与模拟值的对比表，该表更清晰的表现出了不同坡度条件下的模拟效果的准确性，其中 1°试验小区全年模拟效果最好，5°试验小区全年模拟效果最差。

表 5-20　　　　　　　　2016 年观测期土壤流失总量实测值与模拟值

坡度	实测值/(t/km²)	模拟值/(t/km²)	模拟值/实测值	坡度	实测值/(t/km²)	模拟值/(t/km²)	模拟值/实测值
1°	2309	2398	1.040	26.5°	19728	19110	0.970
2°	2155	2923	1.360	35°	29713	35368	1.190
5°	2196	3759	1.710	45°	67491	80473	1.190
15°	10430	15095	1.450				

表 5-21　　　　　　　　2017 年观测期土壤流失总量实测值与模拟值

坡度	实测值/(t/km²)	模拟值/(t/km²)	模拟值/实测值	坡度	实测值/(t/km²)	模拟值/(t/km²)	模拟值/实测值
1°	352	379	1.077	26.5°	17990	18383	1.022
2°	474	568	1.198	35°	31131	37324	1.199
5°	322	524	1.627	45°	27200	32455	1.193
15°	2364	2668	1.129				

5.3　模型对比及适用性分析

5.3.1　模型适用性评价方法

模型适用性评价用模型模拟结果的 Nash-Sutcliffe 有效性表示，其计算公式为

$$ME = 1 - \frac{(Y_{obs} - Y_{pred})^2}{(Y_{obs} - Y_{mean})^2} \tag{5-41}$$

式中：ME 为模拟有效性，取值范围为（$-\infty$，1）；Y_{obs} 为实测值；Y_{pred} 为模拟值；Y_{mean} 为实测值的平均值。

根据 RUSLE 和 WEPP 模型的模拟结果以及实测值，利用式（5-41）计算 ME 值。当 $ME=1$ 时，表示模型模拟完美，实测值与模拟值完全对应相等；当 $ME=0$ 时，模拟值与实测值的平均值精度相同，模拟效果一般；当 $ME<0$ 时，实测值的平均值的精度比

模拟值高，平均值优于模拟值，模拟效果较差。ME 越趋近于 1，则表示模型的预测精度越高。当 $ME > 0.5$ 时，可以视为模型模拟结果较好。

5.3.2　RUSLE 模型适用性评价

RUSLE 模型的适用性评价必须要在相同的外在条件下，包括土壤、气候以及作物条件。本次模拟中试验区统一未进行作物覆盖，因此试验区统一为裸地条件。第 5.2.1 节中根据试验小区 2015 年、2016 年、2017 年的试验数据，将其带入模型进行模拟计算，得到 3 年的土壤侵蚀模数的模拟值。

根据第 5.2.1 节中的模拟结果分析可知，除了 5°小区受到落叶的影响较大以外，试验小区在这 3 年间对于 26.5°以下的小区拟合度总体较好。2015 年和 2017 年对于高坡度小区的拟合度较差，2016 年对于高坡度小区的模拟结果则较好。

表 5 - 22　2015 年、2016 年、2017 年 RUSLE 模拟有效性计算

2015 年		2016 年		2017 年	
ME 值		ME 值		ME 值	
全年	-0.046	全年	0.792	全年	-0.338

以下分别对 2015 年、2016 年、2017 年进行模拟有效性 ME 的计算，在计算 ME 值时对于 5°小区的土壤侵蚀模拟值选取修正后的土壤侵蚀模拟值。

如表 5 - 22 所示，2015 年的 ME 值为 -0.046，模拟结果较差；2016 年的 ME 值为 0.792，趋向于 1，模拟结果较好；2017 年的 ME 值为 -0.338，模拟结果也较差。综上，RUSLE 模型在 2015 年、2017 年对七个径流小区的模拟结果总体来说较差，但在 2016 年对七个径流小区的模拟结果较好。

根据第 3 章的模拟结果与分析可知，2016 年模拟结果较好是由于 2016 年的降雨量较大且降雨较为集中。2015 年、2017 年 26.5°以上的小区模拟结果普遍较差，因此剔除 45°小区和 35°小区重新进行模拟适用性评价。

表 5 - 23　低坡度小区 2015 年、2016 年、2017 年 RUSLE 模拟有效性计算表

2015 年		2016 年		2017 年	
ME 值		ME 值		ME 值	
全年	0.985	全年	0.808	全年	0.671

表 5 - 23 为剔除高坡度小区后 2015 年、2016 年、2017 年的 RUSLE 模型模拟有效性计算表。2015 年的 ME 值为 0.985，2016 年的 ME 值为 0.808，2017 年的 ME 值为 0.671，ME 值皆趋向于 1，模拟结果较好。

根据上述分析，可以得知，RUSLE 模型在江苏沿海新围垦区仅适用于缓坡，并不适用于陡坡的土壤侵蚀模拟。但是对于降雨量较大且较为集中的年份，RUSLE 模型无论是陡坡还是缓坡，土壤侵蚀模拟结果均较好。

5.3.3　CSLE 模型适用性评价

CSLE 模型与 RUSLE 模型使用的区域条件基本相同，同样作为裸地条件进行试验。因此可以用同样的方法 CSLE 模型的适用性进行研究。模拟结果见表 5 - 24。

表 5 - 24   **2020 年 CSLE 模型模拟有效性计算表**

径流小区编号	模拟值 /[t/(km² · a)]	实测值 /[t/(km² · a)]	模拟/实测	各小区有效值
A（35°）	204.84	131	1.564	−4.18
B（45°）	201.41	242	0.832	0.91
C（15°）	173.97	162	1.074	0.96
D（26.5°）	96.54	113	0.854	−0.30
E（2°）	45.08	15	3.006	0.87
F（5°）	19.11	12	1.593	0.99
G（1°）	10.29	15	0.686	0.99
模 型 有 效 值				0.82

由表 5 - 24 可知，CSLE 模型对于东台市沿海滩涂径流小区的模拟值较高，总的有效性系数 ME 达到了 0.82，但是细分到各个径流小区上的模拟有效性分析可以发现虽然在 A 区和 D 区的模拟值有效性依然与实测值存在较大的差异，但其他区域的模拟值有效性都呈现出极高的适应性，总体结果较好。

5.3.4 WEPP 模型适用性评价

由第 5.2.3 节 WEPP 模型计算结果可知，根据各时段的实测土壤侵蚀量和 WEPP 模拟土壤侵蚀量可以分别计算出各个小区的模拟有效性系数 ME 值，计算结果见表 5 - 25。结果表明，2016 年各径流小区按坡度由小到大的顺序的模型有效性系数分别为 0.744、0.474、0.467、0.563、0.551、0.353、0.652，2017 年各径流小区按坡度由小到大的顺序的模型有效性系数分别为 0.983、0.919、0.195、0.374、0.680、0.645、0.537，径流小区两年的 WEPP 模拟效果均较好。

表 5 - 25   **2016 年和 2017 年 WEPP 模型模拟有效性系数**

2016 年				2017 年			
坡度	ME	坡度	ME	坡度	ME	坡度	ME
1°	0.744	26.5°	0.551	1°	0.983	26.5°	0.680
2°	0.474	35°	0.353	2°	0.919	35°	0.645
5°	0.467	45°	0.652	5°	0.195	45°	0.537
15°	0.563			15°	0.374		

表 5 - 26 为 2016 年、2017 年整个径流小区 WEPP 模型模拟有效性计算表，2016 年、2017 年整个径流小区的模拟有效性系数 ME 分别为 0.913 和 0.930，趋近于 1，模拟效果较好。由此得出结论，WEPP 模

表 5 - 26   **2016 年、2017 年试验小区 WEPP 模拟有效性计算表**

2016 年		2017 年	
ME 值		ME 值	
全年	0.913	全年	0.930

型能够较好地模拟江苏沿海新围垦区坡面侵蚀情况。

5.3.5　RUSLE 修正模型适用性评价

使用 RUSLE 模型模拟结果对实测值进行相关性计算，计算结果见表 5－27。

表 5－27　　　　　　　　　　RUSLE 模型模拟值相关性计算

项目		模拟值/[t/(km² · a)]	实测值/[t/(km² · a)]
模拟值	皮尔逊相关性	1	0.844*
	显著性（双尾）	—	0.017
	个案数	7	7
实测值	皮尔逊相关性	0.844*	1
	显著性（双尾）	0.017	—
	个案数	7	7

* 在 0.05 级别（双尾），相关性显著。

由结果可以看出 RUSLE 模型皮尔逊相关性为 0.844＞0，即与原数据可视为成正相关关系，且双尾显著性指标为 0.017＜0.05，与径流小区实测值的差异性较为显著。因此可以对 RUSLE 土壤侵蚀方程使用回归方程进行修正，如图 5－7 所示。

由图 5－7 可知，RUSLE 模型的修正后模型方程为

$$Y = 0.5577(R \cdot K \cdot LS \cdot C \cdot P) + 13.01 \tag{5-42}$$

计算修正后的 RUSLE 模型与实测值的模拟有效性，结果见表 5－28。

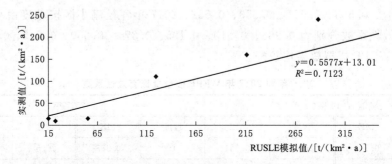

图 5－7　RUSLE 模型模拟值与实测值拟合曲线

表 5－28　　　　　　　　　　2020 年修正 RUSLE 模型模拟有效性

径流小区编号	模拟值 /[t/(km² · a)]	实测值 /[t/(km² · a)]	模拟值/实测值	各小区有效值
A（35°）	209	131	1.6	−4.833
B（45°）	174	242	0.7	0.773
C（15°）	134	162	0.8	0.806
D（26.5°）	82	113	0.7	−3.567

径流小区编号	模拟值 /[t/(km² · a)]	实测值 /[t/(km² · a)]	模拟值/实测值	各小区有效值
E (2°)	44	15	2.9	0.878
F (5°)	25	12	2.1	0.976
G (1°)	21	15	1.4	0.994
模 型 有 效 值				0.712

从表 5 - 28 中可以看出，修正之后的 RUSLE 模型对于径流小区的有效性得到了提升，总的模型有效值达到了 0.712，远高于修正前的 RUSLE 模型有效值。但是根据每个径流小区的有效值计算可以发现，即使是进行过修正之后的 RUSLE 模型，对于高边坡小区的模拟计算仍然存在较大误差。

5.3.6 RUSLE 模型以及 WEPP 模型的对比分析

5.3.6.1 气象因素

RUSLE 模型属于经验模型，不能很好地描述土壤侵蚀的物理过程，缺乏对整个侵蚀过程及其机理的深入剖析，对于气象因素的考虑仅考虑到了降雨因素的影响，忽略了径流因素以及其他气候因素影响。本节中，RUSLE 模型中降雨侵蚀因子的计算采用的是基于日降雨量拟合模型的方法，这种方法仅考虑了日降雨量达到 12mm 以上的日平均降雨量，并未考虑日降雨量较少的情况对土壤侵蚀的影响，因此对于枯水年的模拟结果稍差些。2015 年、2016 年、2017 年模拟值和实测值的对比如图 5 - 8 所示。从图中可以看出，2016 年的模拟值和实测值的比值均在 1 上下浮动，趋势最为平缓，模拟效果最佳。那是因为 2016 年的降雨量较为丰沛，日降雨量达到 12mm 以上的天数较多，占全年降雨量的绝大部分，降雨数据有充分的代表性，因此 2016 年的模拟结果较好。综上，RUSLE 模型对于降雨侵蚀因子的确定尚有一定的局限性，并不能准确地反映气候对土壤侵蚀产生的影响。

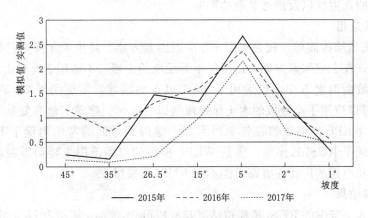

图 5 - 8 RUSLE 模拟值和实测值对比

在 WEPP 模型中，气象数据的输入包括降雨数据以及其他日常气候数据，降雨数据包括降雨时间和降雨量，其他日常气候数据包括最高温、最低温、太阳辐射量、露点温度、风速以及风向。本节采用手工整理的方法来生成气象文件，除了输入逐月气象数据以外，还需要输入逐日气象数据，包括日最高温、日最低温、日太阳辐射量、日平均风速、日风向和日露点温度，特别是逐日的各个断点的降雨时间和降雨量，这些数据一方面依靠东台市华丿径流小区的移动气象站所测得的 24h 降雨资料，依靠气象网上下载的东台市每年的逐日气象资料。由于沿海地区区域气候差异较大，因此部分需要在气象网上获取的气象数据可能并不符合径流小区当地的实际情况，从而影响模型的模拟结果。WEPP 模型对于气象因素对土壤侵蚀的影响考虑较为全面，但是同时需要大量的气象数据，数据的收集有一定的复杂性和局限性，必然会影响 WEPP 模型的模拟结果。

综上所述，WEPP 模型对于气象因素的考虑优于 RUSLE 模型，考虑较为全面，但是在气象数据的收集方面难免会有一定的困难，会造成气象资料有一定的局限性，从而影响模拟结果。

5.3.6.2　土壤因素

RUSLE 模型中对于土壤因素的考虑以有机质、砂粒、粉粒以及黏粒的含量为主，利用 Williams 在侵蚀力评价中提出的 EPIC 模型来计算土壤可蚀性因子。而在 WEPP 模型的土壤数据库的建立中，包括细沟间土壤可蚀性和有效水力传导系数、土壤临界剪切力、初始饱和导水率、土壤反照率、细沟土壤可蚀性这 6 个参数。这 6 个参数的获取又需要输入土壤的黏粒含量、砂粒含量、有机质含量、阳离子交换量及岩屑含量。相比而言，WEPP 模型的考虑因素更为全面。

此外，无论是 WEPP 模型还是 RUSLE 模型对 5°小区的模拟结果都较差，除了落叶的影响外，通过对土壤的理化性质分析，发现 5°小区的土壤容重最低，因此 5°小区的土壤孔隙度在七个小区中是最大的，但是在两个模型中均未考虑到土壤孔隙度。另外，在土壤渗透性试验中发现 5°小区的土壤渗透系数最大，平均为 0.0029cm/s，由于孔隙度最大，因此渗透系数也是最大。渗透系数越大，大部分的降雨下渗，土壤含水量达到饱和的时间越长，地表形成的径流越小，土壤越不容易流失。因此，两个模型在土壤影响因素方面需要再考虑土壤的孔隙度以及渗透系数的影响。

5.3.6.3　现实应用

RUSLE 模型结构简单，较为实用。在降雨因素方面，适用于年降雨量较为丰沛且降雨均匀的地区；在土壤因素方面，适用于中等质地的土壤，不适用于有机土以及渗透率较高的土壤；在坡度因素方面，仅适用于 26.5°以下的缓坡，不适用于 26.5°以上的陡坡。RUSLE 模型可以应用于小流域的水土保持规划以及矿区、建筑工地和复垦土地的水土流失评估等。而 WEPP 模型虽然在气象因素和土壤因素方面的考虑均优于 RUSLE 模型，模拟结果也均优于 RUSLE 模型，但是 WEPP 模型的应用范围主要局限在坡面和小流域上，在实用性和应用的广泛性方面可能不如 RUSLE 模型。

5.3.6.4　模拟结果

根据第 5.2.1 节中的 RUSLE 模拟结果与分析可知，2015 年和 2017 年的 26.5°以上的小区模拟结果普遍较差。本节再次对 RUSLE 模型进行模拟有效性分析，通过计算 ME 值来确定 RUSLE 模型模拟的可靠性。根据表 5-20～表 5-22 可知，2015 年、2017 年 RU-

SLE 模型模拟结果不容乐观。但是第 5.2.1 节中模拟值与实测值的对比分析显示，RU-SLE 的模拟结果中 26.5°以下的小区模拟值都与实测值较为接近，而 26.5°以上的小区模拟值与实测值却相差甚远，因此在这里剔除 26.5°以上的小区进行再一次的模拟有效性分析，发现剔除高坡度小区之后，*ME* 值均大于 0.5 且趋向于 1，这证明对于低坡度小区而言，RUSLE 的模拟有效性较好，因此 RUSLE 模型在江苏沿海新围垦区适用于缓坡，对于陡坡的模拟效果较差。针对 RUSLE 模型对 2016 年陡坡缓坡模拟结果均较好的情况，可知 RUSLE 模型对于降雨量大且较为集中的年份的模拟结果较好。

根据第 5.2.3 节中 WEPP 模型对于每个径流小区各个时段的土壤侵蚀量模拟值和实测值的比值分析可知，不同坡度径流小区的拟合结果总体较好，其中 1°小区、2°小区、15°小区、26.5°小区、35°小区的拟合结果均较好，但是 5°小区和 45°小区的模拟结果较其他小区而言较差。究其原因，5°小区是由于外界因素的干扰，因此并不能作为评价 WEPP 模型模拟适用性的指标。45°小区则是由于坡度过高的因素。还发现 5°小区、15°小区、45°小区在 6 月 23 日至 7 月 6 日阶段的模拟效果较差，这极有可能与 6 月 21 日发生的特大降雨有关，根据 6 月 21 日降雨前后土壤颗粒级配分析可知，降雨前后模拟效果较差的径流小区土壤颗粒组成发生了极大的变化。通过东台华丿径流小区 2016 年、2017 年的观测结果，计算 WEPP 模型模拟 1°、2°、5°、15°、26.5°、35°、45°不同坡度径流小区在整个观测期内侵蚀量，本章用模型有效系数评价模型模拟效果。2016 年各径流小区按坡度由小到大的顺序的模型有效性系数分别为 0.744、0.474、0.467、0.563、0.551、0.353、0.652，2017 年各径流小区按坡度由小到大的顺序的模型有效性系数分别为 0.983、0.919、0.195、0.374、0.680、0.645、0.537，2016 年、2017 年整个径流小区的模拟有效性系数 *ME* 分别为 0.913 和 0.930，趋近于 1，因此 WEPP 模型模拟江苏沿海围垦区坡面产流产沙情况适用性良好。但是模型对降雨量大降雨强度大的降雨事件径流量模拟效果较差，且会对下场降雨事件侵蚀量的模拟产生影响，如 2016 年 6 月 21 日的特大暴雨对 WEPP 模型模拟影响较大。

如图 5-9 和图 5-10 所示，分别是 2016 年和 2017 年 WEPP 模型和 RUSLE 模型模拟值和实测值的比值的对比图，由图可以看出 WEPP 模型的模拟值与实测值的比值皆在 1 上下浮动，比值皆趋近于 1，变化较小。而 RUSLE 模型的模拟值与实测值的比值浮动幅度较大，因此，在江苏沿海新围垦区区域范围和类似条件下，WEPP 模型的模拟效果与 RUSLE 模型相比较好。

RUSLE 剔除高坡度小区前后的 ME 值的对比图，如图 5-11 所示。由图可以很明显看出 RUSLE 模型在剔除高坡度小区之前的 2015 年和 2017 年的 *ME* 值均为负数，实测值的平均值优于 RUSLE 模型的模拟值，RUSLE 模型模拟效果较差。在剔除了高坡度小区之后，3 年的 *ME* 值均有所提高，均趋向于 1，RUSLE 模型预测精度较高。RUSLE 模型本身就是针对缓坡而设计的，并未考虑重力侵蚀因素，因此对于陡坡的模拟效果会较差。因此，就江苏沿海新围垦区而言，RUSLE 对低坡度小区的预测精度较高，模拟效果较好。

通过分别对 RUSLE 模型和 CSLE 模型对径流小区的土壤侵蚀模拟结果进行模型适用性分析。结果发现 RUSLE 模型对该区域径流小区的模拟结果并不符合应有的实测值，其模型整体的有效性仅为 -0.181。在对 RUSLE 模型的陡坡野外径流小区数据进行剔除之后再次进行模型有效性计算，发现仅对缓坡野外径流小区进行试验时，模型的有效性被提升到了 0.811，呈现出极佳的适用性。在对 CSLE 模型进行土壤侵蚀模拟结果进行适用性分析后发现，其整体的模型适用性为 0.82，体现出较佳的拟合度。

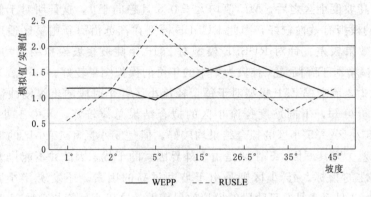

图 5-9　2016 年 WEPP 和 RUSLE 模拟值和实测值对比图

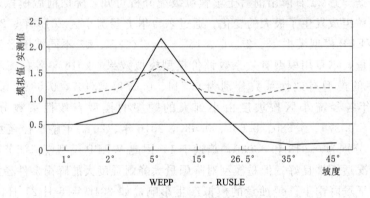

图 5-10　2017 年 WEPP 和 RUSLE 模拟值和实测值对比

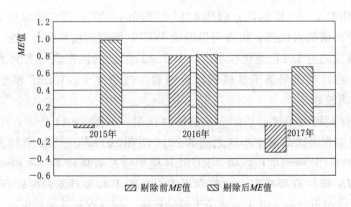

图 5-11　RUSLE 剔除高坡度小区前后 ME 值对比

2016 年和 2017 年 WEPP 模型模拟有效性 ME 值的对比图，如图 5-12 所示。2017 年的模拟有效性与 2016 年的模拟有效性相比，2017 年的预测精度更高，模拟效果更好。2017 年为枯水年，而 2016 年为丰水年，多次发生特大暴雨，容易影响土壤的理化性质，从而影响 WEPP 模型的模拟效果。例如 2016 年 6 月 23 日至 7 月 6 日这一阶段的模拟效果较差，这很可能和 6 月 21 日发生的特大降雨有关。通过对 6 月 21 日降雨前后的土壤颗粒级配分析可知，在 6 月 21 日特大降雨前后模拟效果较差的径流小区的土壤颗粒组成发生了较大的变化，因此会对降雨后 WEPP 的模拟产生较大的影响。WEPP 模型基于一个稳态的产流产沙过程，模拟过程中需要输入大量的土壤理化性质指标，并不能很好的修正某一单场降雨事件对土壤理化性质的影响，从而会对后期降雨的模拟产生较大的影响。而 2017 年为枯水年，几乎没有发生特大暴雨的情况，因此 2017 年全年的模拟效果较 2016 年而言更好。综上，WEPP 模型不能很好地模拟雨量大雨强大的特大降雨事件，对于丰水年的模拟效果较枯水年而言稍差些。

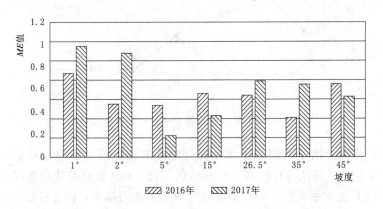

图 5-12 2016 年、2017 年 WEPP 模拟有效性 ME 值对比

据上述分析，就江苏沿海新围垦区而言，WEPP 模型的模拟效果与 RUSLE 模型相比总体较好。RUSLE 模型对江苏沿海新围垦区的高坡度小区的模拟结果较差，对低坡度小区的模拟效果较好，预测精度较高，适用于江苏沿海新围垦区缓坡的模拟。WEPP 模型受强降雨影响较大，不能很好地模拟雨量大雨强大的特大降雨事件，对于丰水年的模拟效果较枯水年而言稍差些。

5.3.7 CSLE 与 RUSLE 模型结果、敏感度、适用性和差异性分析

5.3.7.1 双模型模拟结果对比

将 RUSLE 模型和 CSLE 模型计算所得径流小区土壤侵蚀量模拟值进行汇总并制图，如图 5-13 所示。由图可以发现，相较于 RUSLE 模型计算出的模拟值，CSLE 模型的结果更加符合实测值，总体表现为图表中 USLE 模型的值相对于实测值的离散程度明显低于 RUSLE 模型，但在 E 区（2°）和 G 区（1°）的径流小区中，CSLE 模型的结果却没有 RUSLE 模型的结果贴近实测值，则对于以上两种情况进行分析。

从模型计算方法进行分析，RUSLE 通过计算对单个地区的某年内的降雨侵蚀力、土壤可蚀性因子、土壤耕作情况及植被覆盖率分别计算后计算各种因素的乘积以得到土壤侵蚀模数，其中降雨侵蚀力的计算主要与计算当年的侵蚀性降雨的雨量、次数和雨强有密切的关系，考虑在夏季短时间内雨强较大情况下或者对春冬季节的小型降雨侵蚀的忽略会导

致降雨侵蚀力计算较大的误差；而在土壤可蚀性因子的计算中，使用 NOMO 公式进行计算的情况下对土壤的有机质和颗粒粒径的百分比对结果影响较大，在进行侵蚀小区定点土壤取样时，并不能保证其符合东台市整个区域的土壤情况，存在一定的偏差值；而在进行边坡实验的时候，土地平整过程中是否完全清理掉了土壤中包含的植物或因为降雨或风力因素造成的植物飘落及土壤沙化等也会对植被覆盖因子的取值产生影响。

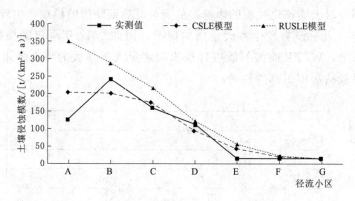

图 5-13 RUSLE 模型及 CSLE 模型模拟值对比

CSLE 模型作为总结了我国多年水土保持经验的修正模型，构成模型的因子相对于 RUSLE 模型增加了区域性并且扩展了时间轴的长度。CSLE 模型使用的降雨侵蚀力的计算方法与 RUSLE 的方法有所不同，是通过对中国土壤的基本规律进行归纳总结，选取降雨量 10mm 以上的侵蚀性降雨，直接将需要通过日降雨量和年降雨量进行计算的相关因子 α 和 β 定量化，且将 α 的取值根据国内的不同季节对应不同的值，某一年或者某月因短时间的强降雨对降雨侵蚀力的计算产生的影响较小，CSLE 模型的降雨侵蚀力计算归纳了国内侵蚀性降雨的普遍规律；侵蚀性降雨的土壤可蚀性因子是使用多年来标准径流小区的平均土壤侵蚀量和多年平均降雨侵蚀力的比值进行计算的，如此模拟出的 CSLE 模型中的土壤可蚀性因子具有适应于本地区的基本变化规律和一般趋势；在耕作因子的计算中，CSLE 模型是按照地区和流域的差异在参数表中进行查询，根据地域不同可以定义不同大小的耕作因子也能体现其独特的地域性。即 CSLE 模型不会受到 RUSLE 模型计算中的气象数据采集及小区域中土壤团粒组成差异等因素的影响，通过普遍性规律对这些数据进行预估和取值，因此 CSLE 模型的地区适用性要优于 RUSLE 模型。

5.3.7.2 双模型坡度敏感性研究

研究双模型的模拟结果，先通过模型相同的计算因子（坡度及植被覆盖）分析影响两模型模拟结果的共同因素研究双模型中的共同影响因素。RUSLE 模型与 CSLE 模型对于东台沿海新围垦区的模拟计算中存在较大的差异性，而两模型在坡度及植被覆盖等因素的影响下表现出相似的变化趋势且对于高坡度区域的以及对 E 区的模拟值相对于径流小区实测值表现出明显的差异性。

对径流实验小区进行坡度与模型模拟值的敏感度系数计算，计算方法如下：

$$SAF = \frac{|A - A_i| / A}{|F - F_i| / F} \qquad (5-43)$$

式中：SAF 为敏感度系数，无量纲；A 为计算过程中因变量的评价指标，一般以自变量中位数所对应的因变量作为评价指标；A_i 为第 i 个因变量的值，其中 $i=1,2,\cdots,n$；F 为计算过程中自变量的比较指标，一般以自变量的中位数作为评价标准；F_i 表示第 i 个自变量的值，其中 $i=1,2,\cdots,n$。$|SAF|$ 值越大，则表明因变量对该指标越敏感。使用该方法对两模型的坡度敏感度系数进行计算，结果如图 5-14、图 5-15 所示。

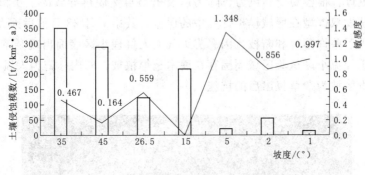

图 5-14　RUSLE 模型坡度敏感度变化

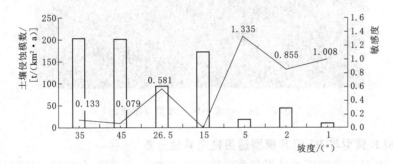

图 5-15　CSLE 模型坡度敏感度变化

　　由图 5-14 和图 5-15 可知，RUSLE 和 CSLE 模型对于坡度的敏感度呈现相似的变化性，以坡度为 15°的 D 区作为高低坡度分界线，则可发现其中低坡度小区的坡度敏感度数值处于 0.8～1.4 之间，波动幅度较小；高坡度小区的坡度敏感度数值则分布于 0.07～0.6 之间，波动幅度较大。高坡度的试验小区敏感度数值明显低于低坡度小区，即模型对于高坡度实验小区的适用性相较于低坡度地区更低。RUSLE 模型在设计初期是为了解决美国丘陵区域的流域侵蚀问题，在细沟侵蚀和边坡侵蚀方面进行了较多计算，但由于条件限制对于高坡度砂质土地地区的研究较少，以至于缺乏相应的适应性。通过观察两模型对于高低边坡的敏感度变化，发现两模型在低坡度地区的敏感度变化十分相似，但 CSLE 模型对于高边坡地区的敏感度相较于 RUSLE 模型较低。因为江苏沿海滩涂区域大多数为坡度较低的海滩和湿地区域，而 CSLE 模型作为区域范围内的经验模型，在多年来的模拟计算中低坡度的适应性逐渐被放大，相对地对高坡度的适应性逐渐变得不明显。因此，对于东台市沿海新闻垦区的土壤侵蚀模拟计算中，RUSLE 模型以及 CSLE 模型对于高边坡区域的适应性皆不强，会因此产生较大的误差。而通过观察其他小区的情况，发现除高坡度地区因模型不适用的原因导致的误差度较高的情况，在 D 区（26.5°）区域、C 区（15°）

及 E 区（2°）这三块相对较缓的试验区域也与低坡度区域出现了一定偏差，特别是在 E 区偏差较为明显，甚至表现出明显的模型不适应性。因为在模型计算中，不论是 RUSLE 模型还是 CSLE 模型的植被覆盖因子在理想状态下应取值为 1，但实际情况中因为降雨或者风力因素，试验中径流小区周围的灌木或者落叶树木会对实验区域造成影响。径流试验小区周围并非严格意义上的裸地，且在试验区不远处是棉花试验的种植区，其中 A 区和 D 区距离植被更近，很容易受到风力、降雨以及植物自然脱落导致的土壤植被覆盖现象，这些因素也会诱发双模型在区域模拟计算中的误差。其中 7 月 28 日前后因大风和强降雨，径流小区中出现了些许落叶和断枝且因恶劣天气无人打理小区表面出现杂草，如图 5-16 所示，图中所示径流小区试验区域周围存在灌木丛等植被，圈内标记为大风强降雨后落叶情况，其中右下区域为杂草拔出后的坑洼。

图 5-16　径流小区落叶覆盖示意图

5.3.7.3　CSLE 模型与 RUSLE 模型适用性差异性分析

根据 RUSLE 模型的模型结果与有效性分析可知，此模型对于 26.5°以上的小区模拟结果普遍较差，而 CSLE 模型虽然相对于 RUSLE 模型对于东台市沿海滩涂区的模型适应性更强，但在计算中同时也存在相似的问题，即在高坡度小区的模型适应性也不强。通过国内外学者的 RUSLE 模型和 CSLE 模型的使用情况和结果分析进行推断。翟睿洁等通过选取黄土高原延河流域为研究区，以 2000—2015 年的遥感影像及日降雨量等数据比较 RUSLE、INVEST 和 USPED 三个模型对土壤侵蚀估算精确度，发现在延河流域的计算中，RUSLE 模型估算侵蚀量相对于其他两个模型的模拟结果偏大，且土壤侵蚀量随着坡度增加而增加的同时，数值也会越来越不稳定。俱战省等在地理信息系统的支持下，依据土壤侵蚀模型的算法得到各因子的模拟计算值，对三峡库区的黄冲子进行时间单维度下土壤侵蚀变化的趋势，发现此方法对于林地的适用性较强，但对于农地的模拟结果与实测值相差较远。通过对 RUSLE 中地形因子根据地域适用性进行修正，其结果误差减少到 8.14%，则可以应用于农地区域。李军等结合 GIS、RS、RUSLE 和 CSLE 土壤侵蚀模型定量地分析了洛川县的土壤侵蚀状况。结果发现，RUSEL 模拟得到的结果比 CSLE 多出整整一倍。Megan EWERT 通过研究宁夏海原的半干旱地区的侵蚀模式，通过 20 个试验区组、11 个植被覆盖度和 5 个坡度设计通过 2005—2012 年的气象资料和径流小区试验数据，将 RUSLE 模型和 CSLE 模型的计算结果应用与数据进行比较。最终发现，在仅控制海原地区的特殊地形或者异于整体发育情况的河谷山脉中，RUSLE 模型其预算结果比 CSLE 模型符合原数据。特别是在采用不同工作或者耕作方法进行多地区侵蚀模拟时，CSLE 模型往往相对于 RUSLE 模型表现出更好的适应性。但是由于 CSLE 是从 RUSLE 模型发展而来的，虽然被设计成包含多种影响因子的综合模型，但同时也存在 RUSLE 模型存在的问题，而这些问题会体现在地形地貌条件和风力侵蚀等因素的影响中。

从这些学者的研究中可以发现，在同时运用两种模型对地区内的土壤侵蚀情况进行研究时，一般情况下使用 CSLE 模型进行模拟会得出优于 RUSLE 模型的结果，但是在研究特殊区域的土壤侵蚀特性时，RUSLE 模型会表现出特有的精确性。而对于两模型的运用都具有一定的限制性，比如 RUSLE 模型必须通过修正才能对小流域农耕地区进行适用性较高的模拟分析，同时两种模型都具有无法在高坡度地区或者径流小区的条件下进行计算，且模型准确性会随着试验区域坡度的增大而逐渐降低。研究两模型之间的适用性差异，则需要从模型的构成因子中进行研究，而因为双模型中关于坡长坡度因子、水土保持措施及植被覆盖因子等因素的取值方法相近或相同不足以对双模型的适用度造成差异，本文仅从两模型中计算方法不同的降雨因子以及土壤可蚀性因子 K 的取值差异性来分析导致两模型产生差异性的原因。

1. 基于降雨因子的双模型差异分析

由前述章节计算结果可知，CSLE 模型在苏北地区沿海滩涂围垦区的适用性要远高于修正前的 RUSLE 模型。从上文中两个模型的计算方法可知，模型在坡长坡度因子、植被覆盖因子等因子的计算和取值上具有一定的相似性，但在降雨侵蚀力 R 和土壤可蚀性因子 K 的计算方法上却存在着明显的不同。降雨现象作用于土壤带来的降雨侵蚀力直接影响对土壤结构和盐分运移产生影响。通过汇总材料发现，2015—2020 年的东台市每年年内降雨的时间分布与侵蚀性降雨的分布趋势存在相似性且每年由于侵蚀性降雨引发的土壤侵蚀量变化具有相似的变化趋势。通过试验得到的降雨资料，将 5 年的侵蚀性降雨与当年的全年降雨量进行汇总比较，如图 5-17 所示。

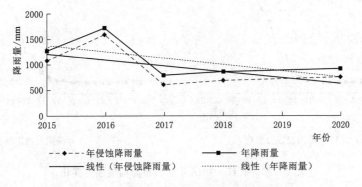

图 5-17　侵蚀性降雨量与全年降雨量变化

东台市沿海围垦区 2015—2020 年累计侵蚀性降雨量为 5759.71mm，其中 2017 年降雨量仅有 638.5mm，而 2016 年达到了最大值 1610mm，二者甚至相差 971.5mm。其中

2016 年与 2017 年侵蚀性降雨差距最大，降雨量差距也最大。根据图 5 - 17 对 2015—2020 年的全年降雨量与侵蚀性降雨量进行比较，可知侵蚀性降雨的变化趋势与年总降雨量的基本一致，在这五年的降雨趋势上大体上表现为相似的负增长态势。同时，侵蚀性降雨量的变化规律基本与年降雨量的同步变化，呈现一样的变化规律。因此，可以模糊地将侵蚀性降雨的变化趋势看作线性变化，在使用 CSLE 模型进行多年侵蚀性降雨进行研究时使用平均降雨侵蚀力进行计算可以较准确地反映出研究区的降雨侵蚀规律。而对于 RUSLE 模型计算过程中的降雨侵蚀力计算方法与 CSLE 模型有着根本的区别，通过对 2015—2020 年各年降雨侵蚀力变化态势进行汇总绘制图 5 - 18～图 5 - 20，以研究 RUSLE 模型中降雨侵蚀力对计算结果产生影响的机理及原因。

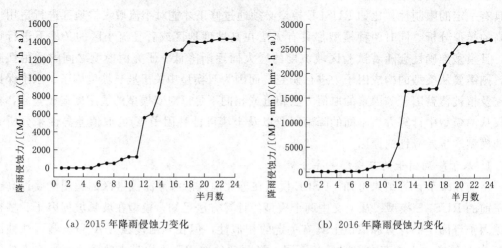

（a）2015 年降雨侵蚀力变化　　　　　　　（b）2016 年降雨侵蚀力变化

图 5 - 18　2015—2016 年东台市降雨侵蚀力变化

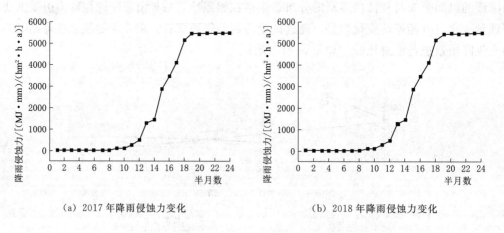

（a）2017 年降雨侵蚀力变化　　　　　　　（b）2018 年降雨侵蚀力变化

图 5 - 19　2017—2018 年东台市降雨侵蚀力变化

图 5 - 18 显示了雨量相对充沛的 2015 年及 2016 年的降雨侵蚀力变化，这两年由于全年降雨降雨量较大，且多次大型降雨的持续时间较长，因而产生的降雨侵蚀力也相较于其他几年更强。这两两年的降雨侵蚀力变化具有一定的相似性，6 月前几乎没有增长，而在

半月数 12~20 之间呈现一个明显的上升趋势，存在多段陡坡式上升的现象且在 6 月产生了全年范围内侵蚀力的最大增幅。有所不同是的是 2015 年的降雨侵蚀力在 6—8 月的上升速率几乎相同，而在 9 月开始降雨侵蚀力几乎没有增加；而 2016 年的降雨侵蚀力在 7—8 月几乎没有增长，但于 9—10 月开始大幅增长。

图 5-19 和图 5-20 对降雨量较少的 2017 年、2018 年及 2020 年进行描述，发现在降雨雨量并非特别充足的条件下，在 4—10 月试验期间，因降雨引起的降雨侵蚀力几乎没有任何变化，图中表现为无波动的水平直线。3 年内的侵蚀力的集中增长区间为 5—9 月，且与 2015 年及 2016 年类似的是在 6—7 月都呈现一个大幅度的上升，但不同的是在 5—9 月的上升较为连贯且并未出现 2015—2016 年的平台期现象。

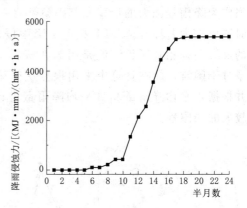

图 5-20 2020 年降雨侵蚀力变化

对五年的降雨侵蚀力变化趋势进行研究，发现无论降雨量的多少，在每年的 5—9 月必然会因为夏季雷雨季节频繁地大中型降雨都会带来降雨侵蚀力的激增；而在 4 月之前 10 月之后的降雨侵蚀力基本不会产生变化，原因在于此段时间因气候原因逐渐减少的降雨量或即使降雨造成了一定的土壤侵蚀但因雨强无法到达侵蚀性降雨的判定条件而被忽略。在发现五年内的降雨侵蚀力变化存在相似的整体趋势后，可以将 2015—2020 年的月平均 R 值进行统计汇总，并对各月 R 值的占比进行计算，得出结果见表 5-29。

表 5-29　　　　　　　　东台市 2015—2020 年各月平均 R 值统计

月　　份	1	2	3	4	5	6	7	8	9	10	11	12
R 值 /[(MJ·mm)/(hm²·h·a)]	36	0	99	123	675	2061	3143	1604	1606	967	162	168
占　比/%	0.3	0.0	0.9	1.2	6.3	19.4	29.5	15.1	15.1	9.1	1.5	1.6

表 5-25 可以发现，2015—2020 年几年内的降雨侵蚀力的年内分布都大体相同，呈现出单峰型增长，其中在 1—9 月都处于一个上升的趋势且在 7 月达到增长的顶峰，在 9—12 月呈现下降趋势，于苏北沿海滩涂围垦区而言，从 5 月开始，降雨对于土壤结构的影响开始逐渐增大，并于 7 月持续性的大型降雨中达到全年侵蚀强度的最大值，由于夏天的短历时暴雨会明显加大降雨侵蚀力，但由于条件限制或当地计算规范的差异，在进行 RUSLE 模型 R 值模拟时会对总雨量偏小但短时间集中降雨不予计算，故导致 R 值的模拟结果产生误差。对降雨侵蚀力和侵蚀性降雨量的变化进行汇总分析，得出二者的年际分布折线图如图 5-21 所示。

从图 5-21 可以看出这五年侵蚀性降雨量出现了先增后减的趋势，而降雨侵蚀力则呈现出先增后减又增的趋势性，可以发现二者变化趋势并不同步。由此可知，近年来侵蚀性降雨量与总降雨量的变化规律基本相同，但随着夏季雨期降雨量与降雨次数的增加，降雨侵蚀力的增长趋势不再平滑，而在某些阶段出现断崖式增长。从降雨侵蚀力的计算方法分析，降雨侵蚀力除受到降雨量大小的影响外，还应该受到另一因子的影响，即雨强。雨强作为降雨侵蚀力的计算和判别条件之一，会在进行 RUSLE 模型中土壤侵蚀模数计算时造成较大差异。RUSLE 模型中降雨侵蚀力的取值方法最初是通过降雨动能与 30min 的最大雨强相乘所得，但是因为在资料采集过程中对于降雨动能及雨强资料的统计记录过于困难，故在计算中采用根据次降雨的方法定义降雨量 12mm 以上的侵蚀性降雨并根据年平均降雨量和日平均降雨量进行修正因子的确定和计算，但此计算方法存在较大的局限性。

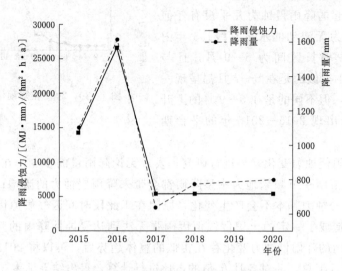

图 5-21 年降雨侵蚀力和侵蚀性雨量值分布

RUSLE 模型最初是以美国落基山地区的土壤模拟试验资料进行计算而建立的方程，而落基山脉的年降雨量分布较为均匀，且以冬季的降雪为主，仅在夏季雷雨季节会发生少量的大型降雨现象。由于不同区域的气候因素和地形地貌条件不同导致了模型模拟的差异性，在原式中对降雨侵蚀力修正系数是在落基山脉的气候条件基础上计算研究得出的，由于降雨量的年际分布和降雨规律方面的巨大差异，导致其数值无法弥补雨强和降雨动能资料缺失带来的误差，因此在使用未修正的 RUSLE 模型进行东台市沿海新围垦区进行模拟时会出现相当大的误差，无法得到较好的适用性。

2. 基于土壤可蚀性因子的双模型差异性分析

RUSLE 模型在受到侵蚀性降雨计算过程中短期雨强等因素造成影响而造成误差之外，其模型因子的计算中值的取值也与 CSLE 模型具有较大的差异性。首先从模型建立初期适用地区与东台新围垦区的地形地貌和土地性质方面入手进行分析。落基山脉是由于地质构造运动而导致的板块挤压形成的山脉，其中地形起伏较大且多为丘陵山脉类型，土壤构成以石块、石砾等为主，小粒径颗粒含量较少，土壤结构较为紧密，小范围的土壤运移活动较少；研究区域的滩涂冲积平原土壤砂性较重，且土壤粒径以小颗粒土壤粒子为主，土壤结构松散，易发生土壤运移。RUSLE 模型建立基于洛基山脉的岩性地区土壤侵蚀的研究，主要面向于山区坡道的水土流失和土壤运移活动，故对于其他类型区域的研究中使用 RUSLE 模型必定存在误差，特别是针对东台市沿海滩涂区域等与落基山脉地质特点相差较大的区域进行计算时，则更需要进行修正。因此针对 RUSLE 模型中土壤可蚀性因子的计算，根据试验条件和土地类型等的不同应进行一定程度上方法的改进。

在 CSLE 模型被提出之前，国内外学者对于 RUSLE 模型的土壤可蚀性因子提出了很多适应于各异区域情况的计算模型，如 EPIC 方程、Shirazi 模型和 Torri 模型等，通过多种适用于 RUSLE 与 CSLE 对于 K 值进行模拟对比，从而分析造成 CSLE 模型模拟结果优于 RUSLE 模型现象的另一因素。根据东台华丿野外径流小区的试验数据，得到 K 值的实测值，见表 5-30，其中 K 值单位为 $(t \cdot hm^2 \cdot h)/(hm^2 \cdot MJ \cdot mm)$。

表 5-30 各径流小区实测 K 值

径流小区	A	B	C	D	E	F	G
K	0.018	0.015	0.011	0.012	0.013	0.012	0.015

EPIC 方程作为一种基于"气候—土壤—作物—管理"综合系统的侵蚀模型，主要以土壤颗粒大小与有机质含量对土壤可蚀性 K 进行估算，则计算方法为

$$K = \left\{ 0.2 + 0.3\exp\left[-0.0256S_a\left(1 - \frac{S_I}{100}\right)\right]\right\} \times \left[1 - \frac{0.25c}{c + \exp(3.72 - 2.95c)}\right]$$
$$\times \left[1 - \frac{0.7S_n}{S_n + \exp(-5.51 + 22.9S_n)}\right] \tag{5-44}$$

式中：S_I 为粉粒含量（颗粒粒径 $0.002\sim0.05mm$）；S_a 为砂粒含量（颗粒粒径 $0.05\sim2mm$）；C 为有机质含量；其中式中 $S_n = 1 - \frac{S_a}{100}$。

对各径流小区试验中的数据进行处理后模拟土壤可蚀性 K 值，见表 5-31，其中 K 单位为 $(t \cdot hm^2 \cdot h)/(hm^2 \cdot MJ \cdot mm)$。

表 5-31 EPIC 计算土壤可蚀因子 K 值

径流小区	A	B	C	D	E	F	G
K	0.028	0.029	0.024	0.024	0.026	0.024	0.028

Shirazi 模型是在无法获取全部土壤颗粒类型资料或特定种类的土壤含量无法测量的情况下，只通过土壤每组颗粒的平均粒径模拟土壤侵蚀模数：

$$K_{shirazi} = 7.594 \times \left\{0.0034 + 0.0405 \times \exp\left[-\frac{1}{2}\left(\frac{\lg D_g + 1.659}{0.7010}\right)^2\right]\right\} \tag{5-45}$$
$$D_g = \exp(0.01\sum f_k \ln m_k) \tag{5-46}$$

式中：f_k 为土壤中颗粒极径排序中第 k 组的颗粒类型所占百分比；m_k 为第 k 组颗粒类型的算数平均值。

使用 Shirazi 模型模拟土壤可蚀性因子 K，见表 5-32，其中 K 单位为 $(t \cdot hm^2 \cdot h)/(hm^2 \cdot MJ \cdot mm)$：

表 5 - 32

表 5 - 32　　　　　　　　　　　　**Shirazi 计算土壤可蚀因子 K 值**

径流小区	A	B	C	D	E	F	G
K	0.038	0.036	0.031	0.035	0.037	0.034	0.038

Torri 模型是基于土壤粒径及有机质数据建立的土壤可蚀性估算模型：

$$K_{Torri} = 0.0293 \times (0.65 - D_g + 0.24D_g^2)$$

$$\times \exp\left\{-0.0021\frac{O_M}{c} - 0.00037\left(\frac{O_M}{c}\right)^2 - 4.02 + 1.72c^2\right\} \quad (5-47)$$

$$D_g = \sum f_i lg \sqrt{d_{k-1}d_k} \quad (5-48)$$

式中：O_M 为土壤有机质含量，%；c 为黏粒的含量；d_k 为土壤颗粒组成中第 k 量级中粒径最大值，mm；d_{k-1} 为第 k 量级中土壤粒径最小值，mm，当 $i=1$ 时，$d_0 = 0.00005$mm；f_i 为对应粒径等级的土壤成分含量。

基于砂粒、粉粒和黏粒 3 个粒径对 D_g 进行计算。土壤可蚀性因子模拟结果见表 5 - 33，其中 K 单位为 $(t \cdot hm^2 \cdot h)/(hm^2 \cdot MJ \cdot mm)$。

表 5 - 33　　　　　　　　　　　　**Shirazi 计算土壤可蚀因子 K 值**

径流小区	A	B	C	D	E	F	G
K	0.009	0.028	0.020	0.033	0.038	0.037	0.036

将 RUSLE 模型的各种土壤可蚀性因子与 CSLE 模型计算结果进行汇总，见表 5 - 34。

表 5 - 34　　　　　　**各径流小区各方法估算土壤可蚀性因子 K 值与实测值**

单位：$(t \cdot hm^2 \cdot h)/(hm^2 \cdot MJ \cdot mm)$

小区	K（实测）	K（NOMO）	K（EPIC）	K（Shirazi）	K（Torri）	K（CSLE）
A	0.018	0.031	0.028	0.038	0.009	
B	0.015	0.029	0.029	0.036	0.028	
C	0.011	0.021	0.024	0.031	0.02	
D	0.012	0.023	0.024	0.035	0.033	0.014
E	0.013	0.026	0.026	0.037	0.038	
F	0.012	0.023	0.024	0.034	0.037	
G	0.015	0.028	0.028	0.038	0.036	

以径流小区的实测值为依据，在 SPSS 中使用平均绝对误差（MAE）、均方根误差（RMSE）、平均相对误差（MRE）以及精度因子（A_f）对五种方法计算出的 K 值进行精准度的衡量。其中计算方法如下：

$$MRE = \frac{1}{n}\sum_{i=1}^{n}\frac{|NK_i - SK_i|}{NK_i} \quad (5-49)$$

$$MAE = \frac{\sum_{i=1}^{n}|NK_i - SK_i|}{n} \quad (5-50)$$

$$RMSE = \sqrt{\frac{\sum_{i=1}^{n}(NK_i - SK_i)^2}{n}} \tag{5-51}$$

$$A_f = 10 \times \left[\frac{\sum \left| \log\left(\frac{SK_i}{NK_i}\right) \right|}{N}\right] \tag{5-52}$$

式中：NK 为标准径流小区通过试验测得的实测 K 值；SK 为采用数学模型修正得到的 K 值；n 为所取样本数，即本次试验所取的七个径流小区数。

对五种方法的修正精度进行计算，结果见表 5-35。

表 5-35   土壤可蚀性因子修正精度对比

方 法	MRE	MAE	RMSE	A_f
NOMO 公式	0.0121	0.010	0.012	2.77
EPIC 方程	0.0124	0.011	0.012	2.84
Shirazi 模型	0.219	0.019	0.022	4.19
Torri 模型	0.176	0.015	0.019	3.72
CSLE 模型	0.0021	0.002	0.002	0.67

表 5-35 中 MRE、MAE、$RMSE$ 的值越接近于 0，则表示计算精度越高，A_f 越接近 1 时，土壤可蚀性因子 K 估算的精度越高，由表中可以得知，CSLE 模型模拟土壤侵蚀模数 K 值的所有指标都是精度最高的，即 CSLE 模型的计算方法相对于另外四种都是最适合苏北沿海滩涂围垦区的。NOMO 公式和 EPIC 方程相对于 CSLE 的精确度些许不足，但仍比 Shirazi 和 Torri 模型更加精准，其中 Shirazi 模型的所有指标都是最差，是最不适合进行该地区的土壤侵蚀性因子的计算方法。

NOMO 法在结合了土壤结构等级 S、土壤渗透等级 P、有机质含量和土壤机械组成这些因素之后对东台市沿海滩涂围垦区的敏感程度较佳，而 EPIC 方程和 Torri 模型因为仅考虑颗粒机械组成和有机质含量的因素，对当地环境敏感度契合度低。且 Torri 的计算结果与实际相差最大。因为 NOMO 公式作为美国研究者研究出的土壤可蚀性因子计算方法，其试验环境和计算时使用的标准都与国内不同，使用此公式时可以发现，试验得出的土壤渗透等级 P 和土壤结构等级 S 都为根据经验设定的固定值，这些因素导致诺谟公式确实存在局限性和不稳定性。同时，因为单从渗透等级和土壤结构两个方面对土壤进行定性并不够全面，若遇到颗粒大小离散型较大的土壤样本，从渗透等级和土壤结构层次分析仍可能与正常比配的土壤样本得出的 K 值差别不大。因此，只可将诺谟公式作为对标准径流试验小区土壤可蚀性因子 K 值的一个参考模型，若进行实际使用则需要对其进行修正。

EPIC 公式作为定量评价"气候—土壤—作物—管理"系统的综合动力学模型，其相较于诺谟公式，在结合了多种因子的条件下，地区差异性被极大减弱，特别是在综合了气候和作物因子的情况下，EPIC 作为土壤可蚀性因子研究模型可以应用于大多数地点。但是因为其对土壤理化性质多了过多的因素分析，会导致试验所需的操作步骤以及需要的数据过于复杂，并且因为这个原因在使用到特定区域时需要根据当地特殊的土壤性质进行修正和调整。

Shirazi 模型和 Torri 模型是针对土壤资料缺少的情况下诞生的特化模型。具有一定的模糊性，Shirazi 模型是根据所在粒径级的粒径大小的算术平均值进行计算，将每个级别的颗粒粒径默认为相等，但实际土壤颗粒的离散型较大，故使用 Shirazi 模型进行计算后，会出现整体数值偏大且相对于 NOMO 和 EPIC 公式计算出的结果，不同区域数据的离散型也同样较大。Torri 模型模拟的结果相对于另外三种模型呈现出离散型特别大的情况，问题在 A 区和 G 区的土壤侵蚀模数值表现得最为明显，主要问题在于 A 区由于设置角度较大且土壤侵蚀较明显，其中颗粒粒径最小的黏粒经过了长达 3 个月的降雨侵蚀作为土壤流失最多的一部分已经几乎消耗殆尽，因 Torri 模型是对小单位粒径进行模糊处理，故所得结果偏离其他野外径流小区的结果较多。表 5 - 23 的四组数据可以明显看出各计算模型均对江苏东台市沿海滩涂区域的土壤侵蚀计算表现出明显的不适应性，需要对上述的模型进行修正。

通过以上理论分析及以往科学家们使用以上模型进行试验的情况，可以总结出 RUSLE 模型用于计算土壤可蚀性 K 值的方法都有一定的限制性和地域不适应性。NOMO 法和 EPIC 公式都较适用于平坦，坡度较低或砂石含量较均匀的地区。其中 NOMO 方程对于地形的坡度变化较为敏感，而 EPIC 则对有机质的含量相对敏感，故这两个公式在江苏省东台市沿海滩涂区域的径流小区的试验模拟中都呈现一定的适用性，但对于江苏沿海地区贫瘠且砂石含量不均的处理时会出现较大的偏差。同时因为径流小区中的黏粒含量过低且在开阔空地中进行试验，无法很好地满足 Torri 和 Shirazi 模型对土壤侵蚀模拟的需求，因此无法获得较佳的适用性。总体上，不论适用哪种方法进行模拟计算，RUSLE 模型都受到当地的土壤有机质、渗透率以及颗粒粒径等级分配等因素的影响，具有较差的地域适应性。

5.4　小结

（1）对苏北沿海地区的 2020 年降雨数据、土壤理化性质数据和地形数据进行汇总，日降雨量拟合模型对降雨侵蚀力因子、陡坡计算方程对坡长坡度因子等进行计算汇总，并通过计算得到径流小区土壤侵蚀实测值为 131、242、162、113、15、12、15t/(km² · a)。运用 RUSLE 模型对径流小区的土壤侵蚀模数进行模拟计算。计算所得 RUSLE 模型裸地侵蚀模拟值在 1°、2°、5°、15°、26.5°、35°、45°坡度条件下分别为 352、288、217、124、56、22、15t/(km² · a)，通过与实测值对比发现模拟值基本符合土壤侵蚀小区的基本规律，且在缓坡区域的模拟值具有较好的拟合度，但在陡坡模拟的情况下会出现较大的误差。收集 2015—2020 年（除去 2019 年）五年内的日降雨量资料和东台市沿海滩涂区域径流小区土壤侵蚀模数模拟数据，使用 CSLE 模型对多年径流小区的土壤侵蚀情况进行模拟。结果分别为 204.84、201.41、173.97、96.54、45.02、19.11、10.29t/(km² · a)。相对于 RUSLE 模型，CSLE 模型对于径流小区的土壤侵蚀程度模拟具有更好的拟合度。

（2）就江苏沿海新围垦区而言，WEPP 模型的模拟效果与 RUSLE 模型相比总体较好。RUSLE 模型对江苏沿海新围垦区的高坡度小区的模拟结果较差，对低坡度小区的模拟效果较好，预测精度较高，适用于江苏沿海新围垦区缓坡的模拟。WEPP模型受强降雨影响较大，不能很好地模拟雨量大雨强大的特大降雨事件，对于丰水年的模拟效果较枯水年而言稍差些。

（3）在气象因素方面，WEPP模型优于RUSLE模型，考虑较为全面，但是在气象数据的收集方面难免会有一定的困难，会造成气象资料有一定的局限性，从而影响模拟结果。在土壤因素方面，WEPP模型的考虑也较为全面，但是两个模型在土壤孔隙度和渗透系数对土壤侵蚀影响这方面仍略有不足。此外，WEPP模型在实用性和应用的广泛性方面可能不如RUSLE模型。

（4）使用模型适用性评价方法对RUSLE模型和CSLE模型土壤侵蚀模拟值进行计算，发现RUSLE模型对于径流小区土壤侵蚀的模拟适用性较低，在剔除高边坡地区后模型适用性显著提升；CSLE模型虽然对径流小区的适用性较高，但是对于高边坡地区的适用性却依然不理想。通过回归分析计算发现RUSLE模型模拟值与实测值具有较强的相关性和显著性，以此对RUSLE模型进行修正 [修正后的计算方程为 $Y = 0.5577(R \cdot K \cdot LS \cdot C \cdot P) + 13.01$]，发现修正后的RUSLE模型适用性提高，但CSLE模型仍然是适用性较高的模型。

（5）从RUSLE和CSLE模型中都有涉及的降雨侵蚀因子计算方法对双模型适用性差异进行分析。通过收集到的东台市2015—2020年降雨资料，根据侵蚀性降雨特性对资料进行提取并绘制相应趋势折线图，从中发现每年的总降雨和侵蚀性降雨具有相似的变化趋势且呈稳定的线性规律；年降雨侵蚀力与侵蚀性降雨量的变化却呈现出明显的差异性，二者同时间段内的变化幅度也比侵蚀性降雨量大，从降雨侵蚀力的取值计算角度出发，发现在短时间雨强和降雨动能资料缺乏的情况下，仅使用未修正的RUSLE模型对降雨侵蚀力计算会产生较大误差，地域差异使得模型修正系数不能完全抵消这些误差从而使得RUSLE模型的适用度降低；而CSLE模型因其具有对模拟区域的一般普适性，因此在计算过程中受到雨强等因素的干扰会相应减少，因此CSLE模型的地区适用性相对较高。

（6）通过RUSLE模型及CSLE模型中的土壤可蚀性因子对双模型适用性差异进行分析。因RUSLE模型需要在世界各地不同区域进行土壤侵蚀模拟的计算，因此针对与建立初期所针对的美国落基山脉地区具有不同土壤性质和地质构造的区域，国内外学者研究出了多种计算土壤可蚀性因子的模型。通过比较多种 K 值的计算结果，发现对于江苏东台市RUSLE模型适用的四种计算方法与CSLE模型的计算精度皆存在较大差异，其中以CSLE模型最优，NOMO公式和EPIC方程次之，Shirazi模型和Torri模型最次。通过研究发现，NOMO公式和EPIC方程皆对平坦地区较为适用，其中NOMO公式对于坡度变化较为敏感，EPIC方程对于土壤有机质含量更为敏感，而这两个模型都不适用于高边坡的模拟计算；Shirazi模型和Torri模型则因为受到土壤小颗粒（细砂土）含量和地形类别影响较大，对于苏北沿海滩涂围垦区则体现出明显的不适应性。而CSLE模型作为使用多年数据进行计算的经验模型，其模型的取值相对于RUSLE模型对于研究区域的适用性更强。

第6章 海涂垦区土壤改良研究

6.1 研究背景及动态

6.1.1 研究背景

　　江苏自古即以江南水乡，农业发达而闻名。如今的江苏省经济发展迅速，尤其是沿海区域全国范围内都是经济发展最为迅速的区域之一，与此同时粮食产量在全国也是名列前茅的。但经济快速增长的同时，也产生了负面的后果：资源的过度消耗和污染，包括但不限于因为城市扩展建设而占用耕地资源、土壤污染、水土流失和土壤盐碱化等。而这些现象都容易导致一个问题：可利用耕地面积锐减，土壤质量下滑。根据江苏省历年年鉴统计：2007 年江苏省共有 476.9 万 hm^2 的耕地，截至 2019 年共有 457.3 万 hm^2 的耕地，期间全省耕地面积共减少 19.6 万 hm^2，年平均下降速度超过 7%，人均耕地面积则由人均 0.95 亩下降到人均 0.86 亩，并呈现继续下降的趋势。足够的农业耕地面积是农业活动的基础，粮食的主要来源，奠定了人类生存的基础。故而在当前的形势下，增加新的耕地资源、保证粮食生产是江苏省乃至全国可持续发展的重要保障。

　　江苏省沿海垦区滩涂的成因与长江三角洲类似，江水流速在长江入海处大幅降低，致使水中夹杂的泥沙沉积，使得浅海海底升高，从而逐步淤泥物质。其成土物经过物质沉淀、积累，最终成为滩涂。江水中固体物质主要由长江三角洲中的堆积物组成。滩涂土壤属于滨海盐土，其自身与地下水中都含有大量的盐分，含盐量均较高。形成滨海盐渍土的形成大致需要两个阶段，或者说分为两个必要的过程：第一个阶段是在海水入侵条件下，在此前提下土中盐分逐步积累，含盐量提高。入海的河流水中携带着大量泥沙，泥沙沉积并在入海过程中逐渐下降，沉积在浅海区域，当浅海区域还处于逐步发生水下淤积阶段时，泥沙淤积物在由于在长期在高矿化度含盐量的海水的长期浸渍条件下，形成了盐渍淤泥。此后海水退去后，其地下水位相应下降，逐渐淤泥成陆，在地面蒸发、自重等作用下，超空隙水压力逐渐消散完固结，而其内盐分在地表慢慢累积。第二个阶段由于天然降雨、植被作用以及人类活动综合因素影响，土壤逐渐积累一定的养分。在海拔地带相对较高的成陆的盐渍淤泥地带，海水无法继续对其进行长期、有效地浸渍，盐渍淤泥地带开始逐渐长出滩涂中的盐生植物，形成的陆地中的土壤含盐量逐步降低。与此同时，生成的盐生植物也在进行着逐渐演变的过程，即为光板地—盐蒿群落—獐毛草群落—茅草芦苇群落—人工栽培植物。土壤则对应地由滨海盐土演变为脱盐潮土，整个过程可以表述为：滨海盐土—强盐渍化土—中度盐渍化土—轻度盐渍化土—脱盐潮土。沿海垦区盐碱土含盐量高，土壤熟化程度低，因此改造沿海垦区盐碱田是促进该地区农业生产发展的重要任务。

东台市海涂区濒临黄海，地下水含盐量较高，土壤盐渍化现象严重，无法作为耕作用地。同时该地区围垦土地较多，土壤普遍具有程度不一的盐渍化现象，选用该区域进行土壤试验具有一定的普适性，研究成果对该地区海滨盐碱地的脱盐改良亦具有一定参考价值。

6.1.2　国内外研究动态

土壤盐渍化是现今世界上很多国家共同面对的一个难题，不少国家的研究人员都开展研究了盐碱地改良工作。在干旱缺水的以色列地区，相关研究人员提出了一系列的盐碱土改良综合配套技术；巴基斯坦国家研究人员利用1‰的盐酸来改善石灰质的盐渍土；荷兰实施的暗管排碱工程措施，在美洲、南亚和一些欧洲国家都得到了一定的推广。

我国学者对于盐碱地的改良开发利用研究起步相对较晚。在20世纪初期，主要有金陵大学的研究人员在苏北盐碱地的治理改良利用上做了大量研究工作，而大规模的盐碱地改良研究则是从20世纪50年代才开始。目前，世界各地根据不同类型盐碱地土壤质地、盐分含量和组成、养分条件、水文地质条件和水源条件等，在试验研究的基础上，提出了很多种治理盐碱地的综合技术，归纳起来主要有四类：一是物理改良；二是化学改良；三是生物改良；四是水利改良。

（1）物理改良。其盐碱地改良措施包括平整土地、深耕晒垡、及时松土、抬高地形、微区改土等措施。经过深耕、松土等措施改造过的盐碱土，其土壤表层得到疏松，毛细管被切断，水分蒸发得到降低，孔隙度增加，孔隙率上升，逐步地提高了土壤的通透性，从而使得土壤结构得到明显改善，土壤淋盐明显加速和返盐作用受到抑制。表层覆盖改良盐碱地，主要是在表层铺砂改碱，降低容重，增加孔隙度，提高土壤通透性，从而抑制土壤返盐。铺砂法通过破坏土壤毛细管作用的连续性，防止底土或地下水中可溶性盐类随着毛管水上升而积累到表层土壤中，从而减少底层盐渍土对表层土壤的影响。有研究表明，在表层土壤铺上细砂后，提高了土壤孔隙度，出现了较为明显的脱盐压碱的现象，同时促进了土壤团粒结构的形成，使土壤结构得到了改善，有利于植物生长。但由于江苏沿海滩涂面积较大，铺砂法实施难度较大，其可实施性略低。

（2）化学改良。其盐碱地改良措施主要是通过在盐碱土上施用化学改良剂来从机理方面改善土壤的理化性质，降低土壤pH值。化学改良剂种类大致可以分为两类：第一类是在土壤中混合加入含钙物质，比如石膏、磷石膏、氯化钙、过磷酸钙等化学物质。化学改良物质中的离子和土壤中交换性钠起化学反应，在土壤胶体中能够有效减少交换性钠的含量，因而土壤的结构性得到改善，土壤的通透性得到提升，便于土壤脱盐与抑制返盐。有学者研究发现，要使利用土壤交换性钠离子的含量降低，可以利用钙离子来代换盐碱土胶体表面吸附着的钠离子，增加土壤中一些微量元素的浓度，从而促进作物正常生长；还有研究者通过石膏改良剂研究，发现石膏改良盐碱土可以降低土壤pH值，使土壤的通透性得到提高，从而达到改善土壤理化性质的目的。第二类化学改良剂则是通过加酸或酸性物质，比如硫酸、磷酸、盐酸、硫酸亚铁、风化煤等，利用酸碱中和原理来调节土壤酸碱度；另外还有学者使用有机质改良剂来改良盐碱土，通过对不同有机质改良剂的改良效果进行对比试验，分析其对土壤基本理化性质的变化趋势及其作物产量的影响，来改良江苏省滨海滩涂高钠盐粉土，也取得了相应的研究进展。

（3）生物改良。其盐碱土改良措施主要是通过种植水稻和各类盐生植物，利用微生物菌肥等生物措施来改良盐碱地。通过植被恢复措施，可以使土壤水分蒸发得到降低，遏制地表积盐过程，从而增加土壤根系的数量，进而增强土壤微生物区系以及活性，从土壤机理上改善其内在理化性质。20 世纪初期以来，美国、苏联、日本、以色列及澳大利亚等发达国家均开始注重土壤的盐碱化改良以及植物的耐盐性研究。在国内，近年来的研究主要是针对如玉米等的豆科牧草的耐盐临界值和极限值的研究，包括对寒地型草坪草种、粮草兼用型作物等耐盐性的研究。20 世纪末期，刘春华等学者探讨了 69 个苜蓿品种的耐盐性以及耐盐生理指标。近年来，生物改良措施研究发现，对于耐盐性较强的作物，由于其存在较高的细胞渗透压，能够从较高的盐分溶液中来吸收生长需要足够的水分，不会引起生理干旱。因此，在盐碱地进行改良措施中对耐盐植物进行引种，可以在不同程度上降低土壤表层甚至深层土壤的含盐量，而且土壤中氮、磷、钾等各指标均有较明显的提升。在目前阶段，国内外已经研究出的适合在盐碱地大量种植进行生产的作物和耐盐经济作物大概有 1500 种，其中包括甜菜、棉花、大麦、高粱、大米草、咸水草、罗布麻、沙棘等耐盐经济植物。此种生物改良措施具备方法简单、脱盐持久、稳定、投资费用低等优点，但是脱盐速度却相对缓慢。在我国干旱半干旱地区，由于淡水资源有限的局限性，利用生物措施是最为有效的改良盐碱地的途径之一。

（4）水利改良。其盐碱土改良措施主要是通过灌排配套、蓄淡压盐、灌水洗盐和地下排盐等方法进行改良。由于盐碱土多分布在排水不畅的低平原及高低不平的丘陵地区，地下水位较高，从而促进了水盐向上运移，容易引起土壤积盐和返盐。通过水利措施来进行排水，可以加速土壤中水分的运动，调控土壤中的盐分含量。其中灌水洗盐措施是通过淋洗，适当地降低土层的盐分，使土壤中的盐分达到植物正常生长范围要求的盐分浓度。同时，灌水洗盐方法也是使用历史最长、应用范围最广泛的一种水利措施。罗新正等通过研究，经过 5 年的连续试验种稻淋盐方法，可以让部分土壤表层平均含盐量由 4.5% 降低至 0.15%，使水稻产量上升到 4250kg/hm²。但目前研究针对江苏沿海垦区滩涂盐碱地的改良的水利措施则研究较少。

6.2　暗管排水

6.2.1　研究现状

6.2.1.1　发展历程

暗管排水自从 1810 年在英国的农庄开始出现以来，很多国家和地区都对其进行了探索和实践。荷兰为使土壤保持良好的耕作状态，满足作物生长的条件，暗管排水成为其主要的排水方式。近年来荷兰政府设立了专门管理灌溉与排水的机构，采取国家投入和社会投入相结合的模式，形成了从工程研究设计、咨询服务到机械设备制造以及塑料管道等相关辅助产品生产的一套现代化、产业化排水工程技术体系。据统计，美国加利福尼亚州在 1929—1955 年，为了解决河谷灌溉耕地的排水问题，在 7.73 万 hm² 的耕地上铺设了排水暗管，目前全国暗管排水总面积已达 0.09 亿 hm²，占全国排水面积的 16%。在日本明治年间，民间就开始利用暗管排水，在第二次世界大战以后，开始加大了推广应用面积，20世纪 20 年代，日本颁发了《土地改良事业规划设计标准》，其中内容就包括了"暗管排水规划设计"，日本国内暗管排水工程因此得到了快速的发展。在俄国，19 世纪末期，国内就首先建成应用了一个完整的瓦管地下排水系统。到了 20 世纪前期，苏联大量兴建了一批完善的暗管排水系统，专门用于暗管排水试验；至 20 世纪后期，苏联暗管排水应用范围已占到全国总排水面积的 40%。在农业干旱区的埃及，大量引用外资，通过在原有骨干排水工程的基础上来修建暗管排水系统，对其全国范围内的耕地全部实行有效灌溉，来解决灌溉耕地盐碱化层出不穷的问题。在英国，从 20 世纪初期就开始着手研究暗管排水技术；到 20 世纪中叶，已经初步形成完整性的试验性排水工程；1966 年暗管排水被正式列为国策，在全国范围内进行推广应用；到了 20 世纪末期，全国已建成的暗管排水面积约占总排水面积的 52%，目前该国排水系统已全部实现暗管排水覆盖。在捷克，暗管排水面积占到全国总排水面积的 70% 为；波兰的暗管排水面积占到全国排水面积的 75%；在法国，20 世纪 50—60 年代，每年完成不到 1 万 hm² 暗管排水面积，而在 1961—1973年 12 年期间每年增加到约 3 万 hm²，增长了 2 倍，并已计划在此之后，每年要完成增加5 万 hm² 暗管排水面积的任务。

我国推广应用暗管排水技术的时间并不长，20 世纪 50 年代后期才开始有学者开始研究。暗管排水最开始应用在河南人民胜利渠浇灌区进行盐碱地暗管排水洗盐，到 20 世纪70 年代中期暗管排水试验田面积增加到了 333.3hm²，并在此基础上逐步推广应用。1957年河南偃师县进行了用埋在地下的陶土管替代了地面沟渠用以灌溉排水的试验，田间沟渠地下管道化试验取得了良好的效果；1966 年河南温县采用地下混凝土管道代替明渠排水获得成功。20 世纪 70 年代后期，浙江、安徽、湖北、福建、广东等省对暗管排水工程进行了试点；山东打鱼张灌区、山西雁北地区、黑龙江友谊农场、辽宁海城市、内蒙古河套地区和天津潮宗桥等地先后采用暗管排水技术来改良低洼湿涝地和盐碱地的试验。上海市农科院、上海市塑料研究所填补了国内在塑料管材领域研究的空白，分别于 1978 年和 1979 年相继研制成功塑料管和波纹塑料管。在南方许多省市都已通过广泛应用暗管排水来治理盐碱地渍害，取得良好效果。在北方地区，如山东、天津、新疆、甘肃、青海等省（自治区、直辖市），在局部试点地区使用暗管排水，来改良沼泽地和内陆盐碱地，取得了很多值得骄傲的成果。20 世纪末期，新疆生产建设兵团从荷兰引进埋设暗管的机械设备，在新疆地区铺设暗管面积达 867hm²，之后又布置 1950km 长度暗管，铺设面积达到 1.1 万 hm²。

进入 21 世纪以后，暗管排水的应用范围更是拓展到沿海滩涂的开发领域，从暗管排水技术装备研制、沿海滩涂暗管改碱等方面进行了系统研究与示范，取得了一批标志性的成果，标志着我国暗管排水技术研究进入了崭新的发展阶段。

6.2.1.2 优化布局

目前关于暗管优化布局方面的专门研究并不多见。美国学者通过田间试验确定得出适宜当地玉米种植的暗管间距为 15m，牧草为 12m；加拿大学者通过 4 年的田间试验表明，玉米、大豆、小麦的产量在间距 6.1m 为最高。我国各地特别是南方圩区进行了较多的田间试验，如湖北省经 4 年研究（1984—1987 年）表明，黏土间距和埋深的最优组合为

12m×1.0m；壤土为 12m×0.9m；粉质砂土为 20m×1.0 和 25×1.2m；江苏省各种土壤适宜的埋深为 0.8～1.2m，适宜的间距为 8～12m，坡降为 1/300～1/600。

中国水利水电科学研究院根据南方江苏、上海、浙江、江西、福建 5 省（直辖市）部分地区的调查研究，总结分析了不同土壤渗透系数、暗管埋深及其相应间距的经验数据值。日本学者田地野直哉提供了详尽的关于塑料暗管间距和土壤质地的关系；我国《农田排水技术规程（南方农田暗管排水部分）》根据南方各地排水试验和工程实践，归纳出塑料暗管间距与作物、土质、埋深之间的关系。经验数据法简单明了，易于应用。

另外也有通过理论计算进行暗管优化布局的研究与报道。理论计算法是用渗流理论为依据推导得出暗管间距的计算公式。通常使用的有稳定流计算公式和非稳定流计算公式。国内外不少学者提出了稳定流计算间距公式，常用的有胡浩特公式、阿维里扬诺夫-瞿兴业公式。非稳定流计算公式适用于排水地段上的地下水位在暗管作用下不断变化，降雨后地下水位上升到地表，雨后又落回的情况，常用的有不考虑蒸发影响的格洛夫-达姆公式，考虑蒸发和排水共同作用的张蔚榛公式。近几年来，我国一些学者对考虑地下水不同蒸发与埋深关系指数的田间暗管间距进行了较为系统的研究，编制了计算机程序。美国运用 Drainmod，输入土壤剖面水分平衡时的含水量，地下水和土壤剖面的水分贮存和移动等水文资料进行明暗排组合抉择和暗排间距决策；Garcia（1990）应用 DSS 决策系统，通过输入最小净效益、两年最小净效益、93%保证度的净效益、平均净效益和最大净效益 5 项指标于 Glover - Dunn 模型，计算最适间距；荷兰建立了 Spreedsheef 程序用于计算暗管间距和埋深（Seharf，1989）。我国学者邵孝侯等针对长江下游低洼圩区低产田改良，建立了以单位面积工程费用最小为目标函数的塑料暗管间距和埋深的数学模型，得出结论在埋深 0.9～1.1m 之间，间距由土壤质地决定：黏土 10m，壤土—粉黏土 18m，粉土—壤黏土 15m。

6.2.1.3　微生物有机肥土壤改良

微生物有机肥是有机固体废物（包括有机垃圾、树木修枝、秸秆、畜禽粪便、饼粕、农副产品和食品加工产生的固体废物）经微生物发酵、除臭和完全腐熟后加工而成的有机肥料或者有机微生物包膜肥。其具有改善土壤理化性状，增强土壤保水、保肥、供肥的能力。

目前国内外用于土壤改良的常见有机物料主要是作物秸秆和畜禽粪肥，林木枝叶等改良土壤的报道鲜见。目前，利用作物秸秆（或残茬）表施和塑料薄膜覆盖是当前用于提高土壤中作物可利用有效水分的最成功模式之一，其中秸秆表施还可以减少地表径流。孙立涛等研究了对照、表施秸秆、覆盖地膜和表施秸秆＋覆盖地膜 4 种处理对茶树水分利用效率的影响，发现表施秸秆、表施秸秆＋覆盖地膜处理下茶树生长水分利用效率与对照相比可以提高 43%～48%，产量水分利用效率提高 7%～13%。对土壤中混施不同量的有机物料以提高土壤保水能力的研究也有报道，如在宁南半干旱区，将小麦秸秆按 3000kg/hm²、6000kg/hm² 和 9000kg/hm²，玉米秸秆按 4500kg/hm²、9000kg/hm² 和 13500kg/hm² 粉碎后翻埋至 25cm 左右深度的土层，发现 0～200cm 土层土壤储水量与对照相比增加了 30.17～32.83mm，但秸秆不同还田量之间没有显著差异。

前人大量的研究结果表明，秸秆还田还可以明显增加土壤有机碳和其他养分含量。白和平等的研究显示，秸秆还田后土壤的有机质含量与不还田的土壤相比可以提高 0.29g/kg。王晓波等的研究还发现，作物秸秆还田可以增加砂姜黑土有机质。利用有机物料改良土壤，不仅可以提高土壤有机质不同组分的含量，同时还可以提高土壤其他养分特别是氮素的含量。有机构对山东省黄河冲积平原低肥力潮土进行的 14 年秸秆还田改良土壤的结果表明，土壤有机质、速效氮和微量元素（锌、铁、锰）与秸秆还田量均呈显著正相关关系。

有机物料的施入还可以改善土壤微生物活动。蔡晓布等研究发现，秸秆混施、表施和留高茬均能提高微生物的数量；张电学等秸秆还田试验表明，在秸秆还田条件下土壤表层过氧化氢酶、转化酶、脲酶和磷酸酶活性均表现为高于对照；李晓莎等还研究了秸秆还田结合保护性耕作对土壤微生物的影响，发现秸秆还田能明显提高土壤微生物生物量碳和微生物活性，降低呼吸熵。

施加有机物料也可以降低盐渍土盐分，乔海龙等通过秸秆深层覆盖对土壤盐分运移进行了研究，发现深层覆盖秸秆可以有效控制土壤表层返盐；王新亮通过不同的施入有机物料方式对土壤盐分进行了试验对比，发现表层施加有机物料可有效地降低土壤盐分。

6.2.2 试验方案

6.2.2.1 试验场地

试验场地位于东台市弶港镇。东台市位于黄海之滨，有着漫长的海岸线和丰厚的沿海滩涂资源。现有滩涂面积达 $1040km^2$，其中辐射沙洲面积有 $670km^2$，并且滩涂面积在以每年 $667hm^2$ 的速度增加，形成了以典型的沿海湿地生态系统为特点的土地后备资源。

现场试验是在江苏省水利科学研究院沿海试验基地完成的，试验区为一长方形布局，试区东西长约 260m，南北宽约 60m。试验区地势平坦，地面高程一般为 3.3～4.77m（黄海高程）。区域土壤为受海潮顶托及盐分凝聚作用回溯沉降的浅海泥沙，质地为砂壤土。

6.2.2.2 试验材料

开展试验的主要材料为暗管、盐分传感器、微生物有机肥及化学改良剂等。

（1）暗管。采用单壁波纹管，管材为 PVC。

（2）盐分传感器。该盐分传感器的主要部件是石墨电极和进行温度补偿用的热敏电阻，由四芯导线与电极插头相连接。

（3）微生物有机肥。有机肥为试制材料，主要是利用试区附近丰富意杨林木修剪的枝条及落叶，通过添加对应比例康源绿洲生物的益生菌原液及水分，经过一段时间的堆腐发酵而成。

（4）化学改良剂。

6.2.2.3 暗管参数设定

（1）暗管排水系统布置形式。试验采用单壁波纹吸水管吸水、集水管汇流的管网布置。

（2）暗管间距和埋深的确定。根据《灌溉与排水工程设计规范》（GB 50288—99）规定，试验采取在同一埋深（1.4m）条件下，3 种不同间距的组合试验，共 3 种处理，每处理 3 个重复，同时设置空白对照。

（3）暗管管径的确定。根据《灌溉与排水工程设计规范》（GB 50288—99）规定，在暗管排水工程应用中，吸水管选用的内径 $r>50mm$，集水管选用的内径 $r>80mm$。试验吸水管选用的内径为 50mm，集水管选用的内径为 90mm。

（4）暗管管道比降的确定。根据《灌溉与排水工程设计规范》（GB 50288—99）规定，试验管内半径 $r<100mm$，结合试验区的地形以及暗管的布置，按照 1/1000 的坡降确定，暗管末端埋深 1.36m，出水口埋深 1.46m。

6.2.2.4　试区布置

试验场地平面布置如图 6-1 所示，暗管排水区采用吸水管吸水、集水管汇流的两级管网布置，吸水管与集水管正交连接。集水管同基地北侧排水明沟同方向铺设，吸水暗管垂直于集水管方向铺设。

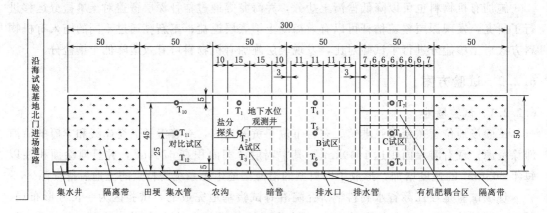

图 6-1　试验场地平面布置图（单位：m）

由西向东分别布置对比试区、A 试区、B 试区、C 试区共 4 个试区。每个试区东西向长度为 50m，南北向长约为 60m。其中在 C 试区南北向中心位置布置田埂，南侧按照 A、B 试区相同方式布置，定位 C-1 分试区，北侧设一有机肥处理试区，用田埂隔开，与C-1 试区共用一套排水设施，定为 C-2 试区。对比试区和 C 试区外侧各设一定宽度隔离带，在隔离带和试区、试区与试区之间设置田埂，并在地下垂直方向铺设厚 0.25mm、深1.8m 的 PE 膜料，用以阻断试区之间土壤水分的流通。各试区具体布置见表 6-1。与集水管垂直另设一小段排水管，排水管一端垂直进入集水管，另一端从农沟引出，并带有一可控制出水量的阀门，用以控制试区地下水位。

集水管垂直于吸水管布置，位于靠近基地围墙一侧，沿平行于围墙旁排水沟布设。布置高程东端为地下 1.4m，共三根分别连接 A 试区、B 试区和 C 试区，随地势布置西端略高于东端，呈现 0.5‰左右的坡度，最终通向位于对比区东北处的集水井中，集水管直径9cm，采用 PVC 普通波纹管。集水管进入集水坑末端安装阀门，用于控制排水。

（1）暗管试区布设。为了验证相同埋深下不同间距的排水洗盐效果，暗管平均埋深统一控制在 1.4m 左右，按照 1/1000 的坡降确定，暗管末端埋深 1.36m，出水口埋深1.46m。A 试区布置 3 条暗管，暗管间距为 15m，B 试区布置 5 条暗管，暗管间距为

11m，C 试区布置 7 条暗管，暗管间距为 6m，D 试区为无暗管对照区。A、B、C、D 试验区两根暗管中间沿着暗管方向布置三个地下水位观测井，并按照观测井于排水口的距离，将相应的观测井序号依次列为 $T_1 \sim T_{12}$。地下水位观测井井深均为 3.5m。试验小区暗管布置方案如表 6-1 所示，试验小区平面布置示意图如图 6-1 所示。

表 6-1　　　　　　　　　　　试验小区的暗管布置情况

试验小区	处理代号	观测井与排水口距离/m	暗管间距 L/m
A	T_1	45	15
	T_2	25	15
	T_3	5	15
B	T_4	45	11
	T_5	25	11
	T_6	5	11
C	T_7	45	6
	T_8	25	6
	T_9	5	6
对比试区	T_{10}	45	无暗管对照
	T_{11}	25	
	T_{12}	5	

（2）有机肥试区布设。为了研究施用试制有机肥的改良效果，针对有机肥处理、化学改良剂处理进行了试验验证。试区采用对照处理、施用有机肥、施用改良剂 3 个处理，每个处理 3 个重复。在暗管试验区旁、东侧隔离带以外选取 15m×30m 的田块，四周设置深 1.2m 的塑料薄膜作为土壤剖面隔水带，阻断试验与外部土壤水分的横向渗透。将试验田块平均分割成 9 个 $50m^2$ 的小块格田，每 3 个小格田为一组，分别为对照区、有机肥改良区及禾康化学改良剂区，每组 3 次重复。有机肥试验小区平面布置如图 6-2 所示。

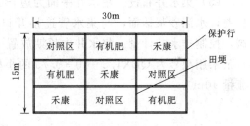

图 6-2　有机肥试验小区平面布置图

（3）控制排水设施布设。为了能够对比不同的排水出口埋深对土壤盐分的影响，每根排水暗管的出口处均设置有相应的排水控制设施，具体的结构示意图见图 6-3。该控制排水设施主要原理为：用出口开关调节试验区排水高度，当地下水位超过所设定的暗管控制出口埋深时，控制设施就将多余的水分排出，排出的水量也会在控制设施的砖砌墙小井中汇集，再利用水泵抽排出试验区。在试验过程中，利用控制排水设施中的暗管控制出口开关控制试验区出口埋深，开关出口埋深分别设置有 20cm、40cm、60cm、80cm。

（4）排水明沟布设。在试验基地北面围墙外侧沿围墙外道路开挖排水明沟，并实施混凝土衬砌。排水沟规格为沟深 30cm，底宽 30cm，坡比 1∶1 的梯形断面，断面形式如图 6-4 所示。明沟西起试验基地西侧主路口涵洞排水沟，东至试验基地北面围墙末端，总长约 450m。

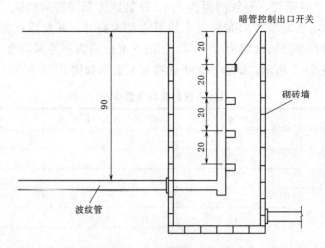

图 6-3　控制排水设施剖面图（单位：cm）

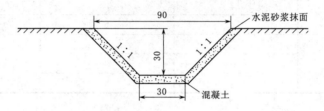

图 6-4　排水明沟截面图（单位：cm）

（5）集水井布设。集水井平面为边长 1.5m 正方形，深度 2m（见图 6-5），采用砖砌护壁，水泥砂浆抹面，与集水管连接开口离集水井底部约 60cm 处，排水口处设塑料球阀，控制排水并计量。集水井中长期放置一小型水泵用于将集水井内的水分排出试验区。水泵采用型号为 QDX1.5-10-0.75 的小型抽水泵，电压 220V，扬程 10m，功率 750W，流量 10m³。

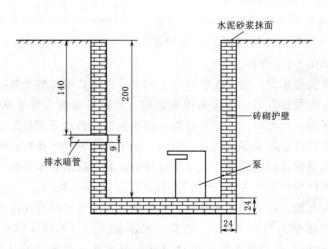

图 6-5　集水井剖面图（单位：cm）

6.2.3 暗管控制排水技术土壤改良效果分析

6.2.3.1 不同暗管间距排水土壤盐分动态分析

为研究相同埋深不同间距暗管排水条件土壤盐分变化，试验期间在不同间距 6m、11m、15m 试区和无暗管对照区布置测点，测点随着地下水位观测井的位置附近布置，在每个测点安装 FJA-10 型盐分传感器，分 0～20cm、20～40cm、40～60cm、60～80cm 四个层次进行测定。采用 DDB-2 电导率仪现场读取电导率值，再根据电导率与盐分的线性关系曲线，换算成土壤可溶性盐分含量。

1. 各处理区不同暗管间距分层土壤含盐量变化

为研究不同暗管间距暗管排水条件土壤盐分变化，取相同横向位置（测点到排水口 25m 距离处，即测点 T_2、T_5、T_8、T_{11}）进行分析，试验期间的 6m、11m、15m 间距区

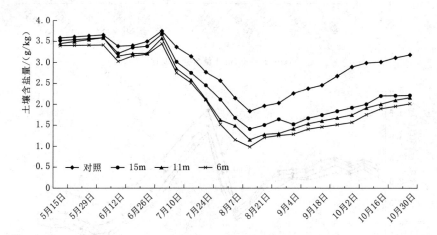

（a）0～20cm 土壤含盐量变化

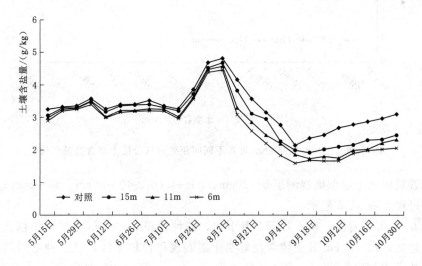

（b）20～40cm 土壤含盐量变化

图 6-6（一）　纵向 25m 处各不同间距处理区分层土壤含盐量变化

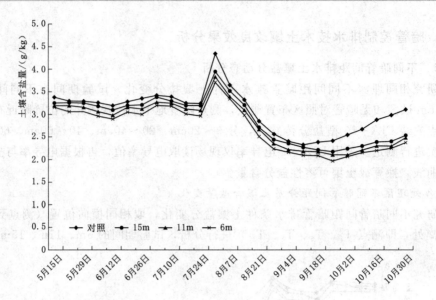

(c) 40～60cm 土壤含盐量变化

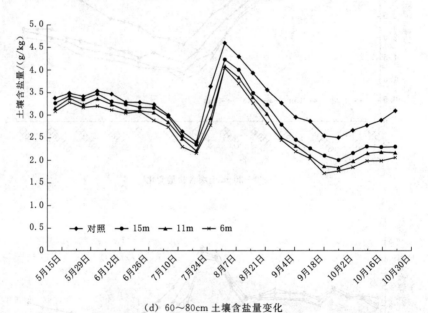

(d) 60～80cm 土壤含盐量变化

图 6-6（二）　纵向 25m 处各不同间距处理区分层土壤含盐量变化

以及无暗管对照区土壤剖面观测层 0～20cm、20～40cm、40～60cm、60～80cm 的含盐量动态变化过程如图 6-6 所示。

　　由图 6-6 可以看出，从 5 月至 7 月下旬，四种处理 0～20cm 土层中土壤含盐量均呈明显下降趋势，20～80cm 处土壤含盐量变化则表现得比较平缓，且三种不同间距暗管排水土壤含盐量相差较小。

　　由于 8 月降雨相对较多，0～20cm 土壤含盐量都有较大的脱减现象，相反 20～80cm

土壤含盐量则有较大程度的增加，主要是由于通过降雨使盐分进入深层土壤或地下水中而形成的表层土壤盐分骤降现象；到了 9 月、10 月，随着降雨次数的减少，加上作物腾发的影响，造成深层的土壤以及地下水中的盐分，又随着水分的上移，逐渐地积累在表层土壤上，引起四种处理 0～20cm 中土壤含盐量有所增加，形成表层积聚现象。

从图中还可以看出，无暗管对照处理后期盐分又基本回至最初水平，而其他三种不同间距暗管处理盐分均明显降低，间距越小效果越好。

2. 分层土壤含盐量纵向分布变化

为研究相同暗管因素下，土壤盐分随着暗管布置方向变化情况，取相同暗管间距区纵向的 3 个测点（测点与排水口距离 45m、25m、5m）进行分析。现取暗管间距 11m 区的 3 个测点（即测点 T_4、T_5、T_6）盐分数据。试验期间暗管 11m 间距排水区各测点土壤观测层 0～20cm、20～40cm、40～60cm、60～80cm 的盐分纵向分布动态变化过程如图 6-7 所示。

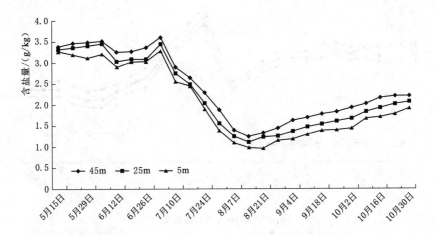

（a）0～20cm 土壤含盐量变化

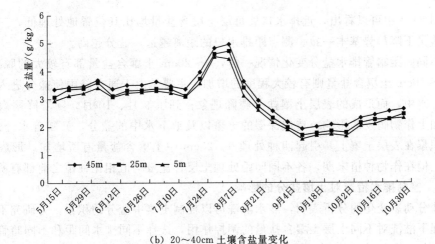

（b）20～40cm 土壤含盐量变化

图 6-7（一） 暗管 10m 间距处理区分层土壤含盐量纵向分布变化

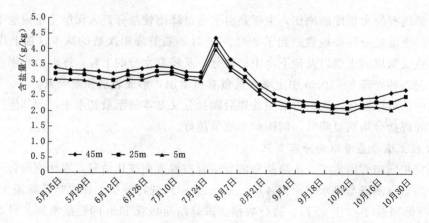

（c）40～60cm 土壤含盐量变化

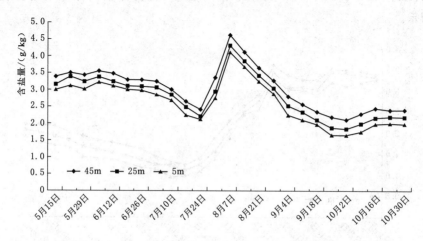

（d）60～80cm 土壤含盐量变化

图 6-7（二）　暗管 10m 间距处理区分层土壤含盐量纵向分布变化

从图 6-7 中可以看出，近排水口处每层土壤含盐量均比其位置他处理低，三种处理土壤含盐量下降趋势基本一致。测点距排水口的距离越远，盐分越高。

与不同间距暗管排水盐分变化情况一样，0～20cm 土壤含盐量都有较大的脱减现象，相反 20～80cm 土壤含盐量则有较大程度的增加，主要是由于通过降雨使盐分进入深层土壤或地下水中，而形成的表层土壤盐分骤降现象；到了 9 月、10 月，随着降雨次数的减少，再加上作物腾发的影响，造成深层的土壤以及地下水中的盐分，又随着水分的上移，逐渐地积累在表层土壤上，引起四种处理 0～20cm 中土壤含盐量有所增加，形成表层积聚现象。但在作物种植末期，各不同间距处理土层含盐量均值相比种植之前都有所减少。

6.2.3.2　控制排水措施对土壤盐分的影响

对盐分动态变化的分析表明，灌水淋洗可以控制土壤中盐分的积累。为研究不同控制排水处理下淋洗对不同土层土壤含盐量的调控作用，选择不同排水间距和不同暗管控制出口埋深条件下灌水淋洗前后各层土壤含盐量进行对比。试验期间对 6m、11m、15m 排水处理区各有 3 次 75mm 的灌水，为对比不同暗管间距和不同排水出口埋深对土壤盐分的影响，选择灌水前后相同出口埋深不同暗管间距和相同暗管间距不同出口埋深的组合进行分析。取 60cm 出口埋深不同间距 6m、15m 区土壤含盐量以及 11m 间距暗管排水区 40cm、80cm 出口埋深土壤含盐量动态变化。

60cm 出口埋深不同间距（6m、15m）区淋洗前后土壤盐分变化如图 6-8 所示。

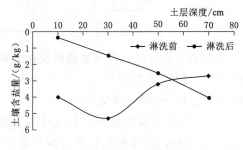
（a）6m 间距处理区土壤含盐量变化

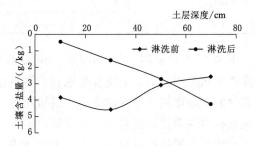
（b）15m 间距处理区土壤含盐量变化

图 6-8　60cm 出口埋深不同暗管间距土壤含盐量变化

间距 11m 暗管排水区 40cm、80cm 出口埋深淋洗前后土壤盐分变化如图 6-9 所示。

为了准确定量土壤盐分的淋洗效果，采用脱盐率来度量淋洗前后不同土层的盐分变化程度，其计算式如下：

$$m' = \frac{S_1 - S_2}{S_2} \times 100\% \tag{6-1}$$

式中：m' 为脱盐率，%；S_1 为淋洗前土壤含盐量，g/kg；S_2 为淋洗后土壤含盐量，g/kg。

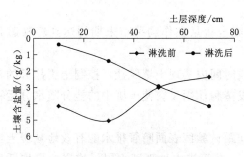
（a）40cm 出口埋深土壤含盐量变化

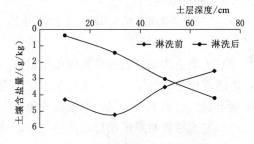
（b）80cm 出口埋深土壤含盐量变化

图 6-9　11m 区不同出口埋深淋洗前后土壤剖面含盐量变化

各组合处理淋洗前后 0~80cm 土层脱盐率见表 6-2。

表 6-2　　　　　　　　　　不同控制排水组合 0~80cm 土层脱盐率　　　　　　　　　　%

土层深度	60cm 控制出口埋深		11m 间距区	
	6m 间距区	15m 间距区	40cm 控制出口	80cm 控制出口
0~20cm	87.9	84.9	86.2	90.5
20~40cm	68	65.1	64.5	68

续表

土层深度	60cm 控制出口埋深		11m 间距区	
	6m 间距区	15m 间距区	40cm 控制出口	80cm 控制出口
40～60cm	25.7	23.2	18.9	22.5
60～80cm	−63.6	−59.8	−48	−58.4
平均值	29.5	28.35	30.4	30.65

由表 6-2 以及图 6-8 和图 6-9 可以看出，土壤表层盐分极易受到灌溉淋洗的影响，在灌溉淋水期间，表层土壤发生脱盐，淋洗前后土壤表层脱盐率均在 85％以上，盐分表层积聚的现象得到了很好的缓解。当暗管出口埋深同为 60cm 时，淋洗后 6m 区 0～60cm 土壤脱盐效果明显，脱盐率均为正值，但 60～80cm 土壤盐分反而增加，脱盐率为负值，所以导致平均脱盐率只有 29.5％，15m 间距区脱盐也类似，都没有起到有效减少盐分累积的效果。

由盐分运移规律可知，在有水分淋洗条件下，表层土壤盐分进入深层土壤或地下水，并通过排水系统排出试区，土壤中的盐分主要是随水分而运动。而随着排水暗管间距增加，暗管排水能力减弱，所以 6m 间距排水区 0～60cm 土层脱盐率高于 15m 间距排水区，而 6m 间距排水区 60～80cm 土层脱盐率低于 15m 间距排水区。在 11m 间距排水区，暗管出口埋深为 80cm 时的 0～40cm 土层脱盐率明显高于 40cm 出口埋深。

可见，控制排水暗管出口埋深的大小能显著调控淋洗时土壤盐分的脱减，因为控制埋深加大引起地下水埋深增加，使表层的水分下行运动加速，淋洗时水分入渗量增加，增强了盐分的淋洗，从而减缓了土壤的积盐。

6.2.3.3　分析结论

（1）三种不同间距暗管排水区大部分的土壤全盐量在作物种植末期均达到轻盐碱化水平。

（2）土壤中的盐分通过灌溉作用可以在一段时间内实现土壤脱盐，控制土壤盐分的积累，但随着作物的继续生长，作物和土壤的蒸发蒸腾作用又会使土壤中的盐分随水分运移到土壤上层，引起土壤表层积聚返盐现象。

（3）与无暗管对照区相比，其他三种暗管间距试验区表面暗管排水能有效地减缓土壤盐分的累积，降低盐碱化程度。6m、11m 和 15m 暗管排水处理区土层平均全盐量均低于无暗管对照区，不同暗管间距排盐效果不同，暗管间距越小，排盐效果越明显。

（4）通过分析同一间距暗管排水盐分纵向分布，发现离排水口越近，排水效果越好，相应的脱盐效果也越好。

（5）通过控制排水装置对试区出口埋深进行调控，对同一排水区，暗管出口深度的加大可以降低地下水位，从而有效地减缓土壤盐分的累积。

6.2.4　暗管耦合有机肥联合改良模式效果分析

6.2.4.1　暗管耦合微生物有机肥联合改良模式

目前微生物有机肥用于改良土壤性质的研究与应用越来越多，但研究其与其他措施联合应用改良土壤的并不多见。借鉴秸秆还田等有机物料改良土壤的经验，将丰富的林木枝条、落叶用于土壤，有利于当地的生态建设，同时有益于林木有机物料的资源化循环利用。本次试验选用了由树木枝条和落叶制成的有机肥，联合暗管控制排水措施，对土壤盐分变化情况进行了研究与分析。

联合改良模式是将暗管排水与有机肥处理有机结合，在试验田块下布设暗管，田块表层覆盖 5cm 厚度的微生物有机肥，0～40cm 土层通过人工混翻的方式施加占总土层厚度土体总重量 5% 左右的微生物有机肥，将两种处理方式相互结合，研究观测其改良效果。试验采用的是间距为 6m 的暗管铺设方式，表层有机肥的覆盖厚度为 3～5cm。

6.2.4.2 试验材料

试验用有机肥原料来自修剪及枯落的意杨枝条及落叶。将树枝、落叶粉碎后进行彻底混匀，按 300:1:1 的比例将粉碎料、益生菌原液、营养剂充分混合搅拌均匀，这样可加快有机物料腐解，后再注入占粉碎料重约 30% 的水，注水完成后堆垛压实，采用塑料薄膜覆盖密封，堆温超过 60℃ 开始翻堆，在腐熟至 20 天后完成试制材料，如图 6-10 所示。

(a) 有机肥材料——意杨落叶及枯枝

(b) 材料粉碎装置

(c) 益生菌原液

(d) 发酵好的有机堆肥

图 6-10 试验材料制备

6.2.4.3　试验设计

试验采用 4 种处理，4 种处理方式设计如下：

（1）对照（CK），即不采用任何处理措施。

（2）单有机肥处理，即在土表覆盖厚 3～5cm 的微生物有机肥，0～40cm 土层内按土体质量施入 5% 土体总量的有机肥。

（3）单暗管处理，即 6m 间距暗管控制排水。

（4）联合处理，即在 6m 间距暗管控制排水的基础上，联合施用有机肥，在土表覆盖厚 3～5cm 的微生物有机肥，0～40cm 土层内按土体质量施入 5% 土体总量的有机肥。

（5）化学改良剂处理，在单有机肥处理时，为了更好地发现有机肥的处理效果，增加了采用化学改良剂处理的措施，主要是为了不同措施之间有所比对。

6.2.4.4　有机肥处理下土壤盐分变化分析

通过历时半年的数据观测，进行数据处理与分析，发现采用不同处理方式后，各不同土层深度土壤盐分运动规律表现如图 6-11 及图 6-12 所示。

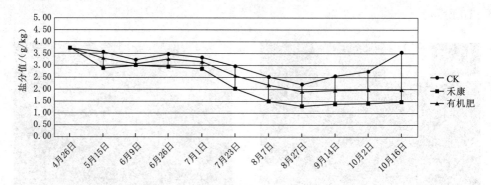

图 6-11　0～20cm 各处理盐分变化趋势分析

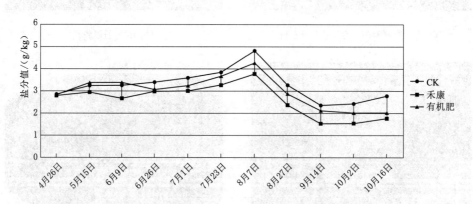

图 6-12　20～40cm 各处理盐分变化趋势分析

从图 6-11 中不难看出，各不同处理区在 4 月 26 日至 8 月 27 日区间内 0～20cm 土层盐分总体均呈下降趋势，对比（CK）表现不是特别明显。实施了化学改良剂——禾康及有机肥的处理区盐分变化速度较之对比区下降明显。在 8 月 27 日至 10 月 16 日期间，随着降雨次数的减少，加上天气炎热导致作物腾发加剧，导致深层土壤以及地下水中的盐分，在土壤毛细作用下，并随着时间的推移而积聚到土壤表面，即所谓的返盐现象，从而引起各不同处理 0～20cm 中土壤含盐量有所增加，形成表层积聚现象。对比区盐分基本回到了初始测试的水平，只比开始略低，但实施了有机堆肥及化学改良剂的处理区土壤盐分基本得到了有效控制，表层返盐现象不是很明显，达到了土壤脱盐、控制土壤盐分的预期效果。

从图 6-12 可以明显看出，各不同处理区 20～40cm 土层土壤盐分均呈现出先逐渐升高再迅速下降的一个过程。在 4 月 26 日至 8 月 7 日时期内，由于表层盐分向下层的淋洗，土壤下层盐分相应升高，到 8 月 7 日达到顶点，随后随着降雨的淋洗及作物的蒸腾，部分盐分向更下层淋洗，部分盐分又随着毛细作用上升至表层，20～40cm 土层土壤盐分呈现逐渐降低的趋势。对比区域在测试末期盐分又基本回到了初始测试的水平，实施了化学改良剂和有机堆肥的处理区土壤盐分均较之初测值有了大幅度地降低，说明了采用有机肥的处理方式可以有效地降低土壤盐分，具有较好地改良土壤的作用。在 0～20cm 和 20～40cm 处各不同处理平均盐分总下降图如图 6-13 所示。

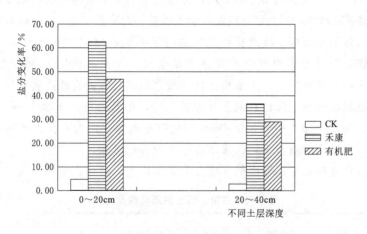

图 6-13　各不同土层深度盐分变化率情况

对比处理在 0～20cm 处盐分下降率为 4.90%，20～40cm 处的盐分下降率为 2.79%，而实施了有机肥处理的土壤通过多次降雨淋洗后，在 0～20cm 处盐分下降率达 46.90%；20～40cm 处盐分下降率为 29.12%。从图 6-13 可更加直观地看出，施用有机肥处理的各小区，其不同土壤层位盐分下降幅度均远高于对照处理，表明采用微生物有机肥能显著地降低土壤盐分，具有良好的改良盐碱土的效果。为了增加对比效果，在试验初期还设置了施用化学改良剂的方式降低土壤盐分。采用化学改良剂改良的效果要优于本次试验主推的微生物有机肥，但采用化学改良剂的缺点在于其长期施用会造成土壤的板结，影响土壤肥力及透水性，而微生物有机肥对土壤的理化性质有改善的作用，另外微生物有机肥利用天然树木枝条及落叶，原料来源丰富且成本低廉，综合来说，微生物有机肥在改良海涂垦区土壤方面更优于化学改良剂。

对试验前后不同处理的土壤 pH 值也进行了测试，通过多次降雨淋洗后，pH 值略有变化，各处理前、后 pH 值的变化情况见表 6-3。

表 6-3　　　　　　　　　　各不同处理前、后 pH 值变化情况表

各处理		前期 pH 值	后期 pH 值	变化率/%	变化率均值/%
CK	1	8.21	8.26	0.61	0.28
	2	8.24	8.26	0.24	
	3	8.31	8.31	0.00	
禾康	1	8.25	8.15	−1.21	−1.21
	2	8.29	8.17	−1.45	
	3	8.29	8.21	−0.97	
有机肥	1	8.21	8.04	−2.07	−1.22
	2	8.18	8.12	−0.73	
	3	8.10	8.03	−0.86	

注　　"−"号表示降低。

由表 6-3 可知，对照处理 pH 值出现轻微增高，实施了微生物有机肥及化学改良剂的处理均出现小幅下降趋势。因此，有机肥在灌水洗盐中对降低土壤 pH 值也有一定效果。

对试验前后各不同处理土壤理化性状也进行了测试，测试结果见表 6-4。可以清晰地看出，有机肥处理后土壤中有机质含量明显增加，小于 0.002mm 的土壤颗粒有所减少，土壤平均含水率有所提高，土壤理化性状较之试验处理前有所改善；反观化学改良剂处理的结果，虽然其盐分下降比有机肥处理效果好，但其处理后土壤中小于 0.002mm 的颗粒有所增加，众所周知，小于 0.002mm 的颗粒透水性差，为不良土体结构，土壤结构有变差的趋势，有机质含量及平均含水率也没有改善的迹象。

综上，有机肥处理在能保证降低土壤盐分的基础上，还可以改善土壤理化性状。

表 6-4　　　　　　　　　各不同处理前、后土壤理化性状对比

各处理		土层 /cm	有机质 /(g/kg)	干容重 /(g/cm³)	平均含水率 /(cm³/cm³)	颗 粒 组 成/%		
						>0.05mm	0.05~ 0.002mm	<0.002mm
处理前		0~20	3.26	1.38	0.36	63.5	30.0	6.5
		20~40	3.28	1.50	0.36	64.8	27.9	7.3
处理后	CK	0~20	3.27	1.38	0.38	63.4	30.2	6.4
		20~40	3.28	1.51	0.27	65.1	27.6	7.3
	禾康	0~20	3.31	1.33	0.39	60.3	32.6	7.1
		20~40	3.29	1.46	0.31	61.8	30.5	7.7
	有机肥	0~20	5.52	1.28	0.43	63.4	30.7	5.9
		20~40	5.97	1.37	0.39	64.9	28.2	6.9

6.2.4.5　暗管耦合微生物有机肥措施下对土壤盐分的影响分析

前面分别论述了暗管排水对降低土壤盐分的效果及施用微生物有机肥对改良不同土层盐分的分析，以下将对暗管耦合微生物有机肥的联合改良模式对土壤盐分的影响效果进行

分析和论述。

由于微生物有机肥深层施用施工程度的复杂性，本次试验仅对 0～20cm 及 20～40cm 土层土壤进行了试验分析与验证。试验在 6m 间距的暗管试区进行，分为对照、有机肥单处理、6m 暗管及有机肥耦合 6m 暗管共 4 个处理。各个处理 0～20cm 土壤盐分变化情况如图 6-14 所示。

从图 6-14 中可以看出，在 5 月 15 日至 8 月 27 日这段时期内，表层土壤盐分由于频繁的雨水淋洗，盐分总体呈现大幅降低的趋势，尤以有机肥耦合暗管处理最为明显。在 8 月 27 日至 10 月 30 日这段时期，由于降雨次数的减少以及腾发作用的加强，表层土壤盐分又开始持续增高，但相对于对照试区来讲，其他三个处理表层返盐趋势平缓，尤其耦合处理盐分基本保持在处理后的最低水平。从图中分析得出，暗管联合有机肥处理在降低和控制土壤盐分、改良土壤方面是最优的，其在有效降低土壤盐分含量后可以将盐分水平始终控制在较低水平，而其他处理均有返盐现象，对照试区盐分在试验期末基本又回到了试验初期水平。

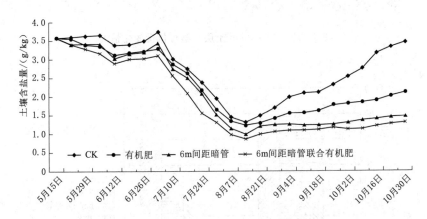

图 6-14　0～20cm 土层土壤含盐量变化情况

从图 6-15 可以看出，20～40cm 土层土壤的盐分变化没有表层变化幅度明显。在 5 月中到 7 月初，各处理盐分变化均不太明显，有处理的试区盐分有轻微下降的趋势，7 月末至 8 月中旬，由于降雨频繁，淋洗加速，表层土壤盐分迅速下移，导致 20～40cm 土层内土壤盐分迅速抬高，大大超过了土壤初始盐分值，随后随着淋洗次数的逐渐减少，在暗管控制排水及有机肥的作用下，盐分开始逐渐降低，并逐渐稳定在较低的水平。图中可以明显看出，联合处理的土壤盐分后期始终保持在较低的水平，有机肥处理盐分略微有些抬升，对照试区盐分基本又回到了初始测试水平。

通过上述分析可知，有机肥、暗管排水及有机肥耦合暗管排水三种处理均能有效地降低土壤盐分，并将土壤盐分控制在较低水平，但耦合处理方式效果是最优的，在将盐分有效降低后可将盐分稳定控制在处理后的最低水平。

为了更明显直观地体现各不同处理改良土壤的效果，将各处理盐分降低程度进行比对分析。

通过图 6-16 可以看出，对比试区盐分试验期前后基本变化不大，暗管耦合有机肥的处理试验终期表层土壤盐分值较之初始值降低了 63.5%，20～40cm 盐分值降低了 48.83%。联合处理方式较之单有机肥或单暗管处理方式都好，但改良效果并不是两者效果单纯的叠加，单 6m 暗管或有机肥均能有效地降低土壤盐分，达到改良土壤的目的，但联合改良的方式在控制土壤盐分方面表现的更加突出，更加能使土壤长期保持在良好健康的状态。

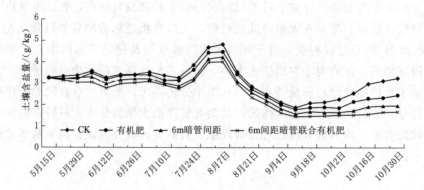

图 6-15 20～40cm 土层土壤含盐量变化情况

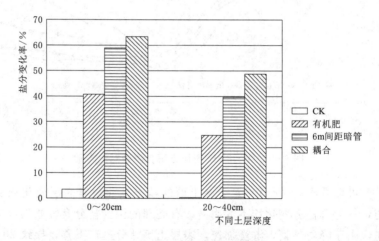

图 6-16 不同处理盐分变化柱状图

6.2.4.6 分析结论

暗管耦合有机肥联合改良模式：在一定间距（本次试验为 6m 间距）暗管控制排水的基础上，联合施用有机肥，该有机肥为修剪及枯落的意杨枝条及落叶经过腐熟处理后的有机肥料。在土表覆盖厚 3～5cm 的该有机肥，0～40cm 土层内按土体质量施入 5% 土体总量的该有机肥。

通过试验发现，联合改良技术模式在降低土壤盐分方面要优于单一暗管或单一有机肥处理，并且该种模式可以有效保持改良后的土壤盐分水平，在控制土壤盐分，防治土壤返盐方面明显优于其他处理方式。原因主要在于不仅暗管可以有效控制地下水位，有机肥在改良土壤结构，改善理化性质方面也起到了重要的作用。

6.3 暗沟排水

能够达到排涝除渍、控制盐分并保护环境目标的农田排水系统从设计到管理是一个多因素影响的复杂动态过程，它不仅涉及当地的气象、土壤、种植，还与灌溉、控制排水等管理措施的实施方案有关，单靠以往单一因素的试验模拟和理论分析已无法满足现实的需要，急需吸收相关的研究成果和综合性模型作为工具来解决实际问题。

农田排水形式最常见的为明沟排水和暗沟排水，其余的还有竖井排水、生物排水等较为独特的排水形式。其中明沟排水造价低，施工简便，是我国现有的主要排水形式，但其占用耕地较多，在排水间距较小时尤为明显。目前，我国的明沟排水系统均以排涝为目的，大部分都间距较大，而且年久失修，达不到排渍的目的，亟须改建和新建。暗沟排水虽然造价远远高于明沟，但其不占用耕地，并且大量试验证明其在排涝除渍、提高产量的同时还具有改善土壤结构、提高地下水质等优点，在发达国家已经得到了广泛的应用。综合各种因素，暗沟排水的优势使其具有很大的发展空间。近年来我国经济的迅速发展也将为暗沟排水的应用奠定了经济基础。

6.3.1 国内外研究现状

我国是历史悠久的农业大国，而其文化的整体意识使得排水只是农田水利工程的一个部分功能，开渠道满足作物的水分需要，开水沟排除农田多余水分，是农田水利的主要任务。古代的中国人民因地制宜创造了多种形式的农田水利工程，商、周时期农田中的沟洫分别起着向农田引水、输水、配水、灌水以及排水的作用。这种兼顾排水的渠系工程，著名的有漳水十二渠、都江堰、郑国渠。西汉时期渠系工程得到了大力发展，西汉以后渠系工程处于停滞状态。而到了隋、唐、宋时期，水利建设遍及大江南北，太湖流域的塘浦好田大规模兴修，古代太湖地区为浅水沼泽，或河湖滩地，人们取土筑堤围垦辟田，筑堤取土之处，必然出现沟洫。为了解决积水问题，又把这类堤岸、沟洫加以扩展，于是逐渐变成了塘浦。当发展到横塘纵浦紧密相接，设置闸门控制排灌时，就演变成为棋盘式的塘浦好田系统。到了明清时代，人口大量移民到西北地区，在黄河河套地区、河西河湟等绿洲地区、新疆地区大力兴修水利，但由于西北特殊的地质水文条件也带来了严重的生态问题。中华人民共和国成立后，一直到1975年才完成了总排干沟的工程，结束了该地区有灌无排的历史脚。

到了20世纪50年代，我国才开始修建排水工程，且都是以明沟为主。在中华人民共和国成立初期及第一个五年计划时期，主要是针对当时黄淮海地区严重的洪涝灾害，结合淮河、海河和黄泛区的治理，进行排水河道和沟渠的开挖疏浚，排除内涝积水、减轻灾害。20世纪60年代以后为了解决当时黄淮海平原及东北辽河平原的内涝以及旱涝灾害交叠发生，在冀、鲁、豫、辽和皖北、苏北平原等地区开展了大规模的河网化建设。黄河下游引黄灌区自1958年以来，由于大引大灌，有灌无排，引起大面积土地盐碱化，为改善这种状况，沿黄各地大力进行排水河道和沟渠的开挖和疏通、发展井灌，使地下水位降低，盐碱化面积逐年减少并得到改善。20世纪70—80年代的农田排水工作，在继续抓好北方特别是黄淮海地区的排涝治碱的同时，开始把注意力转到南方地区的治渍和低产田改造，实行水利措施和农业措施相结合的方法开展除涝工程建设，完善排水系统，搞好排水配套，适当发展灌溉，治理中小河流。宁夏 1997 年利用荷兰贷款，引进了现代化暗排设备和技术，采用骨干沟道整治与田间暗沟排水结合，在银北灌区开展了大规模的排水工程建设，筛选出暗沟排水的新型外包合成过滤材料开发生产出波纹塑料排水管，开发了配套的各种生产设备，为大规模地下排水工程的实施奠定了基础。总的来说，国内目前排水工程投入不足，达不到设计标准，老损问题严重。

现代排水研究的基础是法国水力学家 Henry Darcy 的渗流理论。达西定律指出，多孔介质中渗流的流量与水力坡度成正比。随后，1863 年 A. J. DuPult 研究了一维稳定运动和向水井的二维稳定运动，提出了著名的 DuPult 假设及地下水稳定井流公式 DuPult 公式。1901 年，P. Forchheimer 等研究了更复杂的渗流问题，绘制了地下水流网，从而奠定了地下水稳定运动的理论基础。1928 年，QEMeinze 注意到了地下水运动的不稳定性和承压含水层的贮水性质。1935 年，美国 C. V. Theis 提出了地下水流向承压水井的非稳定流公式——Theis 公式，开创了现代地下水运动理论的新纪元；1954 年 M. SHantush，1955年 C. E. Jacob（1914—1970）提出了越流理论；1954 年、1963 年 N. S. Boulton，1972 年S. P. Neuman 研究了潜水含水层中水井的非稳定流理论。随着地下水动力学研究的成熟和计算机技术的发展，计算机数值模拟技术得到广泛的应用，出现了许多国际通用的商业化专业软件，如 GMS、MODFLOW 等。

地下水运动的理论发展促使了农田排水基础理论的出现，农田排水工程建设的目的在湿润地区主要是排除土壤中过多的水分为作物的生长提供适宜的状态，而在干旱半干旱地区往往是为了解决灌溉产生的次生盐碱化问题，需要通过排水来淋洗作物根部土壤中过多的盐分，在这些地区灌溉和排水是相辅相成不可分割的。由于不同地区气候、土壤等自然条件的差异，排水工程的设计仅凭实践经验已经远远不能满足精准化程度日益提高的生产需求，需要根据实际情况进行定量的计算分析才能达到既不少排也不多排的最佳点。

美国对农田排水研究一贯很重视。1974 年出版的《农业排水手册》（*Drainage for Agriculture*）囊括了排水的基本理论和该领域的研究进展；1999 再版时补充了从环境角度考虑排水管理的内容。该手册是目前农田排水领域的权威著作，是相关领域研究人员和学者的重要参考工具。

从国际上对排水研究的现状来看，农田排水理论计算相对成熟，排水模型的建立，模型的验证和应用，都有不少研究实例。从这个层面来说机理性计算已经不再是研究的重点，目前随着对环境的关注，如何采取合理的排水措施来达到环境保护的目的，或者利用现有的成熟理论来为环境保护服务，成为排水研究的新内容。

6.3.2　试验方案

6.3.2.1　试验区概况

试验区位于东台市高新开发区，属东台市新曹镇。试验场地呈长方形布局，西侧紧临沿海高等级公路，东南侧靠近梁垛河，北部紧贴新东河，南部为通往 X203 段的公路，东西长约 400m，南北宽约 177m，总面积约 100 亩。

试验区属于亚热带和暖温带的过渡区，季风显著，四季分明，雨量集中，雨热同季，冬冷夏热，春温多变，秋高气爽，日照充足。根据东台市气象局提供的资料，项目区常年平均气温 14.6℃，年极端最高气温 36.5℃，年极端最低气温 −9.1℃，无霜期 220 天，日照 2169.6h。降水量时空分布不均，表现为冬末及春季偏少，夏季正常，秋季显著偏少。年降水量 1051.0mm，年均蒸发量 827.5mm，区域年降雨量大于蒸发量，7—8 月伴有台风、龙卷风、暴雨活动，冬季多为西北风。

试验区地势平坦，地面高程一般为 3.3～4.77m（黄海高程）。区域土壤为受海潮顶托及盐分凝聚作用回溯沉降的浅海泥沙，质地为砂壤土。该区域土壤质地在江苏省沿海平原一带具有一定的代表性。南部区块地势较高，适合各类农作物的生长，有利于发展高效农业。

试验基地内河网密布，主要河流为中干河。河道常年水位 1.5～2m，通常水深 1.8m，可以充分满足区域灌溉所需水量。水源水质含盐量小于 1‰，满足灌溉水质要求。经过多年建设后，区域已达到 10 年一遇排涝标准。

试验 0～40cm 土层为粉质壤土，40cm 以下为砂质壤土，0～80cm 土体物理性状为：平均干容重 1.48g/cm³，孔隙度 30.1%，非毛管孔隙 2.0%，pH 值 7.9；粒径大于 0.05mm 的土壤颗粒含量为 12.3%；0.05～0.005mm 的含量为 81.1%，小于 0.005mm 的含量为 6.6%，耕作层 0～20cm，有机质含量为 8.2g/kg，速效钾 201mg/kg，有效磷 5.4mg/kg，0～80cm 土体含盐量 4.0g/kg，地下水矿化度 12.6～27.4g/L。具体参数情况见表 6-5。

表 6-5　　　　　　　　　　试验区土壤的理化性状

土体深度 /cm	含盐量 /(g/kg)	有机质 /(g/kg)	速效钾 /(mg/kg)	pH 值	干容重 /(g/cm³)	颗粒组成/%		
						>0.05 mm	0.05～0.005 mm	<0.005 mm
0～20	7.8	11.0	212	8.1	1.38	6.5	83.5	10.0
20～40	4.5	9.8	169	7.8	1.38	7.9	84.8	7.3
40～60	2.8	8.1	188	7.9	1.62	12.4	80.8	6.8
60～80	2.6	6.3	234	7.9	1.45	16.9	78	5.1

6.3.2.2　试验设计

（1）暗沟排水简介。暗沟排水，就是在地下一定深度挖沟，沟中铺填一定厚度的作物秸秆或砻糠等滤料形成一定断面的过滤通道，然后填土压实至田面高度，形成一个完整的地下排水通道。暗沟排水既能加速排出地面水，又能控制土壤水分，加快脱盐洗碱，保证农作物的正常生长。其优点是不占用耕地面积，方便田间耕作，有利于排盐降渍，加快盐碱土改良，提高作物产量。

（2）平面布置。在同一农沟范围内沿农沟方向选取田块长 300m，宽 50m（具体由农渠与农沟间距确定），作为供试基地进行农田暗排试验，如图 6-17 所示。分 4 个试区，每个试区宽 50m，做成 50m×50m 标准格田。A 试区和 D 试区外侧各设 50m（一个格田）隔离带，在隔离带和试区之间、试区与试区之间除设置田埂外，并垂直铺设厚 0.25mm PE 膜料，深 1.2m，阻断试区之间土壤水分的流通。A 试区每个格田布置 3 条吸水沟，B 试区每个格田布置 5 条吸水沟，C 试区每个格田布置 8 条吸水沟，D 试区为对比区，不设吸水沟。靠农沟一侧设一条地下集水沟，与吸水暗沟垂直，与农沟平行，距田埂 1～2m。

与集水沟垂直设排水管，排水管一端垂直插入集水沟，另一端从农沟引出，并带有可控制出水量的阀门，用以控制农田地下排水。具体布置形式如图 6-17 所示。

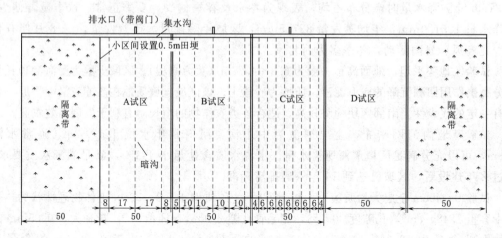

图 6-17　暗沟平面布置图（单位：m）

（3）技术要求。

1）吸水沟。吸水沟埋深控制在地下 80～90cm（靠集水沟一侧），坡降 1/1000。沟中铺垫秸秆 20cm×20cm，要求秸秆捆扎结实。

2）集水沟埋深 90cm，沟中铺垫秸秆要求同引水沟。

3）排水管采用一段 ϕ7.5cm PVC 管，在埋入集水沟的一段接三通，三通上布置若干透水孔，并用无纺布包裹。

4）出水口。装塑料球阀，控制出水量并计量，在农田边坡用砖砌阀门井，以便管理维护。

（4）测试内容。田间剖面土壤含盐量测试。田间剖面 10、30、50、70cm 处各取一个土样，集中到实验室分析，每个月测一次。

6.3.3　暗沟排盐效果研究

6.3.3.1　暗排控制地下水位

通过一个雨季的观测表明：2013 年 7 月 6 日降雨量在 40mm 左右，暗排试验区雨后 3～7h 地面无积水，雨后 24h，地下水位可降到 0.85cm，对照区（绿肥改土区，以下均同）只能降到 0.30cm，提高效率为 65%，此时土壤含水率 26%，对照区雨后 24h 地面虽然无积水，土壤含水率仍然为 29%。2013 年 7 月 15—17 日，日降雨量 38mm，地下水位降至 0.78cm，对照区只能降至 0.28cm，提高效率为 64.1%，含水率 25.5%。对照区含水率 29%。由于对照区土壤持水时间较长，盐分不能排出而滞留土中，经过太阳蒸发，土壤返盐严重，局部出现盐斑，不利于盐渍土的脱盐改良。

暗排除可以促进地下水位外，还可协调土壤水气比。水气比的协调是作物高产的基础，雨后水分占满了土壤的孔隙，使水气比失调，由于暗排的因素，地下水位下降速度加快，非毛管孔隙重力水下移而成为通气孔，促进了水气比的协调，通气孔隙率大幅度提高。

6.3.3.2 暗排加速土壤脱盐

暗排改盐技术是从根本上提高农业综合生产能力的基础性工程，可长期改善土壤质量，提高土地产出，并改善生态环境。

江苏沿海地区淡水资源较为短缺，最为经济有效的淡水来源来自天然降雨，利用此天然资源科有效的缓解当地灌溉问题。在滨海盐碱地区降雨过后土壤中的盐分会溶解在水中并随水分入渗而脱离上层土壤，使作物生长的耕作层土壤含盐量降低，因此降水量是影响土壤脱盐的重要因素。通过一个雨季的降雨入渗，土壤中水分携盐分通过排水口排出，土壤的含盐量逐渐下降，最终达到改良盐碱地的效果。

对暗排试验区内布设的 10 个试验点进行取土测盐分分析，如图 6-18 所示，就整体而言，有排水措施的 A、B、C 试区不同层位的土壤盐分，整体均呈现下降趋势，对照 D 试区的盐分基本呈现波动趋势，最终出现小幅度上升趋势。

对经过雨季降雨入渗排除后的排盐效果进行分析，如图 6-19 所示，试验区内 10 个点，土壤盐分均有明显的下降。

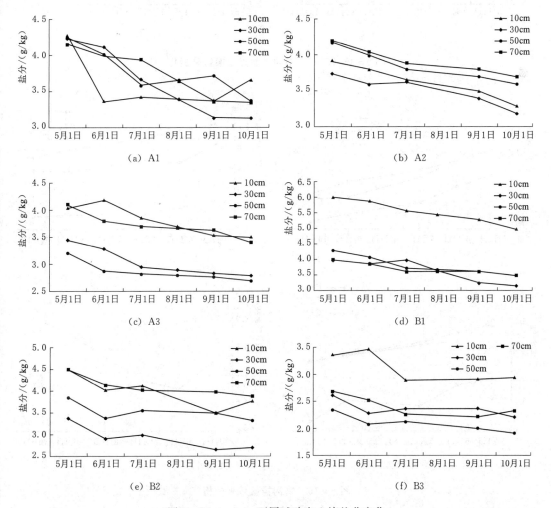

图 6-18（一）　不同试验点土壤盐分变化

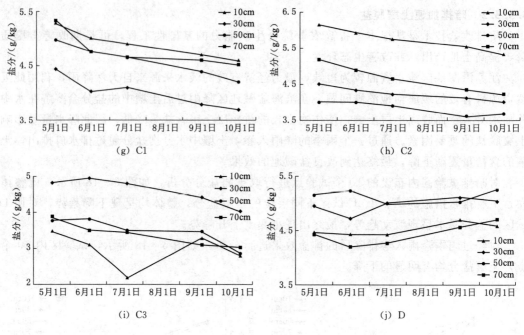

图 6-18（二）　不同试验点土壤盐分变化

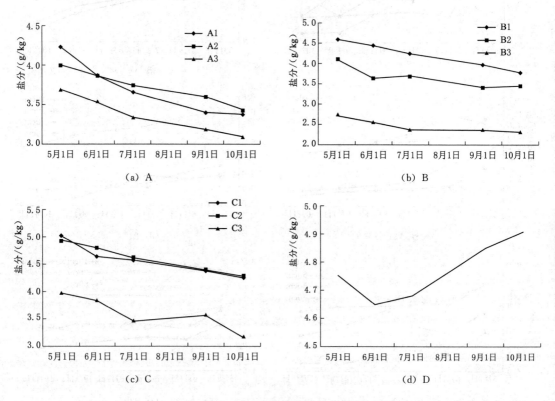

图 6-19　暗沟排盐效果分析

该地区地下水位高，且矿化度大，土体含盐高，土壤透水性能差，试验前测得土层 10cm 含盐量为 4.5g/kg、30cm 含盐量为 4g/kg，50cm 含盐量为 4g/kg，70cm 含盐量为 4.2g/kg。部分荒滩 0~60cm 土体含盐量高达 6.0g/kg 以上，0~5cm 高达 21.0g/kg，有些地块连芦苇、茅草、盐蒿都无法生长，地下水的矿化度高达 21g/L 以上，由于海相沉积的不均匀，土壤质地也不均匀，地面水塘较多，经过一年的绿肥改土后 10cm 含盐量降为 3.8g/kg，30cm 含盐量为 3.2g/kg，50cm 含盐量为 3.3g/kg、70cm 含盐量为 3.6g/kg，试区中盐斑基本消除，长出少量的芦苇。说明仅绿肥改土脱盐效果不太明显，有些地方还出现返盐现象，年脱盐率为 16.58%。由于暗沟排水的作用，加速了改良盐渍土的进程，按照此排盐趋势，再经过 1~2 年暗沟排水改土，土壤基本能脱盐，将适合植物生长。暗沟排水的脱盐效果见表 6-6。

表 6-6 暗沟排水的脱盐效果

项　目	土　壤　含　盐　量/(g/kg)			
	10cm	30cm	50cm	70cm
试验前	4.5	4	4	4.2
试验后	3.8	3.2	3.3	3.6

6.3.4 小结

（1）暗沟排水可以有效降低地下水位，协调土壤水气比。由于暗排的因素，地下水位下降速度加快，使非毛管孔隙重力水下移而成为通气孔，促进了水气比的协调，通气孔隙率大幅度提高。

（2）暗沟排水有助于控制地下水位，将地下水位控制在与作物的根系相适宜的埋深之下，以此来使作物免受浸渍；在土壤得到科学的灌排淋洗后，暗排技术能够加速土壤的脱盐；再次，暗排技术有利于土壤水气现状的改善，也有利于土壤物理特性的改善。

（3）由于暗沟排水的作用，加速了改良盐渍土的进程，试验区通过 3~4 年暗沟排水改土，土壤基本能脱盐，适合作物生长。

6.4　竖井排水

6.4.1　概述

井灌井排是目前我国盐渍土改良工作中重大研究课题之一。竖井排盐是改良低洼易涝盐碱的一种措施。它利用水泵从机井内抽吸地下水，降低地下水位，同时也排盐，并且这两种作用是紧密结合的。这种措施可以降低田间排水沟渠的除涝标准，并避免因灌溉不当或降雨而引起抬高地下水位产生次生盐碱化的危害。竖井排盐技术是通过开发利用浅层地下水资源，同时降低和控制调节地下水位，达到防治旱、涝、渍和土壤盐碱化，改造中低产田的目的。

当水泵从机井内抽水时，可以看到井水位很快地下降，在井水位和地下水位之间产生一个水位差。地下水在水位差的作用下流入井内。离井越近地下水流速越大，地下水位就降得越深，离井越远，地下水流速小，地下水位下降的幅度也就小。这样在机井周围就形成一个地下水的下降漏斗。随着机井抽水时间的加长，漏斗的范围也逐渐由小变大。当机井抽出的地下水水量和地下水来水量相等时，机井内的水位和降落漏斗的范围就趋向稳定，在一定时间内，保持相对的平衡。降低地下水位，不仅为改良盐碱地创造了良好的条件，而且在土体内腾出了原地下水所占有的那部分空间，这样在汛期就能增加降雨入渗率、多容纳一部分地面涝水，一定程度上可起到缓和涝情的作用。

由于机井抽水降低了地下水位，大大减小地下水对灌溉水下渗的顶托作用，有利于灌溉水的下渗。同时，由于机井的抽水加快了地下水的流动速度，促使土体中形成一股比较稳定的、具有一定渗透强度的下渗水流，把表土和土体中的盐分逐步带到较深土层部位，提高灌水淋盐的效果，使表土和耕层的土壤较快地脱盐。

地下水位高低，直接影响土壤脱盐效果的好坏。竖井排盐不仅降低了地下水位，起到排水作用，还可提取大量地下水进行灌溉淋盐，加速土壤脱盐，为防治土壤盐渍化提供了灌排两利的条件。在盐碱地区，排水必不可少，以保证作物出苗齐壮和幼苗期的正常生长，这对获得农业丰收具有重要的作用。竖井排盐加强了灌溉水和地下水的循环过程，从而使土体中常年以下降水流为主，促使土壤表层盐分逐渐向底土移动，脱盐深度不断加深，使土壤处于脱盐状态。

综上所述，竖井排盐作用的实质是运用一定的机具，强烈地抽吸地下水进行灌溉淋盐，相应地降低地下水位，从而加强土壤水分的垂直下降运动，并在土体中形成一定强度的下降水流，促进地面灌溉水与地下水的循环过程，产生矿化潜水与深层淡质承压水的交换，达到有效地调节与控制土壤和地下水水盐动态变化，促使耕层内盐分累积与淋溶矛盾的转化，使土壤向脱盐方向发展。实践证明，竖井排盐是一项综合治理旱、涝、盐碱的有效措施。

江苏沿海垦区原为浅水海滩，由于长江、淮河、黄河下泄的大量泥沙在海潮波浪和潮流的海洋动力作用下反复搬移而成为滨海冲积平原。该区地下水是第四纪海相沉积物形成过程中，历史海水的沉积和成陆后的多次海侵所形成的衍生水，属于氯化钠，重碳酸盐钙镁类水型。土壤中含有较高的盐分，缺少团粒结构、瘦薄板结，再加上常年地下水位高、渍害严重，次生盐渍化的潜在危险是阻碍垦区经济发展的突出矛盾。大量资料说明，该区地下水和土壤两者有着地理分布上的协调性、盐分含量年周期变化的同步性、化学组成成分的同源性、地下水位高低和土壤受渍返盐的相关性。因此，要改良江苏滨海垦区海积平原的盐渍土，单靠现有水利措施中的地表明沟排水、地下暗管排水、引淡冲洗、自然淋洗等方法是不够的，还必须找出根治土壤盐渍灾害症结的措施——根治地下咸水。为此，我们探讨利用浅井垂直排降地下咸水，改良海积平原盐渍土，利用深井淡水对农作物喷灌，改善作物生长条件，促进农作物生长和增产。

6.4.2　国内外研究进展

我国井灌已有很久的历史，但过去井灌多是在水文地质条件较好而土壤无盐渍化的地形部位上进行，作为灌排结合改良盐碱地的井，虽开始于 20 世纪 50 年代，但在 20 世纪

60年代以后，由于我国北方地区持续干旱、急需开发利用地下水，才快速发展起来的。

过去防治土壤盐渍化多采取渠灌、沟排，但有些地区因受地形或高程的限制，深挖排沟进行自流排水确有困难。现在渠灌、沟排的基础上，增设机井，进行井灌井排，实行浅、中、深结合，组成井、沟、渠体系，并综合运用排、灌、蓄、补等措施，达到天上水、地面水、土壤水和地下水的统一调节与控制，并在土体中建立"地下水库"，这样把改造盐碱与利用咸水结合起来，从而加强水盐在水平方面与垂直方面的交换循环，促进土壤水盐和地下水盐的运动向着脱盐和淡化的方向转化，大大加速了综合治理旱、涝、盐、碱、咸的进程。

实践证明，井灌井排措施受一定水文地质条件的限制，有的地区效果不明显，有的地区效果较好，若与其他措施配合，效果更为显著。因此，井灌井排要根据水文地质条件，与其他措施配合，因地制宜地运用。

在地面水源缺乏，而旱涝盐咸共存的地区，例如河北省黑龙港地区，由于历史上河流泛滥沉积的影响，地形大平小不平，岗、坡、洼起伏，水文地质条件复杂，地下咸水分布广泛，应进行井、沟、渠配套，浅、中、深井结合，综合运用排、灌、蓄、补等措施，采取早春积盐高峰季节机井抽咸，降低地下水位，防止土壤水盐向上运行，并结合春灌洗盐补淡；汛前抽咸，利用咸水抗旱，腾出地下"库容"，为防涝及雨水补淡创造条件；汛期沟井排水，增加伏雨洗盐效果，边抽边补，又利于防汛防托；汛后机井抽排，使高水位迅速下降，防止土壤返盐；冬季渠灌补淡，加速土壤脱盐。河北曲周县及南皮县等试点区取得了成功的经验。

在存在旱、涝、盐的地区，若水文地质条件较好，可进行井灌井排、井渠结合改良土壤，在明沟排涝的前提下，不用渠水或少用渠水灌溉，进行井灌井排，既可开源节流，又能降低地下水位，防止土壤返盐，还能灌溉淋洗，加速土壤脱盐。北京市通州区、山东省禹城市实验区、河南省封丘县试验区等都取得了改土增产的显著效果。

旱情较重而无涝灾威胁的地区，如地下水量较丰富，水质较好，应大力发展机井，充分开发利用地下水，开源节流，扩大灌溉面积，在井灌的同时，又可起控制地下水位、防止土壤返盐的作用，灌排两用，兼收两利。例如宁夏平吉堡农场和新疆焉脊的试验已初见成效。

在水文地质条件较差，而盐碱较重的地区，如自然排水有一定困难，但地下水又适用于灌溉，可考虑小井距竖井排灌，用井群控制浅层地下水位，利用灌水或伏雨促进土壤脱盐。青海省卒海灌区和内蒙古乌拉特前旗长胜地区的试验均取得一定效果。

在双层结构的水文地质条件下，竖井排水对水位下降和水质变化有一定的影响。内蒙古杭锦后旗、河北束鹿、山东打渔张等试点，都有类似的问题，如打渔张试点抽水试验观测，水位回升出现倒比降现象，说明有深层水补给表层潜水的作用，由于黏土隔层的影响，表层潜水和深层水水力联系较微弱。内蒙古杭锦后旗通过试验初步认为，在双层结构水文地质条件下，竖井排水对承压水的减压效果较显著，而对上层潜水的排水效果较差。

我国北方许多平原地区，咸水分布面积较广。如何利用咸水，不仅在生产上，而且在理论上也是一个重要课题。近几年来许多研究单位已进行了不少工作，初步取得一些结果。

6.4.3 试验方案

6.4.3.1 试验区概况

1. 地形地貌

试验在江苏省水利科学研究院沿海试验基地内进行。区域地貌属南黄海潮间带滩涂地貌单元，地面高程为 3.5～4m（黄海高程），地形整体上较为平坦开阔，地貌多以农田、河道为主，植被以农作物为主。

区域内土壤主要类型有黄潮土、灰潮土（包括部分盐化潮土与潮盐土）以及水稻土，以盐潮土为主。

2. 气候气象

东台地区沿海滩涂地处亚热带北缘，属温带和亚热带湿润气候区，又属于东亚季风区，具有南北气候及海洋、大陆性气候双重影响的气候特征，具有四季分明，雨量充沛、集中，雨热同季，冬冷夏热，春温多变，秋高气爽，日照充足，但时空分布并不平衡等特点。根据东台气象站多年长期观测资料统计，多年平均气温为 14.6℃，年平均降雨量 1023.8mm，但降雨时空分布不均，大都集中在 5—9 月，雨旱季节分明，冬春干旱少雨，夏季多暴雨等灾害性天气，暴雨连续期长。多年平均气压为 1016.3hPa，多年平均水汽压为 15.4hPa。实测最大风速为 23.0m/s，相应风向为 N，出现在 1961 年 10 月 5 日。气象站多年最大冻土深度为 14cm，最大积雪深度为 26cm。多年平均大雾日数为 47 天，多年平均结冰日数为 60 天，多年平均雷暴日数为 29 天，最多雷暴日数为 53 天，无霜期 210 天，全年光照 2000h 以上。

受大气环流、海陆分布和地理条件等因素的共同影响，该地区季风气候占主导地位，风向季节性变化强，夏季盛行东南风，冬季盛行东北风。从气象站的风速年内变化来看：冬季受冷空气南下的影响，风速较大；春季由于冷暖气团活跃，气旋活动频繁，风速为年内最大；夏季受热带气旋的影响，风速也较大；秋季风速较小。根据东台气象站多年实测风向频率统计，本地区主导风向为 E，占 10.0%，其次为 ESE、SE，占 8.0%。2004—2014 年月平均降雨量见表 6-7。

表 6-7   2004—2014 年月平均降雨量

月 份	1	2	3	4	5	6	7	8	9	10	11	12
降雨量/mm	20.7	40.3	32.8	45.8	76	105.7	268.9	152.9	110.8	28.9	39.6	18.9

研究区域 2004—2014 年年降雨量见表 6-8，该区域近 11 年年平均降雨量为 856mm，从表中数据可以看出，近 11 年来年降雨量变化不大，总体上呈小幅度上升趋势。

表 6-8   2004—2014 年年降雨量

年 份	2004	2005	2006	2007	2008	2009	2010	2011	2012	2013	2014
降雨量/mm	527.6	939.6	759	1034	734.6	905.2	905.4	1019	868.9	710.7	1007

3. 土壤

试验区土壤以滨海盐土为主，土质为轻壤—中壤土，土壤在成土过程中受海水浸渍，土体含盐量较高，0～100cm 土体含盐量平均在 4.0g/kg 以上，为重盐土。由于排水不畅，灌溉水质较差，地下水矿化较高，冬春土体返盐严重，该区土壤属滨海盐土，土质为轻壤—中壤土，有机质平均含量为 6.9g/kg，土壤贫瘠且结构较差。土壤理化性状见表 6-9。

表 6-9　　试验区土壤的理化性状

土体深度/cm	含盐量/(g/kg)	有机质/(g/kg)	速效钾/(mg/kg)	pH 值	干容重/(g/cm³)	颗 粒 组 成/%		
						>0.05 mm	0.05～0.005 mm	<0.005 mm
0～20	7.8	11.0	212	8.1	1.38	6.5	83.5	10.0
20～40	4.5	9.8	169	7.8	1.38	7.9	84.8	7.3
40～60	2.8	8.1	188	7.9	1.62	12.4	80.8	6.8
60～80	2.6	6.3	234	7.9	1.45	16.9	78	5.1

6.4.3.2 试区布置

试验区土地呈长方形布局，西侧紧临沿海高等级公路，北部靠近南干河，东部与条子泥新围垦区相邻，南部为通往 X203 段的公路，试区长 475～511m，宽 176～178m，总面积约 8.67hm²。在研究区东北角位置，选择约 400m² 平坦区域设立竖井布置区，布置区内布设竖井以及地下水埋深监测井以研究地下水埋深、地下水盐分的变化情况。布置情况如图 6-20 所示。

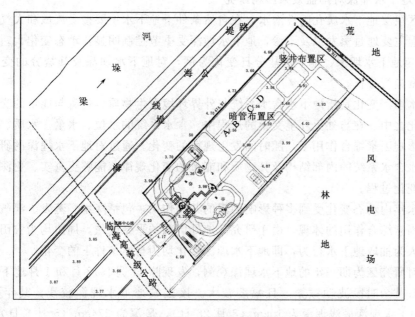

图 6-20　试验地布置图

竖井布置区包括 1 口透水水泥竖井以及 10 口 PVC 水位监测井。0 号竖井，直径 1m，深 5m，井壁采用透水混凝土，竖井主要用于地下水埋深、地下水盐分观测以及后期抽水排盐试验。

距竖井东西南北四个方向交叉 1、2、3、4、5、6、7、8、9、10m 处布置地下水监测井共 10 眼（1~10 号），10 眼监测井均为直径 10cm、长 5m 的 PVC 管，埋设 PVC 管时留 0.3m 在地表以上，埋入部分的下部 4.0m 长范围内打透水孔，外裹土工布作为滤层。在靠近每个监测井约 20cm 处的 10、30、50 和 70cm 土壤层分别埋设土壤盐分传感器，对抽水排盐时期内的土壤盐分进行监测。布设详情如图 6-21 所示。

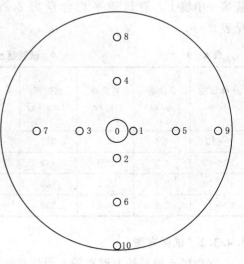

图 6-21　竖井及监测井分布

6.4.3.3　试验方法

采用多时段、间歇抽水方法，将竖井内咸水抽排至试验区域外并进行处理，防治对试验造成影响。发生降雨后，及时对竖井内咸水进行抽排，以达到及时排盐的效果。通过在井位区埋设测盐分探头以及定期取土测量盐分观测土壤盐分的变化。

6.4.4　竖井排盐效果分析

6.4.4.1　地下水埋深对排盐效果影响研究

研究区浅层地下水属孔隙性潜水，在自然条件下地下水主要接受流域和大气降水渗入补给，排泄主要通过蒸发以及下渗，地下水埋深受季节控制明显，动态变化大。以研究区 2013 年全年地下水埋深、地下水盐分日变化为例，对地下水埋深及其盐分的变化特征以及影响因素进行分析。

地下水埋深变化是指地下水含水系统与外界环境发生物质、信息与能量的交换，并时刻处于变化之中。在与外界环境交换的过程中，含水系统的水位、水量、水质、水温等要素在各种影响因素综合作用下，随时间发生规律的变化。通过对地下水埋深的研究，可以揭示地下水含水系统的内部结构及其物质和能量的变化规律，能够更真实、更深刻地反映地下水的变化过程。

地下水年内动态变化受到多种影响因素的共同作用，包括降雨、蒸发、灌溉等，是自然与人为因素综合作用的体现。由于研究区地处广阔的平原区域，周边均为农田，且无工业开采、人为抽取地下水行为，即地下水埋深变化均为自然条件下的变化。

通过对研究区为期一年的地下水埋深观测，发现除 11 月、12 月和 1 月地下水埋深波动较小外，其余时段波动频繁，且幅度较大。该区域地下水埋深较浅，其年平均值为 173cm，地下水埋深最浅埋深为 10cm（8 月 26 日），最深为 274cm（5 月 8 日）。该区域 2013 年地下水埋深年内变化特征如图 6-22 所示。

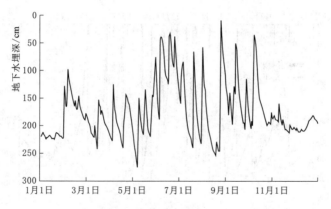

图 6-22 2013 年地下水埋深年内变化特征

降雨以及蒸发是导致地下水埋深变化的重要因素，降雨补给是地下水补给的重要来源。图 6-23 分析了降雨和蒸发对地下水埋深变化的影响，地下水埋深的变化与降雨、蒸发密切相关。伴随着降雨的发生，地下水埋深上升；在蒸发的作用下，地下水埋深下降。

图 6-23 (a) 中，地下水埋深曲线出现了多个波峰和波谷，频繁的降雨导致地下水埋深波动变化明显，每个地下水埋深的波峰均与降雨事件一一对应，展示了地下水埋深波动变化对降雨事件的快速响应。图中所示，由于 2—10 月降雨量充足，地下水埋深波动幅度较大且频繁，8 月 24 日的降雨为 74.4cm，对应的地下水埋深上升幅度达 199cm，是 2013 年降雨导致地下水埋深上升的最大幅度。11 月、12 月和 1 月降雨量很小甚至无降雨，地下水埋深变化幅度很小，其变化幅度介于 0～10cm。

图 6-23 (b) 所示，在无雨期，蒸发等因素的作用下，地下水埋深持续下降，直到下一次有效降雨发生，地下水埋深停止下降。

除了气象因素，研究区域的地下水埋深还受附近的梁垛河水位（以下简称河水位）的影响。图 6-24 展示了地下水埋深、河水位以及黄海潮位的变化曲线。图 6-24 (a) 所示，河水位同样表现出较强的波动性，尤其是雨季，河水位波动频率高、幅度大。在 2013 年 1 月、2 月的时候地下水埋深与河水位均处于一个较为稳定的值，波动幅度非常小，随降雨量的增大，地下水埋深与河水位出现明显波动趋势，并在 3 月达到较低水位值。进入雨季后，降雨量大幅度增加，地下水埋深与河水位上升明显。随着雨季结束，降雨量减少，地下水埋深与河水位变化逐渐趋于平缓。图 6-24 (b) 所示，黄海潮位波动频次及幅度较为规律，几乎不受季节及气象因素的影响，其与地下水埋深无明显相关性。

6.4.4.2 竖井抽水排盐条件下土壤盐分变化分析

当水泵从竖井内抽水时，在竖井水位和 10 个监测井地下水埋深之间产生一个水位差，地下水在水位差的作用下流入井内。竖井排水加强了土壤水分垂直向下运动，这样在竖井周围就形成一个地下水的下降漏斗。随着竖井抽水时间的加长，漏斗的范围也逐渐由小变大。距离竖井越近，监测井的水位下降越快，即地下水流速越大，距离竖井越远，监测井的水位下降越慢，即地下水流速小。竖井抽水可以在较短时间内起到降低地下水埋深的作用。经过 1 天的抽排水，地下水下降幅度最大的为 45cm，最小的为 23cm，平均下降幅度为 32cm。如图 6-25 所示，通过 ArcGIS 空间插值对经过 1 天排水后地下水的运动情况进

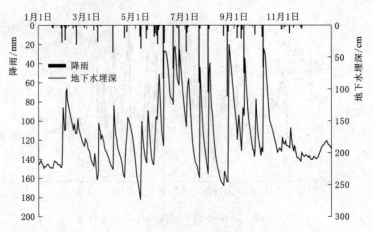

（a）地下水埋深与降雨的关系

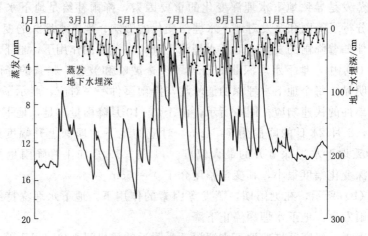

（b）地下水埋深与蒸发的关系

图 6-23 2013 年地下水埋深波动与降雨、蒸发的关系

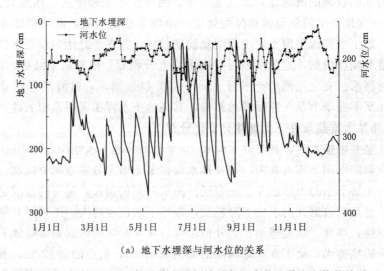

（a）地下水埋深与河水位的关系

图 6-24（一） 2013 年地下水埋深波动与河水位、黄海潮位的关系

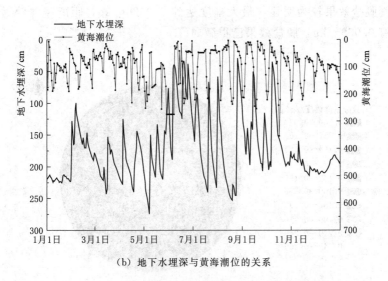

（b）地下水埋深与黄海潮位的关系

图 6-24（二）　2013 年地下水埋深波动与河水位、黄海潮位的关系

行分析，抽排水后 10 口监测井的水位均呈下降趋势，而其下降幅度呈阶梯状，离竖井最近的 1 号监测井下降幅度最大，其他监测井随着离竖井的距离变大，地下水埋深下降幅度逐渐变小。每次有大的降雨导致水位大幅度上升后，均进行持续抽排措施，以达到持续降低水位并且排盐的作用。

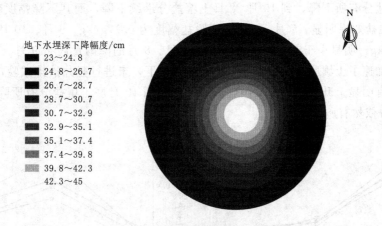

图 6-25　地下水埋深下降幅度

　　地下水含盐量大和地下水埋深浅，是该地区土壤返盐的直接原因，井排既有降低地下水埋深又有淡化地下水盐分的作用，起到了防止土壤返盐的效果。

　　井排试验开始于 2014 年 7 月 1 日，10 月底结束，持续 4 个月。通过及时抽排降雨入渗的地下水，试验区土壤呈现出明显的脱盐效果。如图 6-25 所示，研究区域土壤整体呈现脱盐趋势，且盐分下降幅度与地下水埋深下降幅度呈现相似趋势：距离竖井近的区域盐分下降幅度大于远离区域，排盐效果由竖井向外逐渐减弱。由图 6-26 可以看出，靠近竖井区域的土壤脱盐效果较为明显，最大幅度达到了 0.26g/kg，距离竖井较远的位置土壤脱盐幅度仅有 0.069g/kg，脱盐效果已很微弱。

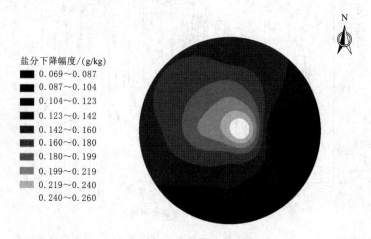

图 6-26　土壤盐分下降幅度

　　在整个试验期内，分别对试验初始、中期以及末期竖井布置区内以及布置区外的撂荒地土壤盐分进行取样测定。分析发现，整个试验期内竖井布置区与撂荒地土壤盐分呈现了相反的变化趋势：试区内土壤脱盐率 52%，而撂荒地土壤盐分上升了 41%，见图 6-27。

　　从图 6-27 可以看出，7 月开始进行竖井抽水排盐试验，8 月 30 日对区域的土壤盐分测量，土壤盐分有所下降，到 10 月 28 日土壤盐分继续下降，而其下降幅度略小于 7 月、8 月，整体脱盐效果明显。7 月、8 月土壤脱盐幅度为 0.17g/kg，9 月、10 月土壤脱盐幅度为 0.05g/kg，明显小于前者，其原因在于 7 月、8 月的降雨量高于 9 月、10 月，抽排水量较大，加速了土壤脱盐。撂荒地处于自然条件下，未进行竖井抽排试验，8 月底土壤盐分较 7 月有明显上升趋势，土壤出现返盐情况，到 10 月底土壤盐分有所降低，但其较 7 月土壤盐分依然有所升高。

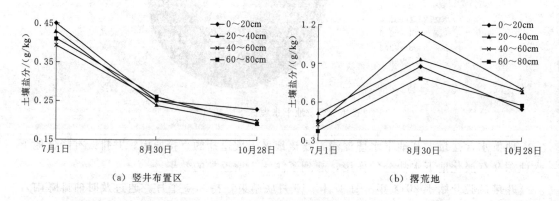

图 6-27　土壤脱盐情况对比

　　综上所述，利用降雨进行竖井抽排地下水能起到很好的排盐效果，在降雨充沛区域可以很好地利用天然降雨，是一个经济且行之有效的排盐措施。

6.4.5 地下水盐分动态变化研究

6.4.5.1 地下水埋深变化的影响因子

蒸发对地下水埋深的影响受到降雨干扰，分析蒸发与地下水埋深的关系时，应当剔除发生降雨日的数据。因此降雨、蒸发均为非连续性的，分析降雨和蒸发对地下水埋深的影响时，用相应的地下水埋深波动变化值更为准确。分别对地下水埋深波动变化值与降雨、蒸发的关系，以及地下水埋深与河水位、黄海潮位相关关系进行分析，结果如图 6-28 所示。地下水埋深波动变化值与降雨、蒸发极显著相关（$p < 0.01$）；地下水埋深与河水位极显著相关（$p < 0.01$），与黄海潮位不相关（$p > 0.05$）。地下水埋深与降雨、河水位正相关，与蒸发负相关，相关程度的大小顺序为：降雨＞蒸发＞河水位。

对地下水埋深的影响因素（降雨、蒸发、河水位、黄海潮位）进行主成分分析（PCA），见表 6-10。第一主成分的方差为 1.509，第二主成分的方差为 1.289，降雨及蒸发的方差值均大于 1。降雨、蒸发和河水位的贡献率分别为 37.73%、32.23% 和 24.12%，降雨、蒸发及河水位的累计贡献率大于 90%，黄海潮位贡献率仅为 5.92%。由此推断，降雨、蒸发及河水位对地下水埋深影响作用较为明显，与上文中线性回归分析结果一致。

表 6-10　　　　　降雨、蒸发、河水位及黄海潮位的方差解释量

成分	最初特征值			方差荷载提取值		
	方差	贡献率/%	累计贡献率/%	方差	贡献率/%	累计贡献率/%
降雨	1.509	37.73	37.73	1.509	37.73	37.73
蒸发	1.289	32.23	69.96	1.289	32.23	69.96
河水位	0.965	24.12	94.08			
黄海潮位	0.237	5.92	100			

6.4.5.2 地下水盐分动态变化及影响因素

月降雨、蒸发及地下水盐分值见表 6-11。地下水盐分受降雨影响明显，月降雨、月蒸发年内变化为先增大后减小变化趋势，而地下水盐分月平均值表现为相反趋势：先减小后增大。7—9月，降雨、蒸发达到最大值，地下水盐分月平均值达到了年内较低值，其中7月地下水盐分平均值达到最低值，仅为 0.87g/kg。1月、2月、3月、12月降雨、蒸发均处于较低值，而地下水盐分值远高于其他月份，12月地下水盐分平均值达到了最大值，达到了7月的23倍。

利用数学计算中的百分比变化概念对降雨后地下水盐分变化进行分析。

$$百分比变化 = [(V_2 - V_1)/V_1] \times 100\% \qquad (6-2)$$

式中：V_1 为雨前日地下水盐分值；V_2 为雨后日地下水盐分值。

表 6-12 中展示了49次有效降雨对地下水盐分变化的影响，表中的百分比变化为降雨前后对应的地下水盐分差值与降雨前盐分的比值。现场观测发现，在降雨量较小的情况

下，由于雨水渗入土壤深度较浅或稀释力度不够，地下水盐分下降幅度很小或者不下降，故根据降雨量对地下水盐分的影响程度不同，将降雨量分为小于 10mm、10～50mm 以及大于 50mm（暴雨）分别对降雨量与地下水盐分百分比变化进行相关性分析。

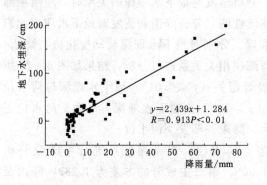

（a）地下水埋深与降雨量

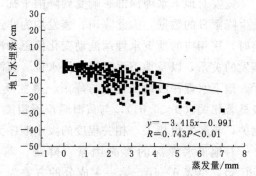

（b）地下水埋深与蒸发量

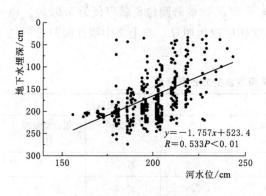

（c）地下水埋深与河水位

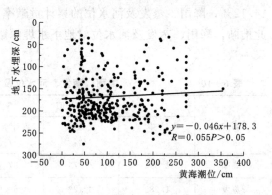

（d）地下水埋深与黄海潮位

图 6-28　地下水埋深与降雨量、蒸发量、河水位及黄海潮位一元线性回归分析

表 6-11　　　　　　　　　　　2013 年降雨、蒸发及地下水盐分月平均值

项目	月　份											
	1	2	3	4	5	6	7	8	9	10	11	12
降雨量/mm	25.9	47.8	24.7	48.9	110.3	170.7	170.6	85.1	95.2	60.6	19.2	0
蒸发量/mm	16.9	15.9	53.5	74.8	52.8	57.5	94.8	101.9	62.6	61.7	37.7	17.6
地下水盐分/(g/kg)	19.36	11.95	10.14	5.66	2.76	1.52	0.87	1.2	1.69	2.12	4.59	19.7

表 6-12　　　　　　　　　　地下水盐分受降雨量影响的百分比变化

降雨量/mm	百分比变化/%	降雨量/mm	百分比变化/%	降雨量/mm	百分比变化/%
2	0.87	12.2	−15.82	74.4	−59.99
3	1.1	8.4	−6.40	6.6	−3.31
2.9	−0.34	10.8	−9.13	13.2	−22.22

降雨量/mm	百分比变化/%	降雨量/mm	百分比变化/%	降雨量/mm	百分比变化/%
17.7	−21.64	19.9	−12.66	1.8	6.59
15.4	−17.51	4.6	7.00	14.2	3.29
3	−0.77	56.3	−73.62	4.6	2.81
3.3	−3.41	18.6	−22.39	50.5	−76.31
20.4	−44.89	45.6	−57.65	1.5	1.42
2.5	1.97	2.9	−2.73	9.4	−5.39
5	−3.3	44.5	−51.67	12.1	2.89
17.2	−16.83	27.2	−63.08	43.9	−62.73
28.3	−47.42	7.7	−21.11	4.6	−2.79
13.1	−21.45	1.9	31.85	2.2	3.74
7.1	−11.56	60.3	−77.67	8.5	1.98
11.6	−8.32	3.3	−45.22	2.5	−2.47
24.2	−50.73	70	−48.93	2.3	25.06
13.5	−23.08	4.1	−14.22	3.5	17.80
5.1	48.50	11	−27.92		

如表 6-13 所示，降雨量与地下水盐分百分比变化的相关系数 R 值为 0.818，且在 0.01 水平上极显著相关。对降雨量进行分段，分析降雨量与地下水盐分百分比的相关性，可以看出在降雨量大于 50mm 和降雨量介于 10～50mm 情况下，降雨量与地下水盐分百分比变化极显著相关（$p<0.01$），相关系数 R 值分别达到了 0.832 和 0.812。降雨量小于 10mm 情况下，二者不显著相关，R 值为 0.23，即降雨量不足的情况下，对地下水盐分无明显稀释作用。表 6-12 可看出，其中最大的降雨量为 74.4mm，但其对应的盐分下降百分比（59.99%）并非最大，60.3mm 降雨量产生了盐分下降最大百分比（77.67%）。可见，地下水盐分百分比变化不仅与降雨量相关，而且与地下水埋深、盐分初始值等相关。降雨量较小的情况下，地下水盐分变化很小或者无变化。枯水期，降雨量小且单次最大降雨仅为 8.5mm，此期间地下水盐分未出现下降趋势，反而出现上升趋势，进入完全无降雨期后，地下水盐分呈上升趋势更加明显。

表 6-13 　　　　　　　　　　地下水盐分百分比变化与降雨量相关性分析

降雨量	<10mm	10～50mm	>50mm	所有降雨
R	0.23	0.812	0.832	0.818

图 6-29 为地下水盐分受降雨、蒸发等影响的变化过程。可以看出，地下水盐分随降雨的发生而波动；地下水盐分值在降雨后下降，然后再出现上升趋势直到下一次降雨的发生。在 2013 年初期，地下水盐分较高，在 1 月出现的少量降雨影响下，盐分小幅度波动。进入 2 月，随着降雨量的增大地下水盐分下降幅度亦有所增大，5 月降雨频率与降雨量大幅上升，地下水盐分继续下降，并达到较低值。7—9 月，降雨量达到年内顶峰，地下水

盐分达到了最低值。进入 10 月，降雨量下降，地下水盐分小幅度攀升。进入 10 月后的较长的无雨期，以及在此之前每两次有效降雨之间的无雨期，地下水盐分呈小幅度上升趋势，其上升原因在于蒸发导致地下水盐分积累并升高，而降雨则将盐分冲洗变淡，地下水盐分的波动与降雨及蒸发有关。11—12 月降雨量迅速下降，地下水盐分在 11 月开始上升，在 12 月无任何降雨的情况下，地下水盐分急剧上升，日盐分最大值达到 24.45g/kg。由于降雨对地下水盐分有稀释作用，故剔除降雨日的蒸发与地下水盐分数据，对蒸发与地下水盐分进行相关性分析，相关系数 R 值为 0.601，呈极显著相关关系（$p < 0.01$）。

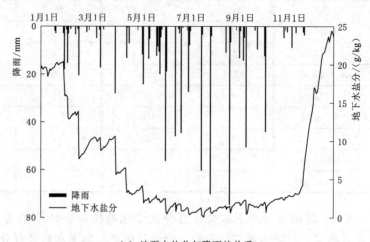

（a）地下水盐分与降雨的关系

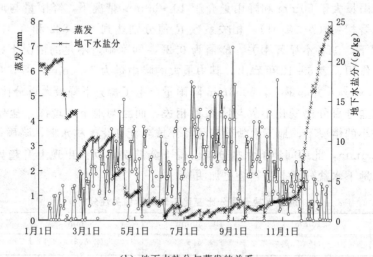

（b）地下水盐分与蒸发的关系

图 6-29 地下水盐分与降雨、蒸发的关系

　　从图 6-30 可以看出，降雨入渗降低地下水盐分之后，在两次连续降雨事件之间，地下水盐分随地下水埋深下降而升高，地下水盐分的变化与地下水埋深相关。观测期间，地下水埋深与盐分的相关系数 R 为 0.369，呈极显著相关关系（$p < 0.01$）。

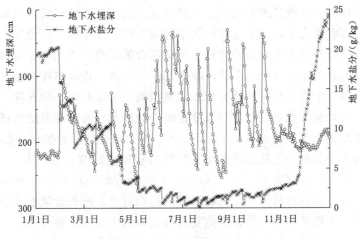

图 6-30 2013 年地下水盐分与埋深波动情况

6.4.6 小结

(1) 研究区域平均地下水埋深较浅，年降雨量、蒸发量较大，导致地下水埋深变化幅度较大。研究发现，地下水埋深受气象因素及附近河流影响明显，对地下水埋深与降雨量、蒸发量、河水位以及黄海潮位做相关性分析，结果显示地下水埋深与降雨量、蒸发量以及河水位呈极显著相关（$p<0.01$），与黄海潮位不相关。对地下水埋深与影响因素做主成分分析（PCA）发现，降雨量、蒸发量及河水位的方差贡献值大于 90%，其中气象因素是主要的影响因素。

(2) 地下水盐分主要受降雨量、蒸发量以及地下水埋深的影响，降雨导致地下水盐分降低，蒸发使其上升，随着地下水埋深的下降地下水盐分呈升高趋势。地下水盐分与降雨量、蒸发量和地下水埋深的相关系数 R 分别为 0.818、0.601 和 0.369，呈极显著相关关系（$p<0.01$）。

(3) 竖井抽水排盐试验结果显示，其可以很好地起到降低地下水埋深以及土壤盐分的作用。

6.5 化学改良剂

6.5.1 国内外研究进展

我国盐碱土分布很广，主要分布在地势相对低平的内陆干旱、半干旱地区和滨海地区。滨海盐渍土受海水的浸渍形成，可分盐土和碱土两大类。盐土以含氯化钠和硫酸钠为主；碱土以含碳酸钠为主。盐土盐分含量过高，碱土碱性过强。有机质含量均低，结构不良，不宜作物生长。江苏滨海盐碱土主要属于强氯化物型，氯离子是主要的土壤盐害离子。

早在 19 世纪后期，美国土壤学家 Hilgad 就已经利用石膏改良苏打盐碱化土壤。1912年以后，俄国土壤学家盖得罗依兹肯定了石膏改良苏打盐碱化与碱化土壤的作用。英国在排水及无水条件下施入含硫营养调理剂，确认效果为石膏＞渣泥＞黄铁矿。

国内研究机构对化学改良剂在盐碱土改良方面进行了广泛的试验，均取得了一定的改良效果，如：山东农业大学、山东省林业科学院采用硫、腐殖酸、石膏等改良剂组合，在网室内通过盆栽试验对日本大叶菠菜进行了不同组合的试验，得出改良剂的不同组合均能降低盐碱土的 pH 值和盐分离子的含量，降低 Na^+/K^+ 值，提高作物的净光合速率。

天津市北方园林生态科学技术研究所采用腐殖质、脱硫石膏、磷石膏、褐煤、过磷酸钙、硫酸铵等有机物料和无机物料进行改良盐碱土的研究，通过在重度盐碱土上的盆栽试验，分析检测滨海盐土中主要有害离子 Cl^-、Na^+ 的动态变化及种植植物的出苗情况，对测定的结果进行综合分析，筛选出适宜于天津滨海盐碱土的改良剂配方。试验结果表明：各处理的配方都能降低土壤的 pH、Cl^- 和 Na^+，其中有机物料和无机物料配比适中的处理效果最好。适宜比例的有机肥和含钙物料共同作用对改良滨海盐碱土有很好的作用。

吉林农业大学采用不同配比的糠醛渣复合改良剂采用盆栽试验的方法，对吉林省西部重度盐碱土进行改良试验，找出改良效果较好的改良剂配方。

传统的化学改良方法一般是施用石膏等化学改良剂增加可溶性钙 Ca^{2+}，通过离子代换作用把土壤中有害的 Na^+ 代换出来，结合灌溉使之淋洗，达到盐碱土改良目的。随着科技的发展，出现了化学营养调理剂，据相关报道，应用化学营养调理剂改良盐碱土所需时间短、效果显著。目前我国市场上主要的盐碱土改良剂产品有盐碱丰、施地佳、禾康盐碱清除剂等，其作用机理是直接向石灰性苏打土中提供 Ca^{2+}，或通过提高土中难溶性碳酸钙的溶解度，间接增加 Ca^{2+} 置换 Na^+。

6.5.2　试验方案

东台沿海垦区是由长江、黄河等河流所挟带的大量泥沙，在海水洋流的作用下，长期形成的滨海冲积平原，原为浅水海滩，经过逐年围垦成为农田。在成陆过程中，由于长期受海洋潮汐的浸渍，土壤中的盐分组成与海水成分基本一致，以 Cl^- 和 Na^+ 为主，pH 值在 8～9 之间，土壤质地为砂壤土，平均粒径 0.06mm 左右，土体含盐量在 0.1%～1.5%，平均含盐量在 0.4% 以上，为重盐土。实测土壤的理化性状见表 6-14。

表 6-14　　　　　　　　　　　　　　　试验用土壤的理化性状

土体深度 /cm	有机质 /(g/kg)	速效钾 /(mg/kg)	干容重 /(g/cm³)	颗 粒 组 成/%		
				>0.05mm	0.05～0.005mm	<0.005mm
0～20	11.0	212	1.42	6.5	83.5	10.0
20～40	9.8	169	1.54	7.9	84.8	7.3
40～60	8.1	188	1.49	12.4	80.8	6.8
60～70	6.3	234	1.52	16.9	78	5.1

由于沿海地区土壤盐碱化程度存在差异，试验采用桶测和盆栽的方法进行，对不能种植农作物的重盐土和能进行种植的轻盐土分别采用测桶和盆栽的试验方法，比较其改良效果。

（1）测桶试验：对不适合农作物生长的重盐土（盐分含量大于 4.0～6.0g/kg），在施用相同浓度、用量化学改良剂后排水洗盐，观测盐分、pH 值增减变化情况。

试验处理：测桶直径 19.5cm，高 24.5cm，桶底设排水孔，孔内填以棉纱布作为滤沙层,外接塑料软管作为排水口,以控制排水,在桶底设置 4cm 沙滤层,沙滤层以上为 18cm 深、盐分含量大于 6‰ 的盐土,在对测桶装土前先将盐土充分拌和、过筛,装土后加水浸泡,桶内不向外排水,水分通过蒸发自然风干,待土体密实至与原状土相同时再测量盐分、pH 值,作为试验前期数据。测桶试验设 4 个处理,3 次重复,共 12 个,每个测桶分别设表层 0~5cm,15~20cm 两个盐分观测层位,埋设南京土壤所生产的 FJA-10 型盐分传感器测量土壤电导率换算成盐分值,试验于 8 月 26 日分别向各处理加入用水稀释至 800mL 的改良剂 0.4g,控制 24h 后排水,灌排以 7 天为一周期,除第一次施用改良剂外,其后均用 800mL 清水灌洗。各处理设置、初始盐分、pH 值见表 6-15。

表 6-15 测桶各处理前期盐分、pH 值表

试 区	土壤层位	盐分/(g/kg)	pH 值
对照 (1)	0~5cm	9.63	9.21
	15~20cm	3.58	
对照 (2)	0~5cm	8.29	9.24
	15~20cm	3.96	
对照 (3)	0~5cm	8.90	9.30
	15~20cm	3.65	
禾康 (1)	0~5cm	8.62	9.25
	15~20cm	6.37	
禾康 (2)	0~5cm	9.82	9.29
	15~20cm	3.39	
禾康 (3)	0~5cm	9.31	9.29
	15~20cm	5.30	
施地佳 (1)	0~5cm	10.40	9.21
	15~20cm	5.43	
施地佳 (2)	0~5cm	7.29	9.18
	15~20cm	4.33	
施地佳 (3)	0~5cm	8.98	9.10
	15~20cm	5.10	
盐碱丰 (1)	0~5cm	10.17	9.21
	15~20cm	5.14	
盐碱丰 (2)	0~5cm	7.99	9.26
	15~20cm	8.25	
盐碱丰 (3)	0~5cm	9.01	9.28
	15~20cm	6.82	

(2) 盆栽试验:对适合农作物生长的低盐土(盐分含量 1.0~2.0g/kg),在施用相同浓度、相同用量化学改良剂后,在不排水情况下,观测盐分、pH 值增减变化情况。

　　试验处理：盆栽采用直径 34cm，高 45cm 的统一陶缸，装入相同深度的低度盐土，装土前同样将盐土充分拌和、过筛，盆栽试验设 4 个处理，分别为空白、禾康、施地佳、盐碱丰，各 3 次重复，共 12 个，盆内种植品种为水稻，各处理在施用改良剂后不作排水处理，以观测施用化学改良剂对土壤盐分、pH 值的影响。对盆内土壤盐分、pH 值的测定采用首尾法取样测定，盐分测定采用南京土壤所生产的电导率仪，pH 值测定采用上海仪电科学仪器股份有限公司生产的 PHB-4 便携式 pH 计。由于盆栽试验模拟实际大田水稻种植，故在试验前后对土壤全盐离子进行测定，观测离子变化情况。

6.5.3　改良效果分析

6.5.3.1　测桶试验研究

　　通过试验发现，在测桶试验过程中的土壤水分运动规律为：灌水后土壤表层的盐分向下层洗淋，土壤下层盐分相应升高（如 8 月 26 日灌前至 8 月 30 日排水后一天），各种处理 0～5cm、15～20cm 处的平均盐分增减变化分别如图 6-31 和图 6-32 所示。

　　在排水后至下个灌水之日期间，下层 15～20cm 盐分在蒸发作用下，会随土壤毛细作

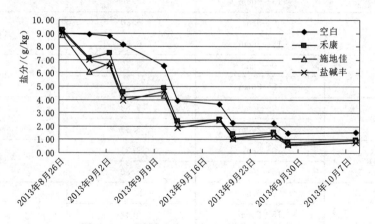

图 6-31　测桶试验 0～5cm 盐分变化趋势

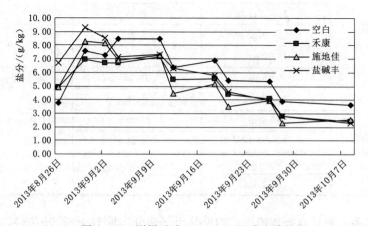

图 6-32　测桶试验 15～20cm 盐分变化趋势

用力上升到表层，并随着时间的推移而积聚到土壤表面，即所谓的返盐现象。但是，随着灌水次数的增加，表层和下层盐分出现同步跳跃下降趋势。在 $0\sim5cm$ 和 $15\sim20cm$ 处，各处理土壤盐分在 8 月 26 日灌水后，各阶段平均盐分值见表 6-16，平均盐分下降速率见表 6-17，平均盐分总下降情况见图 6-33。

表 6-16　　　　　　　　　阶段平均盐分数值表

试　区	土壤层位	盐　分/(g/kg)				
		8 月 26 日	8 月 30 日	9 月 2 日	9 月 4 日	9 月 10 日
空白	0～5cm	8.96	8.91	8.81	8.12	6.51
	15～20cm	3.77	7.58	7.25	8.48	8.47
禾康	0～5cm	9.22	7.10	7.50	4.55	4.86
	15～20cm	4.88	6.92	6.66	6.68	7.14
施地佳	0～5cm	8.84	6.06	6.75	4.17	4.32
	15～20cm	4.88	8.26	8.17	6.89	7.27
盐碱丰	0～5cm	9.08	7.00	6.53	3.89	4.64
	15～20cm	6.70	9.28	8.54	7.11	7.30

试　区	土壤层位	盐　分/(g/kg)				
		9 月 12 日	9 月 18 日	9 月 20 日	9 月 26 日	9 月 28 日
空白	0～5cm	3.91	3.64	2.27	2.25	1.45
	15～20cm	6.36	6.91	5.44	5.33	3.91
禾康	0～5cm	2.40	2.50	1.39	1.53	0.75
	15～20cm	5.46	5.54	4.42	4.10	2.81
施地佳	0～5cm	2.18	2.50	1.08	1.47	0.66
	15～20cm	4.48	5.16	3.50	3.96	2.32
盐碱丰	0～5cm	1.87	2.46	1.01	1.31	0.59
	15～20cm	6.29	5.78	4.61	3.94	2.83

表 6-17　　　　各处理 0～5cm、15～20cm 排水后阶段平均盐分下降速率表

试　区	土壤层位	盐　分　下　降　率/%					总下降率/%
		8 月 30 日	9 月 4 日	9 月 12 日	9 月 20 日	9 月 28 日	
空白	0～5cm	0.26	7.62	40.49	37.40	33.62	83.40
	15～20cm	−103.42	−16.97	24.96	22.09	26.02	48.12
禾康	0～5cm	23.14	39.26	50.36	44.41	51.40	89.49
	15～20cm	−37.49	−0.22	23.43	20.39	32.40	59.54
施地佳	0～5cm	31.62	37.88	49.89	57.35	56.27	89.54
	15～20cm	−67.22	28.49	38.64	32.08	42.97	72.92
盐碱丰	0～5cm	22.47	41.42	59.24	58.13	56.56	91.95
	15～20cm	−39.02	15.82	13.62	19.45	28.18	70.06

　　由表 6-17 可以看出，空白处理在 0～5cm 处盐分下降到 1.45‰，已由重盐土改良至轻盐土标准；施用化学改良通过多次灌水洗盐后，各处理在 0～5cm 处盐分下降至 0.59‰～0.75‰，已由重盐土改良为脱盐土；空白处理在 15～20cm 处的盐分下降至 3.91‰，而施用化学改良剂的各处理在 15～20cm 处盐分下降至 2.32‰～2.83‰，均由重盐土下降至中盐土范围内，但施用化学改良剂的各处理，其盐分下降幅度均大于空白处理，表明传统的淋盐洗碱方法在结合施用化学改良后对土壤盐分的排出具有明显的促进作用。

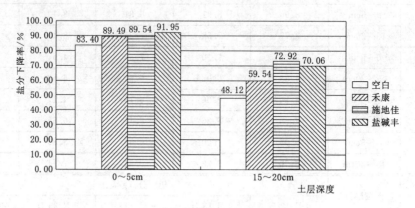

图 6-33　各处理平均盐分总下降率

　　对 9 月 28 日取样深度 0～5cm、15～20cm 盐分值采用 F 值和最小显著极差（LSD 法）进行检验，以检验不同处理间差异是否显著、各处理与空白间的降盐效果是否显著。

1. 测试深度 0～5cm

不同区域测试深度为 0～5cm 的计算结果见表 6-18。

表 6-18　　　　　　　　　　　不同区域测试深度为 0～5cm 的计算结果

处　理	空　白	禾　康	施地佳	盐碱丰	
	0.81	0.63	0.86	0.74	
盐分/(g/kg)	2.09	0.87	0.47	0.44	
	1.55	0.74	0.58	0.51	
总和 T_i	4.44	2.24	1.91	1.70	$T=10.29$
平均 X_i	1.48	0.75	0.64	0.57	0.86

　　总自由度：$(3×4)-1=11$；组间自由度：$4-1=3$；组内自由度：$4×(3-1)=8$，矫正数 $C=8.82$，$SS_T=2.59$，$SS_t=1.61$。

　　SS_e 空白=0.83，SS_e 禾康=0.03，SS_e 盐碱丰=0.05，组内平方和 $SS_e=0.98$。

　　总的均方 $S_{T^2}=0.24$，组间均方 $S_{t^2}=0.54$，组内均方 $S_{e^2}=0.12$。

　　以 $v_1=3$，$v_2=8$ 查 F 值表得 $F_{0.05}=4.07$，$F_{0.01}=7.59$，方差分析见表 6-19。

表 6－19　　　　　　不同区域测试深度为 0～5cm 方差分析结果

差异源	SS	df	MS	F	$F_{判定值(0.05)}$	F 检验	显著性
组间	1.6063	3	0.5354	4.3497	4.07	$F > F_{0.05}$	显著
组内	0.9848	8	0.1231				
总计	2.5911	11					

0～5cm 层位，不同处理间差异显著。

平均数差的标准误差：$(2S_{e^2}/n)^{1/2}=0.28$，查 t 值表，当组内自由度 $v=8$ 时，$t_{0.05}=2.306$，$t_{0.01}=3.355$。

5% 时最小显著差数 $LSD_{0.05}=0.65g/kg$，1% 时最小显著差数 $LSD_{0.01}=0.94g/kg$，不同处理间两个平均数的差数达到 $LSD_{0.05}$ 为 $\alpha=0.05$ 水平上显著，两个平均数的差数达到 $LSD0.01$ 为 $\alpha=0.01$ 水平上显著。

空白与禾康处理间的差异：$1.48-0.75=0.73>0.65$，$\alpha=0.05$ 水平上显著；

空白与施地佳处理间的差异：$1.48-0.64=0.84>0.65$，$\alpha=0.05$ 水平上显著；

空白与盐碱丰处理间的差异：$1.48-0.57=0.91>0.65$，$\alpha=0.05$ 水平上显著。

由分析可知：三种化学改良剂对土壤表层盐分的改良效果与空白处理比较，其改良效果都明显。

2. 测试深度 15～20cm

不同区域测试深度为 15～20cm 的计算结果见表 6－20，方差分析结果见表 6－21。

表 6－20　　　　　　不同区域测试深度为 15～20cm 的计算结果

处理	空白	禾康	施地佳	盐碱丰	
盐分/(g/kg)	2.38	1.95	2.36	2.79	
	5.44	3.66	2.27	2.86	
	3.99	2.77	2.10	2.76	
总和 T_i	11.81	8.38	6.73	8.42	$T=35.33$
平均 X_i	3.94	2.79	2.24	2.81	2.94

总自由度：$(3×4)-1=11$，组间自由度：$4-1=3$，组内自由度：$4×(3-1)=8$，矫正数 $C=104.02$，$SS_T=10.78$，$SS_t=4.57$。

SS_e 空白 $=4.69$，SS_e 禾康 $=1.47$，SS_e 盐碱丰 $=0.04$，组内平方和 $SS_e=6.21$。

总的均方 $S_{T^2}=0.98$，组间均方 $S_{t^2}=1.52$，组内均方 $S_{e^2}=0.78$。

表 6－21　　　　　　不同区域测试深度为 15～20cm 的方差分析结果

差异源	SS	df	MS	F	$F_{判定值(0.05)}$	F 检验	显著性
组间	4.5435	3	1.5145	1.9524	4.07	$F < F_{0.05}$	不显著
组内	6.2059	8	0.7757				
总计	10.7494	11					

15～20cm 层位，不同处理间差异不显著。

平均数差的标准误差：$(2S_{e^2}/n)^{1/2}=0.72$，查 t 值表，当组内自由度 $v=8$ 时，$t_{0.05}=2.306$，$t_{0.01}=3.355$。

5% 时最小显著差数 $LSD_{0.05}=1.66\text{g/kg}$，1% 时最小显著差数 $LSD_{0.01}=2.42\text{g/kg}$，不同处理间两个平均数的差数达到 $LSD_{0.05}$ 为 $\alpha=0.05$ 水平上显著，两个平均数的差数达到 $LSD_{0.01}$ 为 $\alpha=0.01$ 水平上显著。

空白与禾康处理间：$3.94-2.79=1.15<1.66$，$\alpha=0.05$ 水平上不显著；

空白与施地佳处理间：$3.94-2.24=1.70>1.66$，$\alpha=0.05$ 水平上显著；

空白与盐碱丰处理间：$3.94-2.81=1.13<1.66$，$\alpha=0.05$ 水平上不显著。

由此可见：三种化学改良剂对土壤 15～20cm 土层盐分的改良效果与空白对照比较，禾康与盐碱丰处理其改良效果与空白处理相比较不太明显，只有施地佳比较明显。即化学改良剂促进深层土壤盐分的排出效果不及表层明显。

3. pH 值的变化趋势

重盐碱地在通过数次灌水洗盐后，处理在试验结束后 pH 值均未出现下降趋势，化学改良剂在灌水洗盐试验中对降低土壤 pH 值无明显效果，但土壤也未出现碱化现象。各处理在试验前、后期 pH 值的变化见表 6-22。

表 6-22　　　　　　　测桶试验前、后期 pH 值变化情况

试区		前期 pH 值	后期 pH 值	下降率/%	平均下降率/%
空白	1	9.21	9.26	−0.54	−0.29
	2	9.24	9.26	−0.22	
	3	9.30	9.31	−0.11	
禾康	1	9.25	9.27	−0.22	−0.18
	2	9.29	9.30	−0.11	
	3	9.29	9.31	−0.22	
施地佳	1	9.21	9.23	−0.22	−0.15
	2	9.18	9.17	0.11	
	3	9.10	9.13	−0.33	
盐碱丰	1	9.21	9.25	−0.43	−0.61
	2	9.26	9.33	−0.76	
	3	9.28	9.34	−0.65	

6.5.3.2　盆栽试验研究

在中盐土种稻化学改良盐碱土的试验中，实测各处理前后期土壤盐分、pH 值见表 6-23。各处理平均土壤盐分、pH 值下降率见表 6-24。

表 6-23   盆栽试验前、后期土壤盐分、pH值对比表

处 理		前 期		后 期	
		盐分/(g/kg)	pH 值	盐分/(g/kg)	pH 值
空白	1	1.923	8.80	2.457	8.83
	2	1.897	8.73	2.068	8.84
	3	1.974	8.73	1.783	8.86
禾康	1	2.077	8.79	1.638	8.89
	2	1.897	8.82	1.861	8.83
	3	1.821	8.91	1.535	8.84
施地佳	1	1.795	8.67	0.602	8.76
	2	2.205	8.82	1.197	8.75
	3	1.974	8.76	0.965	8.78
盐碱丰	1	2.256	8.68	1.136	8.91
	2	2.256	8.84	1.198	8.84
	3	2.103	8.81	1.413	8.91

表 6-24   各处理平均土壤盐分、pH值下降率

处 理	前 期		后 期		平均下降率/%	
	盐分平均值	pH 平均值	盐分平均值	pH 平均值	盐分	pH 值
空白	1.932	8.75	2.102	8.84	−8.84	−1.03
禾康	1.932	8.84	1.678	8.85	13.14	−0.15
施地佳	1.991	8.75	0.921	8.76	53.74	−0.15
盐碱丰	2.205	8.78	1.249	8.89	43.36	−1.25

1. 土壤盐分变化情况分析

试验从 6 月 10 日开始插秧，每盆种植水稻两株，除空白外，其余各处理共施用化学改良剂 2 次，第一次于 6 月 17 日施用 0.204g（约 1.5kg/亩），加水稀释至 8000mL，第二次于 7 月 15 日施用 0.6g（约 4.4kg/亩），加水稀释至 5000mL。在 8 月 2 日水稻分蘖期每盆施用尿素 1.5g（约 10kg/亩），各处理植株平均生理指标、产量见表 6-25。

表 6-25   各处理植株平均生理指标、产量表

试 区		分蘖	穗数	平均穗数	平均穗长/cm	每穗平均粒数	千粒重/g	平均亩产量/kg
空白	1	29	21	21	14.58	83	27.70	654.00
	2	27	22					
	3	28	21					

续表

试　区		分蘖	穗数	平均穗数	平均穗长/cm	每穗平均粒数	千粒重/g	平均亩产量/kg
禾康	1	26	20	19	14.62	90	29.30	668.07
	2	21	20					
	3	25	21					
施地佳	1	26	22	20	14.58	86	29.80	683.45
	2	25	21					
	3	28	20					
盐碱丰	1	28	20	21	14.40	85	28.80	674.59
	2	22	21					
	3	26	21					

由表 6-25 可以看出，施用化学改良剂的处理其千粒重和平均亩产均高于空白处理，但其植株的长势没有明显优势。其原因是盐碱土种稻进行化学改良的同时，没有进行及时排水排盐，土壤盐分高于秧苗正常生长的生理特性要求，使秧苗根部不能正常吸收水分和养分，降低了根部细胞的活性反应，使再生根生长慢，从而进一步影响根部营养的吸收，营养生长受到抑制，导致秧苗活棵迟，返青期延长，使秧苗根的发育迟缓，根系不能及时下扎，影响蘖和叶的生长，使生殖生长受到抑制。

抽穗扬花期以后，水稻进入旺盛的生殖生长期，需要大量的水分和无机盐等养分输送及适宜的温度、光照等外部条件，促进水稻灌浆乳熟，这时根部活力和枝梗输导组织的畅通及输送能力决定了稻株的生长状态，而土壤盐分直接影响水稻根、茎、叶的活力和生长，盐分高就出现水稻植株早衰的现象。从试验整个过程发现，水稻的生长呈现前期生长慢，后期成熟快的特点。

资料表明，各试验处理种稻前后土壤盐分变化情况为：空白的对照处理土壤盐分有所增加，仍为中盐土；而施用化学改良剂的处理土壤盐分都不同程度的有所降低，下降幅度达到 13.14%~53.74%，由中盐土变成了轻盐土。由此可见，在种稻条件下施用化学改良剂对降低土壤盐分有明显的作用。

通过对各处理试验前后的土壤盐分下降值进行 F 值和最小显著极差（LSD 法）进行检测，以检验不同处理间差异是否显著、各处理与空白间的是否显著，见表 6-26。

表 6-26　　　　　盆栽试验盐分方差分析

处　理	空　白	禾　康	施地佳	盐碱丰	
盐分/(g/kg)	2.457	1.638	0.602	1.136	
	2.068	1.861	1.197	1.198	
	1.783	1.535	0.965	1.413	
总和 T_i	6.31	5.03	2.76	3.75	$T=17.85$
平均 X_i	2.10	1.68	0.92	1.25	1.49

总自由度：（3×4）－1＝11，组间自由度：4－1＝3，组内自由度：4×（3－1）＝8，矫正数 C ＝26.56，SS_T ＝2.88，SS_t ＝2.38。

SS_e 空白＝0.23，SS_e 禾康＝0.06，SS_e 施地佳＝0.18，SS_e 盐碱丰＝0.04，组内平方和 SS_e ＝0.51。

总的均方 S_{T^2} ＝0.26，组间均方 S_{t^2} ＝0.79，组内均方 S_{e^2} ＝0.06。

以 v_1 ＝3，v_2 ＝8 查 F 值表得 $F_{0.05}$ ＝4.07，$F_{0.01}$ ＝7.59，方差分析见表6-27。

表 6-27

方 差 分 析 表

差异源	SS	df	MS	F	F判定值(0.01)	F 检验	显著性
组间	2.3755	3	0.7918	12.4968	7.59	$F > F_{0.01}$	极显著
组内	0.5069	8	0.0634				
总计	2.8825	11					

因此，盆栽试验中，不同处理间差异极显著。

平均数差的标准误差：$(2S_{e^2}/n)^{1/2}$ ＝0.2055，查 t 值表，当组内自由度 v ＝8时，$t_{0.05}$ ＝2.306，$t_{0.01}$ ＝3.355。

5‰时最小显著差数 $LSD_{0.05}$ ＝0.474g/kg，1‰时最小显著差数 $LSD_{0.01}$ ＝0.6896g/kg，不同处理间两个平均数的差数达到 $LSD_{0.05}$ 为 α ＝0.05 水平上显著，两个平均数的差数达到 $LSD_{0.01}$ 为 α ＝0.01 水平上显著。

空白与禾康处理间：2.1－0.168＝0.42＜0.474，α ＝0.05 水平上没有显著差异；

空白与施地佳处理间：2.1－0.92＝1.18＞0.6896，α ＝0.01 水平上有显著差异；

空白与盐碱丰处理间：2.1－1.25＝0.85＞0.6896，α ＝0.01 水平上有显著差异。

由此可知：三种化学改良剂对土壤盐分的改良效果以禾康效果稍差，其余两种效果较明显。

2. 土壤 pH 值变化情况分析

比较盆栽试验各处理前后 pH 值，均未出现下降趋势，因此化学改良剂在盆栽试验中对降低 pH 值无明显效果。通过对种植水稻的土壤进行全盐离子测定，其前后离子变化情况见表6-28。从表6-28中可以看出：施用化学改良剂的各处理中，SO_4^{2-}、Ca^{2+} 均有一定幅度的增加；Cl^-、Na^+ 较前期值出现较大幅的下降，主要原因是施用了化学改良剂后，在特定的土壤易溶性盐分环境中，土壤中易溶性盐分的离子相互作用及置换，使得原来土壤中的一部分氯化物钠盐置换成硫酸钙盐，大大降低了氯化物钠盐对作物的危害，其中禾康、施地佳、盐碱丰处理钙离子置换幅度分别为34.49％、27.50％、28.29％。硫酸根离子增加分别为3.24％、8.24％、3.99％。由此说明各化学改良剂对土壤氯化钠盐均有明显的改良效果。

离子分析还表明：空白试验处理因为没有施用化学改良剂，在种稻后全盐有所增加，氯离子和钠离子分别增加11.01％、15.99％，特别是碳酸根和重碳酸根离子有增加，说明种稻后土壤盐分有碱化的趋势。施用化学改良剂的处理土壤中碳酸根和重碳酸根只有施用盐碱丰后有少量增加，但 Na^+ 减少了52.23％，因此，不会对土壤产生碱化。

表 6-28　　　　　　　　盆栽试验前、后期离子变化情况表　　　　　　单位：g/100g 土

处理			HCO_3^-	SO_4^{2-}	Cl^-	Ca^{2+}	Mg^{2+}	Na^+	K^+
空白	前期	1	0.0195	0.0432	0.0660	0.0026	0.0029	0.0545	0.0035
		2	0.0226	0.0413	0.0635	0.0024	0.0025	0.0527	0.0047
		3	0.0201	0.0437	0.0692	0.0028	0.0031	0.0554	0.0031
		平均	0.0207	0.0427	0.0663	0.0026	0.0028	0.0542	0.0038
	后期	1	0.0262	0.0447	0.0902	0.0024	0.0025	0.0750	0.0043
		2	0.0238	0.0387	0.0680	0.0032	0.0034	0.0645	0.0052
		3	0.0189	0.0389	0.0625	0.0028	0.0030	0.0491	0.0031
		平均	0.0230	0.0408	0.0736	0.0028	0.0030	0.0629	0.0042
离子变化/%			(10.78)	4.56	(11.01)	(7.69)	(4.23)	(15.99)	(11.85)
禾康	前期	1	0.0177	0.0432	0.0742	0.0030	0.0037	0.0623	0.0035
		2	0.0195	0.0317	0.0817	0.0072	0.0035	0.0435	0.0027
		3	0.0195	0.0259	0.0806	0.0068	0.0029	0.0426	0.0039
		平均	0.0189	0.0336	0.0788	0.0057	0.0034	0.0495	0.0034
	后期	1	0.0189	0.0465	0.0591	0.0070	0.0031	0.0266	0.0027
		2	0.0189	0.0341	0.0763	0.0082	0.0031	0.0423	0.0031
		3	0.0183	0.0235	0.0635	0.0077	0.0026	0.0347	0.0031
		平均	0.0187	0.0347	0.0663	0.0076	0.0030	0.0345	0.0030
离子变化/%			1.08	(3.24)	15.86	(34.49)	11.90	30.15	11.54
施地佳	前期	1	0.0183	0.0227	0.0768	0.0022	0.0032	0.0531	0.0031
		2	0.0232	0.0331	0.0909	0.0052	0.0036	0.0591	0.0055
		3	0.0207	0.0394	0.0735	0.0026	0.0030	0.0543	0.0039
		平均	0.0207	0.0317	0.0804	0.0033	0.0033	0.0555	0.0042
	后期	1	0.0102	0.0231	0.0104	0.0024	0.0022	0.0101	0.0020
		2	0.0128	0.0394	0.0305	0.0074	0.0030	0.0230	0.0035
		3	0.0146	0.0405	0.0157	0.0030	0.0023	0.0184	0.0021
		平均	0.0125	0.0343	0.0189	0.0043	0.0025	0.0172	0.0025
离子变化/%			39.62	(8.24)	76.54	(27.50)	23.17	69.09	39.10
盐碱丰	前期	1	0.0165	0.0331	0.0969	0.0064	0.0046	0.0623	0.0059
		2	0.0146	0.0389	0.0895	0.0050	0.0038	0.0688	0.0051
		3	0.0171	0.0360	0.0834	0.0038	0.0031	0.0630	0.0039
		平均	0.0161	0.0360	0.0899	0.0051	0.0038	0.0647	0.0049
	后期	1	0.0134	0.0354	0.0256	0.0072	0.0032	0.0264	0.0023
		2	0.0140	0.0398	0.0238	0.0060	0.0030	0.0312	0.0020
		3	0.0232	0.0371	0.0339	0.0063	0.0028	0.0351	0.0031
		平均	0.0169	0.0374	0.0278	0.0065	0.0030	0.0309	0.0025
离子变化/%			(5.06)	(3.99)	69.14	(28.29)	21.88	52.23	50.00

6.5.4　示范推广

6.5.4.1　示范区概况

推广示范区位于东台市弶港镇梁垛河闸西南 3.5km，土地呈长方形布局，西侧紧临沿海高等级公路，北部紧贴南干河，东部与条子泥新围垦区相邻，南部为通往 X203 段的公路，东西长约 400m，南北宽约 177m，总面积约 100 亩。

该地区属于亚热带和暖温带的过渡区，季风显著，年平均气温 15.6℃，年日照 2209h，无霜期 237 天。由于受暖湿气流控制，雨量充沛，但降雨时空分布不均，据多年来的资料统计，平均年降雨量为 1051mm，最大年降雨量为 1978.2mm（1991 年），最小年降雨量为 462.3mm（1978 年），汛期平均降雨量为 654.5mm，汛期最大降雨量为 1294.1mm，汛期最小降雨量为 218.5mm。汛期和非汛期雨量悬殊较大，容易形成旱涝灾害。

示范区地势平坦，地面高程一般为 3.7m 左右（黄海高程），土壤在成陆过程中受海水浸渍，土体含盐量较高，0～100cm 土体平均含盐量在 4.0g/kg 以上，为重盐土。土质为砂壤土，有机质平均含量为 8.7g/kg，土壤贫瘠且结构较差，0～40cm 土层为粉质壤土，40cm 以下为砂质壤土；0～80cm 土体物理性状为：平均干容重 1.46g/cm^3，孔隙度 30.1%，非毛管孔隙 2.0%，pH 值 8.3；粒径大于 0.05mm 的土壤颗粒含量为 10.9%；0.05～0.005mm 的含量为 81.8%；小于 0.005mm 的含量为 7.3%；耕作层 0～20cm，有机质含量为 11.0g/kg，速效钾 212mg/kg，有效磷 5.4mg/kg；0～80cm 土体含盐量为 4.4g/kg。具体参数情况见表 6-29。

表 6-29　　　　　　　　　　　试验区土壤的理化性状

土体深度 /cm	含盐量 /(g/kg)	有机质 /(g/kg)	速效钾 /(mg/kg)	pH 值	干容重 /(g/cm³)	颗粒组成/%		
						>0.05mm	0.05～0.005mm	<0.005mm
0～20	7.8	11.0	212	8.3	1.38	6.5	83.5	10.0
20～40	4.5	9.8	169	8.2	1.38	7.9	84.8	7.3
40～60	2.8	7.8	188	8.4	1.62	12.4	80.8	6.8
60～80	2.6	6.3	234	8.3	1.45	16.9	78	5.1

6.5.4.2　示范小区推广模式设计

根据示范区的实际情况，设置四个示范推广模式，即：暗沟排水降渍加速土壤脱盐模式、暗管排水降渍加速土壤脱盐模式、大田化学改良剂改良盐碱土模式和种稻洗盐结合化学改良剂加速土壤脱盐模式。

大田化学改良剂采取小面积喷施后通过自然降雨淋洗达到改良目的。在金东台农场示范小区，采用种稻洗盐结合添加化学改良剂来促进土壤盐分淋溶，提高土壤脱盐的速度，达到加速盐土改良的目的。

田菁种植及大田化学改良剂改良盐碱土示范区内的灌溉水源主要是利用有效自然降

雨。种稻洗盐结合添加化学改良剂示范区的灌溉水源主要是利用沿海河道内的河水，通过引淡驱咸使河水稀释成微咸水后（矿化度小于 2%）再进行灌溉。

1. 大田化学改良剂示范区

（1）平面布置。在示范区范围内选取 12m×50m 的田块，四周设置深 1.2m 的塑料薄膜作为土壤剖面隔水带，阻断示范区与外部土壤水分的横向渗透。将化学改良剂示范区平均分割成 12 个 50m² 的小块格田，每 4 个小格田为一组，分别为对照区、禾康、施地佳、盐碱丰改良剂小区，每组 3 次重复。示范区平面布置示意图如图 6-34 所示。

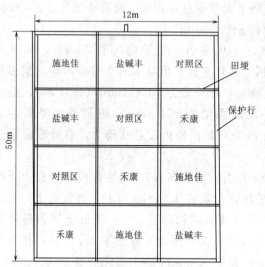

图 6-34　大田化学改良剂推广区平面布置图

（2）技术要求。在各示范小区喷施化学改良剂，施用量根据产品使用说明，通过自然降雨的淋洗，每月观测土壤盐分的变化情况。

（3）土壤水盐动态观测内容及时间。

1）田间剖面土壤盐分测定：在示范区土壤剖面深度 0～25cm、35～40cm 处埋设南京土壤所生产的 FJA-10 型盐分传感器，将测量土壤的电导率换算成盐分值，每月检测一次。

2）土壤 pH 值测定：采用首尾法，于改良前、后，在各小区土壤剖面 15cm、40cm 处各取 3 个平行土样，采用上海仪电科学仪器股份有限公司生产的 PHB-4 便携式 pH 计在试验室进行测定。

（4）实施步骤。将示范区进行机械翻耕整平后，划设成 12 个示范小区，每小区间互设田埂并在规定位置埋设土壤盐分测量仪器，4 月 26 日分别向各处理表面喷施化学改良剂 0.6kg，关闭各小区出水口后，除了利用有效降雨外，还用水泵抽取示范区东面水塘内的三仓农场养殖水（矿化度小于 2.0‰），利用低压管道输水的形式对地面进行饱和灌溉，让改良剂在土壤内充分作用，第二次于 6 月 7 日雨前喷施化学改良剂 0.15kg，经自然降雨淋溶后，测验土壤盐分变化情况。各处理前期盐分、pH 值见表 6-30。

表 6-30　　　　　　　　　各处理前期盐分、pH 值表

示 范 区	土壤层位	盐分/(g/kg)	pH 值
对照（1）	0～25cm	9.63	8.21
	35～40cm	6.48	
对照（2）	0～25cm	8.29	8.24
	35～40cm	6.86	
对照（3）	0～25cm	8.9	8.31
	35～40cm	6.55	

示 范 区	土壤层位	盐分/(g/kg)	pH 值
禾康（1）	0～25cm	8.62	8.25
	35～40cm	6.37	
禾康（2）	0～25cm	9.82	8.29
	35～40cm	5.19	
禾康（3）	0～25cm	9.31	8.29
	35～40cm	5.3	
施地佳（1）	0～25cm	10.4	8.21
	35～40cm	5.61	
施地佳（2）	0～25cm	7.29	8.18
	35～40cm	6.31	
施地佳（3）	0～25cm	8.98	8.1
	35～40cm	5.6	
盐碱丰（1）	0～25cm	10.17	8.21
	35～40cm	5.14	
盐碱丰（2）	0～25cm	7.99	8.26
	35～40cm	7.25	
盐碱丰（3）	0～25cm	9.01	8.28
	35～40cm	6.61	

2. 种稻结合添加化学改良剂加速盐土改良示范区

（1）平面布置。由于梁垛河闸示范区种植田菁，水田布置会对田菁形成水包旱的不合理布局，因此将种稻结合化学改良剂加速洗盐示范区选择在金东台农场内，区内渠系配套，灌溉水源有保证。选取 4 块 25m×50m 的水稻田，设为 4 个小区，每个小区设 3 个土壤盐分观测点。

（2）技术要求。灌溉水源采用河内矿化度小于 2‰的河水进行灌溉，灌水时对各小区施加相同剂量的化学改良剂，施用量根据产品说明中的使用标准，对种稻土壤进行淋洗，采用首尾法观测土壤盐分变化情况。

（3）土壤水盐动态观测内容及时间。

1）田间土壤剖面盐分测定：测定的方法，地点、时间和其他示范小区相同。

2）土壤 pH 值测定：种稻前、后分别取土样一次，在各小区土壤剖面 15cm、40cm 处每次取 3 个平行土样，集中到实验室采用上海仪电科学仪器股份有限公司生产的 PHB-4 便携式 pH 计进行测定。

3）土壤全盐测定：在试验前、后期，分别从各小区 15cm、40cm 处取 3 个平行土样，到实验室测定八大离子。

（4）实施步骤。在泡田期对各示范小区分别施用不同品种化学改良剂，采用相同浓度和用量随水灌溉，结合稻田耕作措施对盐碱进行充分作用和淋洗，观测种稻前后土壤盐分及 pH 值增减变化，确定其改良效果。

3. 大田化学改良剂示范区效果分析

根据实测资料，在施用化学改良剂后，土壤盐分运动规律表现为：各改良剂示范区土壤表层的盐分向下层洗淋，土壤下层盐分相应升高（如 4 月 26 日灌水后至 5 月 10 日），各种处理 0～25cm、35～40cm 处的平均盐分增减变化分别如图 6-35 和图 6-36 所示。

雨后随着地下水位的逐步下降，35～40cm 土壤盐分在蒸发作用下，会随土壤毛细作用力上升到表层，并随着时间的推移而积聚到土壤表面，即所谓的返盐现象（如 5 月 10 日至 6 月 9 日）。但是，随着雨水淋洗次数的增加，各化学改良剂小区表层和下层盐分出现同步下降趋势。在 0～25cm 和 35～40cm 处，测得各处理土壤剖面各阶段平均盐分值见表 6-31，平均盐分下降速率见表 6-32，平均盐分总下降见图 6-37。

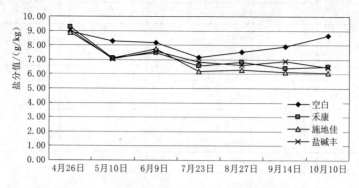

图 6-35　改良剂示范小区 0～25cm 盐分变化趋势

由表 6-32 可见，对照处理在 0～25cm 处盐分下降率为 3.15％，35～40cm 处的盐分下降率为 1.23％，而施用化学改良剂通过多次降雨淋洗后，各处理在 0～25cm 处盐分下降率达 28.53％～31.68％；35～40cm 处盐分下降率为 3.01％～12.03％。由图 6-37 可直观地看出，施用化学改良剂的各小区，其不同土壤层位盐分下降幅度均大于空白处理，表明施用化学改良剂能显著地降低土壤盐分，其中又以施地佳改良剂效果为最佳。

重盐碱地在通过多次降雨淋洗后，pH 值略有变化，各处理在施用改良剂前、后 pH 值变化见表 6-33。

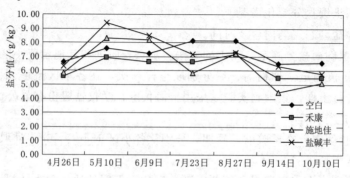

图 6-36　改良剂示范小区 30～45cm 盐分变化趋势

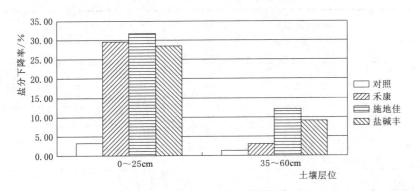

图 6-37 各示范区平均盐分总下降率

表 6-31 阶段平均盐分数值

示范区	土壤层位	盐 分/(g/kg)						
		4月26日	5月10日	6月9日	7月23日	8月27日	9月14日	10月10日
对照	0～25cm	8.94	8.25	8.15	7.15	7.54	7.89	8.66
	35～40cm	6.63	7.59	7.24	8.14	8.12	6.51	6.55
禾康	0～25cm	9.25	7.11	7.48	6.54	6.85	6.41	6.51
	35～40cm	5.62	6.90	6.62	6.64	7.16	5.48	5.45
施地佳	0～25cm	8.89	7.08	7.74	6.19	6.30	6.15	6.07
	35～40cm	5.84	8.29	8.20	5.87	7.25	4.45	5.14
盐碱丰	0～25cm	9.06	7.02	7.55	6.84	6.62	6.89	6.47
	35～40cm	6.34	9.37	8.48	7.14	7.30	6.30	5.76

表 6-32 各处理 0～25cm、35～40cm 阶段平均盐分下降速率

示范区	土壤层位	盐 分 下 降 率/%						总下降率/%
		5月10日	6月9日	7月23日	8月27日	9月14日	10月10日	
对照	0～25cm	7.71	1.23	12.33	−5.45	−4.69	−9.78	3.15
	35～40cm	−14.43	4.52	−12.37	0.19	19.83	−0.53	1.23
禾康	0～25cm	23.14	−5.20	12.52	−4.63	6.43	−1.61	29.64
	35～40cm	−22.82	4.08	−0.22	−7.83	23.43	0.50	3.01
施地佳	0～25cm	20.37	−9.37	20.07	−1.77	2.29	1.31	31.68
	35～40cm	−41.89	1.01	28.49	−23.55	38.64	−15.53	12.03
盐碱丰	0～25cm	22.47	−7.59	9.46	3.14	−3.93	5.99	28.53
	35～40cm	−47.80	9.43	15.82	−2.19	13.62	8.67	9.16

表 6 - 33   施用改良剂前、后期 pH 值变化情况

示 范 区		前期 pH 值	后期 pH 值	下降率/%	平均下降率/%
对照	1	8.21	8.26	−0.61	
	2	8.24	8.26	−0.24	−0.28
	3	8.31	8.31	0.00	
禾康	1	8.25	8.15	1.21	
	2	8.29	8.17	1.45	1.21
	3	8.29	8.21	0.97	
施地佳	1	8.21	8.04	2.07	
	2	8.18	8.12	0.73	1.22
	3	8.10	8.03	0.86	
盐碱丰	1	8.21	8.14	0.85	
	2	8.26	8.08	2.18	1.86
	3	8.28	8.07	2.54	

由表 6 - 33 可知,各处理在化学改良剂改良盐碱土示范结束后 pH 值除空白处理出现轻微增高外,其余施用改良剂的处理均出现小幅下降趋势。因此,化学改良剂在灌水洗盐中对降低土壤 pH 值也有一定效果。

4. 种稻结合添加化学改良剂洗盐效果

种稻前在田间施用青草和秸秆等有机质沤田熟化后插秧,在水稻生长前、后期再分别取土样测得各处理土壤盐分、pH 值见表 6 - 34。各处理平均土壤盐分、pH 下降率见表 6 - 35。

表 6 - 34   种稻淋盐前、后期土壤盐分、pH 值对比

处 理		土壤层位	前 期		后 期	
			盐分/(g/kg)	pH 值	盐分/(g/kg)	pH 值
对照	1	0～25cm	3.140	8.26	1.830	8.29
		35～40cm	3.510		3.380	
	2	0～25cm	3.381	8.26	2.268	8.28
		35～40cm	5.330		4.890	
	3	0～25cm	3.418	8.31	1.883	8.33
		35～40cm	5.170		4.760	
禾康	1	0～25cm	3.077	8.15	1.638	8.11
		35～40cm	2.460		2.140	
	2	0～25cm	3.297	8.17	1.761	8.15
		35～40cm	4.440		3.870	
	3	0～25cm	2.821	8.21	1.535	8.12
		35～40cm	3.580		3.120	

处　理		土壤层位	前　期		后　期	
			盐分/(g/kg)	pH 值	盐分/(g/kg)	pH 值
施地佳	1	0～25cm	2.895	8.04	1.402	8.76
		35～40cm	2.870		2.010	
	2	0～25cm	3.105	8.12	1.397	8.08
		35～40cm	2.690		2.130	
	3	0～25cm	2.974	8.03	1.465	8.02
		35～40cm	2.950		2.260	
盐碱丰	1	0～25cm	3.232	8.14	1.636	8.10
		35～40cm	3.610		3.130	
	2	0～25cm	3.273	8.08	1.698	8.07
		35～40cm	3.970		3.210	
	3	0～25cm	3.103	8.07	1.413	8.05
		35～40cm	3.760		3.160	

表 6-35　　　　　　　　　各处理平均土壤盐分、pH 值下降率

处　理	土壤层位	前　期		后　期		平均下降率/%	
		盐分/(g/kg)	pH 值	盐分/(g/kg)	pH 值	盐分	pH 值
对照	0～25cm	3.31	8.28	1.99	8.31	39.82	-0.44
	35～40cm	4.67		4.34		7.00	
禾康	0～25cm	3.07	8.18	1.64	8.13	46.34	0.61
	35～40cm	3.49		3.04		12.88	
施地佳	0～25cm	2.99	8.06	1.42	8.04	52.48	0.33
	35～40cm	2.84		2.13		24.79	
盐碱丰	0～25cm	3.20	8.10	1.58	8.07	50.59	0.29
	35～40cm	3.78		3.17		16.23	

（1）土壤盐分变化情况分析。从 6 月 10 日开始插秧，除对照处理外，各改良剂示范小区共施用化学改良剂 2 次，第一次于 6 月 17 日施用 2.8kg（约 1.5kg/亩），加水稀释于泡田水中，第二次于 7 月 15 日施用 3.75kg（约 2.0kg/亩），加水稀释于泡田水中。在 8 月 2 日水稻分蘖期每小区施用尿素 18.7kg（约 10kg/亩），各处理植株平均生理指标、产量见表 6-36。

由表 6-36 可以看出施用化学改良剂的处理其千粒重和平均亩产量均高于对照处理，其长势也略好。由于对照示范小区土壤盐分高于秧苗正常生长的生理特性要求，使秧苗根部不能正常吸收水分和养分，降低了根部细胞的活性反应，使再生根生长慢，从而进一步影响根部营养的吸收，营养生长受到抑制，导致秧苗活棵迟，返青期延长，使秧苗根的发育迟缓，根系不能及时下扎，影响蘖和叶的生长，使生殖生长受到抑制。叶、蘖同生关系是水稻分蘖及叶片出生的内在规律,分蘖所需的养分主要由其上节位的叶片供应,若这片叶子在分蘖发生前后提早枯死或严重损伤,不能充分供应养分时,分蘖芽就不能长成分蘖或分蘖迟缓。叶的生长又与温度和光合作用以及蒸腾作用有关,土壤盐分较高时,秧苗根部的水分吸收困难,使稻叶不能正常进行光合作用和蒸腾,稻叶生长受到影响,同时也影响分蘖,盐分升高分蘖就停止,降低后分蘖又开始。根据叶龄和拔节孕穗的同伸关系,由于盐分的影响,前期水稻抽叶慢,相应地影响孕穗时间的推迟。

表 6 - 36　　　　　　　　各处理植株平均生理指标、产量

小区		分蘖	穗数	平均有效穗数	平均穗长	每穗平均粒数	结实率/%	实粒数	千粒重/g	平均株产/g	平均亩产量/kg
对照	1	34	18	18	14.58	80	87.93	70.34	26.3	32.68	490.26
	2	27	17								
	3	30	18								
禾康	1	26	17	18	14.62	81	88.67	71.82	26.7	35.16	527.36
	2	21	19								
	3	25	19								
施地佳	1	26	17	19	14.58	82	88.49	72.56	26.8	36.30	544.50
	2	25	17								
	3	28	22								
盐碱丰	1	28	21	19	14.4	81	86.18	69.8	26.5	35.76	536.46
	2	22	19								
	3	26	18								

抽穗扬花期以后,水稻进入旺盛的生殖生长期,需要大量的水分和无机盐等养分输送及适宜的温度、光照等外部条件,促进水稻灌浆乳熟,这时根部活力和枝梗输导组织的畅通及输送能力决定了稻株的生长状态,而土壤盐分直接影响水稻根、茎、叶的活力和生长,盐分高就出现水稻植株早衰的现象。从试验整个过程发现,水稻的生长呈现前期生长慢,后期成熟快的特点。

资料表明,各处理种稻前后土壤盐分变化情况为:种稻淋盐后各示范小区内 0～25cm 层位土壤均由中盐土变为轻盐土,而下层 35～40cm 层位土壤,除对照处理仍为重盐土外,其余各处理,土壤盐分都不同程度的有所降低,下降幅度达到 12.88%～20.10%,均处在中盐土范围内。由此可见,在种稻条件下施用化学改良剂对降低土壤盐分有明显的作用。

通过对各处理种稻前后的土壤盐分下降值进行 F 值和最小显著极差(LSD 法)进行检测,以检验不同处理间差异是否显著、各处理与空白间的差异是否显著。0～25cm 层位土壤盐分方差分析见表 6 - 37。

表 6 - 37		0～25cm 层位土壤盐分方差分析			
处 理	对 照	禾 康	施地佳	盐碱丰	
盐分/（g/kg）	1.83	1.64	1.40	1.64	
	2.27	1.76	1.40	1.70	
	1.88	1.54	1.47	1.41	
总和 T_i	5.98	4.93	4.26	4.75	$T=19.93$
平均 X_i	1.99	1.64	1.42	1.58	1.66

总自由度：$(3 \times 4) - 1 = 11$，组间自由度：$4 - 1 = 3$，组内自由度：$4 \times (3-1) = 8$，矫正数 $C = 33.09$，总平方和 $SS_T = 0.71$，组间平方和 $SS_t = 0.52$。

SS_e 空白 $= 0.11$，SS_e 禾康 $= 0.03$，SS_e 施地佳 $= 0.003$，SS_e 盐碱丰 $= 0.04$，组内平方和 $SS_e = 0.19$。

总的均方 $S_{T^2} = 0.06$，组间均方 $S_{t^2} = 0.17$，组内均方 $S_{e^2} = 0.02$。

以 $v_1 = 3$，$v_2 = 8$ 查 F 值表得 $F_{0.05} = 4.07$，$F_{0.01} = 7.59$，方差分析见表 6 - 38。

表 6 - 38			方 差 分 析 表				
差异源	SS	df	MS	F	$F_{判定值(0.05)}$	F 检验	显著性
组间	0.5237	3	0.1746	7.4399	4.07	$F > F_{0.05}$	显著
组内	0.1877	8	0.0235				
总计	0.7114	11					

因此，不同处理间差异显著。

平均数差的标准误差：$(2S_{e^2}/n)^{1/2} = 0.13$，查 t 值表，当组内自由度 $v = 8$ 时，$t_{0.05} = 2.306$，$t_{0.01} = 3.355$。

5％时最小显著差数 $LSD_{0.05} = 0.29 \text{g/kg}$，1％时最小显著差数 $LSD_{0.01} = 0.42 \text{g/kg}$，不同处理间两个平均数的差数达到 $LSD_{0.05}$ 为 $\alpha = 0.05$ 水平上显著，两个平均数的差数达到 $LSD_{0.01}$ 为 $\alpha = 0.01$ 水平上显著。

空白与禾康处理间：$1.99 - 1.64 = 0.35 > 0.29$，$\alpha = 0.05$ 水平上有显著差异；

空白与施地佳处理间：$1.99 - 1.42 = 0.57 > 0.42$，$\alpha = 0.01$ 水平上有显著差异；

空白与盐碱丰处理间：$1.99 - 1.58 = 0.41 > 0.29$，$\alpha = 0.05$ 水平上有显著差异。

35～40cm 层位土壤盐分方差分析见表 6 - 39。

表 6 - 39		35～40cm 层位土壤盐分方差分析		
处 理	禾 康	施 地 佳	盐 碱 丰	
盐分/（g/kg）	2.14	2.01	3.13	
	3.87	2.13	3.21	
	3.12	2.26	3.16	
总和 T_i	9.13	6.40	9.50	$T=38.06$
平均 X_i	3.04	2.13	3.17	3.17

总自由度：$(3×4)-1=11$，组间自由度：$4-1=3$，组内自由度：$4×(3-1)=8$，矫正数 $C=120.71$，总平方和 $SS_T=10.34$，组间平方和 $SS_t=7.40$。

SS_e 空白 $=1.40$，SS_e 禾康 $=1.51$，SS_e 施地佳 $=0.03$，SS_e 盐碱丰 $=0.003$，组内平方和 $SS_e=2.94$。

总的均方 $S_{T^2}=0.94$，组间均方 $S_{t^2}=2.47$，组内均方 $S_{e^2}=0.37$。

以 $v_1=3$，$v_2=8$ 查 F 值表得 $F_{0.05}=4.07$，$F_{0.01}=7.59$，方差分析见表 6-40。

表 6-40　　　　　　　　　　　　方 差 分 析 表

差异源	SS	df	MS	F	$F_{判定值(0.05)}$	F 检验	显著性
组间	7.4023	3	2.4674	6.7135	4.07	$F>F_{0.05}$	显著
组内	2.9403	8	0.3675				
总计	0.7114	11					

因此，不同处理间差异显著。

平均数差的标准误差：$(2S_{e^2}/n)^{1/2}=0.49$，查 t 值表，当组内自由度 $v=8$ 时，$t_{0.05}=2.306$，$t_{0.01}=3.355$。

5％时最小显著差数 $LSD_{0.05}=1.14g/kg$，1％时最小显著差数 $LSD_{0.01}=1.66g/kg$，不同处理间两个平均数的差数达到 $LSD_{0.05}$ 为 $α=0.05$ 水平上显著，两个平均数的差数达到 $LSD_{0.01}$ 为 $α=0.01$ 水平上显著。

对照与禾康处理间：$4.34-3.04=0.35>1.14$，$α=0.05$ 水平上有显著差异；

对照与施地佳处理间：$4.34-2.13=2.21>1.66$，$α=0.01$ 水平上有显著差异；

对照与盐碱丰处理间：$4.34-3.17=1.17>1.14$，$α=0.05$ 水平上有显著差异。

由此可知：三种化学改良剂对土壤盐分的改良效果均较显著，其中以施地佳效果最好。

（2）土壤 pH 值变化情况分析。比较种稻阶段前后 pH 值可知，除对照处理外，化学改良剂示范处理区均出现微幅下降趋势。通过对种植水稻的 0～25cm 层位土壤进行全盐离子测定，其前后离子变化情况见表 6-41。

由表 6-41 离子变化情况可以看出：施用化学改良剂的各处理中，SO_4^{2-}、Ca^{2+} 均有一定幅度的增加；Cl^-、Na^+ 较前期值出现较大幅的下降，主要原因是施用了化学改良剂后，在特定的土壤易溶性盐分环境中，土壤中易溶性盐分的离子相互作用及置换，使原来土壤中的一部分氯化物钠盐置换成硫酸钙盐，大大降低了氯化物钠盐对作物的危害，其中禾康、施地佳、盐碱丰处理钙离子置换幅度分别为：12.45％、18.27％、11.52％。硫酸根离子增加分别为：4.01％、2.46％、2.62％。由此说明各化学改良剂对土壤氯化钠盐均有明显的改良效果，其中以施地佳效果最佳。

6.5.5　小结

（1）重盐土在测筒灌水洗盐情况下施用化学改良剂，对盐分的下降具有一定的促进作用，0～5cm 层位，三种化学改良剂对土壤盐分的改良效果与空白处理比较，其改良效果都较明显，在化学改良剂的作用下，经过多次灌水淋洗，土壤盐分由重盐土变为脱盐土；

表 6 - 41　　　　　　　　种稻前、后期离子变化情况表　　　　　　单位：g/100g 土

处　理			HCO_3^-	SO_4^{2-}	Cl^-	Ca^{2+}	Mg^{2+}	Na^+	K^+
对照	前期	1	0.0251	0.0238	0.1510	0.0079	0.0049	0.0945	0.0069
		2	0.0244	0.0312	0.1587	0.0054	0.0050	0.1057	0.0078
		3	0.0221	0.0309	0.1623	0.0056	0.0040	0.1085	0.0083
		平均	0.0239	0.0286	0.1573	0.0063	0.0046	0.1029	0.0077
	后期	1	0.0243	0.0149	0.0701	0.0050	0.0048	0.0608	0.0031
		2	0.0242	0.0259	0.1006	0.0056	0.0048	0.0581	0.0075
		3	0.0228	0.0218	0.0760	0.0043	0.0040	0.0526	0.0068
		平均	0.0237	0.0209	0.0822	0.0050	0.0045	0.0572	0.0058
离子减少/%			0.43	27.11	47.73	21.29	2.41	44.41	24.11
禾康	前期	1	0.0231	0.0218	0.1472	0.0051	0.0040	0.0981	0.0084
		2	0.0243	0.0240	0.1572	0.0065	0.0046	0.1022	0.0110
		3	0.0216	0.0189	0.1361	0.0050	0.0042	0.0893	0.0070
		平均	0.0230	0.0215	0.1469	0.0055	0.0043	0.0966	0.0088
	后期	1	0.0207	0.0240	0.0534	0.0054	0.0047	0.0514	0.0043
		2	0.0220	0.0235	0.0656	0.0070	0.0037	0.0488	0.0055
		3	0.0204	0.0198	0.0506	0.0063	0.0036	0.0460	0.0069
		平均	0.0210	0.0224	0.0565	0.0062	0.0040	0.0487	0.0056
离子减少/%			8.41	(4.01)	61.51	(12.45)	5.64	49.56	36.78
施地佳	前期	1	0.0237	0.0222	0.1371	0.0048	0.0041	0.0899	0.0076
		2	0.0243	0.0207	0.1498	0.0052	0.0040	0.0981	0.0084
		3	0.0222	0.0233	0.1415	0.0050	0.0042	0.0937	0.0075
		平均	0.0234	0.0221	0.1428	0.0050	0.0041	0.0939	0.0079
	后期	1	0.0212	0.0180	0.0557	0.0062	0.0038	0.0312	0.0041
		2	0.0199	0.0265	0.0481	0.0055	0.0036	0.0313	0.0047
		3	0.0195	0.0233	0.0516	0.0061	0.0037	0.0362	0.0062
		平均	0.0202	0.0226	0.0518	0.0059	0.0037	0.0329	0.0050
离子减少/%			13.73	(2.46)	63.72	(18.27)	9.68	64.94	36.59
盐碱丰	前期	1	0.0203	0.0199	0.1617	0.0052	0.0050	0.1022	0.0091
		2	0.0209	0.0210	0.1657	0.0052	0.0051	0.1009	0.0085
		3	0.0214	0.0196	0.1561	0.0054	0.0042	0.0950	0.0087
		平均	0.0208	0.0201	0.1612	0.0053	0.0048	0.0994	0.0087
	后期	1	0.0190	0.0227	0.0651	0.0061	0.0042	0.0414	0.0051
		2	0.0216	0.0223	0.0633	0.0058	0.0049	0.0441	0.0078
		3	0.0203	0.0170	0.0554	0.0057	0.0041	0.0307	0.0081
		平均	0.0203	0.0207	0.0613	0.0059	0.0044	0.0387	0.0070
离子减少/%			2.63	(2.62)	61.98	(11.52)	7.72	61.02	19.91

15～20cm 层位，三种化学改良剂对土壤盐分的改良效果与空白处理比较，其中禾康与盐碱丰处理其改良效果不太明显，只有施地佳处理比较明显，说明化学改良剂促进深层土壤盐分的排出效果不及表层明显，但土壤盐分也都由重盐土变为中盐土。

（2）化学改良剂在灌溉水洗盐试验中对降低土壤 pH 值无明显效果，但土壤也未出现碱化现象。

（3）盆栽水稻试验中，各试验处理种稻前后土壤盐分变化情况为：对照处理土壤盐分有所增加，仍为中盐土，而施用化学改良剂的处理，土壤盐分都不同程度的有所降低，下降幅度达到 13.14%～53.74%，由中盐土变成了轻盐土。由此可见，在种稻条件下施用化学改良剂对降低土壤盐分有明显的作用。

（4）盆栽水稻施用化学改良剂试验中，三种化学改良剂对土壤盐分的改良效果以禾康效果稍差，其余两种效果比较明显。

（5）全盐离子变化情况可以看出：盆栽水稻施用化学改良剂的各处理中土壤中 SO_4^{2-}、Ca^{2+} 均有一定幅度的增加；Cl^-、Na^+ 较前期值出现较大幅的下降；施用了化学改良剂后，土壤中易溶性盐分的离子相互作用及置换，使得原来土壤中的一部分氯化物钠盐置换成硫酸钙盐，大大降低了氯化钠盐对作物的危害。由此说明各化学改良剂对土壤氯化钠盐均有明显的改良效果。

（6）对照试验处理因为没有施用化学改良剂，在种稻后全盐有所增加，特别是碳酸根和重碳酸根离子有增加，说明种稻后土壤盐分有碱化的趋势。施用化学改良剂的处理土壤中碳酸根和重碳酸根只有施用盐碱丰后有少量增加，但 Na^+ 减少了 52.23%，因此，不会对土壤产生碱化。

（7）由于施用化学改良剂使土壤易溶性盐分降低，和空白对照比较，水稻产量相应提高，根据测算：三种改良剂分别增加经济效益为：禾康 42.21 元/亩，施地佳 88.35 元/亩，盐碱丰 61.77 元/亩。除去化学改良剂成本，施地佳增产效益最好。

（8）适合在沿海新围垦区内推广的最佳旱作土壤排盐降渍模式为：间距 6m，深 0.9m，ϕ110mm 的暗管布局结合种植田菁，可使土壤年平均盐分下降 30.51%，使重盐土改良为中盐土，结合田菁秸秆还田，达到了养垦的目的。

（9）在盐土种稻洗盐的同时结合添加化学改良剂，可加快盐土的脱盐速度，以施地佳改良剂效果最好，土壤平均盐分含量综合下降 39.04% 左右，水稻产量达 544.5kg/亩，这一模式可在沿海垦区大面积推广应用。

（10）沿海垦区土地资源的开发利用应走围垦、养垦、开垦的道路，首先建全灌排水体系，对土壤盐分在 4‰ 左右的重盐土要先种植田菁等耐盐性植物，进行还田熟化，增加土壤有机质，提高土壤团粒结构，减小土壤毛细作用，防止返盐。对土壤盐分在 6‰ 以上的盐斑采取挖坑、埋草、填土、浇水、熟化后再种田菁等耐盐植物。

6.6　土壤盐分运移模拟研究

6.6.1　DRAINMOD 模型

在 20 世纪末期，美国的斯卡格斯等开发了 DRAINMOD 模型，这是一个田间尺度水文模型。该模型目前被广泛地应用在排水设计、地下灌溉系统管理和氮素运移的研究。该模型以日为单位对两个排水沟/管的中点进行水平衡计算，其中水平衡项包括有入渗、蒸散发、地表排水量或径流、地下排水量以及深层渗漏。该模型的基本功能是模拟不同排水设计以及管理措施下的农田排水过程，可以较为准确的预测出田间地下水位、地表、地下排水量以及作物产量的趋势等。

在过去的 20 多年里，DRAINMOD 模型已经广泛应用于各种气候、土壤和作物条件下的排水预测，研究结果表明，该模型可以很好地预测地下水位、排水速率和排水总量。DRAINMOD 是基于土壤剖面中水的平衡，来模拟排水和地下水位控制系统的性能和使用气候记录。

DRAINMOD6.1 版本，将最初存在的 DRAINMOD 水文模型和最新的氮运移子模型 DRAINMOD-NⅡ、盐分运移子模型 DRAINMOD-S 整合成一个窗口界面程序。该版本有一个便于数据转换输入、运行程序以及显示模型输出图形用户界面的优点，除了可以整合水文模型、氮素运移模型、盐分运移模型等子模型，界面还可以通过已经设定好的步长在指定的范围内自动编辑出排水设计参数，很方便的模拟出不同排水设计条件下对地下排水量、地表径流、SEW30、作物产量以及地下、地表氮素流失的影响，并且可以图表的形式直观的输出结果。该界面还可以简单地计算出周围环境产生的径流量，进而排入到计算区域，并且将该部分结果加入水量平衡计算中。同时，6.1 版本也包括土壤温度模拟的子模型程序和考虑冻融对排水的影响子模型程序。

6.6.1.1 DRAINMOD 模型水量平衡原理

排水速率取决于土壤中的导水率、排水管有效深度和间距、有效侧面深度以及排水沟中水的深度。为了可以给作物区及时供水，排水沟中水位上升的同时，排水速率就会随之下降，并且水可能会从排水管进入到土壤。水分也可以通过蒸腾和深层渗漏离开土壤表面。

地表产生的径流变化、在地下进行的排水量变化、排水暗管（沟）中部的地下水位及水量发生的变化、土壤含水量以及土壤腾发量的变化等均符合水量平衡原理。非饱和区土壤水的动向是在一维的垂直方向运动的，饱和区的土壤水的动向在垂直方向和侧向两个方向进行。该模型是基于管道表层到不透水层中间的单位土体的水量平衡。暗管排水条件下田间尺度的 DRAINMOD 水文模型如图 6-38 所示。

在给定时段 Δt 内，地表水的平衡方程可以表示为

$$P = F + \Delta S + R_0 \tag{6-3}$$

式中：P 为降雨量，cm；F 为入渗量，cm；ΔS 为田面蓄水变化量，cm；R_0 为地表径流量，cm。

在给定的模拟时段 Δt 内，土壤内部（从地表到不透水层）的水平衡方程可以表示为

$$\Delta V = F - ET - D - DS \tag{6-4}$$

式中：ΔV 为土壤中的水量变化，cm；F 为地表入渗量，cm；ET 为作物腾发量，cm；D 为侧向排水量（或地下灌溉量），cm；DS 为深层渗漏量，cm。由于实际输入数据的精度的原因，选择的时段长度也可以不同，一般情况下为 1 天，当排水速度快且无降雨时，时间间隔可以缩短为 2h，同样情况对于发生降雨时，式（6-3）中的时间间隔可能会小到 0.05h 以下。式（6-4）中右侧的每一个部分都相当于一个子程序，能够将认为合理准

确恰当的计算方法编好程序后进行计算。

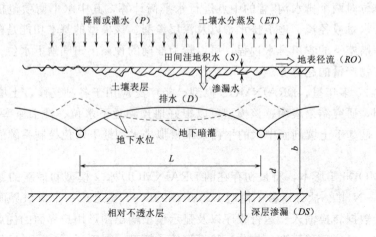

图 6-38　暗管排水水量平衡要素图

6.6.1.2　DRAINMOD 模型的子模块

DRAINMOD 模型是由降雨、入渗水量、地面排水、地下排水、蒸发量、土壤水分分布以及作物根深等 8 个子模块组成。

（1）降雨。降雨资料是 DRAINMOD 作为一项基本输入参数，是影响土壤盐分的一个基础影响因素。此模型对于天然降水引起的渗漏、地表径流和地表积水的预测具有较高的准确度，模型极为依赖于准确的降雨资料，因此，越详尽的降雨资料，模型的模拟过程更为精确。由于每小时降雨资料是易于得到的，模型中的单位时间增量定为 Δt 为 1h。

（2）入渗水量。土壤表面水分的渗透是一个较为复杂的过程，渗漏量受土壤因素、植物因素以及气象因素的影响。土壤因素包括土壤导水率、初始土壤含水量、土壤表面密实度、剖面深度、地下水埋深；植物因素包括植物覆盖范围、作物根区深度两个因素；气象因素包括降雨强度、降水历时、降水地区气候温度以及土壤是否冻结等因素。用来模拟垂向水分运动过程的 Richards 方程为

$$C(h)\frac{\partial h}{\partial t}=\frac{\partial}{\partial z}\left[K(h)\frac{\partial h}{\partial z}\right]-\frac{\partial K(h)}{\partial z} \tag{6-5}$$

式中：h 为土壤水分压力水头，m；z 为土壤地表以下的距离，m；t 为渗漏的时间，h；$K(h)$ 为水力传导率函数；$C(h)$ 为由土壤水分特征曲线得到的水分容积函数。

将降水速率、时间分布、初始土壤含水量、地下水位作为边界条件和初始条件代入方程（6-5）中，进行求解。

（3）地面排水。在形成径流之前，地表水会填充地表存在的坑洼，坑洼的平均高度就是地面坑洼的平均深度。田间研究表明，假设坑洼在田间是均匀分布，田间坑洼从 0.1cm 开始，会形成有风雨侵蚀而造成的小的坑洼以及由犁地而造成的坑洼。地面储量是时间的函数，取决于降雨事件等和时间顺序的耕作。全年小坑洼的变化情况可以模拟出来。除了地面径流产生之前的坑洼储水以外，还存在着径流过程中维持的地面累计水深。而这部分容量作为地面滞留储量，是取决于降雨径流速率、地面坡度、地面粗糙度的。本版本

DRAINMOD 假设径流从地面迅速排出出口。而实际上，径流在逐渐流出农田的过程中，暂时作为地面径流滞留存储在田间，随之下渗或储存下来。而由于水流路线相对来说较短，模型中假定这部分的水分对于大田尺度来说可以忽略不计。

（4）地下排水。土壤导水率、排水管（沟）间距和埋深、剖面深度、地下水深是影响到地下水运动至排水管（沟）速率的因素。饱和区和非饱和区水分均会流入排水管，并且能通过二维流动的 Richards 方程来进行定量。排水管（沟）、多层土壤的排水，包括不同形式的排水管等情况都可以得到解答。由于输入和计算要求无法得到满足，这些方法无法应用于 DRAINMOD，但却能够用来评价模型中所使用的近似计算排水速率的方法。DRAINMOD 中所使用的计算排水速率的方法是基于侧向水分运动只发生在饱和区域的假设上进行的，其过程中使用的有效侧向饱和导水率，其流量用管道中间位置的排水管间中点处地下水深来进行评估。

DRAINMOD 中选用 Hooghoudt 稳定流的公式来计算排水量，公式表示如下：

$$q = \frac{8Kd_em + 4Km^2}{cL^2} \tag{6-6}$$

式中：q 为流量，cm/h；m 为中点处地下水位高于排水管的高度，m；K 为有效侧向导水率，cm/h；L 为排水管间距，m；c 为排水管间中点处平均流量与流量比值。

（5）蒸发量。土壤的蒸发能力是指在特定的气象条件下，土壤得到充分供水时的蒸发量。土壤蒸发能力同时也可以表示为土壤可能最大蒸发量或者潜在蒸发量。实际蒸发量值总是小于或等于土壤的蒸发能力，当土壤含水量达到田间持水量以上时，土壤得到充分供水，此时土壤蒸发量达到了土壤的蒸发能力。当土壤含水量低于田间持水量时，土壤的蒸发量总是其小于蒸发能力。土壤的蒸发能力只与土壤区的气象条件有关，如净辐射、温度、湿度及风速等，而与土壤含水量无关。模型中土壤蒸发量的确定分为两个过程。第一个过程，土壤蒸发量是从大气资料方面计算得来的，并以小时分布着。模型最新版本 6.1 中将土壤蒸发量以上午 6：00 到下午 6：00 的 12 个小时进行均匀分配。在降雨条件下，土壤蒸发量每小时设置为 0。第二个过程，土壤蒸发量计算后会自行进行检查，从而确定蒸腾是否受到土壤水分状态的限制。当水位接近地表或是到达土壤上层时，土壤蒸发量不受土壤水分限制，土壤蒸发能力等于土壤蒸发量；当在水位较深的干旱条件时，土壤蒸发能力高于土壤系统所能供给的水分，土壤蒸发量的大小决定于以上两个条件中较小的一个，并且大体上接近于较小值。

土壤蒸腾量可以用蒸渗计直接测量得出，或是用水平衡-土壤水分消耗法计算。由于这些测量对于一个既定的时间地点很难得到，大多数土壤蒸发量通过使用现有的气象资料进行预测得出。众多方法中，其中被认为最可靠的方法为 Penman 基于地面所有的表能量保持平衡而得出的一种计算方法。此种方法需要把净辐射量、相对湿度的指标量、当地的温度以及风速值这四种参数录入其中。DRAINMOD 模型中采用以气温为主要输入参数的 Thornthwaite 法来计算。月潜在蒸发量为

$$e_j = c\overline{T}_j^a \tag{6-7}$$

式中：e_j 为第 j 个月的潜在蒸发量；T_j 为月平均温度；c、a 为取决于位置和温度的常量。

$$i_j = (\overline{T}_j/5)^{1.1514} \tag{6-8}$$

$$I = \sum_{i=1}^{12} i_j \qquad\qquad (6-9)$$

式中：I 为月热力系数 i_j 之和。

在一些区域内该方法获得的结果较为乐观，并且在湿润地区的排水模拟中尤其精确。有学者比较了六种预测了北卡罗来纳东部条件下的土壤蒸发量。研究结果表明 Thornthwaite 方法对该地区条件下的土壤蒸发量预算结果很可靠。另一种预算土壤蒸发量的方法是通过对蒸发皿修正系数对测得到的日蒸发量进行修正。蒸发皿的修正系数一般取 0.7。DRAINMOD 容易读取日蒸发皿的蒸发量，如果数据容易获取，则该方法比 Thornthwaite 法适用的范围和条件更为广泛，其关键在于所需地域的输入数据难以获得。此外，Blaney - Criddle 公式可以预算土壤蒸发能力，它能使用温度和日照长度数据。该方法由 Blaney 和 Criddle 针对美国灌溉区提出，该公式与大田试验相关性很大，主要是针对干旱和半干旱地区的灌溉区域提出来的经验公式。按照 Taylor 和 Ashroft 所说，该方法的预测结果为实际的蒸发量，而不是潜在蒸发量，因为它是以与灌溉措施的相关性为基础的。而 DRAINMOD 模型在进行土壤蒸发量的计算中单独考虑了土壤水分受限的情况，因此，Blaney - Criddle 公式在模型中应用有一定的难度。虽然该方法不太适用于短期的预算，但是在美国西部的实际应用中，经过 DRAINMOD 的修正，仍然是能够替代 Thornthwaite 法的。

（6）土壤水分分布。地下水的埋藏深度和不饱和地区的水分分布关系到模型众多子成分的大小。排水量和蒸发量作为模型中的组成部分，都与以下两个因素休戚相关：即地下水埋深、非饱和区的土壤水分分布。在进行水量平衡计算时，核心关键参数变量是地下水的埋深。水分的腾发会引起导致地下水埋深的降低以及和不饱和区含水量的减小，此时不饱和区的竖向垂直水力梯度是向上变化的。不过地下水位逐渐到地面附近时，竖向梯度小，且土壤含水量的分布趋于均匀。

为了方便计算，在模型中，将土壤水分分布到两个区：即湿区和干区。湿区是从地下水位延伸到作物的根区，甚至于上升到地面，采取何种情况是按实际情况而定的。一般情况下认为，排水趋于不再发生大的变化至稳定状态时，称为湿区的含水量，此时最大向上的水流速度是关于地下水埋深的相关函数。当具体条件不能满足要求的蒸腾条件时，此时储存在根区的水分也会随之转移出去，随之导致干区出现的青睐。湿区的深度将不断减小，原因在于排水和水分向上运动；相应的，干区的深度不断增大直到持续增加达到植物根部的深度。这两者的高度相加就是地下水位的深度。有天然降水时，干区存储体积先于湿区得到满足，如果在湿区发生变化以前先满足了干区的存储体积的需求，但与此同时，由于干区深度的减小，地下水埋深也会相应降低。

（7）作物根深。DRAINMOD 模型中运用有效根深来定义能为蒸腾所需要而供水的区域。模型将读取根深作为日期的函数。由于模拟过程通常会持续几年，于是就定义了每个时期对应的有效深度。在休耕期，定义有效深度能为地表提供干透的薄层深度。除了作物种类和作物的种植日期外，作物的根深和作物的根分布还会受其他因素的影响，比如障碍物、肥料分配和耕种处理等。土壤水分是影响根生长分布的最重要因素。这其中包括地下水位的深度和波动，以及干旱时期的土壤水分分布。由于该模型的目的是预测地下水位的位置和土壤的含水率，因此常常需要伴有复杂作物生长过程的作物模型来精确模拟根区随时间的变化。目前已经有相关学者开发了这类模型来对付一些特殊情况，但是往往他们的使用会受到输入数据和此时计算需要的限制。北卡罗来纳州大学进行了相应的研究，来开发根与作物生长模型在 DRAINMOD 中的使用，Mergel 和 Barber 进行的研究发现说明，大多植物的最大根深在种植 80 天后达到，延续两周后根深将逐渐缩短，直到 7 周后作物结束生长。

6.6.1.3 DRAINMOD-S 模型盐分运移模拟原理

DRAINMOD-S 模型作为 DRAINMOD 模型的扩展应用模型，其已知数据输入是以 DRAINMOD 模型的水平衡计算结果为基础的，该模型被广泛应用于研究农田排水时土壤中的盐分运移及盐分具体分布情况。

DRAINMOD-S 模型在不饱和情况下，土壤的盐分运移类似于遵循费克定律。由于饱和-非饱和土壤水盐运移以垂直方向为主，故本节中模拟盐分的运移采用一维对流弥散的反应方程。其具体表达式如下：

$$\frac{\partial(\theta C)}{\partial T} = \frac{\partial\left(D_{sh}\frac{\partial C}{\partial z}\right)}{\partial Z} - \frac{\partial(qC)}{\partial z} \tag{6-10}$$

式中：θ 为土壤体积含水率，cm^3/cm^3；C 为土壤盐溶液浓度，g/L；T 为冲洗时间或淋洗时间，h；Z 为土壤深度坐标，cm；D_{sh} 为水动力弥散系数，cm^2/d；q 为土壤水流通量，cm/d。

DRAINMOD-S 模型盐分模拟的所需输入的气象、土壤、作物等资料与 DRAINMOD 模型完全相同。另外，模拟时只需要加入盐分模拟参数和土壤初始含盐量。

DRAINMOD-S 模型盐分模拟参数主要是弥散系数，它包括机械弥散与分子扩散。其计算公式为

$$D_{sh} = \lambda\mid v\mid + D_0\tau \tag{6-11}$$

$$\tau = \frac{\theta^{7/8}}{\theta_s^2} \tag{6-12}$$

式中：λ 为纵向弥散度，$\lambda=1\sim3cm$，粉砂壤土 $\lambda=1.0cm$；v 为土壤孔隙水流速，$v=q/\theta$，cm/d；D_0 为盐分在自由水中的分子扩散系数，cm^2/d；τ 为孔隙弯曲率；θ 为平均土壤含水率；θ_s 为饱和土壤含水率。

6.6.2 DRAINMOD-S 模型主要输入参数

6.6.2.1 主要输入参数介绍

DRAINMOD-S 模型的基本输入参数有气象、土壤、排水系统、作物和盐分这五种参数。模型参数输入界面如图 6-39 所示。

（1）气象参数。气象参数主要包括日每天最高气温、最低气温、每小时（或日）的自然降雨量，由上文的介绍，模型的潜在腾发量宜采用 Thornthwaite 方法来计算。本节中所选择的气象资料为江苏省东台市梁垛河闸气象站实际所测得，即 2013 年 5 月 15 日至 10 月 31 日的日降雨、温度资料。

（2）土壤参数。DRAINMOD-S 模型需要的土壤特性参数具体包括以下几个方面：土壤水分特征曲线、垂向和侧向饱和导水率、凋萎点含水率以及有关的土壤数据等。

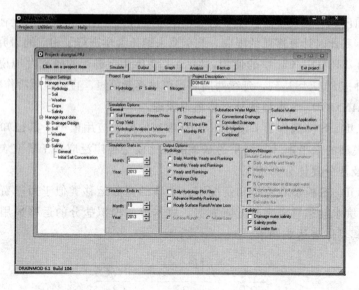

图 6 - 39   模型参数输入界面

（3）排水系统参数。排水系统布置情况包括以下两个因素：即地表和地下排水。模型要求输入的参数包括土地表面平整状况、埋深、排水模数、不透水层深度、排水管间距、排水暗管的有效管径等。

（4）作物参数。作物参数的输入主要有 3 个因素：作物随时间变化的有效根深、作物的种植日期以及作物的收获日期。

（5）盐分参数。盐分参数的输入主要有两个因素：盐分模拟参数和土壤初始含盐量，其中盐分模拟参数主要是弥散系数。

6.6.2.2   主要参数输入过程

应用 DRAINMOD - S 模型分析时，不输入作物参数，只输入气象参数、排水系统参数、盐分参数，有关的土壤数据是通过模型自带的土壤准备程序计算并输出得来的。

（1）气象参数输入。降雨和温度资料来源于试验区附近梁垛河闸水文站水文资料。将 2013 年 5 月 15 日至 10 月 31 日每日降雨资料和温度输入为 . txt 文件，改为 . wea 格式后，通过新建 weather 文件，输出 . RAI 和 . TEM 文件。气象参数输入界面如图 6 - 40 所示。

（2）排水系统参数。DRAINMOD - S 模型排水系统设计参数包括地下排水和地面排水两部分。地下排水系统的输入参数有：排水沟/管深度、间距、从地面到不透水层距离、排水系数以及初始地下水位深度等。排水系数是反映排水管水力容量即设计流量能力的参数，是排水管直径以及排水管安装坡度的函数。地表排水设计包括田面最大及最小坑洼深度。在形成地表径流以前，降水或灌溉首先充满地面坑洼处。侧向渗流参数主要包括传输层厚度、传输层侧向传导率、排水距离以及田间水位。排水系统设计参数见表 6 - 42。输入界面如图 6 - 41 所示。

（3）盐分参数。盐分参数的输入主要有两个因素：盐分模拟参数和土壤初始含盐量，其中盐分模拟参数主要是弥散系数。试验区盐分参数见表 6 - 43。分子扩散系数由于很小，在此处设置为 0。盐分参数输入界面见图 6 - 42。土壤初始含盐量输入界面见图 6 - 43。

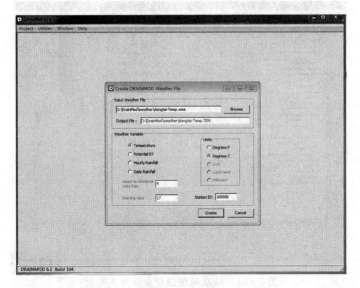

(a) 新建气象——降雨文件

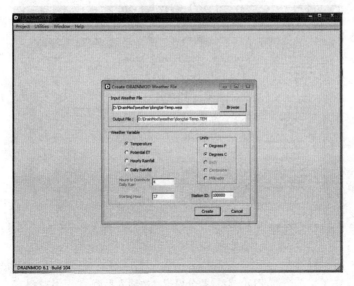

(b) 新建气象——温度文件

图 6-40 气象参数界面

表 6-42   DRAINMOD-S 模型排水系统参数输入

参数类型	参数	取值
排水特性	暗管埋深/cm	90
	暗管间距/m	10
	暗管有效半径/cm	2.5

表 6-43   试验区排水系统参数

弯曲率 τ	分子扩散系数	弥散系数
0.28	0	0.45

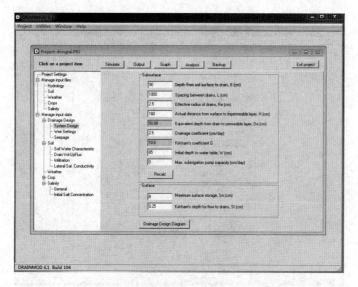

图 6-41　排水系统设计参数输入界面

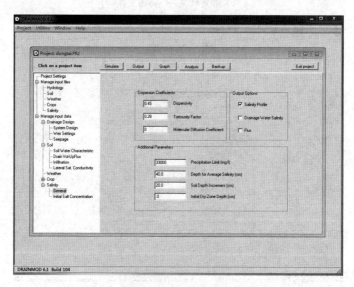

图 6-42　盐分模拟参数输入界面

6.6.3　土壤盐分运移模型模拟结果分析

根据输入模型中的盐分模拟参数和试验所测得的土壤初始含盐量，进行 DRAINMOD-S 模拟。下面对本章 6.2 小节中所述及的间距 11m 暗管排水区的土壤盐分进行模拟。

间距 11m 暗管排水区的土壤盐分动态模拟如图 6-44 所示。

从图 6-44 中可以看出，在 2013 年 5—6 月期间，土壤盐分动态变化较为平缓；7—8 月期间，由于降雨比较频繁，表层土壤的盐分随着雨水渗漏，盐分转移到了深层土壤中，从而导致了土壤表层盐分骤然升高；到了 9 月、10 月土壤盐分含量则明显下降。

模拟的土壤盐分变化趋势基本与实测值一致，其模拟精度较高。11m 排水区的土壤盐分的实测值与模拟值的相关分析见图 6-45 和表 6-44。

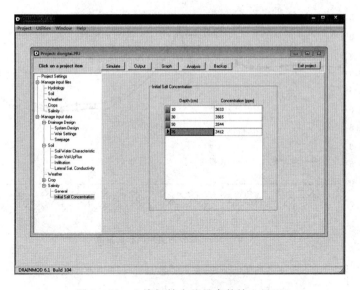

图 6-43　土壤初始含盐量参数输入界面

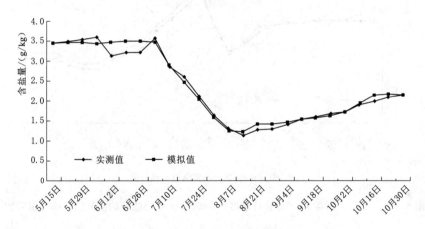

（a）0～20cm 盐分的实测值和模拟值

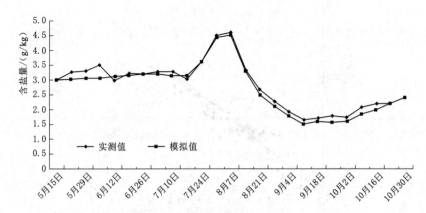

（b）20～40cm 盐分的实测值和模拟值

图 6-44（一）　间距 11m 暗管排水区 0～80cm 土壤层盐分的实测值和模拟值对比

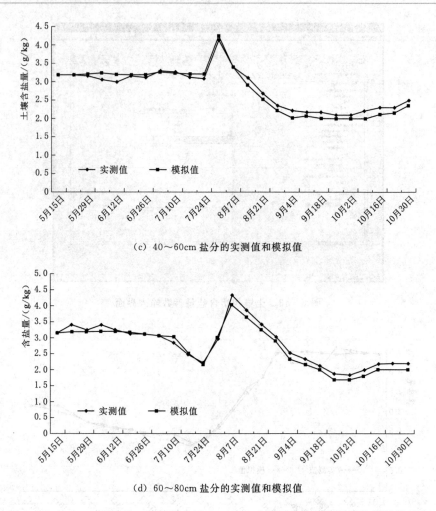

(c) 40~60cm 盐分的实测值和模拟值

(d) 60~80cm 盐分的实测值和模拟值

图 6-44（二）　间距 11m 暗管排水区 0~80cm 土壤层盐分的实测值和模拟值对比

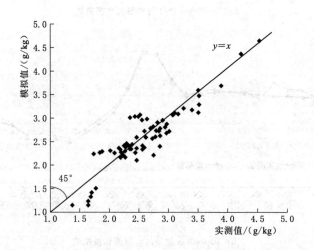

图 6-45　间距 11m 暗管排水区土壤盐分的实测值和模拟值比较

表 6－44 间距 11m 暗管排水区土壤层盐分模拟值与实测值误差分析

土层深度	模拟与实测值泊松相关系数	检验统计量 $\|t\|$	临界值 $t\alpha'/2$	总量相对误差 /%
0～20cm	0.93	0.41	2.09	12.38
20～40cm	0.89	1.43	2.09	4.68
40～60cm	0.87	0.18	2.09	4.78
60～80cm	0.89	0.01	2.09	9.43

由表 6-44 分析可知，间距 11m 暗管排水区的土壤盐分实测值与模拟值泊松相关系数均大于 0.87。最大总量相对误差为 12.38%，说明了用 DRAINMOD-S 模型模拟盐碱地土壤盐分，能够满足数值模拟需要的较高的精度要求，同时也验证了暗管间距 11m 排水区土壤盐分运移实测数据值规律的准确性。

为了对不同间距的暗管排水方案进行对比分析，运用 DRAINMOD-S 模型对间距 6m、15m 暗管排水区的土壤剖面盐分进行模拟，模拟结果分析见表 6-45 和表 6-46。

表 6－45 6m 间距暗管排水区土壤盐分模拟值与实测值误差分析

土层深度	模拟与实测值泊松相关系数	检验统计量 $\|t\|$	临界值 $t\alpha'/2$	总量相对误差 /%
0～20cm	0.94	0.14	2.09	4.65
20～40cm	0.75	0.01	2.09	5.63
40～60cm	0.81	0.78	2.09	6.33
60～80cm	0.84	0.68	2.09	11.1

表 6－46 15m 间距暗管排水区土壤盐分模拟值与实测值误差分析

土层深度	模拟与实测值泊松相关系数	检验统计量 $\|t\|$	临界值 $t\alpha'/2$	总量相对误差 /%
0～20cm	0.94	0.38	2.09	3.76
20～40cm	0.93	0.76	2.09	2.01
40～60cm	0.81	0.03	2.09	5.78
60～80cm	0.82	0.02	2.09	10.8

由表 6-45 和表 6-46 分析得出，间距 6m 暗管排水区和 15m 暗管排水区土壤盐分模拟值与实测值泊松相关系数最小为 0.75，最大总量相对误差为 11.1%，更进一步说明了用 DRAINMOD-S 模型模拟盐碱地土壤盐分，能够满足数值模拟需要的较高精度要求，同时也验证了暗管间距 6m 和 15m 排水区，土壤盐分运移实测值规律的准确性，从而说明盐碱地暗管排水暗管间距布置，可以依据试验分析得出的土壤盐分运移规律来进行规划设计。

6.6.4 小结

（1）介绍了 DRAINMOD 模型原理以及 DRAINMOD-S 模型原理，列出了模型地表到不透水层的水量平衡方程，提出了模型盐分运移方程和盐分模拟所需参数的计算公式，为进行 DRAINMOD - S 模型模拟提供理论依据。

（2）介绍了 DRAINMOD - S 模型的子模块和数值模拟时的基本输入参数，包括气象参数、土壤参数、排水系统参数、作物参数和盐分参数等，并列出气象参数、排水系统参数和盐分参数主要输入过程，为模型进行模拟提供了基础数据。

（3）运用 DRAINMOD - S 模型对间距 11m 暗管排水区 0～80cm 土壤盐分进行了模拟，并对模拟值与实测值进行了相关性分析和误差分析，对间距 6m、15m 暗管排水区土壤盐分模拟值与实测值也进行了分析，验证了 DRAINMOD - S 模型有较高的模拟精度。

第7章　沿海水土监测防护新技术

江苏省沿海垦区的土壤指人工围筑海堤垦殖的滩涂土壤，主要由海潮涨落泥沙淤积沉淀而形成的堆积物和长江泥沙下泄淤积形成的滩涂组成。新垦区内滩涂土壤和地下水都含有较高盐分，土壤沙性比较严重，土壤结构差，有机质含量少，且土壤盐分受地下水影响反碱。沿海新围垦区因盐分高植物难以生长或生长缓慢，植被覆盖率低，地面表土很容易被雨水冲蚀，较大的降水时地表面蚀严重，表层土壤随着径流冲入河中沉积或排出垦区，同时区域内种稻改土或灌水淋洗盐分时灌溉水局部土壤结构松散的局部渗透，形成冲积扇阻塞沟河。研究团队针对沿海地区盐分高、土壤结构差、有机质含量少、没有形成植被，易旱、易反碱水土流失严重的特点，基于可持续、低影响的基本原则，提出包括水土监测量、生态恢复及农田沟渠等方面的新技术，申请已获得15项国家知识产权（授权发明和实用新型专利），初步形成可适用于沿海地区的水土资源的监测和高效利用防护技术体系。

7.1　沿海生态修复

7.1.1　混合生态带及构建

7.1.1.1　提出背景

我国有着广阔的海岸线及近海滩涂，沿海滩涂作为海陆交界地带，在生态环境、水产养殖和旅游度假等方面都具有重要的环境意义和经济价值。沿海滩地作为海陆交界地带，在围垦造地、生态环境、水产养殖和旅游度假等方面都具有重要的环境意义和经济价值。近来围填海活动在沿海地区盛行，加剧了对滨海滩涂的盲目开垦和改造、生物资源的过度利用、水资源的不合理利用、污染的加剧、海岸侵蚀不断扩展等问题，导致沿海滩涂面积急剧减少，功能和效益不断下降。

传统的滩涂海岸考虑工程安全的需要，多以浆砌或干砌块石、现浇混凝土等为主，隔绝了土壤植物大气中能量和物质的流动，摧毁了大多数沿海生物及其生存环境，破坏了沿海滩涂生态系统整体平衡。同时，近沿海围堤范围内直接采用物理、化学和生物等改良技术对盐碱土进行改良利用，但是由于近沿海滩涂地区地下水水质、水量受到海水运动等自然条件影响，盐水上溯，从而地表土壤盐分极易返盐。

7.1.1.2　主要内容

项目组提出混合生态带系统及构建方法，该系统和方法根据沿海涂的特点，构建适合当地的咸淡水生态带，提升生物多样性水平，有效积蓄淡水资源，实现对沿海滩涂地区的防护和管控。

　　混合生态带包括地下防护、地表水源积蓄和自然植被恢复。其中地下防护系统主要用于调控海水和沿海滩涂地区地下水的相互交换，布设在咸淡混合生态带范围内的地下，主要由支撑骨架、可控透水层（透水系数 0～1）、水位水质监测和外滤层组成，材料可选用耐腐蚀的工程塑料、不锈钢、铸铁或玻璃钢等。

　　地表水源积蓄主要用于储蓄内陆的降雨径流，设置在咸淡混合带接近淡水区域的一侧，主要由土质沟、河和浅塘为主，其 $V=Q=\alpha Sh$ 计算，其中 V 为地表水源积蓄系统储水量，Q 为降雨产生的地表水量，S 为区域降雨计算面积，α 为计算面积对应的径流系数，h 为年平均降雨量。

　　自然植被恢复系统采用自然恢复法提升生态带的生物多样性，即在生态带内靠近海边侧栽种撒播耐盐碱强的野生乡土灌草品种，靠近内陆淡水侧栽种撒播适宜耐盐碱弱的野生乡土灌草植物，低洼处种植耐水性强的灌草品种。种植时在区域周边设置临时挡板（高于地面 5～10cm），材料为耐盐碱的工程塑料、钢板等，植被回复后拆除回收再利用。

　　混合生态带系统的剖面如图 7-1 所示。

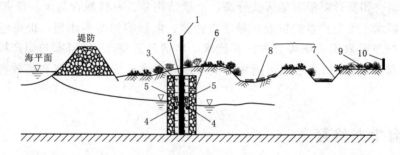

图 7-1　混合生态带系统的剖面图

1—地下防护系统；2—支撑骨架；3—可控透水层；4—水质传感器；5—水位传感器；
6—外滤层；7—土沟；8—浅塘；9—自然植被恢复系统；10—挡板

　　混合生态带的构建主要有以下步骤：

　　（1）首先对需要防护沿海滩涂进行地形地貌勘察，获取当地土壤、地下岩性裂隙、地下水位、水质、海水潮汐规律、野生植被等资料。

　　（2）在上述资料的基础上，根据海水潮汐对当地地下水影响范围确定咸淡混合生态带的长度和宽度，选择合适的地下防护系统安装地点、防护层的断面尺寸，如区域内存在海水入侵通道，可根据需要布设多道防护系统。施工时可采用挖槽机械沿着工程的周边轴线开挖出指定尺寸的深槽，清槽后按照设计高程、距离和顺序安装地下防护系统。

　　（3）沿着海岸线方向布设土质沟、河和浅塘，组成半开放式河网，布置形式根据地形和周遭环境确定，可为树枝状、平行或格网状等。土质沟、河和浅塘挖深 0.5～1.5m，边坡大于 1:3。

　　（4）附近寻找野生植物资源丰富的路边、丘陵、湿地、水生和盐土草地，搜集野生乔灌木植被的种子，在不影响来年生长的情况下对已成熟的草丛和灌草丛进行收割，将收割的野灌草搅碎，均匀拌入待修复区域地表。

　　（5）在咸淡混合生态带正常使用时，其地下防护系统采用表 7-1 所示的调控模式。

表 7-1 地下防护系统调控模式

监测水体	水位 H/m	盐度 S/‰	采取措施
地下防护系统两侧水体	$H_外 > H_内$	$S_外 \leqslant S_内$	调整可控透水层的透水系数，可向内侧补充地下水
		$S_外 > S_内$	可控透水层透水系数为0，避免海水入侵内陆
	$H_外 < H_内$	$S_外 \leqslant S_内$	可控透水层透水系数为1，内侧盐度高的水排泄到外侧
		$S_外 > S_内$	如降雨量 $Q \geqslant V$，增大透水系数，将多余的水排入外侧；反之系数为0

注 $H_外$、$S_外$ 和 $H_内$、$S_内$ 分别为地下防护系统近海外侧地下水水位、盐度和内侧地下水水位、盐度。

在 $H_外 > H_内$、$S_外 \leqslant S_内$ 的条件下，通过更换可控透水层，达到调节可控透水层的透水系数的目的，实现内侧的淡水补充到外侧，保持内侧水的盐度不至于太高，使咸淡混合区生态带区域的水的盐度实现缓冲，避免局部出现盐度过高或者过低的现象。

在 $H_外 > H_内$、$S_外 > S_内$ 的条件下，将可控透水层的透水系数设为0，避免外侧海水通过可控透水层进入内侧，从而避免海水入侵内陆地区，保持内侧水的盐度不至于太高，从而保持咸淡混合区生态带的水的盐度位于一定的盐度范围，实现控制范围内盐度的缓冲，避免盐度范围的大幅上升或下降。

在 $H_外 < H_内$、$S_外 \leqslant S_内$ 的条件下，将可控透水层的系数调整为1，内侧盐浓度高的水通过可控透水层排泄到外侧，使外侧水盐度下降，从而使咸淡混合区生态带的水盐度位于一定的范围，实现水的盐度范围的缓冲，避免盐度范围的大幅上升或下降。

在 $H_外 < H_内$、$S_外 > S_内$ 的条件下，将可控透水层的系数，将内侧的水通过可控透水层进入外侧，实现对外侧水的盐度的调整，降低外侧水的盐度，避免局部盐度范围的大幅上升或者下降。

7.1.1.3 优点

（1）通过构建混合生态带，在硬质堤防与耕地等利用地中间形成缓冲带，遵循沿海潮汐影响地下水规律给予沿海生态系统恢复发展空间，同时积蓄淡水资源，对当地地下水进行监测调控，有利于内陆生活应用。

（2）采用本地乡土植被恢复，能有效遏制植物多样性减退程度，有利于构建稳定的生物群落，可开发当地野生植物的药用、饲用、食用价值，为当地的微生物、动物提供生存环境。

（3）就地取材进行当地野生植物群落修复，大大降低了成本，同时通过地下防护系统的调控能有效减少土壤返盐改良次数，减轻二次污染。

7.1.2 入侵海水防治及利用

7.1.2.1 提出背景

海水入侵也称海水倒灌或海水浸染，是由外海高盐度水体沿河口、河道和地下含水层向内陆入侵与渗透，导致水质恶化和土壤次生盐渍化，是沿海地带不可忽视的自然灾害之一，已成为一个严重的环境水文地质问题。海水入侵是由陆地地下水的压力与海水压力失衡造成的，是特定区域自然与人类社会经济活动两大因素叠加影响的结果。

为了防止海水入侵，在咸淡水界面的淡水一侧，通过工程措施建立一个防渗体阻止海水向内陆入侵，如水力防渗帷幕（即水力帷幕）、截渗墙、防潮堤等；水力防渗帷幕是在咸淡水界面的淡水一侧打排水井，用注水抬高局部水位水力屏障，或在咸水一侧用抽水形成水位低谷以防止海水入侵，可分为注水帷幕、抽水帷幕和两者结合的抽-注水帷幕，其中抽水帷幕适用于缺乏足够用于地下水回灌淡水的地区；注水帷幕适用于拥有足够用于地下水回灌淡水的地区。截渗墙是指在含水层下游修建一条弱透水或不透水的地下坝体来拦截流向海洋的地下径流。现有的技术偏向于通过构建防渗体等工程措施切断海水和地下水通道的方法，可能对沿海地区的生态造成影响。

7.1.2.2 主要内容

入侵海水综合防护利用通过将入侵海水引入地底深层产生势能，采用反渗透膜等材料对海水进行淡化处理，降低其盐度、硬度以及氯含量，产生新的淡水资源可供使用，实现了对入侵海水的综合防护和利用。入侵海水防治系统结构如图7-2所示。

入侵海水综合防护利用包括监测控制、防护预处理、渗透反渗透和地下蓄水池。

监测主要由布设于不同点位处入侵海水的水位、水质监测传感器组成。控制系统接收到监测系统实时监测数据后，根据反渗透理论公式对防护预处理体统进行控制调整，使得渗透反渗透系统处理的入侵海水保持在合适水量；同时通过监测数据确定对反渗透膜何时进行更换与清洗。

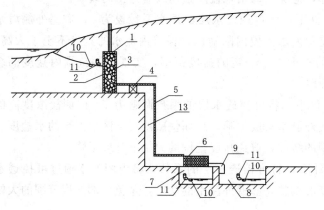

图7-2 入侵海水防治系统结构示意图
1—预处理层；2—控水层；3—过滤芯；4—控制闸门；5—防护层；
6—反渗透单元；7—盐水池；8—淡水池；9—淡水管道；
10—水质传感器；11—水位监测器

防护预处理主要包括预处理层和防护控制层。预处理层布设于预处理系统的最外层，主要是由可透水防护层与不同粒径的砂石组成的过滤层，对入侵海水和截流的淡水进行初筛和初级过滤，透水系数为0~1，透水控制可采用百叶窗或其他有效控制形式；防护控制层位于防护层内侧，作为预处理后海水的通道，控制的水位落差大于300m，材料采用具有一定强度硬质化不透水耐腐蚀的工程塑料、钢板形成拦挡，其截面形式根据由入渗海水通道现场的截面形式确定。

反渗透系统包括反渗透膜和膜的组件形式。反渗透膜根据入侵海水特征及淡化后水用途选择，主要为醋酸纤维素、醋酸甲基丙烯酸纤维素、醋酸丁酸纤维、芳香族聚酰胺以及多种材料复合而成的；膜组的主要组件为板框式（平板式）膜组、中孔纤维膜组和盘式膜等。

地下蓄水池主要用于贮存处理后的淡水资源及浓盐水，其容积由反渗透系统确定。

入侵海水综合防护利用主要有以下步骤：

（1）对选定海水入侵地区进行调查勘测，搜集该地区海水入侵的咸淡水分界面、区域地貌形态、岩性结构、海岸性质及变迁历史，海水入侵通道、地下水位动态变化的等资料。

（2）在上述数据资料的基础上，根据反渗透理论，确定反渗透系统膜组形式、防护层和控制层的断面尺寸和形状，选择合适的反渗透、渗透膜料。施工时可采用挖槽机械沿着深开挖工程的周边轴线，在泥浆护壁条件下开挖出指定尺寸的深槽，清槽后按照设计高程、距离和顺序安装入侵海水综合防护利用单元。

（3）在入侵海水综合防护利用单元使用中，可采用以下运行模式：当海水入侵停止或减缓即海（咸）水楔形体维持不变或减少时，又或者反渗透系统清洗维修时，可采用透水系数为0，预处理层功能等同于地下防渗墙；当海水入侵增加即海（咸）水楔形体扩大、有地表淡水资源需求或需补充地下水资源时，根据用水需求确定用水量，调整预处理层的渗透系数，对入侵海水进行淡化处理供使用。

7.1.2.3 优点

（1）通过构建入侵海水综合防护利用系统，能阻断海水与地下淡水的"地下通道"，同时处理后的海水是对地下淡水资源进行补充，改变了地下水渗流场结构，能同时实现对地下水系统硬结构和软结构的调整，是对海水入侵的有效防治措施。

（2）入侵的海水经过系统的处理得到淡水资源，根据水质可应用于工、农业和生态等生产生活中，可有效缓解沿海地区淡水资源缺乏的矛盾。采用控制调配系统进行实时监测和调配是的海水资源利用更加精准和细化，能有效减少重复和不确定的成本。

7.1.3 盐碱土改良

沿海垦区地下水和海水紧密相连。当地下水位比较浅，大量的水分蒸发导致盐分在土壤中积聚，使得土壤的含盐量增加，加重土壤的盐渍化问题。针对沿海新围垦区淡水资源匮乏的实际，提出一种成本低、对淡水需求低，并能持续性使用的改良盐碱土的方法及系统，有效结合了水利工程措施和生物措施。利用蓄排结构达到蓄水的目的，通过监测蓄排结构的水位以及盐分数据，则可以根据蓄排结构的监测水位以及盐分数据，对地块进行浇灌洗盐或者通过排放蓄水以进行重新收集淡水或低盐分的水，从而降低蓄水整体的盐分即可用来进行浇灌洗盐。对于沿海近地而言，可以形成科学的调节沿海近地表地下水位，提高雨水利用率，减少改良盐土所需的淡水资源，改善区域土壤环境，因而比较适用于沿海地区的周期性碱化土壤。

本技术主要实施方法如下：

（1）根据高标准农田建设标准在沿海新围垦区中划分出地块，便于改良后与垦区建设其他配套设施相衔接。

（2）在地块长宽两侧修建蓄排沟，蓄排沟断面为梯形、U形或其他形式，沟边坡为柔性护坡；沟底部地表0~10cm中掺入保水剂质量分数0.1%~0.3%，改善沿海新围垦区重盐土土壤结构，增强保水保土性能，减少地表水分蒸发防止土壤返盐；同时在种植盐蒿、田菁等耐盐碱植物，防止沟底水土流失、冲刷与破坏，减少蓄水井的泥沙淤积。

表 7-2　汛期模式监测数据分析及采取措施

监测水体	水位范围 H/m	盐度 S/‰	采取措施
地块表面的雨水通过径流和入渗汇入蓄排水沟和蓄水井	$H \geqslant H_{地面}$	$S \leqslant S_{海}$	在降雨量较大内部入渗排水不畅的条件下出现
	$H_{地下临} < H < H_{地面}$	$S = S_{海}$	用水泵将水抽出改良地块外部排放，将水位控制在地下临界水位
		$S < S_{海}$	用水泵将水抽出对改良地块进行浇灌洗盐，循环利用，直全浇灌前后的盐度相等
	$H < H_{地下临}$	$S \leqslant S_{海}$	维持原状

注　$H_{地下临}$根据灌溉与排水工程设计规范和当地实际情况取 2.5m；$S_{海}$取当地海水实时监测值。

表 7-3　非汛期模式监测数据分析及采取措施

监测水体	水位范围 H/m	盐度 S/‰	采取措施
蓄排水沟和蓄水井中的水体	$H_{地下临} < H < H_{地面}$	$S = S_{海}$	用水泵将水抽出改良地块外部排放，将水位控制在地下临界水位
	$H_{地下临} < H < H_{地面}$	$S < S_{海}$	用水泵将水抽出对改良地块进行浇灌洗盐，循环利用，直至浇灌前后的盐度相等
	$H < H_{地下临}$	$S \leqslant S_{海}$	维持原状

注　$H_{地下临}$根据灌溉与排水工程设计规范和当地实际情况取 2.5m；$S_{海}$取当地海水实时监测值。

（3）在蓄排沟的交叉点修建蓄水井，截面为圆形或矩形，护壁采用硬质材料。用于积蓄雨水、监测控制地下水位。

（4）根据汛期模式和非汛期模式的试验安排，在蓄排沟或蓄水池布设遥测水位计、水泵和盐分速测仪，在试验的规定时间内获取地下水位、盐分数据，确定是否通过排水控制地下水位和浇灌洗盐，汛期模式和非汛期模式具体措施分别见表 7-2 和表 7-3。

7.1.4　地下蓄渗排

地下蓄渗排系统，将田间蓄水、渗透、排水作为一个系统来考虑，在满足田间作物用水的条件下，将多余水蓄在地下，根据实际情况对地下水位进行科学调控，对灌溉水进行有效补充，使农田生态系统内的水循环通畅，有效排出农田多余水分，及时准确控制地下水位，实现对农田土壤水分状况

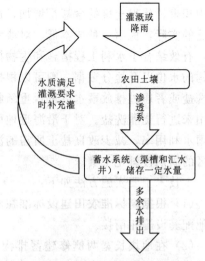

图 7-3　地下蓄渗排系统的原理示意图

的有效控制，防止溃害的发生。地下蓄渗排系统的原理如图7-3所示。

通过对农田土壤多余水分采取渗透、蓄积和实时监测措施，补充灌溉用水量，实现农田排水资源化利用，有效节约水资源，将农田中多余水蓄在地下，使农田生态系统内的水循环通畅，同时也可有效防止改良后的土壤再度返盐。

7.1.5 污水利用防止返盐

污水利用防止返盐指沿海的盐土内安装有污水冲盐系统，污水冲盐系统连接着城市污水处理系统，城市污水处理系统污水处理后的污泥通过污泥覆盖系统铺设盐土表面，通过化学试剂改良、废弃物综合利用、土壤表层绿化系统以及浅层地下水利用系统结合治理。本技术将城市污水处理系统与防止返盐系统结合，一方面满足污水厂的排污需求，另一方面污水起到冲洗土壤内盐分的作用，同时污水厂产生的污泥能够增加土壤营养成分，并对土壤起到胶结作用，增加植物抗盐能力，再结合化学试剂灌溉、废弃物综合利用、绿化以及地下水利用系统能够有效降低土壤内盐分含量，提高土壤质量。污水利用防止返盐系统如图7-4所示。

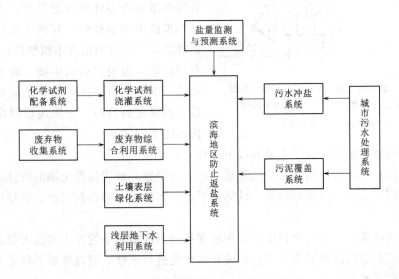

图7-4 污水利用防止返盐系统示意图

7.1.6 土质边坡崩塌治理

土质边坡指具有倾斜面的坡体，目前遇到的大部分是均质土边坡。边坡的失稳破坏主要是由于边坡内所受的应力超过岩土体或结构面的强度，从而导致边坡结构破坏。土质边坡发生崩塌破坏主要因为开挖引起坡表土体向临空面发生位移，并可能在坡顶或体内产生顺坡面向的裂隙，或其出口为上大下小的楔尖先压碎破坏，上部土体在失去承托和支顶下失稳。崩塌破坏主要以张拉破坏为主，形式上主要表现为岩土体的翻转、滚动、弯曲折断，崩塌体翻倒时，在空间的方位是随便改变的。如河道土质边坡崩塌导致河道淤积、堵塞，缩小河道行水断面，影响防洪安全。如何做到土方边坡稳定及安全防护，已经成为影响国计民生的大事，直接影响的国家安全及社会稳定。传统的边坡崩塌通常采取地表排水、地下排水、坡体防护、坡顶清方、坡脚加载、固化等工程措施，传统边坡处理方式如框格、护面墙及喷浆防护等，多采用浆砌片石和混凝土等无机结合料砌筑，材料与土质坡面的刚性结合长期暴露会脱落、变形，而且阻隔了植被生长，影响生态环境。

本次提出的土质边坡崩塌治理采用无污染物理加固和生物主动防御的方法将土质边坡崩塌处固定，并与周围环境形成和谐的统一整体，同时达到能有效实施边坡生态修复的目的。本技术通过在修整临空面填充，构成填土反压，提供足够的自重增强约束以防止坡体移动，锚杆件和应力绳索固定填料包形成一个足够支承和约束大负荷的块体，生态填料包则在植物生长后其根系能更有效地固定土质边坡，防止崩塌滑坡再次发生，并且灌草种子选用当地野生植物种子，用作扰动地表绿化修复，实现了无污染物理加固和生物主动防御的方法将土质边坡崩塌处固定，并与周围环境形成和谐的统一整体，维护简单，能有效遏制植物多样性减退程度，增加人工恢复植被的生物多样性，有利于构建稳定的生物群落，可开发当地野生植物的药用、饲用、食用价值，为当地的微生物、动物提供生存环境，维护生态平衡，达到了能有效实施边坡生态修复的目的。土质边坡崩塌治理的结构如图 7-5 所示。

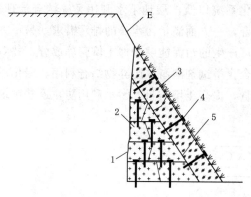

图 7-5 土质边坡崩塌治理的结构示意图
1—临空面；2—素填料包；3—生态填料包；
4—锚杆件；5—应力绳索

土质边坡崩塌治理的施工主要有以下步骤：

（1）首先对土质边坡崩塌部位的地形地貌进行勘察，确定崩塌土壤的特征，获取边坡崩塌临空面的长、宽、体积等数据，计算分析出所需的生态填料包类型、数量以及锚杆和绳子的数量。

（2）将边坡崩塌区进行拦挡施工，先清理运出出崩塌落下的泥土和已失稳的土体，采用机械或人工对崩塌边坡表面不平整区域和冲沟处进行平整，清理坡面不稳定的块石、杂物，得到修整后的临空面。

（3）根据设计将清理出的泥土拌入秸秆、灌草种，做成符合要求填料包。

（4）将填料包铺填入土质边坡崩塌临空面，采用锚杆和绳索将其固定在临空面上，按照从里到外，由下到上的施工顺序，分层将填料包固定好，锚杆和绳索形成柔性的应力网为土质边坡提供足够的强度。

（5）施工完成后对位于边坡表层的生态填料包进行养护，本技术选用的是野生的乡土灌草种，生命力强韧，只需在初期进行适量浇水，待灌草发芽即可。

7.1.7 多雨地区扰动地表植被修复

近年来随着土地资源开发以及电力、交通、水利等工程项目的持续展开，扰动原始地貌造成了一定的水土流失。水土流失可导致土壤退化、江河湖库淤积，加剧洪涝灾害、恶化生存环境和削弱生态系统功能，加重面源污染，对生态安全和构成严重威胁。人类活动对原始地表的扰动和生态恢复等问题已引起人们的广泛关注，保护生态与环境的意识逐渐加强。1991年《中华人民共和国水土保持法》贯彻实施后，人为水土流失加剧的趋势得到了缓解。现有人工恢复绿化时选择乔灌木种类种范围较窄，在没有美化要求的空地、边坡在土地平整后通常仅采取撒播1～2种草任其自然恢复，一般在生态修复初期，植物生长旺盛，水土保持效果良好，然而随着时间的推移，植物群落就会出现衰退现象，复绿植被趋向单一化，最终难以形成真正适应当地立体条件的稳定的生态群落。现有研究较多的生态护坡关注点均在工程及工艺方面，属于基本的工程支撑，对已经破坏的原地植物生态群落的构建较少涉及。现提出多雨地区扰动地表植被修复技术，依靠我国现有的丰富野生植物资源，根据实际情况对扰动地表进行自然修复，实现防止水土流失、维护生物多样性、快速修复当地生态环境的目标。

多雨地区扰动地表植被修复（图7-6）通过以下步骤来实现：

（1）在生态修复项目附近寻找野生植物资源丰富的地区路丘陵、湿地、田隙、水生和盐土草地，对已成熟的草丛和灌草丛进行保护性收割，将收割野灌草切成2～10cm长度，同时搜集尽可能多的该区乔灌木的种子。

（2）将待修复地区土地整平，在修复区域四周设置挡土板，高于地面5～10cm，如恢复区域是坡面可沿坡度方向分层设置挡土板（挡土板间距根据坡度不同设为2～5m），用于在植被恢复初期防止水土流失。

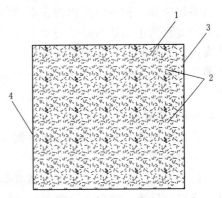

图7-6 多雨地区扰动地表
植被修复示意图
1—草种和秸秆；2—乔灌木种子；
3—生态修复层；4—挡土板

（3）3—5月将搜集到的野生草种和秸秆均匀地拌入待修复区域地表10cm耕作土层中，同时根据需要埋入野生乔灌木种子，完毕后浇水即可。

（4）野生植物生命力强，生长速度快，2～3月便可形成错落有致的本地乔灌草丛，对已成熟的草丛和灌草丛进行保护性收割和切成2～10cm长度，用于其他待修复的扰动地表。

本技术有如下优点：

（1）野生灌草秸秆拌入表层土能减少地表雨滴击溅侵蚀和地表土壤的运移，同时当地野生植物资源生命力强，生长迅速的特点，2～3个月便可形成错落有致的本地乔灌草丛即恢复扰动地表植被，有效地防止水土流失。

（2）选用本地野生植物用作扰动地表绿化修复，有效遏制植物多样性减退程度，增加人工恢复植被的生物多样性，有利于构建稳定的生物群落，可开发当地野生植物的药用、饲用、食用价值，为当地的微生物、动物提供生存环境，维护生态平衡。

（3）就地取材进行当地野生植物群落修复，大大降低了植树种草的成本，简化了施工工艺和操作过程，减少工程材料如水泥等使用，减轻二次污染，种植快捷、方便、简单。

（4）本技术实行全程机械化操作，提高了工作效率，降低了人力成本，对大部分扰动地表均适用，可实现大面积推广。

7.2　生态农田及灌排

7.2.1　生态农田需水预报系统及计算方法

7.2.1.1　提出背景

我国的农业用水量消耗了 80％的水资源总量，农产品 70％来自灌溉农田。农田需水量是估算农业灌溉用水量的参考依据，是水土资源平衡计算、灌溉工程规划设计和运行管理中不可缺少的基本数据，准确地测定农田需水量已成为提高区域水资源利用效率的关键环节。随着技术的进步，农田种植结构调整采用农田养殖水产的模式，农田养殖是指利用稻田浅水环境辅以人为措施，既种稻又养殖鱼、虾、蟹等水产品，以提高稻田生产效益的一种生产形式。农田养殖使植物、动物二者互利共生，形成新的生态系统，充分发挥农田的生产力，达到了提高经济效益的目的。农田需水量研究一直受到国内外的高度关注，但热点多集中在一种或多种作物在不同的种植方式的需水量测定和测算方面，较少涉及农田内不同类型的生物结构时的需水量测算，该种情况下的农田需水量测算更为复杂，因此传统农田需水量测算方法和精度难以满足结构调整下的生态农田的需要，降低了节水灌溉工程的针对性和实效性。因此提出一种生态农田需水预报系统及计算方法，能有效地测算动物—植物共生模式下的农田需水量，为灌溉管理、水资源的优化配置提供技术支持。

7.2.1.2　主要内容

生态农田需水预报包括基础数据库、需水测算和预报。

基础数据库主要包括基础的资料，通过调研收集区域地形地貌、土壤（土壤类型、容重、持水特征、有机质、土壤酸碱度等）、水文气象（河流水系、水位特征、水质、温湿度、降雨、风速、辐射、日照等）、种植结构（作物种类、生育阶段、占地面积，种植方式）等资料，按常规分类储存形成数据库。

需水测算分为作物需水测算、动物需水测算系统和需水耦合。

作物需水测算主要指作物需水量的测算，即

$$Q_{作} = hZ$$

式中：$Q_{作}$ 为作物需水量；Z 为农田中作物面积。

$$h = h_1 + P - S - \alpha E_0$$

式中：h_1 和 h 为时段始、末水田蓄水深；P 为降雨量；S 为田间渗漏量；αE_0 为水田蒸发量；E_0 为水面蒸发量；α 为水稻各生育期需水系数。

$$h = h_1 + P - E$$

式中：h_1 和 h 为土壤含水量；P 为降雨量；E 为陆面蒸发量。

动物需水测算主要指动物需水量的测算，即

$$Q_{动} = \beta V_{沟塘} + P - S - E_0$$

式中：$Q_{动}$ 为动物需水量；$\beta V_{沟塘}$ 为时段内动物（鱼、虾、蟹等）需要的换水量；$V_{沟塘}$ 为养殖沟塘容积；β 为动物（鱼、虾、蟹等）不同时期需要换水的系数；S 为田间渗漏量；E_0 为水面蒸发量。

需水耦合主要指对综合需水量 $Q_{综}$ 的测算，见表 7-4。

表 7-4 综合需水量的测算模型测算方法

结构形式	田间蓄水深 h	作物需水量 $Q_{作}$ 与动物需水量 $Q_{动}$	综合需水量 $Q_{综}$
作物	$h \leqslant h_{作}$	$Q_{作} \geqslant Q_{动} = 0$	$Q_{综} = Q_{作}$
作物、动物共生	$h_{动} \leqslant h \leqslant h_{作}$	$Q_{作} \geqslant Q_{动}$	$Q_{综} = Q_{作}$
	$h_{作} \leqslant h \leqslant h_{动}$	$Q_{动} \geqslant Q_{作}$	$Q_{综} = Q_{动}$
动物	$h \leqslant h_{动}$	$Q_{动} \geqslant Q_{作} = 0$	$Q_{综} = Q_{动}$

注 $h_{作}$ 为作物阶段蓄水深；$h_{动}$ 为动物（鱼、虾、蟹的）阶段蓄水深；$Q_{综}$ 为农田综合需水量。

预报系统主要包括作物、动物阶段需水定额、阶段控制指标和实时预测系统。

其中作物、动物的阶段需水量 $Q_{作}$、$Q_{动}$ 根据天气预报数据、测算系统的模型和基础数据库的参数计算得出，遵循作物适宜蓄水深度、适宜土壤含水量和动物换水频率、适宜水深的调控规则；阶段控制指标 $h_{作上}$、$h_{作中}$、$h_{作下}$ 由作物种类、生育阶段确定；$h_{动上}$、$h_{动中}$、$h_{动下}$ 由动物类型、生长阶段确定，以及不同动物水质指标，同时可设置指标的预警范围。

其中实时预测系统通过对农田作物、动物的实时水分 h 等参数实时监测，与阶段控制指标相比较，确定是否需水，且通过测算模型确定需水量。

生态农田需水预报（图 7-7）主要有以下步骤：

（1）根据生态农田的需要，构建基础数据库，录入地形、土壤、水文气象、作物、

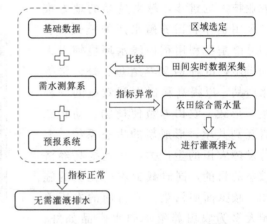

图 7-7 需水预报系统计算流程示意图

动物等基础资料；开发需水测算模型，可与数据库调用连通；确定作物、动物阶段性控制指标和需水定额，与数据库、需水测算模型可互相调用连通。搭建符合实际的需水预报系统。

（2）实时监测生态农田水情况，包括水分和水质。

（3）将实测田间水分水质资料与阶段控制指标进行比较判断，确定生态农田是否需水，结合降雨预报资料通过需测算系统进一步明确需水量，从而进行灌溉及排水，满足动物和作物不同时期需水要求。

（4）完成生态农田作物、动物整生育期的需水测算及预报后，对数据进行储存分析，为类似地区生态农田需水测算提供经验数据。

7.2.1.3 优点

（1）本技术通过需水测算模型将水产动物需水和作物需水统一形成生态农田综合需水，有效减少农田的需水量，大大提高水分的利用效率。

（2）采用生态农田需水预报系统使农田养殖更加精准和细化，有效减少人工和不确定

成本。

（3）充分考虑各影响因素，基于作物-动物共生的农田种植方式，对传统的农田需水量测算方法进行补充完善。通过对生态农田需水的预报，对区域水资源进行优化调度，能够更好地满足实际生产的需要。

7.2.2　生态农田

7.2.2.1　提出背景

目前我国农田主要采用单一的农业种植技术，尤其在南方多雨地区，主要采用早稻和晚稻轮作、中稻和油菜轮作等模式，其基本特征表现为生态适应性较弱、产品结构单一、经济效益较低，不能有效提高稻田的综合生产能力。随着农业技术的进步，越来越多的地方推广采用稻作农田养殖水产的模式，农田养殖是指利用稻田浅水环境辅以人为措施，既种稻又养殖鱼、虾、蟹等水产品，以提高稻田生产效益的一种生产形式。农田养殖使植物、动物二者互利共生，形成新的生态系统，充分发挥农田的生产力，达到提高经济效益的目的，同时减少农药化肥的施用，减少面源污染。但目前的农田养殖大多为农田养殖不同水产品如虾、蟹、鱼等过程的技术方法。目前传统的农田可持续发展能力差且功能单一，灌排功能设计仅为了农作物的生长需求，不能满足农田养殖的要求。

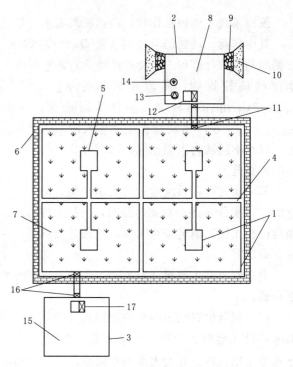

图 7-8　生态农田平面布置示意图

1—田间系统；2—灌溉系统；3—排水系统；4—养殖沟；
5—养殖塘；6—田埂；7—农作物；8—灌溉水池；
9—过滤层；10—水生植物；11—灌溉控制闸门；
12—灌溉水泵；13—水质传感器；14—水位传感器；
15—排水池；16—排水闸门；17—抽水泵

7.2.2.2　主要内容

提出的生态农田能够同时满足农作物生长和水产品养殖的需要，还使植物以及动物构成了农田内不同类型的生物结构，将生态系统的功能最大限度地发挥出来，使农田具备良好的自我净化功能与自我调控能力。

生态农田包括田间、灌溉和排水。田间主要分为养殖和农作。养殖由养殖沟、养殖塘和拦网，农田中养殖沟和养殖塘相互连通，其中养殖沟布设在整个田块中，平面布置可为"田""口"等形式（图 7-8），根据鱼、虾、蟹等生存需要养殖沟深度为 0.30～1.20cm，截面形式采用梯形、U 形或矩形；养殖塘根据需要设置，面积 1～5m²，深度同养殖沟；拦网设置于农田四周，防止虾、蟹等逃脱，拦网选用可降解塑料、秸秆、人造纤维等环保材料做成网或种植密集作物形成拦挡，拦网高度 $0.30\sim1.0\text{m}$。农作系统主要是种植水稻，选择抗病虫害，抗倒伏的水稻品种。

灌溉主要包括灌溉水池、灌溉控制、水预处理。其中灌溉水池主要用于储存灌溉和养殖用水，其容积 $V_{灌总}=E+V_{养殖}$，其中 $V_{灌总}$ 为灌溉水池容积，E 为作物灌水定额，$V_{养殖}$ 为养殖时一次需水量。灌溉控制包括控制闸门、水泵和水质水位传感器，用于监测和控制进入农田的水量、水位和水质。水预处理系统主要对输送或汇集的外调水进行沉淀、过滤和吸附预处理，是水质达到养殖和灌溉要求，水预处理系统设置在灌溉水池的进水口处，主要由填料层和水生植物组成。

排水主要包括排水池和排水控制。其中排水池主要用于储存农田排出的水，同时控制农田水位，在缺水时还可将排水池中的水引入灌溉水池循环利用，其容积 $V_{排总}=V_{暴雨}+V_{换水}$，其中 $V_{暴雨}$ 为暴雨时排出多余水量，$V_{换水}$ 为养殖时一次换水量。排水控制包括控制闸门和水泵。

生态农田系统的构建包括如下步骤：

（1）首先根据需要选定田块，根据养殖需要确定田间养殖沟、塘的位置和型式，根据外部水源的位置、地形和作物、养殖动物的种类分析计算确定灌溉水池、排水池的容积、进水口和出水口的布置及水预处理系统的布置。

（2）根据步骤（1）的设计进行施工，建好灌溉水池、排水池、养殖沟、养殖塘，安装好水预处理系统、灌溉控制系统和排水控制系统，构建用于养殖的生态农田待用。

（3）在农田养殖水产动物过程中，需要灌溉或养殖换水时，外调水源并通过水预处理系统进行净化，水的 pH 值指标达标时通过灌溉水泵和灌溉控制闸门将水引入田间；在暴雨、农田退水或换水时通过排水控制系统将水排入排水池，同时控制农田的水位。

（4）排水池的水再返回水预处理系统实现水循环利用。

7.2.2.3 优点

（1）通过生态农田系统的灌溉系统和排水系统的构建，大大提高了农田养殖的水源、水质及排水的可靠性，有利于农田经营综合经济效益目标的实现。采用灌溉控制系统和排水控制系统使生态农田养殖更加精准和细化，能有效减少人工和不确定的成本。

（2）通过排水—水预处理—灌溉的循环利用，能有效减少灌溉和养殖需水量，提高农田水利用效率；养殖沟塘和灌、排水池积蓄雨水，延缓暴雨汇流，减轻洪水灾害，同时动物—植物相互依存，减少农药和化肥的使用，能够减轻污染。

（3）通过构建农田生态系统，使植物、动物二者互利共生，有利于构建稳定的生物群落，维护生态平衡。

（4）本发明均选用环保节能材料，较传统的混凝土、砂石等工程材料的使用，能有效减轻二次污染，施工简单，维护方便。

7.2.3 组合式灌排沟渠

我国是世界上从事农业、兴修水利最早的国家，早在 5000 年前的大禹时代就有"尽力乎沟洫""陂障九泽、丰殖九薮"等农田水利的内容，在夏商时期就有在井田中布置沟渠，进行灌溉排水的设施，西周时在黄河中游的关中地区已经有较多的小型灌溉工程。为追求灌排便利，目前农田沟渠多经人工硬化、裁弯取直处理，其与周围土壤、水体的交换被阻隔，水质净化功能丧失。传统的水渠结构主要有浆砌石、现浇混凝土、混凝土预制块

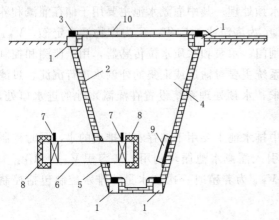

图 7-9　组合式灌排沟渠的结构示意图

1—支撑骨架；2—不透水柔性膜；3—黏接带；

4—蓄水腔；5—密封圈；6—输水管道；

7—阀门；8—过滤元件；9—密封塞；

10—覆盖膜

三种形式，建成 10 年左右基本无法正常运行。传统水渠由于应用刚性材料，存在自重大、接口不牢固等问题，同时自重大、运输搬运不方便，增加了其施工难度。传统沟渠使用材料为混凝土或砖石混合结构，老旧的灌排沟渠已经难以发挥作用，使用过期或损毁后废弃材料形成二次污染，不可再回收利用。土质沟渠经硬化处理后恢复就比较困难，

本节提出一种新型组合式灌排沟渠（图 7-9），通过设计不同的刚性骨架高程和安装位置控制灌排沟渠的比降和过水断面，适应各种地形地貌，能高效地完成灌排输水任务，提高水资源利用效率。作物生长期间灌溉、排水和储水需要时安装，不需要时拆除，属于临时占

地，没有形成永久的建构筑物，在使用期间能有效防止沟渠土质边坡崩塌、滑坡。方法步骤如下：

（1）对应用区域农田沟渠的地形地貌进行勘察，获取农田土质沟渠走向、高程、过水断面的特征数据，同时通过调查获得当地气象数据、作物需水量资料。

（2）根据明渠均匀流公式初步估算出灌排沟渠的断面尺寸：

$$Q = Av \text{ 和 } v = R^{2/3} i^{1/2}/n$$
$$R = A/\chi$$
$$C = R^{1/6}/n$$

式中：Q 为渠道断面过流量，m/s；A 为渠道过水断面面积，m²；v 为渠道过水断面平均流速，m/s；R 为水力半径；χ 为湿周，m；i 为比降；n 为渠道糙率；C 为谢才系数。采用曼宁公式。

（3）对土质沟渠表面进行压实整平，将刚性的支撑骨架按照设计高程、距离和顺序依次连接，安装在土质表面上，再将不透水柔性膜固定在支撑骨架上，使得不透水柔性膜围成一个上部敞口的蓄水腔。

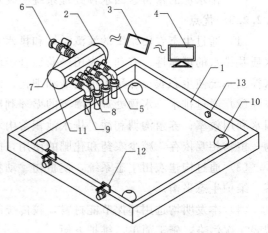

图 7-10　农田灌溉排水控制平面布置示意图

1—试验田；2—灌溉装置；3—水分监测设备；

4—服务器电脑；5—水管；6—进水控制电磁阀；

7—进水流量计；8—排水流量计；

9—排水控制电磁阀；10—水分传感器；

11—分水器；12—固定座；13—液位开关

（4）蓄水腔两侧壁的不透水柔性膜上均安装有若干个密封圈，在需要灌溉位置的密封圈上安装有输水管道，没有安装输水管道的密封圈上设有密封塞。

（5）输水灌溉。

（6）灌溉完成后，拆卸。

通过支撑骨架依次连接，然后组装不透水柔性膜，形成蓄水腔，使用灵活，施工简便，与传统的预制式灌排沟渠相比较，减少了工程材料如混凝土、砂石的使用，施工简单，维护方便，可重复使用；当农田需要灌溉时施工组装，灌溉后拆除，这种组合结构形式的灌排沟渠，方便组装和拆卸，不占用农田使用面积，可以根据需要铺设和拆卸，真正实现了按需灌溉，符合农田实际需求。

7.2.4 农田灌溉排水控制

灌溉是为农田补充作物所需水分的技术措施。为了保证作物正常生长，获取高产稳产，必须供给作物以充足的水分。为实现灌溉排水控制一体化的目的，因此提出农田灌溉排水控制装置及其控制（图 7 - 10）。

农田灌溉排水控制包括试验田、灌溉装置、土壤水分传感器和分水器。试验田和分水器之间通过水管连通。水管上还设置有压力传感器和水流控制阀，水管的进水端上设置进水流量计和进水控制阀，水管的排水端设置排水流量计和排水控制阀，同时还包括服务器电脑，服务器电脑连接水分监测设备。农田灌溉排水可实现农田灌溉试验的耕层或剖面土壤水分自动监测、地下水补给量的自动监测及自动灌溉等，并对数据自动采集、处理与存储，同时可实现农田排水试验的地下水位无级自动控制与调节，自动补排水并计量。

7.3 水土测量

7.3.1 地表土壤侵蚀测量

7.3.1.1 提出背景

我国常用的土壤侵蚀测量方法主要有接触式测量法和非接触式测量法。传统接触测量方法主要有径流小区观测法、插钎法、填土法、量沟法等；非接触式测量法主要有遥感影像、摄影测量、三维激光扫描等方法。径流小区法精度高、操作简便，还可配套自动采样、观测等先进设备，但该方法需固定土建设施，成本较高，多用于科研示范和定点监测等方面，不适合广泛推广应用和野外多点进测量；插钎法简便、快捷、实用性较高，也是我国行业标准中推荐的土壤侵蚀测量方法之一，制作尚未形成规范标准，其新型光电侵蚀针被积雪、植被覆盖或扰动时会丢失数据；非接触式测量如遥感影像、摄影测量、三维激光可用来监测较大范围时间、空间尺度的侵蚀状况，且具有重复周期短、分辨率高、节省人力等优点，但该法在使用时校正过程、多时段相互对比时的叠加等可能带来较大误差，此外使用费用较高，适用于大尺度区域研究，一般只能得到二维侵蚀和堆积面积等，且需要大量地表水土流失测量试验验证。因此本节提出一种地表土壤侵蚀测量技术，采用该系统可实现对野外或室内地表土壤侵蚀较为快速准确的测量，为水土流失防治及科学研究提供基础数据。

7.3.1.2　主要内容

地表土壤侵蚀测量技术主要组成部分为侵蚀测量单元,侵蚀测量单元包括外套筒、带刻度的内套筒、两根带刻度的标记细线和固定螺栓(图7-11),外套筒是底部为圆锥形的圆环形,在外套筒上沿平行中心线方向设置细缝,在外套筒内部与细缝垂直方向固定有外表光滑的细杆,与外套筒相适配的内套筒可滑动地套装在外套筒内;在内套筒顶部上方设有拉环,拉环连接有穿过内套筒的细线;固定螺栓安装在外套筒的细缝处,在细缝内上下滑动的标记细线缠绕在固定螺栓上,固定螺栓通过拉环上绕过细杆的细线与内套筒连接,且使内套筒和标记细线向反方向滑动。

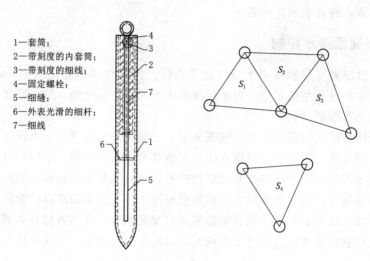

1—套筒;
2—带刻度的内套筒;
3—带刻度的细线;
4—固定螺栓;
5—细缝;
6—外表光滑的细杆;
7—细线

图7-11　地表土壤侵蚀测量的结构及布列方式示意图

地表土壤侵蚀测量装置的测量方法包括如下步骤:

(1)将一组地表土壤侵蚀测量装置中的侵蚀测量单元安装在待测地表,外套筒和内套筒均与地表垂直,标记细线贴于地表,通过标记细线将三套侵蚀装置组成三角形,形成一个工作中的侵蚀测量单元。

(2)根据试验设定在规定时间内观测,当标记细线与地表有空隙便通过拔出内套筒使细线继续贴于地表。

(3)内套筒拔出部分刻度即为该点处土壤侵蚀厚度。

(4)通过下述公式算出该侵蚀单元的土壤侵蚀量:

$$A = SH$$

式中:A为侵蚀单元的土壤侵蚀量;S为三角形面积;H为三点侵蚀厚度的平均值。

(5)在待测地表布设1,2,3,$\cdots$,n个侵蚀单元,计算出该地表的单位面积土壤侵蚀厚度。

$$H = \frac{S_1 H_1 + S_2 H_2 + S_3 H_3 + \cdots + S_n H_n}{S}$$

式中:H为单位面积土壤侵蚀厚度;S_1,S_2,S_3,$\cdots$,S_n为第1,2,3,$\cdots$,n个侵蚀单元的面积;H_1,H_2,H_3,$\cdots$,H_n为第1,2,3,$\cdots$,n个侵蚀单元的平均侵蚀厚度。

7.3.1.3 优点

地表土壤侵蚀测量系统的优点：测量三点土壤侵蚀的侵蚀单元能直观测量出地表（含坡面）的土壤侵蚀，对地表土壤侵蚀的测量由点到面；根据测量对象不同地形灵活多变地布设侵蚀单元，符合科学试验重复性原则，解决原有测量工具钢钎在实际测量中读数易被覆盖、遮挡等问题；克服人为读数带来的误差；简单快捷，造价低，方便携带，便于在科研试验、水土保持监测等生产应用中大量推广。

7.3.2 原位降雨入渗和径流分配测量

7.3.2.1 提出背景

降水是气候特征的重要体现，是重要的水文和气候要素，对区域资源的时空分布、生态环境形成与演变及农业生产起着决定性的作用。降雨、径流、入渗等水文过程都伴随着自然环境变化与物质迁移现象，涉及水文学、环境科学、农业学以及林业学等，其中的水文过程、污染物迁移规律、水土流失、水资源再分配的研究等均是当前重点研究课题，准确获取一定时间段降雨分配到入渗、径流量比例和过程是展开相关研究的基础。

传统的径流场通常由边埂、边埂围成的小区、集流槽、径流和泥沙集蓄设备、保护带及排水系统组成，但工程造价较高，运行费用大且测量误差不易控制。测量土壤水入渗的方法很多，如单环入渗仪、双环入渗仪、张力入渗仪等，都是在一定的水头驱动下，测定土壤在饱和情况下的导水能力。由于这些实验方法与天然降水情况差异较大，仪器安装过程中对土面的破坏引起的边界效应等问题，导致这些方法的测定值与天然降水的入渗情况有较大的差异。目前降雨科研观测设备大部分集中在人工模拟降雨系统，大部分降雨入渗试验装置在实验室内设计并制作，模拟人工降雨，将供试土壤运输至实验室重新回填后进行入渗试验测量，在土壤的攫取、搬运以重装的过程中，很难保持土壤的原状性，其实验环境无法完全模拟真实环境，尺寸规模受到限制，边界效应影响测试结果。能同时在实际研究中真实测量降雨过程中土壤入渗与径流分配的测试装置及方法目前还较缺乏，对水文、环境科学等的研究有较大的限制。

7.3.2.2 主要内容

原位降雨—入渗—径流分配测量系统和方法可实现在自然降雨条件下通过现场测试确定降雨，到达下垫面后的入渗、径流等水量分配的目的。

原位降雨—入渗—径流分配测量包括降雨测量、入渗测量和径流测量。

降雨测量装置由雨量计和安装支架组成，其中雨量计用来测量雨量和雨强，通过安装支架固定在测试区域，防止移动和破坏，安装支架材料可选用工程塑料、有机玻璃或不锈钢等材料，其尺寸由根据雨量计的尺寸确定。原位降雨入渗和径流分配测量的平面布置如图 7-12 所示。

入渗测量系统主要由一组或多组入渗测量单

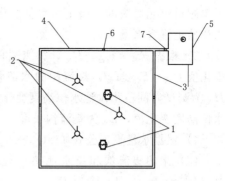

图 7-12 原位降雨入渗和径流分配
测量的平面布置示意图
1—雨量计；2—入渗测量系统；
3—径流测量系统；4—集流沟；
5—集水池；6—水位计；7—流量计

元组成。入渗测量单元由土壤水分传感器、剖面安装管组成。土壤水分传感器用于测量土壤水分含量，剖面安装管用来固定水分传感器，可在土壤剖面不同深度布设（每个深度剖面至少布置 3 个水分传感器），长度 50～300cm，可选用工程塑料、有机玻璃或不锈钢等材料，剖面安装管根据试验需要预留传感器安装孔。

径流测量系统主要包括集流沟、集水池和水位水量测量，在现场实验区域周边开挖集流沟，形成地表封闭区域，区域范围内的地表径流通过集流沟汇入集水池，在集流沟和集水池的接口处布设水位计和流量计。集流沟的断面可采用倒等腰三角形或矩形，集水池平面可采用长方形或圆形，其容积根据试验面积确定，可选用工程塑料、不锈钢或玻璃钢等材料，便于安装和拆卸。为防止泥沙等杂物随径流造成堵塞，在集流沟和集水池边缘加 5～10cm 的超高挡板，可选用无纺布等有过滤功能的材料。同时在集流沟和集水池上加盖将雨水误差降至最低。

原位降雨入渗和径流分配测量通过以下实现：

（1）选定测试区域。

（2）安装原位降雨入渗和径流分配测量系统。

1）安装入渗测量系统：以土壤选定的各深度分别作为入渗测量单元，每个入渗测量单元安装至少一个水分传感器。

2）安装降雨测量系统：借助支架在测试区域固定安装雨量计。

3）布设径流测量系统：沿测试区域周边挖设矩形集流沟，并开挖与集流沟联通的集水池，最后在集流沟与集水池接口处设置水位及水量测量装置。

（3）降雨开始后，收集测试时间段内雨量计采集的降雨深度 H 和入渗测量系统采集的测试结束时的土壤含水量 θ_n、各水分传感器测量的土壤土层厚度 H_n 及其对应控制的土壤面积 S_n，

（4）根据采集数据计算。

1）根据 $I=SH$ 计算测试时间段降雨量 I，式中 S 为测试区域面积。

2）根据 $Q_{总}=Q_1+Q_2+\cdots+Q_n$，$Q_n=S_n H_n(\theta_n-\theta_{ns})$，计算测试时间段土壤第 n 个入渗测量单元对应的土层土壤水量变化 Q_n 和测试区域土层土壤总水量变化 $Q_{总}$，式中 θ_{ns} 为初始土壤含水量。

3）根据 $R_{总}=R_{池}+R_{沟}$ 计算测试时间段内测试区域的总径流量 $R_{总}$，集水池的水流量变化值 $R_{池}=S_{池} H_{池}$，集流沟的水流量 $R_{沟}=B_{沟} H_{沟} L_{沟}$，式中：$S_{池}$ 为集水池底面积，$H_{池}$ 为测试时间段集水池水位高度变化值，$B_{沟}$ 为集流沟宽度，$H_{沟}$ 为测试时间段集流沟内水位高度变化值，$L_{沟}$ 为集流沟长度。

4）根据水量平衡公式 $I=Q_{总}+R_{总}+Q_{截}$，计算下垫面截留水量 $Q_{截}$。

（5）采集集流沟和集水池接口处流量计数值 $R_{测}$ 与计算所得的总径流量 $R_{总}$ 比较，当 $(R_{总}-R_{测})/R_{总}$ 绝对值 $\geqslant 10\%～30\%$，则处理集水池液面水平后，返回步骤（4）2）。

7.3.2.3 优点

（1）降雨入渗和径流分配测量系统方便携带，可快速安装，造价低，使用和维护方便简单，使用完毕后方便拆卸回收，便于下次需要时重复使用。

（2）降雨入渗和径流分配测量系统能够在多种地表及野外条件下适用监测测量，避免了实验室的误差与环境限制，符合科学试验重复性原则，得出的结果更为真实准确。

（3）本系统可根据测量对象安装在不同地面覆盖（草地、裸地和作物等）、不同坡度的下垫面上，适用范围广。

7.3.3 便携测量地下水位

沿海地区地下水位较浅，受海潮影响地下水位变化较大且较为频繁。而对于沿海垦区来说地下水位对土壤的脱盐、返盐具有非常重要的影响，控制地下水位是沿海垦区土壤改良的关键技术措施。在了解地下水动态，评价地下水资源时，首先应该知道地下水位及其变动与输出、输入的流量变化的关系。因此，对地下水位的测量就成为不可或缺的步骤。

目前常用的地下水位测量方法有测钟法、水哨式测法、电测法、双电极触点式测法、压力差法、超声波测法及采集器动态监测法等多种方法，都各自有其使用局限及欠缺的地方。例如，测钟法信息反映不清，数据不准；水哨式水位计的优点是制作简单，不用电路，但读数粗糙，每个人经验不同，读数也可能不一样，人为因素造成的误差大；电测法对潮湿空气、孔壁含水等介质难以与水明确区分，容易产生误判；双电极触点式测法需要经常检查电极触点传感器有无沥水不净现象；压力差法仪器原理复杂，需借助仪器读取空气压力数值进行转换计算，空气压力由于孔口不能封闭导致读数会有误

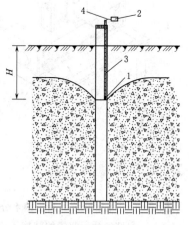

图 7-13 便携式测量地下水位的
水位尺的结构示意图
1—传感器；2—接收器；
3—水尺；4—线缆

差；超声波测法成本过高，架设和安装麻烦，受天气影响大，用电量大，在野外条件下对仪器的维修保养困难；采集器动态监测适用于固定点位监测水位，设备投资较大，此外仪器的操作及管理程序繁琐。

提出的便携式测量地下水位的水位尺包括传感器、接收器、水尺和线缆，接收器包括控制单元、供电单元和警示灯；控制单元分别与警示灯和供电单元连接，传感器通过线缆分别与控制单元和供电单元连接，当传感器的两个电极触点接触到水面时传感器向控制单元发送电信号。本发明的便携式测量地下水位的水位尺通过供电单元为传感器和接收器供电，通过传感器来接触水面进而产生电信号，接收到电信号的控制单元通过控制警示灯工作来提醒用户传感器已经接触水面，通过读取水尺上面相应的刻度便可计算出地下水位深度。结构如图7-13所示。

便携式测量地下水位的水位尺通过供电单元为传感器和接收器供电，通过传感器来接触水面进而产生电信号，接收到电信号的控制单元通过控制警示灯工作来提醒用户传感器已经接触水面，通过读取水尺上面相应的刻度便可计算出地下水位深度。本技术提出的便携式测量地下水位的水位尺具有结构简单，可靠性高，测量准确，适应野外测量，制造成本低的优点。

7.3.4 基于降雨量及土壤水分的降雨型滑坡的预警

滑坡是指在一定地形、地质条件下，由于外界条件的变化，受到各种自然或人为因素

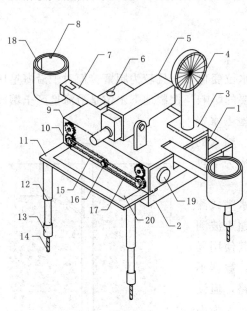

图7-14 基于降雨量及土壤水分的降雨型
滑坡的预警装置的结构示意图

1—座箱；2—卡架；3—控制箱；4—风速仪；
5—激光测距仪；6—温度传感器；7—连接臂；
8—量筒；9—第一齿轮；10—第二齿轮；
11—固定架；12—机械伸缩杆；13—固定腿；
14—固定头；15—第一皮带；16—皮带轮；
17—第二皮带；18—液位测量仪；
19—报警器；20—太阳能电池板

的影响，破坏了原有的力学平衡条件，使得边坡上的不稳定体在自重或其他荷载的共同作用下，沿一定的软弱带作整体的、缓慢的、间歇的甚至是突发的、向前移动的不良地质现象。滑坡广泛发生在山地、高原及丘陵地区，是阻碍山区社会经济发展的主要自然灾害。滑坡的直接危害主要包括：毁坏城镇、村庄、铁路、公路、航道、房屋、矿山企业等，造成人员伤亡和财产损失。为了降低滑坡造成的损失，出现了滑坡预警装置。现有技术中，由于地形复杂，测量滑坡的装置体积较大，安装固定较为复杂，还需要根据不同坡度的倾斜角度进行调节，因此会增加工作人员的施工难度。土壤水分是对滑坡的重要影响因素，但是现有的滑坡监测装置不能够及时地对土壤水分进行监测。

基于降雨量及土壤水分的降雨型滑坡的预警装置采用风能、太阳能进行供电，装置由激光测距仪、可调节安装支架、监测报警装置等组成（见图7-14）。预警装置安在滑坡体外，激光反射板安在滑坡体内。

基于降雨量及土壤水分的降雨型滑坡的预警通过设有的机械伸缩杆带动固定腿进行适当地高度调节，从而改变不同固定腿之间的高度，使得装置能够适应不同坡度的倾斜角，同时通过在座箱的内部设置取样结构，对滑坡土壤进行取样分析，测量实时的土壤水分，设有的温度传感器、风速仪和液位测量仪，测量实时的温度风速及降雨量。在预防水分过大发生滑坡情况下报警器对周围行人车辆进行预警报警。

7.3.5 模拟沿海垦区地下水位影响水盐运动

沿海垦区盐碱地中的水溶性盐是随着土壤水的渗流而移动的，即所谓"盐随水来，盐随水去"。沿海垦区地下水水质矿化度较高，特别是新吹填的沿海垦区，地下水位和海水紧密相连。当地下水位比较浅，大量的水分蒸发导致盐分在土壤中积聚，使得土壤的含盐量增加，加重土壤的盐渍化问题。研究表明，土壤中水盐的运动变化受到地下水位、降雨、蒸发、灌溉排水、土地利用等因素的影响，水盐运动规律极其复杂，因此加强土壤水盐运动机理的研究，进一步了解土壤盐碱化的发生、发展过程及规律，可为土壤盐碱化防

治提供必要的基础数据和参考依据。

　　现有技术中较为常用的是室内土柱模拟实验，作为一种常规水盐实验方法用来模拟土壤水盐运移规律。现有的土柱模拟实验装置主要是开展土壤入渗实验和蒸发实验，较少涉及不同地下水位影响下的土壤水盐运动过程和规律研究，对于沿海垦区海水倒灌引起的地下水位变化对土壤水盐运动的影响方面缺乏合理的实验研究方法和装置。

　　模拟沿海垦区地下水位影响水盐运动的实验装置包括透明的长方体土箱和透明的地下水位控制箱，在长方体土箱的侧壁外侧设有方便拆卸的透明的栅格活动板，在长方体土箱侧壁上沿平行于该长方体的中心线方向不同径向高度设置有一组水分传感器安装孔、盐分传感器安装孔、温度传感器安装孔及取样孔；在长方体土箱内设有供试土体，在供试土体底部设有由透水材料包裹的滤层，长方体土箱置于地下水位控制箱内，且连接处密封设置；在地下水位控制箱底部设有用于控制水位的水管和水阀；在滤层同高的长方体土箱侧壁上设置有与地下水位控制箱连通的通水孔；在长方体土箱上方设有用于控制蒸发强度的灯。具体结构如图 7 - 15 所示。

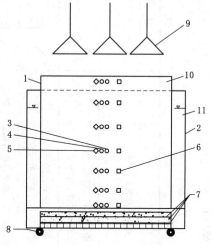

图 7 - 15　模拟沿海垦区地下水位影响
水盐运动实验装置结构示意图

1—长方体土箱；2—地下水位控制箱；
3—水分传感器安装孔；4—盐分传感器安装孔；
5—温度传感器安装孔；6—取样孔；7—滤层；
8—地下水位控制箱滑轮；9—红外线灯或白炽灯；
10—供试土体；11—供试水体

附录 江苏省东台市水利工程统计

附表 1   2010 年东台市市管及市以上管理骨干河道一览表

序号	河 名	水 系	管理权限	长度 /km 总长	长度 /km 东台境内长	起 点	迄 点	境内所跨镇区（场）	开挖时间	设 计 标 准 河底宽 /m	设 计 标 准 河底高程 /m
1	泰东河		省管	58	30.9	西起泰州市海陵区京泰路街道老东河村	东迄东台镇长青居委会	泰东、时堰、梁垛、五烈、西溪景区、东台镇	北宋	50～80	-4.0～-5.0
2	通榆河			376	36.6	南起海安县海安镇三塘村	北迄赣榆县柘汪镇响石村	富安、梁垛、东台镇、市经济开发区	1958 年	50	-4.0
3	串场河	里下河水系	盐城市管	174	45.1	南起海安以海安镇新园村	北迄阜宁县阜城镇	富安、安丰、梁垛、东台镇、市经济开发区、五烈	唐代（766 年）	10～15	-0.5～-2.0
4	丁溪河			55	20.6	西起五烈镇甘港村	东迄大丰市大丰港经济开发区	五烈、市经济开发区、东台镇	早于明代	10	-1.0
5	安时河			22.3	22.3	西起时堰镇三时村	东迄安丰镇安东村	时堰、梁垛、安丰	1972 年	20～30	-1.2～-1.5
6	南官河		东台市管	19	12.5	西起泰东镇志刚村	东迄安丰镇下灶村	泰东、时堰、梁垛、安丰	1815 年	20～50	-0.8～-2.0
7	蚌蜒河			50	19	西起兴化市临城镇老阁村	东迄东台镇晏溪居委会	五烈、东台镇	1746 年	50～70	-1.0～-2.0
8	车路河			43	6.3	西起兴化市昭阳镇	东迄五烈镇甘港村	五烈	清代	44	-2.5
9	老梁垛河（十八里河）			13.3	13.3	西起梁垛镇董贤村	东迄梁垛镇梁垛村	梁垛	1746 年	25～45	-1.0～-2.0
10	梓辛河			40	11	西起兴化市张田镇卢洲村	东迄东台镇泰山寺居委会	五烈、东台镇	1746 年	50～70	-1.5

续表

序号	河名	水系	管理权限	长度/km 总长	长度/km 东台境内长	起点	迄点	境内所跨镇区（场）	开挖时间	设计标准 河底宽/m	设计标准 河底高程/m
11	辞郎河	里下河水系	东台市管	11	10	西起兴化市张郭镇华庄村	东讫五烈镇辞郎村	五烈	不详	6	−1.0
12	何垛河			29	26.6	西起东台镇海新居委会	东讫大丰市大桥镇联丰村	东台镇、城东新区、头灶镇	早于清代	15~35	−1.0~−1.5
13	东台河			56.3	56.3	西起东台镇蔡六居委会	东讫梁垛镇川水港闸	东台镇、头灶、新曹农场、琼港	早于清代	9~80	0.0~−1.5
14	梁垛河			53.5	53.5	西起东台镇同心村	东讫琼港镇梁垛河闸	东台镇、安丰、南沈灶、三仓琼港农场、琼港	1970年	15~110	−0.3~−1.3
15	三仓河			49.7	49.7	西起安丰镇联合村	东讫沿海经济区	安丰、南沈灶、三仓、沿海经济区	清代	20~150	−0.5~−1.0
16	安琼河	堤东垦区水系		33.3	33.3	西起新街镇新榆村	东讫新街镇陈文村	三仓、琼港、沿海经济区	1970年	8~12	0.0~−0.5
17	方塘河			42.1	42.1	西起琼港镇双富居委会	东讫琼港镇方塘河闸	富安、唐洋、许河、新街	清代	8~150	0.0~−1.0
18	红星河			17.9	17.9	西起唐洋镇王环村	东讫琼港镇新港村	唐洋、新街、琼港	1964年	10~21	−0.5~−0.9
19	输水河			12	12	南起安丰镇联合村	北讫东台镇潘合村	安丰、梁垛冻台镇	1969年	8~10	0.0~−0.5
20	头富河			19	19	南起富安镇富民村	北讫头灶镇练坳村	富安、南沈灶、头灶	1971年	6~10	0.0

续表

序号	河名	水系	管理权限	长度/km 总长	长度/km 东台境内长	起点	迄点	境内所跨镇区（场）	开挖时间	设计标准 河底宽/m	设计标准 河底高程/m
21	潘堡河			17.8	17.8	南起唐洋镇心红村	北讫三仓镇兰址村	唐洋、许河、三仓	1953年	15~18	0.3~1.5
22	东潘堡河			17.5	17.5	南起三仓镇临海村	北讫弶港镇新先村	三仓、弶农、弶港、新曹农场	1959年	20	−0.6~1.0
23	梁垛河南闸上游干河			9.6	9.6	西起弶港镇海堤村	东讫弶港镇海滨村	沿海经济区、弶港、沿海特种经济植物园	1982年	50~80	−0.5~2.0
24	新东河	堤东垦区水系	东台市管	7.7	7.7	南起弶港镇六里舍	北讫弶港镇海堤村	沿海经济区、弶港	1979年	50	−1.0
25	新港干河			13.4	13.4	南起弶港镇新港村	北讫新街镇来东村	弶港、新街	1963年	55	−1.0
26	北垦区干河			10.5	10.5	南起弶港镇六里舍	北讫林场五支沟	弶港、弶港农场	1970年	10	−0.5~0.7
27	南垦区干河			7.8	7.8	南起新街镇来东村	北讫新街镇六里舍	新街、三仓、弶港农场	1976年	8~10	0.0~0.5
28	南北方塘河			8.4	8.4	南起新街镇东兴村	北讫弶港镇六里舍	新街、三仓、弶港	清代	8~32	0.0~0.94
29	渔舍中心河			15.6	15.6	南起弶港镇新港村	北讫弶港镇弶南村	弶港、渔舍农场	1976年	10	−0.8

附表 2

2010 年东台市流域面积 100km² 以上河道一览表

序号	类别	河流名称	河流长度/km	流经境内长度/km	流域面积/km²	跨界类型	流经	河源（起点）地点	河口（迄点）地点
1	跨境河流	瓦南河	21	0.2	1	跨市	海安县、东台市	海安县曲塘镇群贤村	东台市时堰镇缪陈村
2		海塘河	47	8.6	20	跨市	海安县、东台市	海安县南黄镇邓庄村	东台市溱东镇青二村
3		红星河	39	18	130	跨市	海安县、东台市	海安市大公镇贲集村	东台市新街镇沿海村
4		梓辛河	40	11	110	跨市	兴化市、东台市	兴化市垛镇芦洲村	东台市东台镇泰山寺河居委会
5		蚌蜒河	50	12	30	跨市	兴化市、东台市	兴化市临城镇老阁村	东台市东台镇晏溪居委会
6		车路河	43	6.3	50	跨市	兴化市、东台市	兴化市昭阳镇	东台市五烈镇甘港村
7		幸福河	28	1.4	5	跨市	东台市、兴化市	东台市时堰镇陶庄村	兴化市戴窑镇东三村
8		姜溱河	16	2.5	5	跨市	姜堰市、东台市	姜堰市沈高镇万众村	姜堰市溱潼镇南亭村
9		丁堡河	41	18	108	跨市	东台县、海安县、如皋市	如皋市东陈镇策徐湾村	东台市三仓镇东村
10		通榆河里下河段	175	36	1537	跨市	海安县、兴化市、大丰市、建湖县、亭湖区、滨海县	海安县海安镇三塘村	滨海县通榆镇刘筑村
11		串场河	174	34	190	跨市	海安县、东台市、大丰市、建湖县、盐城区、亭湖区、阜宁县	海安县海安镇新园村	阜宁县阜城镇
12		泰东河	58	28	390	跨市	泰州海陵区、姜堰市、东台市	泰州海陵区老河村	东台市东台镇长青村
13		红星河（南）	40	4.3	10	跨县	如东县、海安县、东台市	如东县唐洋镇前村	东台市唐洋镇许陈村
14		川东港—丁溪河	55	14	168	跨县	大丰市、东台市	东台市五烈镇甘港村	大丰港经济开发区火管委会
15		何垛河	29	18	172	跨县	东台市、大丰市	东台市东台镇北海居委会	大丰市大桥镇大桥村
16		潘堡河	28	17	170	跨县	东台市、大丰市	东台市三仓镇东村	大丰市大桥镇大桥村
17		东潘堡河	49	40	240	跨县	东台市、大丰市	东台市新街镇双洋村	大丰市大丰港
18	境内河流	安时河	22	22	130	县内	东台市	东台市时堰镇三时村	东台市安丰镇安东村
19		先进河	16	16	130	县内	东台市	东台市时堰镇九龙村	东台市梁垛镇临塔村
20		方塘河	43	43	516	县内	东台市	东台市富安镇双富居委会	东台市琼港镇
21		安弶河	34	34	326	县内	东台市	东台市新街镇新榆村	东台市新街镇陈文村
22		三仓河	46	46	442	县内	东台市	东台市安丰镇联合村	东台市山琼港镇
23		梁垛河	53	53	763	县内	东台市	东台市东台镇同心村	东台市琼港镇海淩村
24		东台河	57	57	684	县内	东台市	东台市东台镇黎六居委会	东台市琼港镇
25		头富河	19	19	180	县内	东台市	东台市富安镇富民村	东台市头灶镇坳练坍村
合计				559.1					

附表 3　2010 年东台市一线海堤堤防基本情况一览表

序号	堤　段		堤 防 状 况						堤防设计标准			
	起点桩号（或自然段起点）	迄点桩号（或自然段迄点）	长度/km	堤顶高程/m	堤顶宽/m	坡比	堤防结构型式	挡潮潮位/m	设计长度/km	设计顶高程/m	设计顶宽/m	设计坡比
1	0+000（大丰界）	6+850	6.85	8.0	8	外 1:5 内 1:3	土堤	5.5	6.85	8.0	8	外 1:5 内 1:3
2	6+850	16+720	9.87	8.0~8.3	8	外 1:5 内 1:3	土堤	5.5	9.87	8.0	8	外 1:5 内 1:3
3	6+920~0+000	7+050~0+838	0.84	8.0	8	外 1:5 内 1:3	土堤	5.5	0.84	8.0	8	外 1:5 内 1:3
4	16+720~0+000	17+390~1+940	1.94	8.0	8	外 1:5 内 1:3	土堤	5.83	1.94	8.0	8	外 1:5 内 1:3
5	梁垛河闸公路桥北	梁垛河南闸公路桥南	−0.56						−0.56			
6	16+720	42+350	25.63	8.3~9.0	8	外 1:5 内 1:3	土堤	6.5	25.63	8.0~9.0	8	外 1:5 内 1:3
7	42+350	57+980（海安界）	15.63	9.0~9.5	8	外 1:5 内 1:3	土堤	6.5	15.63	9.0	8	外 1:5 内 1:3
	一线海堤总长度	60.2						60.2				

附表 4　　2010 年东台市临海海堤基本情况一览表

序号	临海堤（围垦堤）名称	堤长/km	建设单位	围垦用途	设计标准	审批部门	建设年份	
							开工	竣工
1	蹲门农场海堤	8.1	东台市政府	海水养殖	堤顶 8m，堤顶宽 8m；外坡 1：5，内坡 1：3	省滩涂局、省财政厅	2005	2005
2	高涂养殖海堤	8.1	东台市政府	海水养殖	堤顶 7m，堤顶宽 6m；外坡 1：5，内坡 1：3	东台市人民政府	2002	2002
3	三仓垦区海堤	1.2	省滩涂投资公司	水土开发	堤顶 8m，堤顶宽 7m；外坡 1：5，内坡 1：3	省滩涂局、省财政厅	1996	1996
4	仓东垦区海堤	2	省滩涂投资公司	水土开发	堤顶 9m，堤顶宽 8m	省滩涂局、省财政厅	2001	2002
5	梁南垦区海堤	13.4	东台市政府	水土开发	外坡 1：5，内坡 1：3	省滩涂局、省财政厅	2009	2009
6	弶东垦区海堤	5.9	东台市政府	挡潮	堤顶 9m，堤顶宽 8m；外坡 1：5，内坡 1：3	省滩涂局、省财政厅	2007	2007
7	方南海堤	8.7	东台市政府	开发	堤顶 9m，堤顶宽 8m；外坡 1：5，内坡 1：3	省滩涂局、省财政厅	2006	2006

注　弶东垦区海堤长 5.9km，含弶东垦区南延段 2km；方南海堤（8.7km）为沿海经济区区管理。

附表 5

2010 年东台市圩区基本情况一览表

镇别	圩区个数	圩堤/km 小计	圩堤/km 其中:不达标圩堤	总面积/km²	圩区耕地面积/hm² 高程1.5~2.0m	高程2.0~2.5m	高程2.5~3.0m	高程3.0m以上	小计	圩口闸 座	排涝站 座	排涝站 台	排涝站 功率/kW	排涝站 设计排涝流量/(m³/s)	排涝站 排涝模数/[m³/(s·km²)]	灌溉站 合计/m	单灌	灌排	台	灌溉站 功率/kW	灌溉站 设计流量/(m³/s)
溱东	16	142.25		75.74	1984.56	794.6	1348.84		4128	133	68	69	2626.5	60.62	0.8						
时堰	22	171.59	9.58	102.28	328.2	2788	2735.6	313.8	6165.6	210	72	84	3629	89.26	0.87	6	0	6	6	92	1.56
梁垛	23	201.82	6.73	97.95	55.55	1044.65	4629.6	494.22	6224.02	218	55	57	3229	69.9	0.71	7	6	1	8	176	2.16
五烈	28	254.19	10.75	134.14	54.13	889.27	7593.9	527.93	9065.23	279	79	90	4231	100.8	0.75	4	0	4	4	88	1.9
东台镇	9	51.83	1.7	37.25		158.73	357	719.07	1234.8	58	15	24	1997.6	40.1	1.08	40	40	0	40	432.5	3.64
安丰	6	61.63	1.57	29.1	63.33	60	1578.13	153.33	1854.79	56	17	24	758	18.9	0.65	2	0	2	4	122	2.3
富安	5	83.93	3.25	63.52	84.33	281.33	712.27	68.67	1146.6	30	17	18	825	18.44	0.76	128	126	2	128	1380	15.87
合计	99+10/2	970.24	33.58	539.98	2570.1	6016.58	18955.34	2277.02	29819.04	984	323	366	17296.1	398.02	0.74	187	172	15	190	2290.5	27.43

注　全市共有圩区 104 个，其中 5 个为跨镇联圩；富安镇排涝模数计算剔除四联圩 39.22km²。

附表 6

2010 年东台市沿海中型挡潮排涝闸基本情况一览表

涵闸名称	闸总长/m	闸总宽/m	所在河流	开工、竣工时间	闸孔数	净高/m(闸孔)	净高/m(航孔)	净宽/m(闸孔)	净宽/m(航孔)	高程-闸顶	高程-闸底	高程-交通桥面	高程-胸墙底	交通桥设计	交通桥校核	交通桥净宽/m	工作便桥净宽/m	工作桥净宽-闸孔	工作桥净宽-航孔	闸门结构型式-闸孔	闸门结构型式-航孔	启闭机型式-闸孔	启闭机型式-航孔	启闭机台数-闸孔	启闭机台数-航孔
川水港闸	208.3	48	东台河	1997年2—6月	5孔 其中航孔1	4.3	9	8	8	6.5	8.0	2.8	8	汽-20	拖-100	7	1.2	1.2	1.2	平面钢闸门	平面钢闸门	液压式	液压式	4	1
梁垛河闸	177.9	65.2	梁垛河	1972年3—7月	9孔 其中航孔1	4.5	7.7	6	8	7.5	-1.0	7.8	3.5	汽-10	拖-60	6.5	1.2	1.2	1.2	平面钢闸门	上下扉平面钢闸门			1台套	—
梁垛河南闸	156.3	46	南闸干河（三仓河）	1982年11月—1983年7月	5孔 其中航孔1	5	9.55	8	8	6.5	-1.5	8.0	3.0	汽-10	挂-80	7	1.2	1.2	1.2	平面钢闸门	上扉钢混凝土闸门，下扉平面钢闸门			1台套	1
方塘河闸	158.8	47.6	方塘河	1991年12月—1992年6月	5孔 其中航孔1	4.5	9.5	8	8	8.0	-1.5	8.6	3.0	汽-10	拖-60	7	1.2	1.2	1.2	长升式平面钢闸门	升卧式平面钢闸门	液压式	卷扬式	1	

附表 7 2010 年东台市中型抽水站基本情况一览表

站名	所在地	所在河流	运用性质	泵站规模	泵站级别	装机容量/kW	装机台数	装机流量/(m³/s)	设计扬程/m	主水泵 型式	台数	每台流量/(m³/s)	转速/(r/min)	传动方式	主电机 型式	台数	每台功率 kW	电压/V	转速	主变压器 型式	总容量/kVA	台数	断流方式
安丰抽水站	安丰镇丰南村	通榆河—三仓河	灌溉排涝	中型	Ⅲ	2000	5	48	1.50	立式开敞式全调节轴流泵 2400ZLQK24-1.5	2	24	150	直联	立式同步电机 TL-1000-40/3 250	2	1000	10000	150				
东台抽水站	东台镇谢家湾		灌溉排涝	中型	Ⅲ	840	3	24	2.00	斜式半调节轴流泵 1600ZXB8-2	3	8	187.5	齿轮箱	同步电动机 TDXZ280-8	3	280	6000	750				人字门
富安抽水站	富安镇五中沟		灌溉排涝	中型	Ⅲ	1500	3	32	2.54	立式开敞式轴流泵 1800ZLB12-2.5	3	11.8	212	直联	立式异步电动机 YL500-25/2 150	3	500	10000	212	S9-1250/35/6.3	1250/1250	1	快速闸门

附表 8　2010 年东台市堤东地区中、小船闸一览表

编号	闸名	所在河道	镇	村（居）	竣工年份	底板形式	底板高程/m	荷载	净宽/m	高程/m	孔数	孔径/m	闸门型式	台数	型号	功能
1	向东船闸	梁垛河	梁垛	唐柳	1972	平底		汽-10			1	12	一字门	1	推杆	过船封闭
2	富安船闸	五中沟	富安	北街	1995	反拱		汽-10	10		1	12	一字门	1	推杆	过船封闭
3	安丰船闸	三仓河	安丰	丰南	2010	平底	-1.0~-2.0	汽-20	8	7.65	1	12	平面升卧钢门	1	电动机双绳鼓	过船封闭
4	丁堡闸	西潘堡河	唐洋	心红	1985	平底	-0.5	手拖	4	6.5	1	6	直升门	1	电动机双绳鼓	过船封闭
5	盈西闸	东凤河	东台	四灶	1976		-1.0				1	5.5		1		过船封闭
6	中心河船闸	中心河	头灶	新合	1981	平底	-0.5	手拖	3.3	6	1	6	直升门	1	电动机双绳鼓	过船封闭
7	姜垈船闸	红东河	头灶	姜垈							1	4	直升门	1	绳鼓	过船调节

附表9

2010 年东台市小型泵站基本情况一览表

镇场	泵站/座							水泵/(台套)	装机/kW	设计流量/(m³/s)	排涝面积/hm²		灌溉面积/hm²	
	小计	运行情况			泵站类型						设计	实际	设计	实际
		完好	带病运行	报废	单灌	单排	灌排							
滩东	68	3	62	3	0	68	0	69	2626.5	60.62	4846.67	4846.67	0.00	0.00
时堰	78	30	48	0	0	72	6	90	3721.5	90.82	7366.67	7366.67	66.67	53.33
五烈	83	34	35	14	2	79	2	94	4319	102.70	9646.67	8726.67	213.33	166.67
梁垛	146	33	112	1	90	55	1	157	4356	79.22	7720	7866.67	3960	1353.33
安丰	190	50	139	1	163	17	10	190	3131	52.01	1773.33	1826.67	2300	2106.67
富安	266	30	236	0	247	17	2	268	3528	51.09	1740	1620	195333	1460
唐洋	5	1	4	0	5	0	0	5	128	1.18	0.00	0.00	326.67	173.33
许河	1	0	1	0	1	0	0	1	15	0.20	0.00	0.00	133.33	80
新街	7	4	3	0	7	0	0	7	164	1.72	0.00	0.00	1046.67	660
三仓	9	3	6	0	9	0	0	7	98	1.35	0.00	0.00	540	353.33
南沈灶	0	0	0	0	0	0	0	0	0	0.00	0.00	0.00	0.00	0.00
头灶	0	0	0	0	0	0	0	0	0	0.00	0.C0	0.00	0.00	0.00
琼港	8	7	1	0	8	0	0	8	310	1.16	0.00	0.00	773.33	233.33
东台镇	528	84	425	19	512	15	1	539	8183	93.18	2546.67	3333.33	11480	4520
新曹农场	18	4	14	0	17	1	0	22	812	17.20	2000	2000	3466.67	2086.67
琼港农场	18	8	10	0	18	0	0	27	1392	19.15	0.00	0.00	3966.67	3513.33
金东台农场	1	0	1	0	1	0	0	1	165	3.00	0.00	0.00	1333.33	1333.33
合计	1426	291	1097	38	1080	324	22	1485	32948	574.60	37640.01	37586.68	31560	18093.32

附表10

2010年东台市堤东地区市管小涵闸（洞）一览表

所属河道沿线	编号	闸名	所在河道	镇区（场）	村（居）	建设年份	底板形式	底板高程/m	交通桥荷载	交通桥净宽/m	交通桥高程/m	工作桥高程/m	工作桥净宽/m	孔数	孔径/m	闸门型式	启闭机台数	启闭机型号	功能	管辖	备注
	1	丁堡河北闸	丁堡河	唐洋	安建	1973	反拱	-0.5	手拖	4	6.0	11.5	2	1	6	直升	1	绳鼓	封闭	市管	
	2	丁堡河北闸	丁堡河	唐洋	心红	1985	平底	0.0	汽-6	4	5.0	8.5	3	1	6	直升	1	绳鼓	封闭	镇村管理	2004年改造
	3	新储河闸	新储河	唐洋	新储	2009	平底	0.0		4	4.5			1	5	直升	1	绳鼓	封闭	市管	2009年改造
	4	王环河闸	红星河	唐洋	王环	2009	平底	0.3						1	5	直升	1	电动葫芦	封闭	市管	2009年新建
红星河沿线	5	红星闸	红星河	城东新区	红烈	1982	平底	-0.5	汽-10	5	5.5	10.0	2	1	6	直升	1	绳鼓	封闭	市管	
	6	南庄闸	红星河	城东新区	南庄	1981	平底	-0.5	手拖		5.8			1	4	旋转	1		封闭	市管	
	7	跃进闸	东洋河	城东新区	天洋	1973	平底	0.0	手拖	3	5.8	10.0	2	1	1.5	直升	1	绳鼓	封闭	市管	
	8	陈舍涵洞	新海洋河	城东新区	天洋	1985	平底	0.0		2.1				1	1.5	直升	1	齿杆	封闭	市管	
何垛河沿线	9	燕东南洞	燕东中沟	东台	海堰	1984	平底	0.0	手拖	3	5.8	10.0	2	1	1.5	直升门	1	绳鼓	封闭	市管	
	10	燕西闸	海堰支沟	东台	海堰	1972	平底	0.0	人行					1	4	直升门	1	齿杆	封闭	市管	2004年改造
	11	三舍涵洞	四新河	东台	海堰	1983	平底	0.0						1	4	直升门	1	电动	封闭	市管	
	12	西湾河闸	西湾河	东台	海堰	1984	平底	-1.0	手拖	3.8	5.5	10.0		1	5	直升门	1		封闭	市管	2004年改造

续表

所属河道沿线	编号	闸名	所在河道	位置 镇区(场)	位置 村(居)	建设年份	工程标准 底板 形式	底板 高程/m	交通桥 荷载	交通桥 净宽/m	交通桥 高程/m	工作桥 高程/m	工作桥 净宽/m	孔数	孔径/m	闸门型式	启闭机 台数	启闭机 型号	功能	管辖	备注
	13	新沟闸	海堤支沟	东台	海堤	1989	平底	-1.0	机耕	2.5	4.5			1孔	3.5	旋转门	1	手动	封闭	市管	1989年新建
	14	东灶闸	海堤支沟	东台	东丰	1974	平底	0.0	T5	4.5	6.5	11.0	2	1	5	直升门	1	绳鼓	封闭	市管	2004年改造
	15	界沟闸	界沟	头灶	建设	1983	平底	-1.0	手拖		5.0			1	1.5	直升	1	齿杆	封闭	市管	
	16	朱灶闸	幸福河	头灶	川港	1963	平底	0.2	手拖	2.5	5.0			1	4	直升	1	齿杆	封闭	市管	
	17	西夏闸	中心河	头灶	新合	1982	平底	-0.5	手拖	4	6.5	10	2	1	6	直升	1	绳鼓	封闭	市节	
	18	丰收闸	丰收河	头灶	新合	1965	平底	0.0	手拖	2.5	5.0			1	2.5	直升	1	齿杆	封闭	市节	
	19	新东闸	东一大沟	头灶	新合	1979	平底	-0.5	手拖	4	5.5			1	5	直升	1	绳鼓	封闭	市管	
何垛河沿线	20	工农闸	战备河	头灶	新合	1973	平底	0.0	手拖					1	2.5	直升	1	齿杆	封闭	市管	
	21	引水闸涵洞	引水河	头灶	新合	1990	平底	0.2	手拖					1	1.3	直升	1	齿杆	封闭	镇村管理	1990年新建
	22	红星闸	红星河	头灶	新中	1975	平底	-0.5	手拖	1.7	4.7	8.3	3	1	4.5	直升	1	绳鼓	封闭	市管	2009年改造
	23	中桥小闸	中桥中心河	头灶	新中	1983	平底	0.0	手拖					1	2.5	直升	1	齿杆	封闭	市管	
	24	新村北闸	七大沟	头灶	中渠	1981	平底	-0.2	人行	1.5	4.5	7.2	3	1	5	直升	1	齿杆	封闭	市管	2004年改造
	25	中荡小闸	中荡支沟	头灶	双中	1983	平底	0.0	人行	2	4.7			1	1.3	直升	1	绳鼓	封闭	市管	1992年改造
	26	红东闸	红东河	头灶	双中	1975	平底	-0.5	手拖	3.1	6.0	10.7	2	1	4	直升	1	绳鼓	封闭	市管	

续表

所属河道沿线	编号	闸名	所在河道	镇区（场）	村（居）	建设年份	底板形式	底板高程/m	交通桥荷载	交通桥净宽/m	交通桥高程/m	工作桥高程/m	工作桥净宽/m	孔数	孔径/m	闸门型式	启闭机台数	启闭机型号	功能	管辖	备注
	27	四大沟闸	北四大沟	头灶	潘港	1989	平底	0.0	人行	3	4.0	8.0	2	1	3	直升	1	齿杆	封闭	市管	1989年新建
何垛河沿线	28	红日涵洞	红日河	头灶	潘港	1973	平底	0.0	手拖					1	1.5	直升	1	齿杆	封闭	市管	2004年改造
	29	建川南闸	中心河	川东农场	六大队	1987	平底	−1	手拖	4	6.0	10.5	2.5	1	8	直升	2	绳鼓	封闭	市管	
	30	民权闸	东洋河	城东新区	富洋	1982	平底	−0.5	手拖	3	6.0	10.0	2	1	5	直升	1	绳鼓	调节	市管	2004年改造
	31	和平涵洞	东台河	城东新区	和平	1983	平底	0.0						1	2	直升	1	齿杆	调节	市管	2004年改造
	32	向阳船闸	东风河	东台	四灶	1975	平底	0.0	汽-10	3.2	6.5			1	4	人字门	1	手动	船闸	市管	2004年改造
	33	富旗闸	红旗河	东台	富旗	1975	平底	0.0	汽-10	3.5	4.0			1		直升门	1	电动	调节	市管	2004年改造
东台河沿线	34	界河闸	旭日支沟	东台	盈河	2004	平底	−0.5	人行	2.3	6.5			1	4	直升门	1	电动	调节	市管	1989年新建
	35	孙J涵洞	红卫河	头灶	华居	1976	平底	0.0	工拖					1	1.3	直升门	1	齿杆	调节	市管	1989年新建
	36	东方红闸	中心河	头灶	金东	1976	平底	0.0	手拖	2.7	5.1	11.0	2	1		叠门			调节	市管	2004年改造
	37	潘灶闸	中心河	头灶	金东	1975	平底	−0.5	手拖	3.5	6.5			1	5	直升	1	绳鼓	调节	市管	2004年改造
	38	新村南闸	七大沟	头灶	金康	1975	平底	0.0	手拖	4	5.5			1	3.8	叠门			调节	市管	2004年改造

续表

所属河道沿线	编号	闸名	所在河道	镇区（场）	村（居）	建设年份	底板形式	底板高程/m	交通桥荷载	交通桥净宽/m	交通桥高程/m	工作桥高程/m	工作桥净宽/m	孔数	孔径/m	闸门型式	启闭机台数	启闭机型号	功能	管辖	备注
	39	丰港闸	丰港河	头灶	姜祝	1974	平底	−0.5	手拖	2.7	4.8			1	3.6	叠门			调节	市管	2004年改造
	40	姜洼闸	红东河	头灶	姜祝	1986	平底	−0.5	拖	3.3	5.2			1	3.8	叠门			调节	市管	2004年改造
	41	红日闸	红日河	头灶	华居	1975	平底	0.0	3拖	5.5	5.8			1	3.8	叠门			调节	市管	2004年改造
	42	胜天闸	新村河	头灶	港东	1973	反拱	0.0	汽-10	9	5.0			1	4	叠梁			调节	市管	
	43	勇敢闸	红星河	头灶	南洼	1966	平底	0.0	汽-10	9	5.0			1	4	叠梁			调节	市管	
东台河沿线	44	朝阳闸	朝阳河	新曹农场	曙光分场	1979	平底	0.0				5.0	3	1		直升			调节	市管	
	45	东风河闸	东风河	新曹农场	曙光分场	2001	平底	0.0				4.5	2	3	10	直升	3	绳鼓	调节	市管	2001年新建
	46	丰收闸	丰收河	新曹农场	曙光分场	1979	平底	0.5						1	3.8	直升	1	绳鼓	调节	市管	2004年改造
	47	海堤涵洞	海堤河	新曹农场	曙光分场	1978	平底	0.5						1	2	直升	1	齿杆	调节	市管	
	48	红旗闸	红旗河	新曹农场	曙光分场	1979	平底	−0.5						1	4	直升	1	绳鼓	调节	市管	2004年改造
	49	临海闸	东台河	新曹农场	曙光分场	1979	平底	0.0				4.5	2	1	4	直升	1	绳鼓	调节	市管	
	50	南农干河闸	农干河	新曹农场	曙光分场	2007	平底	0.0	手拖	3	6.0			1	6	直升	1	绳鼓	调节	市管	2007年新建

续表

所属河道沿线	编号	闸名	所在河道	位置 镇区(场)	村(居)	建设年份	底板 形式	底板 高程/m	交通桥 荷载	交通桥 净宽/m	交通桥 高程/m	工作桥 高程/m	工作桥 净宽/m	孔数	孔径/m	闸门型式	启闭机 台数	启闭机 型号	功能	管辖	备注
	51	曙光闸	曙光河	新曹农场	曙光分场	1979	平底	-0.5	手拖	5	4.5			1	4	直升	1	绳鼓	调节	市管	2004年改造
	52	孙夹河埭闸	东台河	新曹农场	曙光分场	2010	平底	0.0	手拖	3	5.0			1	3.5	直升	1	绳鼓	调节	市管	2010年新建
	53	向阳闸	向阳河	新曹农场	曙光分场	1979	平底	-0.5						1	4	直升	1	绳鼓	调节	市管	2004年改造
	54	中心河闸	中心河	新曹农场	曹农社区	1979	平底	-0.5	汽-10	5	4.7			1	6	直升	1	绳鼓	调节	市管	2004年改造
	55	海堤闸	海堤河	新曹农场	曙光分场	2004	平底	0.0						1	4	直升	1	绳鼓	调节	市管	2004年改造
东台河沿线	56	红星闸	三中沟	新曹农场	二十三连	1978	平底	0.0				4.5	2	1	2.5	直升	1	齿杆	封闭	市管	
	57	东潘堡河闸	东潘堡河	琼港	花舍	2009	平底	-0.5	手拖	3	6.0	5.0	2	3	18	直升	1	绳鼓	调节	市管	2010年新建
	58	东风闸	八号沟	琼港	东风	1976	反拱	0.0	手拖	5	5.5	10.0	2	1	4	直升	1	绳鼓	调节	市管	2004年改造
	59	红旗闸	六号沟	琼港	盐村	1976	反拱	0.0		5	5.5	10.0	2	1	4	直升	1	绳鼓	调节	市管	2004年改造
	60	东升闸	二号沟	琼港	盐村	1976	反拱	0.0	手拖	5	5.5	10.0	2	1	4	直升	1	绳鼓	调节	市管	2004年改造
	61	东海闸	四号沟	琼港	盐村	1976	反拱	-0.2	手拖	5	5.5	10.0	2	1	4	直升	1	绳鼓	调节	市管	2004年改造
	62	新曹十中沟闸	东台河	琼港	新先	2010	平底	0.0				5.0	3	1	4	直升	1	绳鼓	调节	市管	2010年新建

续表

所属河道沿线	编号	闸名	所在河道	镇区(场)	村(居)	建设年份	底板形式	底板高程/m	交通桥荷载	交通桥净宽/m	交通桥高程/m	工作桥净宽/m	工作桥高程/m	孔数	孔径/m	闸门型式	启闭机台数	启闭机型号	功能	管辖	备注
	63	永和涵闸	老梁垛河	梁垛	永和	1996	平底	0.0	手拖	4	5.2			2	3	直升			调节	市管	1996年新建
	64	向东船闸	梁垛河	东台镇	潘舍	1972	平底	-1.5	手拖	4	5.5			1	7	人字门			船闸	市管	交通局管理
梁垛河沿线	65	安云船闸	安云大沟	南沈灶	安云	1976	平底	-0.5	公路桥	7	7.4			1	7	人字门			船闸	镇村管理	2013年改造
	66	红花闸	红花河	南沈灶	安云	1976	反拱	0.0	手拖	2	5.0			1	4	旋转			调节	镇村管理	2010年改造
	67	三联河北闸	三联河	南沈灶	陈J	1976	反拱	0.0	手拖	2	4.5			1	4	旋转			调节	镇村管理	2009年改造
	68	红日闸	沈灶河	南沈灶	天鹅	1977	反拱	0.8	手拖	2	5.0			1	4	旋转			调节	镇村管理	2009年改造
	69	潘堡河北闸	东潘堡河	三仓	联北	1976	反拱	-1.0	手拖	5	6.5	2	11.0	1	8	直升	1	绳鼓	调节	市管	2004年改造
	70	曙光闸	三仓河	三仓	丰新、联合	2009	平底	0.0	公路二级	8	5.5			1	12	升卧	2	绳鼓	船闸	市管	2009年新建
三仓河沿线	71	安丰船闸	沈灶河	安丰	常灶	1977	反拱	0.0	手拖	2.5	5.0			1	4	旋转			调节	镇村管理	2012年改造
	72	新胜船闸	头富河	南沈灶	李灶	南1976北1978	反拱平底	0.0	手拖	3	6.5			1	6	旋转			船闸		2010年改造
	73	包灶闸	包灶大沟	南沈什	包灶	1966	平底	0.0	汽-10	7	5.5	2	8.5	1	4	直升	1	绳鼓	调节	镇村管理	2010年改造

续表

所属河道沿线	编号	闸名	所在河道	镇区（场）	村（居）	建设年份	底板形式	底板高程/m	荷载	交通桥净宽/m	交通桥高程/m	工作桥高程/m	工作桥净宽/m	孔数	孔径/m	闸门型式	启闭机台数	启闭机型号	功能	管辖	备注
	74	南三联河闸	三联河	南江灶	包灶	1976	平底	0.0	汽-10	7	5.5			1	4	旋转			调节	镇村管理	2009年改造
	75	垦区南闸	垦区干河	三仓	联边	2005								1	4	直升	1	绳鼓	调节	市市管	2005年新建
三仓河沿线	76	潘堡河闸	潘堡河	三仓	临海	1961	平底	0.0		8	5.0			3	6m 1孔、3m 2孔	直升	1	绳鼓	调节	镇村管理	
	77	北垦区干河闸	垦区干河	弶港	尖南	2009	平底	0.0	汽-20	5	8.5	12.5	6	1	6	直升	1	绳鼓	调节	市市管	2009年新建
	78	联民闸	联民河	许河	杨河	1976	反拱	0.2	人行	1.5	6.5			1	4	旋转			调节	镇村管理	
	79	向阳闸	向阳河	许河	联富	1976	反拱	0.2	手拖	2.5	6.0			1	4	旋转			调节	镇村管理	
	80	许南闸	许南河	许河	许南	1976	反拱	0.2	手拖	3.5	6.0			1	4	旋转			调节	镇村管理	
	81	许北闸	许北河	许河	许北	1976	反拱	0.2	手拖	2.5	6.0			1	4	旋转			调节	镇村管理	
安弶河沿线	82	安弶河腰闸	安弶河	新街	建洋	1978	平底	-0.5	手拖	3	6.0	12.0	2	1	4	直升	1	绳鼓	调节	市市管	

续表

所属河道沿线	编号	闸名	所在河道	镇区(场)	村(居)	建设年份	底板形式	底板高程/m	交通桥荷载	交通桥净宽/m	交通桥高程/m	工作桥净宽/m	工作桥高程/m	孔数	孔径/m	闸门型式	启闭机台数	启闭机型号	功能	管辖	备注
	83	同胜闸	四中沟	富安	龙港	1976	平底	0.0	汽-10	3	4.8			1	3.5	直升	1	QL-W螺杆式	调节	市管	2010年改造
	84	九里闸	二中沟	富安	九九	1981	平底	1.0						1	1	直升			调节	镇村管理	老204国道
	85	丁湾闸	串场河	富安	圩里	1975	平底	0.0	汽-10	3	4.5			1	4	叠梁门			调节	镇村管理	2009年改造
方塘河沿线	86	富安船闸	方塘河	富安	北街	1995	平底	0.0	汽-10	8	5.5			1	7	一字	4	推杆	船闸	市管	1995年新建
	87	富西闸	串场河	富安	双富	2010	平底	0.0	汽-10	3	4.5			1	3.5	直升	1	QL-W螺杆式	调节	市管	2010年新建
	88	高众闸	唐官河	唐洋	众新	1976	平底	0.5	手托	3	6.0			1	4	旋转			调节	镇村管理	2010年改造
	89	红旗闸	红旗河	唐洋	二总	1976	平底	0.5	手托	3	6.0			1	4	旋转			调节	镇村管理	2010年改造

附表 11　2010 年东台市堤东灌区小型泵站统计表

镇（场）	泵站/座				泵站类型			水泵/(台套)	装机/kW	设计流量/(m³/s)	排涝面积/hm²		灌溉面积/hm²	
	小计	运行情况			单灌	单排	灌排				设计	实际	设计	实际
		完好	带病运行	报废										
梁垛	84	33	50	1	84	0	0	92	951	7.16			1780	666.67
安丰	171	50	120	1	163	0	8	162	2251	30.81			1066.67	1013.33
富安	121	30	91	0	121	0	0	122	1323	16.78			1426.67	1033.33
唐洋	5	1	4	0	5	0	0	5	128	1.18			326.67	173.33
许河	1	0	1	0	1	0	0	1	15	0.2			133.33	80
新街	7	4	3	0	7	0	0	7	164	1.72			1046.67	660
三仓	9	3	6	0	9	0	0	7	98	1.35			540	353.33
南沈灶	0	0	0	0	0	0	0	0	0	0				
头灶	0	0	0	0	0	0	0	0	0	0				
弶港	8	7	1	0	8	0	0	8	310	1.16			773.33	233.23
东台镇	473	84	370	19	472	1	1	475	5753	49.44	2000		5686.67	2260
新曹农场	18	4	14	0	17	1	0	22	812	17.2		2000	3466.67	2086.67
弶港农场	18	8	10	0	18	0	0	27	1392	19.15			3966.67	3513.33
金东台农场	1	0	1	0	1	0	0	1	165	3			1333.33	1333.33
合计	916	224	671	21	906	1	9	929	13361	149.15	2000	2000	21546.68	13406.65

附表 12　1988—2010 年东台市堤东地区报废、拆除节制闸、调节闸一览表

所属河道沿线	编号	闸名	所在河道	镇区（场）	村（居）	建设年份	底板形式	底板高程/m	孔数	孔径/m		启闭机台数	启闭机型号	功能	备注
红星河沿线	1	新民南闸	新民河	新街	双洋	1976	平底	0.5	1	4	直升	1	绳鼓	有制	2007 年报废
	2	红星河腰闸	红星河	新街	周洋	1976	平底	-1.0	3	14	直升	1	绳鼓	节制	2007 年报废
	3	串场闸	串场河	新街	周洋	1976	平底	0.0	1	4	旋转			节制	2010 年报废
何垛河沿线	4	川东港闸	何垛河	城东新区	红光	1966	平底	-0.5	3	8、1 孔 3、2 孔	直升	1	绳鼓	节制	1980 年报废
	5	红光闸	何垛河	城东新区	红光	1970	平底	-0.5	1	4	直升	1	绳鼓	节制	2004 年拆除
东台河沿线	6	四中沟闸	东台河	新曹农场	曙光分场	1991			1	1.5	直升		齿杆	调节	1991 年新建 2010 年报废
	7	八一闸	七灶河	南沈灶	唐西	1976	反拱	0.0	1	4	旋转			调节	1992 年报废
	8	头富河南闸	头富河	南沈灶	贾坝	1976	反拱	0.0	1	6	旋转			调节	1994 年报废
	9	工二联闸	七大沟	头灶	海联	1976	反拱	0.0	1	4	旋转			调节	1995 年报废
	10	朱坝北闸	朱坝河	头灶	前进	1976	反拱	0.0	1	4	旋转			调节	1995 年报废
	11	团结河闸	团结河	三仓	新舍	1976	反拱	0.0	1	4	旋转			调节	1995 年报废
	12	朱坝闸	朱坝河	三仓	新舍	1976	反拱	0.0	1	4	旋转			调节	1995 年报废
梁垛河	13	四五河北闸	四五河	三仓	万行	1976	反拱	0.0	1	4	旋转			调节	1995 年报废
	14	四五河南闸	四五河	三仓	龙舍	1976	反拱	0.0	1	4	旋转			调节	1995 年报废
	15	三余河闸	四号沟	三仓	新兴	1976	反拱	0.0	1	4	旋转			调节	1995 年报废
	16	子午河北闸	子午河	琼港	联堤	1976	反拱	0.0	1	4	旋转			调节	1995 年报废
	17	前锋闸	垦区干河	琼港	海堤	1974	反拱	0.0	1	4	直升	1	绳鼓	调节	2004 年报废
	18	五七闸	五支河	琼港	海堤	1973	反拱	0.0	1	6	直升	1	绳鼓	调节	2001 年报废
	19	新东里区闸	中心河	琼港	前哨	1983	平底	0.0	1	4	直升	1	绳鼓	调节	2002 年报废
三仓河沿线	20	联合闸	输水河	安丰	联合	1976	反拱	0.0	1	6	直升	1	绳鼓	调节	1995 年报废
	21	新一闸	新丰河	安丰	丰新	1976	反拱	0.0	1	6	直升	1	绳鼓	调节	1995 年报废
	22	六灶河闸	六灶河	安丰	红安	1976	反拱	0.0	1	6	直升	1	绳鼓	调节	1995 年报废

续表

所属河道沿线	编号	闸名	所在河道	镇区（场）	村（居）	建设年份	底板形式	底板高程/m	孔数	孔径/m	型式	启闭机台数	启闭机型号	功能	备注
	23	红花闸	红花河	安丰	洋湾	1976								调节	1995年报废
	24	汤港闸	汤港河	安丰、南沈灶	红安、包灶	1978	反拱	0.0	1	4	旋转			调节	1995年报废
	25	五仓闸	五仓河	南沈灶	东刘、常灶	1977	反拱	0.0	1	4	旋转			调节	1996年报废
	26	沈灶闸	沈灶河	南沈灶	兆丰	1977	反拱	0.0	1	4	旋转			调节	1990年报废
三仓河沿线	27	红卫船闸	头富河	南沈灶	贾坝	南1978 北1971	平底	0.0	1	6	直升	北1	北绳鼓	调节	1997年报废
	28	群力闸	团结河	南沈灶	贾坝	1975	反拱	0.0	1	4	旋转			调节	1995年报废
	29	洋中闸	高海河	三仓	洋中	1978	反拱	0.0	1	4	人字门			调节	1995年报废
	30	旭日闸	西潘堡河	三仓	镇北	1978	反拱	0.0	1	4	旋转			调节	1995年报废
	31	东升闸	二号沟	三仓	新五	1978	反拱	0.0	1	5.5	直升	1		调节	1995年报废
	32	红安闸	红安河	安丰	红安	1976	反拱	0.0	1	4	旋转			调节	1995年报废
	33	头富河南闸	头富河	富安	桥梓	1974	反拱	0.5	1	6	直升	1	绳鼓	调节	1998年报废
	34	头富河北闸	关富河	富安	米港	1976	反拱	0.5	1	6	旋转			调节	1998年报废
安弶河沿线	35	翻身闸	翻身河	富安	桥梓	1976	反拱	0.5	1	4	旋转			调节	2003年报废
	36	子午闸	子午河	三仓	双楼	1976	反拱	0.0	1	4	旋转			调节	1995年报废
	37	新民闸	新民河	三仓	双楼	1976	反拱	0.0	1	4	旋转			调节	1995年报废
	38	新农闸	新农河	新街	建洋	1976	反拱	0.0	1	4	旋转			调节	2005年报废
	39	新陈闸	新陈河	新街	建洋	1976	反拱	0.0	1	4	旋转			调节	2005年报废
方塘河沿线	40	东坝闸	方塘河	富安	北街	1988	平底	0.0	1	6	平卧式	1	绳鼓	调节	1988年新建
	41	宝塔闸	五中沟	富安	丁庄	1975	平底	−0.5	1	4	旋转			调节	1994年拆除
	42	振奋闸	唐官河	唐洋	官坝	1976	平底	0.5	1	4	旋转			调节	2006年新建；1994年报废
	43	方塘河腰闸	方塘河	新街	新街	1974	反拱	0.5	4	6，3孔；4，1孔	直升	3	绳鼓	调节	2008年报废

附表 13　　2010 年东台市市区市管闸站统计

| 编号 | 闸名 | 所在河道 | 建设年份 | 工程标准 | | 闸 交 通 桥 | | | 孔数 | 孔径/m | 闸门型式 | 排灌站 | | | 功能 |
				底板形式	底板高程/m	荷载	高程/m	梁底高程/m				泵型	台数	流量/(m³/s)	
1	高桥河闸	高桥河	1999	平	-1.5	汽-10	2		1	8	人字				节制
2	串场河南闸站	市区串场河	2001	平	-1.8	汽-20挂-100	25	7.0	1	10	人字	800ZLB-125型轴流泵	6	9	封闭
3	长青二中沟闸	长青二中沟	2001	平	-0.3	汽-10	3		1	4	直升				已报废
4	东亭闸站	老城河	2002	平	-1.2				1	6	直升	900ZL B-125型轴流泵	2	5	封闭
5	跃进河闸	跃进河	2003	平	-0.5		3.5		1	4	直升（手拉葫芦）				节制
6	北关闸	老坝河	2003	平	-0.5				1	4	直升（手拉葫芦）				封闭
7	串场河西闸站	市区串场河	2005	平	-1.5	汽-20	4		1	8	直升	900ZL B-125型轴流泵		5	封闭
8	长青二中沟闸站	长青二中沟	2007	平	-0.9	汽-10	2.5		1	4	直升	800ZL B-125型轴流泵	2	3	封闭
9	汤泊闸	汤泊河	2007	平	0.0	汽-10	2.7		1	4	直升（手拉葫芦）				节制
10	尼晶闸	东窑河	2007	平	-0.3	汽-10	3		1	4	直升（手拉葫芦）				封闭
11	实小闸	南城河	2007	平	-0.3	汽-10	5.2		1	4	直升（手拉葫芦）				封闭
12	九龙港闸	九龙港	2007	平	-0.3	汽-10	3		1	4	直升（手拉葫芦）				节制

参 考 文 献

APAYDIN A. Response of groundwater to climate variation: fluctuations of groundwater level and well yields in the Hala—cli aquifer (Cankiri Turkey)[J]. Environmental Monitoring and Assessment, 2010, 165 (1 – 4): 653 – 663.

DOGAN A., H. DEMIRPENCE, and M. COBANER. Prediction of groundwater levels from lake levels and climate data using ANN approach [J]. Water SA, 2008, 34 (2): 199 – 208.

A. A 沙霍夫. 植物抗盐性 [M]. 韩国尧, 译. 北京: 科学出版社, 1956.

ABDEL – DAYEM S, RYCROFT D W, RAMADAN F, et al. Reclamation of saline clay soils in the Tina plain, Egypt [J]. ICDC Journal, 2000, 49 (1): 17 – 28.

Ali, S. Evaluation of the Universal Soil Loss Equation in semi – arid and sub – humid climates of India using stage dependent C – factor [J]. Indian Journal of Agricultural Sciences, 2008, 78 (5): 422 – 427.

Aura E. Finite element modeling of subsurface drainage in finish heavy clay soils [J]. Agricultural Water Management, 1995, 28 (1): 35 – 47.

Batjes N H. Global assessment of land vulnerability to water erosion on a one half degree by one half degree grid [J]. Land Degradation & Development, 1996, 7 (4): 353 – 365.

Baver L D. Some factors effecting erosion [J]. Agri. Eng., 1933, 14: 51 – 52.

BENNETT H H. Some comparisons of the properties of humid on topical and humid on temperate American soils, with special reference to indicated relations between chemical composition and physical properties [J]. Soil Sci, 1926, 21: 349 – 375.

Bennett H H. Soil Conservation [J]. McGra – Hill Book Company. Inc, New York. NY. 1939.

Bouyoucos G J. The clay ratio as a criterion of susceptibility of soils to erosion [J]. Journal of the American Society of Agronomy, 1935, 27: 738 – 741.

Brown L C, Foster G R. Storm erosivity using idealized intensity distributions [J]. Transactions of the AS-ABE, 1987, 30 (2): 379 – 386.

C. D. Jan, T. H. Chen, H. M. Huang. Analysis of rainfall – induced quick groundwater – level response by using a Kernel function [J]. Paddy and Water Environment, 2013, 11 (1 – 4): 135 – 144.

Carlier J P, Kao C, Ginzburg I. Field – scale modeling of subsurface tile – drained soils using an equivalent – medium approach [J]. Journal of Hydrology, 2007, 341 (1 – 2): 105 – 115.

Clinton C. Truman, 董雨亭. 降雨强度和细沟间土壤侵蚀与坡度比之间的关系 [J]. 水土保持科技情报, 1995 (2): 9 – 13.

Colazo, J. C., P. Carfagno, J. Gvozdenovich. Soil Erosion [M]. 2019.

COOK H L. The nature and controlling variable of the water erosion process [J]. Soil Society of American Proceedings, 1933, (1): 487 – 494.

COOK H L. The nature and controlling variable of the water erosion process [J]. Soil Society of American Proceedings, 1933, (1): 487 – 494.

CUOMO, Sabatino, SALA, et al. Large area Analysis of Soil Erosion and Landslides Induced by Rainfall: A Case of Unsaturated Shallow Deposits [J]. Journal of Mountain Science, 2015, 12 (4): 783 – 796.

D. Liu, X. Chen, Z. Lou. A model for the optimal allocation of water resources in a saltwater intrusion area: a case study inpearl river delta in China [J]. Water Resources Management, 2010, 24 (1): 63 - 81.

Da Silva A M. Rainfall erosivity map for Brazil [J]. CATENA, 2004 57 (3): 251 - 259.

Dawa Dorje, Arjune Vairaj. Identifying Potential Erosion - Prone Areas in the Indian Himalayan Region Using the Revised Universal Soil Loss Equation (RUSLE) [J]. Asian Journal of Water, Environment and Pollution, 2021, 18 (1): 15 - 23.

De Jong S M, Paraechini M L, Bertohi F, et al. Regional assessment of soil erosion using the distributed model SEMMED and remotely sensed data [J]. Catena, 1999, 37 (3/4): 291 - 308.

Dorr H, Munnich K O. Lead and Cesium transport in European forest soils [J]. Water Air and Soil Pollution, 1991, 57: 809 - 818.

Dusan Z. Soil Erosion [M]. Amsterdam: Elsevier Scientific Publisher Co. , 1982: 164 - 167.

Eger A, Almond P C, Larsen I J. Soil nutrient status across soil denudation gradients, Southern Alps, New Zealand [C]//AGU Fall Meeting. AGU Fall Meeting Abstracts, 2013.

Elwell H A, Stocking M A. Parameters for estimating annual runoff and soil loss from agricultural lands in Rhodesia [J]. Water Resources Research, 1975, 11 (4): 601 - 605.

Ferrier K L, Kirchner J W. Effects of physical erosion on chemical denudation rates: A numerical modeling study of soil—mantled hillslopes [J]. Earth & Planetary Science Letters, 2008, 272 (3 - 4): 591 - 599.

Foster G R. Modeling the erosion process [C]//H aan C T, et al. In Hydrologic Modeling of Small Watersheds. MI: ASAE, 1982.

Frederick R, Troeh J, Arthur H, et al. Soil and water conservation、productivity and environmental protection [M]. 1999.

G. H. P. Oude Essink. Salt water intrusion in a three - dimensional groundwater system in the Netherlands: a numer - ical study [J]. Transport in Porous Media, 2001, 43 (1): 137 - 158.

G. Rabbani, A. A. Rahman, N. Islam. Climate change and sea level rise: issues and challenges for coastal communities in the Indian Ocean Region in Coastal Zones and Climate Change [J]. D. Michel and A. Pandya, Eds. , 2010: 17 - 30.

Gobin A, Govers G, Jones R, et al. Assessment and reporting on soil erosion [R]. European Environment Agency, Copenhagen, 2003.

Gonzáles—Arqueros M L, Mendoza M E, Vázquez - Selem L. Human impact on natural systems modeled through soil erosion in GeoWEPP: A comparison between pre - Hispanic periods and modern times in the Teotihuacan Valley (Central Mexico) [J]. Catena, 2016.

González V I, Carkovic A B, Lobo G P, et al. Spatial discretization of large watersheds and its influence on the estimation of hillslope sediment yield [J]. Hydrological Processes, 2015, 30 (1): 30 - 39.

Graham E R. Factors affecting Sr - 85 an d I - 131 removal by runoff water [J]. Water and Sewage Works, 1963, 110: 407 - 410.

Hofmann B S, Brouder S M, Turco R F. Tile spacing impacts on Zea mays L. yield and drainage water nitrate load [J]. Ecological Engineering, 2004, 23 (4 - 5): 251 - 267.

Huang Cai - an, Chih Ted YANG. Critical Unit Stream Power for Sediment Transport [J]. Journal of Hydrodynamics, 2003, 15 (1): 51 - 56.

Hush Hammond Bennett. Soil Conservation [M]. NewYork, 1938.

Istok J D, McCool D K. Effect of rainfall measurement interval on EI calculation [J]. Transactions of the ASAE, 1986, 29 (3): 730 - 734.

John L H. LEACHM model description and user's guide [M]. Australia: School of Chemistry, Physics and Earth Sciences, the Flinders University of South Australia, 2003: 1 - 4.

Kirkby M J, Abrahart R, McMahon M D, et al. MEDALUS soil erosion models for global change [J]. Geomorphology, 1998, 24 (1): 35 - 49.

Kirkby M J, Bissonais Y L, Couhhard T J, et al. The development of land quality indicators for soil degradation by water erosion [J]. Agriculture, Ecosystems & Environment, 2000, 81 (2): 125 - 136.

Knisel W G. CREAMS: A field Scale Model for Chemicals, Runoff, and Erosion from Agricultural Management Systems [R]. Washington, DC: LSDA Conservation Research Report, 1980.

Lester R B. 全球耕地土壤资源的侵蚀状况 [J]. 地理译报, 1987 (3): 1 - 3.

Liu D, She D. Can rock fragment cover maintain soil and water for saline - sodic soil slopes under coastal reclamation? [J]. Catena, 2017, 151: 213 - 224.

M. A. T. M. T. Rahman, R. K. Majumder, S. H. Rahman, and M. A. Halim. Sources of deep groundwater salinity in the southwestern zone of Bangladesh [J]. Environmental Earth Sciences, 2011, 63 (2): 363 - 373.

Manjunatha M V, Oosterbaan R J, Gupta S K, et al. Performance of subsurface drains for reclaiming waterlogged saline lands under rolling topography in Tungabhadra irrigation project in India [J]. Agricultural Water Management, 2004, 69 (1): 69 - 82.

Mc Cool D K, Brown L C, Foster G R, et al. Revised slope steepness factor for the Universal Soil Loss Equation [J]. Transactions of the ASAE, 1987 (30): 1387 - 1396.

Meusburger K, Steel A, Panagos P, et al. Spatial and temporal variability of rainfall erosivity factor for Switzerland [J]. Hydrology & Earth System Sciences Discussions, 2011, 16 (1): 167 - 177.

Meyer L D. Evolution o f the universal soil loss equation [J]. Soil and Water Conservation, 1984 (39): 99 - 104.

MEYER W B, FOSTER. Change in land use and land cover: Aglobal pe~pective (II) [M]. London: Cambridge University Press, 1970.

Middleton, E. H. Properties of Soils Which Influence Soil Erosion [J]. Soil Science Society of America Journal, 1930, B11 (2001): 119.

MILLER. The erodibility of Granul Material [J]. Journal of Agricultural Engineering Research, 1917 (16): 136 - 142.

Mondal M K, Bhuiyn S I, Franco D T. Soil salinity reduction and prediction of salt in the coastal ricelands of Bangladesh [J]. Agricultural water Management, 2001, 47 (1): 9 - 23.

MORGAN R P C, QUINTONJN, SMITHRE, et al. The European soil erosion model (EUROSEM): A dynamic approach for predicting sediment transport from fields and small catchments [J]. Earth Surface Processes and Landforms, 1998 (23): 527 - 544.

Mullan D, Vandaele K, Boardman J, et al. Modelling the effectiveness of grass buffer strips in managing muddy floods under a changing climate [J]. Geomorphology, 2016 (270): 102 - 120.

MUSGRAVE G W. Quantitative evaluations of factors in water erosion — A first approximation [J]. Soil and Water Conser, 1947 (2): 63.

N. Z. Jovanovic, et al. Monitoring the effect of irrigation with gypsiferous mine wastewater on crop production potential as affected by soil water and salt balance [J]. Journal of the South African Institute of Mining & Metallurgy, 2004, 104 (2): 55 - 61.

NEGEV N. Modified rainfall simulator infiltrometer forinfiltration, runoff and erosion studies [J]. Cultural Water Management, 1967 (4): 167 - 175.

Olson, T. C., W. H. Wischmeier. Soil Erodibility Evaluations for Soils on the Runoff and Erosion Stations [J]. Soil Science Society of America Journal, 1963, 27 (5).

Oryza sativa. Effects of sodium chloride on germination and seedling characters of different type of rice [J]. Agron. CroPsei, 1997, 179 (3): 163 - 169.

Ostovari Yaser. RUSLE model coupled with RS – GIS for soil erosion evaluation compared with T value in Southwest Iran [J]. Arabian Journal of Geosciences, 2021, 14 (2) .

P. Kumar, M. Tsujimura, T. Nakano, T. Minoru. Time series analysis for the estimation of tidal fluctuation effect on different aquifers in a small coastal area of Saijo plain, Ehime prefecture, Japan [J]. Environmental Geochemistry and Health, 2013, 35 (2): 239 – 250.

Pearce A J, Elson J A. Postglacial Rates of Denudation by Soil Movement, Free Face Retreat, and Fluvial Erosion, Mont St. Hilaire, Quebec [J]. Canadian Journal of Earth Sciences, 2011, 10 (1): 91 – 101.

Peter K D, D'Oleire – Oltmanns S, Ries J B, et al. Soil erosion in gully catchments affected by land—levelling measures in the Souss Basin, Morocco, analysed by rainfall simulation and UAV remote sensing data [J]. Catena, 2014, 113 (2): 24 – 40.

Planagan D C, Ascough J C, Nicks A D, et al. Overview of the WEPP erosion prediction model [R]. Technical Documentation, USDA—Water Erosion Prediction Project, 1995.

Q. Yong, Z. Zhang, Y. Fei et al. Calculating precipitation recharge to groundwater applying envieronmental chloridetracer method [J]. Proceedings of the International Symposiumon Water Resource and Environmental Protection (ISWREP' 11), 2011, 1: 139 – 143.

Raj Kumar Bhattacharya, Nilanjana Das Chatterjee, Kousik Das. Land use and Land Cover change and its resultant erosion susceptible level: an appraisal using RUSLE and Logistic Regression in a tropical plateau basin of West Bengal, India [J]. Environment, Development and Sustainability, 2021, 23 (2): 1411 – 1446.

Rdarwal R. Australia soil with saline and sodic properties [J]. Common wealth Scientific and Indian Research Organization Australia, 1997: 6 – 9.

Renard K G, Foster G R, Weesies G A, et al. Prediction soil erosion by water: A Guide to conservation planning with the Revised Universal Soil Loss Equation (RUSLE) . Agric Handb 703 [M]. Washington, D C: USDA, 1997.

Richardson C W, Foster G R, Wright D A. Estimation of erosion index from daily rainfall amount [J]. Transactions of the ASAL, 1983, 26 (1): 153 – 156.

Rimidis A, Dierickx W. Evaluation of subsurface drainage performance in Lithuania [J]. Agricultural Water Management, 2003, 59 (1): 15 – 31.

Rogowski A S, Tamura T. Movement of 137Cs by runoff, erosion and infiltration on the alluvial Captina silt loam [J]. Health Physics, 1965 (11): 1333 – 1340.

Rooney D J, et al. The effectiveness of capillary barriers to hydraulically isolate salt contaminated soils [J]. Water, Air, and Soil Pollution, 1998 (104): 403 – 411.

S. M. Praveena, M. H. Abdullah, K. Bidin and A. Z. Aris. Understanding of groundwater salinity using statistical modeling in a small tropical island [J] . East Malaysia, Environmentalist, 2011, 31 (3): 279 – 287.

S. Wang, X. Song, Q. Wang et al. Shallow groundwater dynamics and origin of salinity at two sites in salinated and water deficient region of North China Plain, China [J]. Environmental Earth Sciences, 2012, 66 (3): 729 – 739.

S. C. Carretero, E. E. Kruse. Relationship between precip – itation and water – table fluctuation in a coastal dune aquifer [J]. Northeastern coast of the Buenos Aires province, Argentina, Hydrogeology Journal, 2012, 20 (8): 1613 – 1621.

Salifu Eliasu. Estimation of Soil Erosion in Three Northern Regions of Ghana Using RUSLE in GIS Environment [J]. International Journal of Applied Geospatial Research (IJAGR), 2021, 12 (2): 1 – 19.

Sauta – Cruz Ana, Aeosta Manuel, et al. Shorttern salt tolerance mechanisms in differentially salt tolerant tomato species, PlantPhysiol [J]. Bioehem, 1999, 37 (1): 65 - 71.

Science - Geoscience. Studies in the Area of Geoscience Reported from Tallinn University (Development of the Narva - Joesuu beach, mineral composition of beach deposits and destruction of the pier, southeastern coast of the Gulf of Finland) [J]. Science Letter, 2020.

Shirazi, Mostafa, A. A Unifying Quantitative Analysis of Soil Texture: Improvement of Precision and Extension of Scale [J]. Soil Science Society of America Journal, 1988, 52 (1): 181.

Sidorchuk A. Dynamic and static models of gully ero special Issue Soil Erosion Modeling at the Catchment Scale [J]. Catena, 1999, 37 (3 - 4) .401 - 414.

Simunek J, Sejna M, Van Genuchten MTh. The HYDRUS - 1D software package for simulating the one dimensional movement of water, heat, and multiple solutes in variably - saturated media [M]. Version 2. 0. US Salinity Laboratory Agricultural Research Service, US Department of Agriculture Riverside, California. 1998.

Singh, R. , N. Panigrahy, G. Philip, Modified rainfall simulator infiltrometer for infiltration, runoff and erosion studies [J]. Agricultural Water Management, 1999. 41 (3): 167 - 175.

Smith D D, Wiscchmeier W H. Factors affecting sheet and rill erosion [J]. Trans. Amer Geophys. Union, 1957, 38 (6): 889 - 896.

SMITH. Predicting rainfall erosion losses from cropland east of the Roeky Mountains [M]. Washington D C: National Academy Press, 1965.

Smith D D. Interpretation of soil conservation data for field use [J]. Agricultural Engineering, 1941 (22): 173 - 175.

Stanley, Doris. What a waste [J]. ProQuest Science Journals, 1992, 40 (10): 12 - 13.

Switoniak M, Markiewicz M, Bednarek R, et al. Application of aerial photographs for the assessment of anthropogenic denudation impact on soil cover of the Brodnica Landscape Park plateau areas [J]. Ecological Questions, 2013, 17: 101 - 111.

Talsma T. Leaching of tile - drained saline soils [J]. Australian Journal of Soil Research, 1967, 5 (1): 37 - 46.

TOMLINSON R. Thinking about GIS [M]. Ottawa: ESRI Press, 2007.

Torri D, J Poesen, L Borselli. Predictability and uncertainty of the soil erodibility factor using a global dataset (vol 31, pg 1, 1997) [J]. Catena, 1998, 32 (3 - 4): 307 - 308.

USDA. Water Erosion Prediction Project. NSERL No. 2. National Soil Erosion Research Laboratory [Z]. USDA ARS. West Lafayette, 47907.

Vahabi J, Nikkami D. Assessing dominant factors affecting soil erosion using a portable rainfall simulator [J]. International Journal of Sediment Research, 2008, 23 (4): 376 - 386.

Vighi M, Chiaudani G. Eutrophication in Europe, the role of agricultural activities In Hodgson E. Reviews of Environmental Toxicology [J]. Amsterdam: Elsevier, 1987: 213 - 257.

W. Zhou, D. Wang, and L. Luo. Investigation of saltwater intrusion and salinity stratification in winter of 2007/2008 in the Zhujiang River Estuary in China [J]. Acta Oceanologica Sinica, 2012, 31 (3): 31 - 46.

Wachowicz M, Healey R C. Toward temporality in GIS, inno vation in GIS [J]. London: Taylor & Francis Ltd, 1994: 105 - 115.

Wallach R, Jury W A, Spencer W F. Transfer of chemicals from soil solution to surface runoff: a diffusion - based soil model [J]. Soil Science Society of America Journal, 1988, 52 (3): 612 - 618.

Walter M T, Gao B, Parlange J Y. Modeling soil solute release into runoff with infiltration [J]. Journal of Hydrology, 2007, 347: 430 - 437.

Wang X，Mosley C T，Frankenberger J R，et al. Subsurface drain flow and crop yield predictions for different drain spacings using DRAINMOD [J]. Agricultural Water Management，2006，79 (2)：113 - 136.

Williams，J. R. EPIC—erosion/productivity impact calculator：1. Model documentation [J]. Technical Bulletin—United States Department of Agriculture，1990，4 (4)：206 - 207.

Wischmeier W H，Smith D D. Predicting rainfall erosion losses：A guide to conservation planning. Agric Handb 537 [M]. Washington，D C：USDA，1978.

Wischmeier W H，Mannering J V. Relation of Soil Properties to Its Erodibility [J]. Soil Science Society of American，1969，33 (1)：131 - 137.

Wischmeier W H，Smith D D. Predicting Rainfall Erosion Losses from Cropland East of the Rocky Mountains. Agric. Handbook. No. 282. Washing ton，D. C：USDA，1965.

Wischmeier W H，Smith D D. Rainfall energy and its relationship to soil loss [J]. Transactions American Geophysical Union，1958，39：285 - 291.

Wischmeier W H，Smith D D. Predicting rainfall erosion losses a guide to conservation planning [Z]. Agriculture Handbook，USDA，1978：537.

Wischmeier W H. A rainfall erosion index for a universal soilloss equation [J]. Soil Science Society of America Journal，1959，23 (3)：246 - 249.

Wischmeier W H. Soil erodibility evaluation for soils on the runoff and erosion stations [J]. Soil Science of American Preceedings，1963，27 (5)：590 - 592.

Wischmeier W H，Mannering J V. Relation of Soil Properties to Its Erodibility [J]. Soil Science Society of America Journal，1969，33 (1) .

Wischmeier W H，Smith D D. Predicting Rainfall Erosion Losses from Cropland East of the Rocky Mountains [J]. Agric，1965，Handbook. No. 282. Washington，D. C：USDA.

Wolman，Gordon M，Schick P. Effects of construction on fluvial sediment，urban and suburban areas of Maryland [J]. Water Resources Research，1967，3 (2)：451 - 464.

Woodward D E. Method to predict cropland ephemeral gully erosion. Special Issue Soil Erosion Modeling at the Catchment Scale [J]. Catena，1999，37 (3 - 4)：393 - 399.

Y. Iwasaki，M. Ozaki，K. Nakamura，H. Horino，and S. Kawashima，"Relationship between increment of groundwater level at the beginning of irrigation period and paddy filed area in the Tedori River Alluvial Fan Area，Japan" Paddy and Water Environment，2013，11 (1 - 4)：551 - 558.

Y. M. Hong and s. Wan. Forecasting groundwater level fluctuations for rainfall—induced landslide [J]. Natural Hazards，2011，57 (2)：167 - 184.

Z. Chen，S. E. Grasby，K. G. Osadetz. Predicting average annual groundwater levels from climatic variables：an empirical model [J]. Journal of Hydrology，2002，260 (1 - 4)：102 - 117.

Z. Chen，S. E. Grasby，K. G. Osadetz. Relation between climate variability and groundwater levels in the upper carbonateaquifer，southern Manitoba，Canada [J]. Journal of Hydrology，2004，290 (1 - 2)：43 - 62.

Z. Li，C. Zhang，W. Zhu. The present and analysis of the sea water intrusion in coastland of Rizhao [J]. Hydrogeology and Engineering Geology，2009，36 (5)：129 - 132.

Zingg A W. Degree and length of land slope as it affects soil loss in runoff [J]. Agricultural Engineering，1940，21：59 - 64.

Zokaib S，Gh. N. Impacts of land uses on runoff and soil erosion A case study in Hilkot watershed Pakistan [J]. International Journal of Sediment Research，2011，26 (3)：343 - 352.

白和平，胡喜巧，朱俊涛，等 . 玉米秸秆还田对麦田土壤养分的影响 [J]. 科技信息，2011，(11)：37 - 38.

包为民，陈耀庭．中大流域水沙耦合模拟物理概念模型 [J]．水科学进展，1994，5 (4)：287 - 292．

卜兆宏，唐万龙．降雨侵蚀力（R）最佳算法及其应用的研究成果简介 [J]．中国水土保持，1999 (6)：18 - 19．

蔡崇法，丁树文，史志华．应用 USLE 模型与地理信息系统 IDRISI 预测小流域土壤侵蚀量的研究 [J]．水土保持学报，2000 (2)：19 - 24．

蔡强国，刘纪根．关于我国土壤侵蚀模型研究进展 [J]．地理科学进展，2003，22 (3)：243 - 250．

蔡晓布，钱成，张元，等．西藏中部地区退化土壤秸秆还田的微生物变化特征及其影响 [J]．应用生态学报，2004，15 (3)：463 - 468．

曹骞．沿海滩涂的开发现状与保护对策 [J]．现代农业科技，2012 (10)：308．

曹流芳，仲启铖，刘倩，等．滨海围垦区不同陆生植物配置模式对土壤有机碳储量及土壤呼吸的影响 [J]．长江流域资源与环境，2014，23 (5)：668 - 675．

岑奕，丁文峰，张平仓．华中地区土壤可蚀性因子研究 [J]．长江科学院院报，2011，28 (10)：65 - 68，74．

曾凌云．基于 RUSLE 模型的喀斯特地区土壤侵蚀研究 [D]．北京：北京大学，2008．

陈法扬，王志明．通用土壤流失方程在小良水土保持试验站的应用．水土保持通报，1992，12 (1)：23 - 41．

陈凤，董阿忠，张华，等．一种地下蓄渗排系统：ZL201610219320.5 [P]．2017．

陈凤，胡海波，张华，等．基于 RUSLE 模型的自然降雨条件下沿海新垦区土壤侵蚀适用性研究 [C] // 中国土壤学会第十三次全国会员代表大会暨第十一届海峡两岸土壤肥料学术交流研讨会．2016．

陈凤，钱钧，高士佩，等．一种土质边坡崩塌治理系统：ZL201621298886.3 [P]．2017．

陈凤，钱钧，施建明，等．一种组合式灌排沟渠：ZL201621299970.7 [P]．2017．

陈凤，王小军，陈群，等．一种模拟沿海垦区地下水位影响水盐运动的实验装置：ZL201420142595.X [P]．2014．

陈凤，王小军，吴玉柏，等．一种改良盐碱土的方法及系统：ZL201510891168.0 [P]．2017．

陈凤，王小军，吴玉柏．一种地表土壤侵蚀测量装置及方法：ZL201510057583.6 [P]．2016．

陈凤，王小军，翟林鹏．一种基于降雨量及土壤水分的降雨型滑坡预警系统：ZL201921846921.4 [P]．2020．

陈凤，王小军，张华，等．一种生态农田需水预报系统、测算模型及需水预报方法：ZL201710575655.5 [P]．2020．

陈凤，王小军．一种混合生态带系统及其构建方法：ZL201811126231.1 [P]．2020．

陈凤，张华，王俊逸，等．2011—2017 年苏北沿海侵蚀性降雨特征研究 [J]．江苏水利，2020 (5)：45 - 50．

陈国荣．沿海防护林建设防护效益的遥感监测研究 [D]．福州：福建农林大学，2010．

陈宏观，杨晓君，杨浩波，丁阳升．东台市沿海滩涂资源可持续开发利用模式 [J]．湖北农业科学，2010，(5)：1101 - 1104．

陈君．江苏沿海滩涂的围垦开发与管理 [A] // 中国水利学会，中国水利学会滩涂湿地保护与利用专业委员会．中国水利学会 2006 学术年会论文集（滩涂利用与生态保护）[C]．中国水利学会，中国水利学会滩涂湿地保护与利用专业委员会，2006：5．

陈雷．中国的水土保持 [J]．中国水土保持，2002 (7)：8 - 10．

陈龙，谢高地，张昌顺，等．澜沧江流域土壤侵蚀的空间分布特征 [J]．资源科学，2012，34 (7)：1240 - 1247．

陈倩，佘冬立，章二子．海涂盐碱地工程边坡土壤抗冲刷性能试验研究 [J]．农业现代化研究，2016，37 (5)：964 - 971．

陈锐银，严冬春，文安邦，等．基于 GIS/CSLE 的四川省水土流失重点防护区土壤侵蚀研究 [J]．水土保持学报，2020，34（1）：17-26.

陈晓安，蔡强国，张利超，等. 黄土丘陵沟壑区坡面土壤侵蚀的临界坡度 [J]. 山地学报，2010，28（4）：415-421.

陈亚新，等. 地下水与土壤盐渍化关系的动态模拟 [J]. 水利学报，1997，5（5）：77-83.

陈永忠. 我国土壤侵蚀研究的新进展 [J]. 中国水土保持，1989（9）：9-11.

陈云明，刘国彬，郑粉莉，等. RUSLE 侵蚀模型的应用及进展 [J]. 水土保持研究，2004，11（4）：80-83.

陈正维，朱波，唐家良，等. 自然降雨条件下坡度对紫色土坡地土壤侵蚀的影响 [J]. 人民珠江，2016，37（1）：29-33.

程慧艳. 用 DRAINMOD 模型进行污水土地处理系统的仿真研究 [D]. 西安：西安理工大学，2004.

程济帆. 江苏沿海新围垦区土壤侵蚀 CSLE 与 RUSLE 模型适用性研究 [D]. 南京：河海大学，2021.

程庆杏，吕万民，吴百林. 土壤侵蚀的雨量标准研究初报 [J]. 中国水土保持科学，2004（3）：90-92.

迟道才，程世国，张玉龙，等. 国内外暗管排水的发展现状与动态 [J]. 沈阳农业大学学报，2003，（4）：312-316.

邓龙洲，张丽萍，陈儒章，等. 侵蚀性风化花岗岩地土壤发育特性 [J]. 水土保持学报，2020，34（1）：64-70，77.

东台市地方志编纂委员会. 东台市志 [M]. 南京：江苏凤凰科学技术出版社，2014.

东台市水利志 [M]. 北京：中国文史出版社，2017.

东台市水利志 [M]. 南京：河海大学出版社，1998.

董新光，弥爱娟，吴永光. 四水平衡模型在博斯腾湖流域水资源利用与保护中的应用 [J]. 资源科学，2005，（3）：130-134.

段建南，李保国. 石元春. 应用于土壤变化的坡面侵蚀过程模拟 [J]. 土壤侵蚀与水土保持学报，1998（1）：48-54.

范瑞瑜. 黄河中游地区小流域土壤流失量计算方程的研究 [J]. 中国水土保持，1985（2）：14-20，64-65.

符跃鑫. 江苏沿海滩涂围垦区土壤特征与新围垦滩涂农地开发利用对策 [D]. 南京：南京大学，2015.

傅世锋，查轩. 基于 GIS 和 USLE 的东圳库区土壤侵蚀量预测研究 [J]. 地球信息科学，2008，10（3）：390-395.

高飞，贾志宽，路文涛，等. 秸秆不同还田量对宁南旱区土壤水分、玉米生长及光合特性的影响 [J]. 生态学报，2011，31（3）：777-783.

高富，周文君，张一平. 日雨量数据估算西双版纳勐仑区域降雨侵蚀力动态 [J]. 黑龙江农业科学，2011（12）：56-60，69.

顾璟冉，张兴奇，顾礼彬，等. 黔西高原侵蚀性降雨特征分析 [J]. 水土保持研究，2016，23（2）：39-43，48.

顾钱江. 我国滨海盐碱地有望变成大片良田 [N]. 2007-11-16.

郭索彦. 深入贯彻新水土保持法，扎实推进水土保持监测与信息化工作 [J]. 中国水利，2011，（12）：67-69，84.

郭相平，夏清，陈旭光. 不同改良剂对滨海盐渍粉土改良效果的试验研究 [J]. 水利与建筑工程学报，2012，12：1-4.

韩秀田，曲风勇. 山东地区园林盐碱水土改良 [J]. 技术与市场，2007（2）：29-31.

郝李霞，张广胜，金爱春. 我国土壤侵蚀时空演变研究方法及其进展 [J]. 皖西学院学报，2008，24（5）：102-106.

郝丽虹，张冬明，吴鹏飞，等. 地理信息系统（GIS）在土壤侵蚀研究中的应用 [J]. 安徽农业科学，2007，35（33）：68-75.

郝树荣，郭相平，朱成立，等. 江苏省沿海滩涂开发模式和建设标准研究 [J]. 水利经济，2009，7：14-16.

郝醒华，刘继凤，陈云伟. 氨氮水处理技术研究 [J]. 黑龙江大学学报：自然科学版，2001，18 (1)：95-98.

何刚. 新疆维吾尔自治区利用荷兰贷款的暗管排水项目 [M]. 北京：水利电力出版社，1990.

胡良军，李锐，杨勤科. 基于 GIS 的区域水土流失评价研究 [J]. 土壤学报，2001 (2)：167-175.

胡云华，贺秀斌，郭丰. CLIGEN 天气发生器在长江上游地区的适用性评价 [J]. 中国水土保持科学，2013，11 (6)：58-65.

黄标，潘剑君. 江苏卷·中国土系志 [M]. 北京：科学出版社，2017.

贾大林，傅正泉. 利用放射性 I131 和 S35 研究松砂土土体和地下水盐分运动 [J]. 土壤学报，1979，16 (1)：29-37.

江苏省统计年鉴 [M]. 江苏省统计局，2007—2020.

江苏沿海地区发展规划 (2021—2025 年).

江忠善，李秀英. 黄土高原土壤流失方程中降雨侵蚀力和地形因子的研究 [J]. 中国科学院西北水土保持研究所集刊，1988，(7)：40-45.

江忠善，宋文经. 黄河中游黄土丘陵沟壑区小流域产沙量计算. 第一次河流泥沙国际学术讨论会文集，北京：光华出版社，1980：63-72.

江忠善，王志强，刘志. 黄土丘陵区小流域土壤侵蚀空间变化定量研究 [J]. 土壤侵蚀与水土保持学报，1996，1 (2)，1-9.

焦菊英，王万中，郝小品. 黄土高原不同类型暴雨的降水侵蚀特征 [J]. 干旱区资源与环境，1999 (01)：35-43.

金凤君，张晓平，王长征. 中国沿海地区土地利用问题及集约利用途径 [J]. 资源科学，2004：53-60.

金争平，赵焕勋，和泰，等. 皇甫川区小流域土壤侵蚀量预报方程研究 [J]. 水土保持学报，1991，5 (1)：8-18.

靳长兴. 论坡面侵蚀的临界坡度 [J]. 地理学报，1995 (3)：234-239.

劳秀荣，吴子一，高燕春. 长期秸秆还田改土培肥效应的研究 [J]. 农业工程学报，2002，18 (2)：49-52.

雷珊. 水蚀预报模型 WEEP 的应用研究进展 [J]. 绿色科技，2018，8 (16)：121-124，135.

雷廷武，张晴雯，姚春梅，等. WEPP 模型中细沟可蚀性参数估计方法误差的理论分析 [J]. 农业工程学报，2005，21 (1)：9-12.

冷疏影，冯仁国，李锐. 土壤侵蚀与水土保持科学重点研究领域与问题 [J]. 水土保持学报，2004 (1)：1-6，26.

李二焕，胡海波，鲁小珍，等. 苏北滨海盐土区土壤盐分剖面特征及其理化特性 [J]. 水土保持研究，2016，23 (4)：116-119.

李凤，吴长文. 水土保持学的发展 [J]. 南昌水专学报，1995 (1)：69-74.

李凤英，何小武，周春火. 坡度影响土壤侵蚀研究进展 [J]. 水土保持研究，2008，15 (6)：229-231.

李夫星. 基于 USLE 模型的河北省土壤侵蚀评价研究 [D]. 石家庄：河北师范大学，2013.

李国瑞，王贵平，冯九梁，等. 土壤侵蚀模型研究的现状与发展趋势 [J]. 太原理工大学学报，2003，34 (1)：100-106.

李洪远，鞠美庭. 生态恢复的原理与实践 [M]. 北京：化学工业出版社，2004.

李景玉，郭婧媛. 灌溉渠系输水系数的测算方法 [J]. 东北水利水电，2011 (5)：69-70.

李钜，章景可，李凤新. 黄土高原多沙粗沙区侵蚀模型探讨 [J]. 地理科学进展，1999 (1)：48-55.

李林育，王志杰，焦菊英. 紫色丘陵区侵蚀性降雨与降雨侵蚀力特征 [J]. 中国水土保持科学，2013，11 (1)：8-16.

李璐，姜小三，王晓旭. 不同降雨侵蚀力模型在江苏省的比较研究 [J]. 中国水土保持科学，2010，8 (3)：13 - 19.

李鹏，濮励杰，朱明. 江苏沿海不同时期滩涂围垦区土壤剖面盐分特征分析——以江苏省如东县为例 [J]. 资源科学，2013，35 (4)：764 - 772.

李瑞，王怡宁，刘一猛，等. 皖北地区农作物生长与浅层地下水关系研究 [J]. 节水灌溉，2013 (4)：30 - 41.

李瑞云，鲁纯养，凌礼章. 植物耐盐性研究现状与进展 [J]. 盐碱地利用，1989 (1)：38 - 41.

李天宏，郑丽娜. 基于 RUSLE 模型的延河流域 2001—2010 年土壤侵蚀动态变化 [J]. 自然资源学报，2012 (7)：1164 - 1175.

李晓莎，武宁，刘玲，等. 不同秸秆还田和耕作方式对夏玉米农田土壤呼吸及微生物活性的影响 [J]. 应用生态学报，2015，26 (6)：1765 - 1771.

李秀彬. 中国近 20 年来耕地面积的变化及其政策启示 [J]. 自然资源学报，1999 (10)：329 - 333.

李亚平，卢小平，刘冰，等. 基于地形坡度的大别山区商城县土壤侵蚀研究 [J]. 环境监测管理与技术，2019，31 (6)：23 - 27.

李亚平，卢小平，张航，等. 基于 GIS 和 RUSLE 的淮河流域土壤侵蚀研究——以信阳市商城县为例 [J]. 国土资源遥感，2019，31 (4)：243 - 249.

李仰斌，吴玉芹，郭一君. 贯彻落实科学发展观促进节水灌溉健康发展 [J]. 节水灌溉，2008，(10)：1 - 3.

李叶，吴玉柏，俞双恩，等. 坡度对扰动黄棕壤土壤侵蚀的影响 [J]. 河海大学学报（自然科学版），2016，44 (1)：20 - 24.

李韵珠，陆锦文，黄坚. 蒸发条件下粘土层与土壤水盐运移 [J]. 1985，41 (4)：493 - 502.

李占斌，朱冰冰，李鹏. 土壤侵蚀与水土保持研究进展 [J]. 土壤学报，2008，45 (5)：802 - 807.

梁君. 高速公路水土流失预测模式研究 [D]. 成都：四川大学，2004.

刘宝元，史培军. WEPP 水蚀预报流域模型 [J]. 水土保持通报，1998 (5)：3 - 5.

刘斌涛，陶和平，史展，等. 青藏高原土壤可蚀性 K 值的空间分布特征 [J]. 水土保持通报，2014，34 (4)：11 - 16.

刘春华，张文淑. 六十九个苜蓿品种耐盐性及其耐盐生理指标的研究 [J]. 作物学报，2002，28 (4)：461 - 467.

刘德斌，马莉. 生态护坡技术在江苏沿海垦区水土保持中的应用及措施 [J]. 甘肃农业，2014 (21)：43 - 45.

刘广明，杨劲松，李冬顺. 地下水蒸发规律及其土壤盐分的关系 [J]. 土壤学报，2002，39 (3)：384 - 389.

刘和平，袁爱萍，路炳军，等. 北京侵蚀性降雨标准研究 [J]. 水土保持研究，2007 (1)：215 - 217，220.

刘建秀，殷云龙，刘启新，等. 江苏沿海滩涂围垦生态重构关键技术及示范 [J]. 水利经济，2012，30 (3)：73 - 75，84.

刘群，殷勇. 江苏沿海滩涂地貌及资源开发利用途径 [J]. 河南科学，2010 (11)：482 - 490.

刘世梁，董玉红，王军. 基于 WEPP 模型的土地整理对长期土壤侵蚀的影响 [J]. 水土保持学报，2014，28 (4)：18 - 22.

刘亚平. 稳定蒸发条件下土壤水盐运动的研究 [J]. 1985，11 (8)：65 - 69.

刘远利，郑粉莉，王彬，等. WEPP 模型在东北黑土区的适用性评价——以坡度和水保措施为例 [J]. 水土保持通报，2010，30 (1)：139 - 145.

刘兆普，沈其荣，邓力群，等. 滨海盐土水、旱生境下田菁生长及其对盐土肥力的影响 [J]. 土壤学报，1999，36 (2)：267 - 275.

刘子义. 新疆内陆干旱重盐碱地区暗管排水技术的应用 [J]. 农田水利与小水电，1994，(7)：9-13.

刘子义. 新疆内陆盐碱地暗管排水试区建设经验及效益分析 [J]. 灌溉排水，1992，11 (2)：32-34.

龙明忠，吴克华，熊康宁. WEPP 模型（坡面版）在贵州石漠化地区土壤侵蚀模拟的适用性评价 [J]. 中国岩溶，2014，33 (2)：201-207.

卢刚. 基于 CSLE 模型的天山北坡西白杨沟流域土壤侵蚀定量评价 [J]. 水土保持通报，2019，39 (2)：124-130，2.

卢喜平. 紫色土丘陵区降雨侵蚀力模拟研究 [D]. 重庆：西南大学，2006.

陆建忠，陈晓玲，李辉，等. 基于 GIS/RS 和 USLE 鄱阳湖流域土壤侵蚀变化 [J]. 农业工程学报，2011，27 (2)：337-344.

罗新正，孙广友. 松嫩平原含盐碱斑的中毒盐化草甸土种稻脱盐过程 [J]. 生态环境，2004，13 (1)：47-50.

吕殿青，王金久，王文焰，等. 膜下滴灌土壤盐分特性及影响因素的初步研究 [J]. 灌溉排水，2001，20 (1).

吕林，崔丹丹，陈艳艳，等. 1984—2016 年江苏省海岸线和沿海滩涂的变迁 [J]. 海洋开发与管理，2019，36 (8)：52-54.

吕祝乌. 土壤水盐运移模拟及灌溉制度优化设计 [D]. 南京：河海大学，2005.

马良，左长清，邱国玉. 赣北红壤坡地侵蚀性降雨的特征分析 [J]. 水土保持通报，2010，30 (1)：74-79.

孟凤轩，迪力夏提，罗新湖，等. 新垦盐渍化农田暗管排水技术研究 [J]. 灌溉排水学报，2011 (1)：106-109.

明道贵. 高速公路建设水土流失与水土保持研究 [D]. 天津：河北工业大学，2006.

缪驰远，何丙辉，陈晓燕，等. WEPP 模型中的 CLIGEN 与 BPCDG 应用对比研究 [J]. 中国农学通报，2004，20 (6)：321-321.

南京土壤研究所物理室. 土壤物理性质测定法 [M]. 北京：科学出版社，1978：71-72.

南秋菊，华珞. 国内外土壤侵蚀研究进展 [J]. 首都师范大学学报（自然科学版），2003 (2)：86-95.

牛菊兰. 寒地型草坪草种萌发期耐盐性的研究 [J]. 草业科学，1994，11 (4)：58-60.

牛世军，郭向红，孙西欢，等. 土壤侵蚀模型研究进展 [J]. 技术与应用，2008 (2).

潘德峰，佀少锋. 不同浓度聚丙烯酰胺（PAM）防治土壤侵蚀的试验研究 [J]. 中国水土保持，2014 (6)：32-34.

潘忠成，袁溪，李敏. 降雨强度和坡度对土壤氮素流失的影响 [J]. 水土保持学报，2016，30 (1)：9-13.

乔海龙，刘小京，李伟强，等. 秸秆深层覆盖对土壤水盐运移及小麦生长的影响 [J]. 土壤通报，2006.

邱捷，王洪德，郑一鹏. 海涂围垦区不同土地利用类型土壤颗粒分形特征 [J]. 农业现代化研究，2020，41 (5)：882-888.

邱雨. 沿海新围垦区土壤侵蚀规律研究 [D]. 南京：河海大学，2019.

曲学勇，宁堂原. 秸秆还田和品种对土壤水盐运移及小麦产量的影响 [J]. 中国农学通报，2009，25 (11)：65-69.

饶良懿，徐也钦，胡剑汝. 砒砂岩覆土区小流域土壤可蚀性 K 值研究 [J]. 应用基础与工程科学学报，2020，28 (4)：763-773.

任理，王济，秦耀东. 非均质土壤饱和稳定流中盐分运移的传递函数模拟 [J]. 水科学进展，2000，11 (4)：392-400.

沙金煊. 农田地下排水计算 [M]. 北京：水利电力出版社，1983，32-37.

邵颂东，王礼先，周金星. 国外土壤侵蚀研究的新进展 [J]. 水土保持科技情报，2000 (1)：32-36.

邵孝侯，俞双恩，彭世彰. 圩区农田塑料暗管埋深和间距的确定方法评述 [J]. 灌溉排水，2000，19

（1）：34-36.

佘冬立，刘冬冬，彭世彰，等. 海涂围垦区排灌工程边坡土壤侵蚀过程的水动力学特征 [J]. 水土保持学报，2014，28（1）：1-5.

佘冬立，唐胜强，房凯. 海涂围垦区盐碱粉壤土坡面径流剥蚀过程影响试验 [J]. 河海大学学报（自然科学版），2018，46（04）：290-295.

沈达. 江苏沿海新围垦区边坡土壤侵蚀模型对比研究与应用 [D]. 南京：河海大学，2018.

沈晓梅，姜明栋. 江苏沿海滩涂开发优化的动力机制研究 [J]. 人民长江，2018，49（19）：11-15，32.

施朱峰. 江苏沿海新围垦地区耐盐植物水土保持特性评价 [J]. 安徽农业科学，2014（12）：3629-3631.

石德成，盛艳敏，赵可夫. 不同盐浓度的混合盐对羊草苗的胁迫效应 [J]. 植物学报，1998，40（12）：1136-1142.

史德明，杨艳生，姚宗虞. 土壤侵蚀调查方法中的侵蚀试验研究和侵蚀量测定问题 [J]. 中国水土保持，1983（6）：23-24.

史念海，等. 黄土高原森林与草原的变迁 [M]. 西安：陕西人民出版社，1985.

宋佩华. 浙江省滩涂围垦造地现状和政策研究 [J]. 浙江国土资源，2016（11）：37-38.

孙博，汪妮，解建仓. 蓄水条件下土壤—水体水盐运移的室内试验 [J]. 沈阳农业大学学报，2009，40（2）：2.

孙贵英，李若东，管吕军，等. 某试区暗管排盐布局优化研究 [J]. 青海大学学报，2016，34（5）：45-51.

孙乐. 土壤可蚀性因子和降雨因子对苏北新围垦区边坡侵蚀的影响 [D]. 南京：河海大学，2019.

孙立达，孙保平，陈禹，等. 西吉县黄土丘陵沟壑区小流域土壤流失量预报方程 [J]. 自然资源学报，1988，3（2）：141-153

孙立涛，王玉，丁兆堂. 地表覆盖对茶园土壤水分、养分变化及茶树生长的影响 [J]. 应用生态学报，2011，22（9）：2291-2296.

孙毅，高玉山，等. 石膏改良苏打盐碱土研究 [J]. 土壤通报，2001，32（5）：97-101.

汤立群. 流域产沙模型研究. 水科学进展，1996，7（1）：47-53.

唐夫凯. 岩溶峡谷区不同土地利用方式土壤抗蚀性研究 [D]. 北京：中国林业科学研究院，2016.

汪邦稳，方少文，宋月君，等. 赣北第四纪红壤区侵蚀性降雨强度与雨量标准的确定 [J]. 农业工程学报，2013，29（11）：100-106.

汪邦稳. 皖西皖南土壤可蚀性值及估算方法验证 [J]. 人民长江，2019，50（9）：60-64.

汪东川，卢玉东. 国外土壤侵蚀模型发展概述 [J]. 中国水土保持科学，2004，2（2）：36-40.

王爱娟，李亚龙，王一峰. 人工降雨条件下扰动坡面土壤侵蚀规律研究 [J]. 长江科学院院报，2013，（4）：25-28.

王改玲，王青杵，石生新. 晋北黄土区降雨特征及其对坡地土壤侵蚀的影响 [J]. 水土保持学报，2013，27（1）：1-5.

王贵作，张忠学，尹钢吉. 坡面土壤侵蚀研究进展 [J]. 黑龙江水专学报，2005（3）：8-10.

王景生，卜金明，贾树均，等. 盐碱地改良与田菁种植 [J]. 内蒙古农业科技，1999（12），180-181.

王俊，陈凤，张华. 一种农田灌溉排水控制装置及其控制系统：ZL201921848296.7 [P]. 2020.

王俊，陈凤. 一种滨海地区防止返盐系统：ZL201921009291 [P]. 2020.

王俊逸. 苏北沿海围垦区侵蚀性降雨特征与土壤侵蚀规律研究 [D]. 南京：河海大学，2018.

王凯. 磷石膏对改善滨海盐土理化性质的作用及其机理 [J]. 江苏农业科学，1996（6）：37-39.

王礼先，吴长文. 陡坡林地坡面保土作用的机理 [J]. 北京林业大学学报，1994（4）：1-7.

王礼先，朱金兆. 水土保持学 [M]. 2版. 北京：中国林业出版社，2005.

王礼先. 贯彻《水土保持法》加强水土保持科研和人才培养 [J]. 中国水土保持, 1991 (10).

王礼先. 水土保持学 [M]. 北京：中国林业出版社, 1995.

王丽娜, 张玉龙, 范庆锋, 等. 淋洗状态下保护地土壤 pH 与盐分含量及其组成关系的研究 [J]. 节水灌溉, 2009, (6)：8-15.

王培俊, 刘旗, 孙煌. 南方红壤水土流失区生态系统服务价值时空变化研究 [J]. 农业机械学报：1-21.

王鹏山, 张金龙, 苏德荣, 等. 不同淋洗方式下滨海沙性盐渍土改良效果 [J]. 水土保持学报, 2012, 26 (3)：136-140.

王青裕. 刍议土壤盐渍化的生态防治 [J]. 生态学杂志, 1997, 16 (6)：67-71.

王秋霞, 张勇, 丁树文, 等. 花岗岩崩岗区土壤可蚀性因子估算及其空间变化特征 [J]. 中国水土保持科学, 2016, 14 (4)：1-8.

王荣华, 王玉滨, 王玮. 陵县项目区暗管排水工程的作用及效益 [J]. 盐碱地利用, 1991 (4)：1-3.

王树军. WEPP 模型在旱地种植系统中的应用 [J]. 水土保持应用技术, 2010 (5)：13-15.

王万中, 焦菊英, 郝小品, 张宪奎, 卢秀琴, 陈法扬, 吴素业. 中国降雨侵蚀力 R 值的计算与分布（Ⅰ）[J]. 水土保持学报, 1995 (4)：5-18.

王万忠, 焦菊英. 黄土高原侵蚀产沙与黄河输沙 [M]. 北京：科学出版社, 1996

王万忠. 黄土地区降雨特性与土壤流失关系的研究 [J]. 水土保持通报, 1983 (4)：7-13.

王小军, 陈凤. 一种入侵海水防护系统：ZL 201821573786.6 [P]. 2019.

王小军, 张建云, 陈凤, 等. 一种生态农田系统：ZL201720862503.9 [P]. 2018.

王小军, 张建云, 陈凤, 等. 一种原位降雨入渗和径流分配测量系统：ZL201720186904.7 [P]. 2018.

王小燕, 李朝霞, 徐勤学, 等. 砾石覆盖对土壤水蚀过程影响的研究进展 [J]. 中国水土保持科学, 2011, 9 (1)：115-120.

王晓波, 车威, 纪荣婷, 等. 秸秆还田和保护性耕作对砂姜黑土有机质和氮素养分的影响 [J]. 土壤, 2015, 47 (3)：483-489.

王新亮. 有机物料不同施用方法对盐碱地的改良及碧桃生长的影响 [J]. 黑龙江农业科学, 2016, 2：51-53.

王秀艳, 郭兵, 姜琳. 基于 USLE、GIS、RS 的流域土壤侵蚀研究进展 [J]. 亚热带水土保持, 2012, 24 (1)：42-48.

王颖, 朱大奎. 中国的潮滩 [J]. 第四纪研究, 1990 (4)：291-300.

王玉江, 吴涛. 磷石膏改良盐碱地的研究进展 [J]. 安徽农业科学, 2008, 36 (17)：7413-7414.

王玉珍, 刘永信, 魏春兰, 等. 6 种盐生植物对盐碱地土壤改良情况的研究 [J]. 安徽农业科学, 2006, 34 (5)：951-952.

王遵亲. 中国盐渍土 [M]. 北京：科学出版社, 1993.

文江苏, 何小武. 国外土壤侵蚀模型发展研究 [J]. 宁夏农林科技, 2012, 53 (4)：92-93.

翁德衡, 译. 日本土壤物理性测定委员会. 土壤物理性测定法 [M]. 北京：科学技术文献出版社重庆分社, 1979 (6)：260-262.

吴发启, 范文波. 土壤结皮对降雨入渗和产流产沙的影响 [J]. 中国水土保持科学, 2005, (2)：97-101.

吴凤至, 史志华, 岳本江, 等. 坡面侵蚀过程中泥沙颗粒特性研究 [J]. 土壤学报, 2012, 49 (6)：1235-1240.

吴素业. 安徽大别山区降雨侵蚀力简化算法与时空分布规律 [J]. 中国水土保持, 1994 (4)：12-13.

吴文荣, 丁培峰, 忻龙祚, 等. 我国节水灌溉技术的现状及发展趋势 [J]. 节水灌溉, 2008, (4)：50-51.

肖国华, 罗成科, 等. 脱硫石膏施用时期和深度对改良碱化土壤效果的影响 [J]. 干旱地区农业研究,

2009, 27 (6)：197-203.

萧冰. 五种豆科牧草耐盐临界值极限值的研究 [J]. 草业科学, 1994, 11 (3)：70-72.

谢红霞, 邝美娟, 隋兵, 等. 湖南省近50年侵蚀性降雨及降雨侵蚀力特征研究 [J]. 南阳理工学院学报, 2012, 4 (4)：108-113.

谢云, 刘宝元, 章文波. 侵蚀性降雨标准研究 [J]. 水土保持学报, 2000 (4)：6-11.

邢伟, 胡续礼, 张荣华, 等. 淮河流域国家水土保持重点工程土壤侵蚀防控效果 [J]. 中国水土保持科学, 2016, 14 (2).

徐达. 全国农田地下排灌技术及雁北地区盐碱地改良学术讨论会 [J]. 水利水电技术, 1981, (10)：45.

许国华. 罗德民博士与中国的水土保持事业 [J]. 中国水土保持, 1984 (1)：41-44.

许开华, 茅孝仁, 蔡娜丹, 等. 大棚轮作田菁对土壤降盐效果试验 [J]. 资源与环境科学, 2010 (23)：257-258.

许艳, 濮励杰, 张润森. 江苏沿海滩涂围垦耕地质量演变趋势分析 [J]. 地理学报, 2017, 72 (11)：2032-2046.

许艳, 濮励杰. 江苏海岸带滩涂围垦区土地利用类型变化研究——以江苏省如东县为例 [J]. 自然资源学报, 2014, 29 (4)：643-652.

许艳, 濮励杰, 张润森, 等. 江苏沿海滩涂围垦耕地质量演变趋势分析 [J]. 地理学报, 2017, 72 (11)：2032-2046.

杨丹. 川北丘陵区土地利用方式对地表侵蚀产沙的影响 [J]. 西南林业大学学报 (自然科学), 2019, 39 (6)：146-151.

杨光, 丁国栋, 屈志强. 中国水土保持发展综述 [J]. 北京林业大学学报 (社会科学版), 2006 (S1)：72-77.

杨金楼, 朱济成, 朱连龙, 等. 农田排水塑料暗管的间距和埋深 [J]. 上海农业学报, 1998, 4 (3)：13-20.

杨鹏年, 董新光. 干旱区竖井灌排下盐分运移对地下水质的影响 [J]. 水土保持通报, 2008, 28 (5)：118-121.

杨勤科, 李锐. LISEM：一个基于GIS的流域土壤流失预报模型 [J]. 水土保持通报, 1998 (03)：3-5.

杨勤科, 李锐, 曹明明. 区域土壤侵蚀定量研究的国内外进展 [J]. 地球科学进展, 2006, 21 (8)：849-856.

杨思谦. 暗管排水在甘肃省的应用 [J]. 水利水电技术, 1990 (9)：40-42.

杨学良, 那宇彤, 李润杰, 等. 湟水流域盐渍土改良中暗管排水技术的应用 [J]. 青海环境, 1995, 5 (2)：65-69.

杨延春, 邹志国, 施朱峰. 江苏滨海盐土土壤盐分与侵蚀规律 [J]. 江苏农业科学, 2012, (10)：347-349.

杨艳生. 区域性土壤流失预测方程的初步研究 [J]. 土壤学报, 1990, 27 (1)：73-79.

杨岳. 疏勒河流域盐碱地改良暗管排水与效果分析 [J]. 发展, 2001, (S1)：145-146.

杨子生. 滇东北山区坡耕地土壤流失方程研究 [J]. 水土保持通报, 1999 (1)：4-12.

姚艳平, 叶玫. 如东沿海滩涂土壤形成与垦区土壤改良 [J]. 土壤, 1996 (6)：316-318.

尤文瑞. 盐碱土水盐动态的研究 [J]. 土壤学进展, 1984, 12 (3)：1-14.

俞永科, 王玫林. 浅议柴达木盆地盐碱土成因与暗排技术的应用 [J]. 青海环境, 1997 (1)：19-21.

袁汝华, 张长宽, 林康, 茅健华. 江苏滩涂围区功能及产业布局分析 [J]. 河海大学学报 (自然科学版), 2011 (2)：220-224.

翟伟峰, 许林书. 东北典型黑土区土壤可蚀性K值研究 [J]. 土壤通报, 2011, 42 (5)：1209-1213.

张电学, 韩志卿, 刘微, 等. 不同促腐条件下玉米秸秆直接还田的生物学效应研究 [J]. 植物营养与肥料学报, 2005, 11 (6)：742-749.

张汉雄, 王万忠. 黄土高原的暴雨特性及分布规律 [J]. 水土保持通报, 1982, 2 (1)：35-44.

张华, 高士佩, 陈凤, 等. 一种便携式测量地下水位的水位尺：ZL20162138672.5 [P]. 2017.

张一化, 王静爱, 徐品泓, 等. 田及海冰水灌溉利用对洗脱盐的影响研究 [J]. 自然资源学报, 2010, 25 (10)：1658-1665.

张家庆, 张军. 九十年代 GIS 软件系统设计的思考 [J]. 测绘学报, 1994 (2)：127-134.

张健, 李一敏, 李玉娟, 等. 江苏沿海盐碱地土壤电导率与 pH 值的关系 [J]. 江苏农业科学, 2013, 41 (1)：357-358.

张金龙, 张清, 王振宇. 天津滨海盐碱土灌排改良工程技术参数估算方法 [J]. 农业工程学报, 2011, (8)：52-55.

张锦娟, 陆芳春, 赵聚国. 坡面土壤侵蚀监测技术研究现状及展望 [J]. 浙江水利科技, 2012 (6)：43-45.

张科利, 彭文英, 张竹梅. 日本近 50 年来土壤侵蚀及水土保持研究评述 [J]. 水土保持学报, 2005, 19 (2)：61-68.

张兰亭. 山东滨海粉砂壤土盐碱地区暗管排水试区的规划设计与施工 [J]. 灌溉排水, 1986 (3)：34-43.

张雷娜, 张红, 等. 滨海盐渍土水盐运移影响因素研究 [J]. 山东农业大学学报, 2001, 32 (1)：55-58.

张蕾娜, 冯永军, 张红, 等. 滨海盐渍土水盐运动规律模拟研究 [J]. 山东农业大学学报 (自然科学版), 2000, 31 (4)：381-384.

张鲁, 周跃, 张丽彤. 国内外土地利用与土壤侵蚀关系的研究现状与展望 [J]. 水土保持研究, 2008 (3)：43-48.

张鹏宇, 王全九, 周蓓蓓. 陕西省耕地土壤可蚀性因子 [J]. 水土保持通报, 2016, 36 (5)：100-106.

张文海, 张行南, 高之栋. 苏北花岗片麻岩地区 USLE 模型的试验研究 [J]. 亚热带水土保持, 2008, 16 (4)：63-67.

张晓祥, 严长清, 徐盼, 等. 近代以来江苏沿海滩涂围垦历史演变研究 [J]. 地理学报, 2013, 68 (11)：1549-1558.

张兴刚, 王春红, 程甜甜, 李赛, 李亦然, 张永涛. 山东省药乡小流域侵蚀性降雨分布特征 [J]. 中国水土保持科学, 2017, 15 (1)：128-133.

张岩, 袁建平, 刘宝元. 土壤侵蚀预报模型中的植被覆盖与管理因子研究进展 [J]. 应用生态学报, 2002 (8)：1033-1036.

张岩, 朱清科. 黄土高原侵蚀性降雨特征分析 [J]. 干旱区资源与环境, 2006 (6)：99-103.

张以森, 郭相平, 吴玉柏, 等. 扰动高沙土侵蚀规律的试验研究 [J]. 河海大学学报 (自然科学版), 2010 (5)：522-526.

张玉斌, 郑粉莉. 近地表土壤水分条件对坡面土壤侵蚀过程的影响 [J]. 中国水土保持科学, 2007 (2)：5-10, 17.

张展羽, 郭相平, 乔保雨, 等. 作物生长条件下农田水盐运移模型 [J]. 农业工程学报, 1999, 15 (2)：69-73.

张展羽, 詹红丽, 郭相平. 滨海平原农田土壤含盐量空间变异分析 [J]. 河海大学学报 (自然科学版), 2002, 7：61-65.

张展羽, 张月珍, 等. 基于 DRAINMOD-S 模型的滨海盐碱地农田暗管排水模拟 [J]. 水科学进展, 2012, 11 (6)：782-788.

章文波, 付金生. 不同类型雨量资料估算降雨侵蚀力 [J]. 资源科学, 2003 (1)：35-41.

章文波, 谢云, 刘宝元. 利用日雨量计算降雨侵蚀力的方法研究 [J]. 地理科学, 2002 (6)：705-711.

章志，宋晓村，邱宇，吉启轩. 江苏沿海滩涂资源开发利用研究［J］. 海洋开发与管理，2015，(3)：45-49.

赵耕毛，刘兆普，等. 海水灌溉滨海盐渍土的水盐运动模拟研究［J］. 中国农业科学，2003，36（6）：676-645-248.

赵锦慧，乌力更，李杨，等. 石膏改良盐碱化土壤过程中最佳灌水量的确定［J］. 水土保持学报，2003，17（5）：106-109.

赵明华，杨延春，邹志国，等. 江苏沿海地区生物措施提高水土保持效益研究［J］. 水土保持研究，2004，11（3）：233-236.

赵松乔. 我国耕地资源的地理分布和合理开发应用［J］. 自然资源，1984，13-20.

赵燕芳，张富，蒲永峰，等. 甘肃黄土高原丘陵沟壑第五副区水土保持综合治理调水保土效益研究［J］. 北京农业，2016（6）.

郑粉莉，刘峰，杨勤科，等. 土壤侵蚀预报模型研究进展［J］. 水土保持通报，2001，21（6）：16-18，32.

郑粉莉，王占礼，杨勤科. 我国土壤侵蚀科学研究回顾和展望［J］. 自然杂志，2008（1）：12-16，63.

郑海金，杨洁，喻荣岗. 红壤坡地土壤可蚀性K值研究［J］. 土壤通报，2010，41（2）：425-428.

郑加兴，佘冬立，徐翠兰，等. 不同雨强和坡度条件海涂盐土边坡侵蚀细沟发育过程［J］. 河海大学学报（自然科学版），2015，43（4）：313-318.

郑美兰. 南方红瓤去铁路工程水利侵蚀规律及预测方法研究［D］. 北京：北京交通大学，2007.

钟理，谭春伟，胡孙林，等. 氨氮废水降解技术进展［U］. 化工科技，2002，10（2）：59-62.

周伏建，陈明华，林福兴，等. 福建省土壤流失预报研究［J］. 水土保持学报，1995，9（1）：25-30.

周伏建，陈明华，林福兴，等. 福建省降雨侵蚀力指标的初步探讨［J］. 福建水土保持，1989（2）：58-60.

周和平，张立新. 我国盐碱地改良技术综述及展望［J］. 现代农业科技，2007（11）：13-15.

周宁，李超，满秀玲. 基于GIS的黑龙江省拉林河流域土壤侵蚀空间特征分析［J］. 水土保持研究，2014. 21（6）：10-15.

周佩华，王占礼. 黄土高原土壤侵蚀暴雨标准［J］. 水土保持通报，1987，7（1）：38-44.

周佩华. 2000年中国水土流失趋势预测与防治对策［J］. 中国科学院水土保持研究所集刊，1988，(7)：57-71.

周正朝，上官周平. 土壤侵蚀模型研究综述［J］. 中国水土保持科学，2004，2（1）：52-56.

周柱栋，程金花，杨帆，等. 北方土石山区植株密度对坡面流粒径分选的影响［J］. 水土保持学报，2016，30（1）：96-102.

朱建强，刘会宁，耿显波，等. 易涝易渍农田地下水动态特征［J］. 灌溉排水学报，2009，28（6）：1-4.

朱显谟，张相麟，雷文进. 泾河流域土壤侵蚀现象及其演变［J］. 土壤学报，1954（4）：209-222.

朱显谟. 黄土地区植被因素对于水土流失的影响［J］. 土壤学报，1960（2）：110-121.

朱燕. 江苏沿海垦区高盐边坡土壤侵蚀规律研究［D］. 南京：河海大学，2016.

朱祖祥. 土壤学（上册）［M］. 北京：农业出版社，1983.

邹丛荣. 沂蒙山区沂源县土壤可蚀性因子（K）研究［D］. 南京：南京林业大学，2017.

邹玉田. 江苏沿海新垦区沟渠边坡土壤侵蚀规律研究［D］. 南京：河海大学，2017.

江苏省东台市水利大事记

1023 年（宋天圣元年）

西溪盐监范仲淹，多次呈摺、上疏，要求修筑捍海堰。

1024 年（宋天圣二年）

朝廷委派范仲淹任兴化县令，主持筑堰，集中通、泰、楚、海四州兵夫四万余人，冬季施工。工段北起刘庄，南至虎墩（今富安）。因雨雪连绵、海潮袭击而停工。

1027 年（宋天圣五年）

张纶兼任泰州知州，于秋季继续修筑捍海堰，越六年春竣工，堤长 78.94km。

1041—1048 年（宋庆历年间）

淮南、江浙、荆湖制置发运副使徐的，整治泰州至西溪的运盐河（今泰东河）。

1171 年（宋乾道七年）

海潮冲毁捍海堰，泰州知州徐子寅兴工修复，并奏准设置场官（场大使），分治其境，以护海堰。

1174 年（宋淳熙元年）

泰州知事张子正，奏请修筑富安向东至李堡许家洋海堰。1175 年张子正在工地病故，由知州魏钦绪接任继续施工，于 1177 年筑成。

1269 年（宋咸淳五年）

两淮制置使李庭芝开凿串场河。

1355 年（元至正十五年）

张士诚据泰州安丰，开富安河，自富安场运盐，直通上河，至通州入长江。

1390 年（明洪武二十三年）

海潮冲坏海堤，淹死盐丁 3 万多人，苏、松、淮、扬四府人夫修复海堤。

1479 年（明成化十五年）

御史杨澄奏请在运盐河（今泰东河）北岸建河堤，2 月开工，4 月完成，名杨公堤。

1538 年（明嘉靖十七年）

闰 7 月 3 日海潮骤涨，范堤以东，平地水深 3m 多，淹死灶丁男女 15479 人。巡盐御使吴悌和盐运使郑漳，于 1540 年（嘉靖十九年）在沿海亭场灶舍之间筑避潮墩，以便亭民与渔民避潮。

1545 年（明嘉靖二十四年）

泰州分司袁才，浚海安至草堰串场河和各场灶河，共长 109.5km。

1567 年（明隆庆元年）

盐运副使楚孔生疏浚富安场灶河，由富安至曹家坝，长 20km，坝下经二洋入海。

1587 年（明万历十五年）

巡抚都御使杨一魁委派盐城县令曹大咸负责修复范公堤，从庙湾河浦头起，历盐城、兴化、泰州、如皋、通州，共长 291km。沿堤修筑墩台 43 座，水闸、涵洞 8 座。

1590 年（明万历十八年）

巡按直隶御史李光祖奏准，浚富安场灶河两道、梁垛场灶河两道、安丰场灶河五道。

1595 年（明万历二十三年）

巡盐御使康丕扬浚泰州富安河（串场河），建青龙上、中、下三闸，通上运河（老通扬运河）以通盐运。

1622 年（明天启二年）

泰州分司徐光国浚运盐河（今泰东河）。

1666 年（清康熙五年）

安丰场徽商郑永成倡议，预借课银 11000 余两，挑安丰盐场五条仓河，由灶丁陆续用盐还款。

1678 年（清康熙十七年）

开浚车儿埠口为何垛场新河。

1680—1682 年（清康熙十八年至二十年）

河道总督靳辅，采用"蓄水刷黄"的战略，在高堰上做 6 座滚水坝，泄淮入宝应、高邮诸湖，再入运河，在运河东堤建归海坝 8 座（子婴、永年、南关、五里铺、八里铺、柏家墩、车逻、瓯鱼口等坝），分排部分淮水经里下河入海。从此，西水下注，里下河地区经常泛滥成灾。

1683 年（清康熙二十二年）

河道总督靳辅，疏浚车路、串场诸河至白驹、草堰、丁溪各口，引高邮等处归海坝所泄之水入海。

1699 年（清康熙三十八年）

建何垛场草闸。

1701 年（清康熙四十年）

挑舀子河 16km，使泰州之水由淤溪至车儿埠、舀子河达苦水洋入海。

1713 年（清康熙五十二年）

安丰商界集资，在场署南筑滚水石坝。

1724 年（清雍正二年）

7 月　角斜、拼茶两场盐课司署，被海潮冲毁，淮南沿海各场共淹死男女 49558 人。

1730 年（清雍正八年）

泰州设置东台水利同知。首任同知靳树椿。

1737 年（清乾隆二年）

江苏巡抚邵基向清庭建议：凡运河、湖、海专资通泄之处，国家拨库银修治；其余河港圩岸，由地方官"劝民以时修筑"下部议，从之"。

1739 年（清乾隆四年）

泰州分司顾菇，挑浚富安、安丰、梁垛、东台、何垛五场灶河。

1745 年（清乾隆十年）

总督尹继善兴工挑浚南北串场河、凑潼河、大尖河、十八里河，共用银 253975 两。

1747 年（清乾隆十二年）

兴挑蚌蜓河、梓辛河、富安新河。

同年 12 月，通泰分司修筑避潮墩 148 座。1748 年又增筑 85 座潮墩。共增设潮墩 233 座。其中东台五场 56 座。

1753 年（清乾隆十八年）

泰州分司王又朴、盐政普福，奏准商捐银 2 万两，修筑东台场至泰州坝杨公堤 60km。

1755 年（清乾隆二十年）

盐政普福奏准疏浚富安、安丰、梁垛、东台、何垛、伍佑、新兴等场灶河。

同年，普福批准泰属南五场各坝，大汛可以开放，泄水入串场河，由丁溪等闸归海，水势一平，即行堵闭，以防倒流，损害民田。

1757 年（清乾隆二十二年）

将运河东堤 8 座归海坝改建为 5 座，即南关坝、新坝、五里中坝、车逻坝、昭关坝。

1758 年（清乾隆二十三年）

泰州知州李世杰兴办海安镇百子涵洞，向富安场送水。

1763 年（清乾隆二十八年）

浚蚌蜒河、梓辛河、南北串场河。

1765 年（清乾隆三十年）

11 月　盐政普福奏准兴工挑浚富安、安丰、梁垛串场河，次年 2 月完工。

1768 年（清乾隆三十三年）

设置东台县，首任知县王玉成，贵州毕节县人，举人。裁汰水利同知，其水利事务移归扬粮通判。另设闸官，首任闸官林中乔，邳县人，监生。

1785 年（清乾隆五十年）

大旱，自 3 月至次年 2 月 13 日方雨。运盐河竭，井涸。夏秋作物无收，蝗虫肆虐，民大饥。

1793 年（清乾隆五十八年）

改建安丰九孔滚水石坝。

1800 年（清嘉庆五年）

巡抚岳起指令范堤各坝，勒石永禁开放；同时在堤东增挑梅家灶、潘家灶河等经河，使灶河水由南向北入古河口、王家港归海。

1801 年（清嘉庆六年）

重修丁溪闸下引河（归古河口）及小海闸下引河（归王家港口）。

同年，将严家、孙家、中舀子等土坝改建为滚水石坝，承泄南五场之水。

1807 年（清嘉庆十二年）

士民王子章等发起新筑十八里总圩，后改名太平圩，圩周长 27km。

1813 年（清嘉庆十八年）

挑浚串场河，自海道口至草堰闸，并挑浚斗龙港泄水运盐。

1814 年（清嘉庆十九年）

夏秋大旱，兴化、东台两县共同疏浚蚌蜓河和梓辛河。

1815 年（清嘉庆二十年）

挑浚南串场河、十八里河、大尖河、安丰场灶河，以利运盐。

1824 年（清道光四年）

王仁义等倡议筑大兴圩，周长 60km，受益面积 1 万 hm²。

1835 年（清道光十五年）

泰州运制朱沆疏浚泰东运河，由海道口至青蒲阁，计浚 12km，用民工 5000 余人。

1853 年（清咸丰三年）

将运河东堤 5 座归海坝改建为 3 座，即南关坝、新坝、车逻坝。

1856 年（清咸丰六年）

5—8 月　久旱不雨，河港干涸，五谷不生，饥民死于道路。

1860 年（清咸丰十年）

东台水利学者冯道立逝世（1782—1860）。冯道立是时堰镇人，自幼好学，先攻天文、经学，后专攻水利，1874—1826 年，自雇船只，查勘湖、河、江、海，探讨淮扬地区之水势，立志治水。生前著书 42 部，其中水利著作 7 部。1986 年江苏省水利厅，资助东台时堰镇修缮冯道立故居及成立冯道立展览馆。当时展出书籍，尚有《淮扬治水论》《淮扬水利图说》《测海蠡言》及附录《攻沙八法》等书。

1888 年（清光绪十四年）

按察使张富年督办兴筑蚌蜒河堤。蚌蜒河堤从东台范堤起至老阁与泰州境内的斜丰堤联结。

1911 年（清宣统三年）

9 月 23 日 东台光复，成立东台县民政支部。

1914 年（民国 3 年）

先旱后涝，海潮由草堰正闸浸入堤西，十数市、乡民田尽成卤地。

1915 年（民国 4 年）

4 月 大赉盐垦公司成立，1918—1922 年筑成围垦海堤，堤长 24.5km，围垦面积 2 万 hm²。

1919 年（民国 8 年）

成立泰源、东兴两盐垦公司，1924 年筑成围垦海堤。围垦总面积 15910hm²。其中：泰源公司堤长 23.5km，围垦 10533hm²；东兴公司堤长 15km，围垦 5377hm²。
同年，堤西大修蚌蜒河堤。

1921 年（民国 10 年）

8 月 21—26 日 江淮异涨，开放车、南、新 3 座归海坝，全县尽成泽国，圩破田沉，水深 1～2m，秋熟无收。
11 月 县农会致函县内 27 市乡董，成立市、乡水利协会。
是年，南通张謇提出"开挖滨海地区新运河计划"，新运河南自东台角斜起，北至灌云陈家港止（陈家港今在响水县境内），共 235.5km，西距串场河 20～25km，东距海岸 10～15km，行经东台境内西子午河、雀儿渣、枯树洋等地。其总体工程布局为：新开南北运河 1 条，疏浚各盐场原有东西河道，使之汇入新运河；沿新运河东岸另开辟横河 26 条，加上原有 5 条，共 31 条，下通海洋，以畅宣泄，并可引淡排卤，发展灌溉。但因工程浩大，未能全部实现。

1924 年（民国 13 年）

2 月　东台、泰县为建黄村闸发生争议，将原设计闸门 4m 展宽至 5.33m。

1927 年（民国 16 年）

秋，弶港镇南三门闸建成。

12 月 30 日　成立县建设局，内配测绘、设计、事务等 3 员。

1929 年（民国 18 年）

大旱，串场河干涸，河港见底，蝗虫为灾。麦多枯死，秋禾无收。米价上涨，每石（100L）米价从 7 元涨至 13 元（银元），台城群众捣毁粮店。民不聊生。

1931 年（民国 20 年）

8 月　台风暴雨，淮水下注，启放归海三坝，运河东堤又溃决 27 处。东台县 90%农田沉入水中，台城街道行船，全县淹死 2500 多人，灾民 60 万人。

1932 年（民国 21 年）

修复蚌蜒河堤和 8 个圩区的圩堤。开浚何垛河下游出海河床，长 9.25km。次年在该河出海口建川东闸，设计流量 38.5m³/s，由第十七区工赈局施工，耗资 7.8 万多银元。

1934 年（民国 23 年）

导淮委员会兴办中山河工程，东台承担土方 214 万 m³，征集民工 5000 人前住施工。民工中途纷纷逃回，仅完成土方 2.7 万 m³。未完土方改缴代金，共征缴 33.41 万银元。

1938 年（民国 27 年）

3 月 28 日　东台第一次被日本侵略军占领，7 月 26 日台城日军南撤。

12 月 21 日　江北运河工程局在东台召开高邮、宝应、兴化、泰县、泰兴、盐城、阜宁、东台、淮安九县联席会议，商讨黄河再次夺淮后的防洪措施，

1939 年（民国 28 年）

8 月 15 日　弶港最高潮位 6.48m，海啸成灾。

1940 年（民国 29 年）

10 月 8 日　新四军第一次解放东台城，建立了中共东台县工作委员会和东台县抗日民主政府。

1942 年（民国 31 年）

5 月　苏中行署决定建立台北县，东台排水入海的口门均划入该县境内。

1943 年（民国 32 年）

春，唐洋、角斜两区组织 5000 人，疏浚根据地内的富安灶河，捞浅 230 处，完成土方 9 万多 m^3。

5 月 14 日　东台县政府扩大会上成立县水利委员会，由各区推派熟悉情况的人士为委员。

1945 年（民国 34 年）

9 月 1 日　新四军第二次解放东台城，县级机关进入台城办公。

1946 年（民国 35 年）

1 月 6 日　东台县水利委员会议定疏浚川东闸和三门闸下游引河，并建议开挖角斜至陈家港新运河。

10 月 26 日　国民党军占据东台城。

1948 年（民国 37 年）

7 月 6 日　狂风骤起，大雨倾盆，海潮倒灌。沿海疯港、盐垦、灶区等地群众损失严重。弶港镇 800 家浸于潮中，数十间房屋为潮水冲倒，渔船被冲翻 5 条，13 个渔民丧生。灶民约有 7000 石（每石为 100L）食盐化为乌有，农田共有 3300 多 hm^2 被淹。灾情发生后，县长何患组成修堤总指挥所，带领 1500 人抢修了 5km 多海堤，完成土方 1.4 万 m^3。

10 月 11 日　台城国民党军政机关全部溃逃，中共东台县委组织临时工作委员会入城接管。次年 1 月 26 日，县委、县政府迁回台城。

1949 年

春，水利工作属县政府生产局。10 月成立建设科，水利划归该科。

6月 多雨,全县受淹耕地 4.87 万 hm²,占总耕地的 60%。其中有 2 万 hm² 未能抢救脱水,灾情较重。通榆线各坝被大水冲倒数处,涝水流向里下河。

6月18日 接苏北泰州行政区专员公署训令,要求"各地在游击坚持时期所筑之交通土坝,一律开挖,必须恢复战前状况,以防水患"。本县挖除坝方 59757 m³,到 1951 年全部挖除。

7月25日 台风过境,海潮猛涨,从七门闸至新农海堤外坡,有一半倒塌。三区头海堤决口,海潮曾西侵到北行,抢险完成土方 7.88 万 m³。另加修小缺口多处,共用蒲包 3000 只。

1950 年

3月2日 兴筑海堤 27km。

11月 将三仓河从三仓镇孟墩向东延伸至三门闸出海,完成土方 149.7 万 m³。

1951 年

3月14日 兴办薛店河、仓北河、五莒洋河,同时开新洋河、荡河、港东河导水入川东港。在 4—5 月,动员 2.8 万人次施工,计做土方 68.3 万 m³。

5月 时堰与台南两区合修的大兴圩工程结束。

8月20日 台风暴雨袭击东台沿海,三门闸最高潮位 6.07m,三门闸附近和六里舍海堤外坡,冲塌严重。三仓河向海排水 7 天,水位下降 1m,农作物未受涝。

11月 苏北灌溉总渠施工完成 55% 土方。

1952 年

2月13日 苏北灌溉总渠继续施工至 3 月 23 日竣工。1951 年冬至 1952 年春,两期工程共完成土方 489 万 m³,国家拨给东台施工经费 112 万元。

4月10—16日 疏浚台城三里桥城河,挖土 5.8 万 m³,投资 2 万元。

1953 年

4月10日 申家洋河开浚工程竣工。该河南起方塘河,北至三仓河,长 17km。

6月 开挖潘堡河工程(因暴雨中途停工)。工程南起海安县边界七里涵,北至川东港河,全长 50.5km。

7月16日 安丰九孔滚水石坝改造工程开工,9 月竣工,可调节 9m³/s 流量入串场河。

台南区大兴圩南湾圩口闸建成。该闸是圩区配套的第一座闸。

1954 年

2 月 25 日　潘堡河继续施工，3 月 29 日竣工。共完成土方 111.78 万 m³，投资 16.6 万元，自筹 2.75 万元。经当年汛期考验，排水超过设计能力，配套的孙疑大桥、北行大桥，均被水流冲坏。

4 月 18—25 日　疏浚梁垛至安丰间的串场河，完成土方 6.8 万 m³。

6 月 7 日　三门闸、七门闸引河清淤工程开工，完成土方 8.8 万 m³，投资 1.64 万元。

自 7 月 1 日起　连降暴雨 158.9mm，3 日全县受涝面积 1.8 万 hm²。8 日降雨 172.8mm，6 万 hm² 耕地受涝。串场河水位 3.04m，三仓河水位 4.3m。17 日降雨 67.4mm，串场河水位 3.16m，三仓河水位 4.39m，受涝面积 7 万 hm²。28 日降暴雨 145.9mm，串场河水位达 3.27m，全县受涝面积达 8 万 hm²，占总耕地的 81%。为排除堤东积水，补种晚秋，8 月初开放安丰、梁垛、富安三坝向西排水，于 29 日全部堵闭。

11 月　整治三仓河工程 9 日开工，12 月底因雨雪停工。

11 月　兴筑川东港以南海堤，东台境内长 6km。

1955 年

2 月 3 日　三仓河工程复工，3 月 10 日竣工，完成了 43.7km。施工土方共计 481.5 万 m³，投资 214.5 万元。

5 月　据调查统计，东台堤西地区有 50% 的耕地建了小圩堤。

7 月 27 日　三仓河闸开坝放水。该闸分 7 孔，总净宽 56m，总造价 273 万元。

9 月　省水利厅制定《东台河流域排涝工程规划》，兴办整治东台河、建筑新海堤、新建东台河闸三大骨干工程。

11 月 10 日　三仓河闸至麻虾套海堤（长 12.7km）工程开工，12 月 18 日竣工，完成土方 55.3 万 m³，国家投资 17.2 万元。

11 月 10 日　东台河工程开工。该河西起串场河，东至蹲门口，全长 55km。12 月 18 日竣工，完成土方 438.8 万 m³，国家投资 128.41 万元。

1956 年

2 月 13 日　方塘河整治工程开工。该工程西起富安，东入三仓河，全长 41.5km 共完成土方 589.4 万 m³，受益耕地 1.5 万 hm²，草地可开垦 8000hm²。

2 月 13 日　麻虾套至东台河闸海堤（长 11.6km）工程开工，完成土方 43.53 万 m³，3 月 20 日竣工，投资 13.3 万元。

6 月 7 日　堤东因暴雨水位上涨，东台河西首大坝发生漫溢溃决。9 日上午何垛河西首大坝又溃决，于 13 日堵闭了两坝。

7 月 15 日　东台河闸竣工放水。该闸共 3 孔，每孔净宽 10m，投资 102 万元。

9 月 6 日　九潮水，在无风情况下，三仓河闸外出现异常潮位，高潮位达 5.98m。

9 月下旬　东台河闸、三仓河闸下游引河口首次筑挡潮坝防淤。

1957 年

春（包括上年冬），共整治堤东干河的支河 24 条，做土方 346.28 万 m³。

6 月 20 日　签订了《关于方塘河与拼茶运河地区水系划分协议书》，东台县朱港以南、丁堡河以西地区排水划归拼茶运河。

9 月　溱东（圩区）、董贤（盐碱地）、城北（旱改水）、唐洋（旱作）等地区进行水利规划。经测算，初步完成全县水利化需做土方约 9000 万 m³。

11 月 11 日　县人民政府召开水利工作（扩大）会议，确定在冬季完成水利工程土方 722 万 m³。会后，随着"大跃进"形势的发展，土方任务逐步增加，由 722 万 m³ 加到 1371 万 m³，年底加到 2000 万 m³。

1958 年

2 月 27 日至 5 月 27 日　完成三仓河拓浚工程，完成土方 804 万 m³，国家投资 114.9 万元。

2 月 25 日至 4 月 18 日　完成农干河开挖工程，完成土方 112 万 m³。国家投资 12.3 万元。

3 月 10 日　省水利会议确定了在南通九圩港用电力提引江水灌溉南通专区及东台县堤东东台河以南地区的方案。

4 月 17 日　按 10 年一遇标准拓宽潘堡河以东的河床。该工程于 5 月 18 日竣工，完成土方 70 万 m³，投资 10.6 万元。

5 月 23 日　东台县第一座电灌站在三灶建成供水。

5 月　县水利局首次购办抽水机船 27 台套，分配给 13 个乡，用于旱改水。

8 月 27 日　省召开水利会议，提出"苦战一冬春，实现河网化"的"大跃进"的口号，全省要完成土方 172 亿 m³。东台对土方任务也从原计划 2.27 亿 m³ 增加到 4.6 亿 m³。

9 月　东台县人委制定的《东台县实现河网梯级化水利规划》出台，提出鼓足干劲，大干一冬春，基本消灭全县严重性的旱涝灾害的目标。3 日动员 5.2 万人开挖通榆河，至 1959 年 2 月 5 日完成东半河，做土方 1206 万 m³。

11 月中旬　动员 5.26 万人，在通榆河东侧搞高标准大、中、小沟河网化配套工程。至 1959 年 1 月底，挖大沟 3 条，中沟 11 条，小沟 18 条，做土方 607.4 万 m³，上述工程，均未按原设计标准完成，中途下马，留下一批"半拉子"工程。

1959 年

9 月 25 日　县动员 9000 人参加大运河淮安船闸施工。

10月12日 查勘三仓河闸引河淤塞问题，议定：除继续清除闸下淤土外，增开东潘堡河，南水北调，归东台河闸排水入海。11月初，动员2.7万人开挖东潘堡河以及方塘河以南的潘堡河，与丁堡河衔接。完成土方410万 m^3。

11月15日 沿海新曹兴垦工程开工。该工程动用民工5900人，共做土方81万 m^3，为堤西东迁社员开垦创造了条件。

1960 年

1月20日 省办新通扬运河工程开工。工段在江都县境内，长8.6km，于4月14日竣工，完成土方284.2万 m^3。

5月2—28日 疏浚三仓河闸闸下引河，并将引河向东延长3km完成做土方86万 m^3。

6月19日 东潘堡河闸竣工放水。

7月30日至8月5日 7号台风过境，普降暴雨，三仓河闸高潮位达5.5m，闸下引河堤冲决7处。

8月5日 三仓河水位达4.24m，潘堡河闸，底板下穿洞倒坍。

9月25日 海安县施工的丁堡河闸竣工。

冬，沿海兴垦二期工程开工，共做土方368.6万 m^3，实做工日158.2万个。

据12月底统计，近两年堤西建成光辉、沈元、光明、城西、川港、大洋、戴南、王珏、南于、跃进、张高、吕庄、泰山、闸口、舍港、南站、北站、新北站等18座电力灌排站，装机22台，770kW；同时购置抽水机19台。

1961 年

5月2日 东台河闸下游引河清淤，至5月9日结束。8天捞淤1412m³，河底反增高0.1m。

6月20日 重建的潘堡河闸竣工放水。闸身分3孔，总净宽12m。其中通航孔宽6m，边孔各3m。

11月22日 东台、海安县水利局签订海安东洋涵洞向东台十字涵洞送水的协议。次年5月18日十字涵洞竣工，富安公社四联片引进淡水灌溉。

1962 年

9月4—7日 14号台风过境。9月5—12日普降暴雨，凑东雨量602mm，曹丿雨量432mm，串场河水位3.05m，三仓河闸闸上水位4.46m。全县受涝农田6.8万 hm^2。

12月5日 动员1.05万人疏浚东台河中段，西从祝家洼起，东至西潘堡河，于24日结束，完成土方35.4万 m^3。

1963 年

5 月 25 日　通榆河拆坝建桥后，抽排河床咸水 300 万 m³，所用经费 2.83 万元。通榆河水质得到改善。

10 月 7 日　江苏省水利厅将新港闸列入基建项目。12 月 15 日，新港干河开工，从方塘河至新港闸长 13.4km。

1964 年

4 月　新港干河竣工，完成土方 228.4 万 m³，投资 73 万元。

7 月 17 日　新港闸竣工。该闸共 5 孔，每孔净宽 8m，闸底高程 −1.0m，投资 170 万元。

7 月下旬　集中部分抽水机在方塘河西首首次从通榆河翻水补给堤东水源。

11 月 22 日至 12 月 22 日　拓宽新港干河，河底宽 10m 拓至 30m。出土结合加修东岸海堤。同时疏浚薛店河、十字河、新港 3 条支河口，共完成土方 166.6 万 m³。

1965 年

8 月 19—22 日　13 号台风过境，全县普降暴雨，受涝农田 5.5 万 hm²。堤西受灾较重，堤东由于有新港闸和东台河闸排水，洼地积水 2～3 天退尽。

11 月 10 日　川东港工程开工，12 月 24 日竣工，完成土方 320 万 m³。

1966 年

2 月 1 日　川东港续建工程开工，开挖甜水丫子向西至海堰河口一段，月底竣工，完成土方 314 万 m³。

2 月 4 日　川东港河西首节制闸开工，当年建成。

7 月　川东港闸建成。该闸共 5 孔，每孔净宽 10m，闸底高程 −1.5m；日平均流量 225m³/s；控制排水面积 648km²，其中东台县 326km²。

11 月 5 日　安丰电力翻水站开工。

11 月 10 日　拓宽东潘堡河工程开工，年底竣工，完成土方 124.2 万 m³，成河底宽 20m。

11 月 10 日至 12 月底　斗龙港河整治工程施工，完成土方 139 万 m³。

1966 年

3 月 1 日　弶港军垦海堤（又称军工堤）开工。该堤从三仓河闸闸下引河堤起至三门闸止,长 3.5km,4 月 5 日竣工,做土方 37 万 m³。

10 月 21 日　县动员民工 1.5 万人,开挖红星河东段(从新民河口向东至新港干河,长 10km),完成土方 170 万 m³。

1967 年

11 月　新通扬运河扩浚工程施工,完成土方 270 万 m³。该工程于 1969 年 1 月上旬竣工。

1968 年

5 月 5 日　安丰电力翻水站竣工翻水,抽水流量 20～46m³/s。

1969 年

5 月 28 日　省办引江工程的实施,黄色江水首次从泰东河流到溱东公社青蒲一带。

8 月 22 日　决定兴办"三河一路"(梁垛河、安强河、垦区干河、五七公路)工程。自筹经费 270 万元,筹粮 200 万 kg,动员民工 10 万人,于 11 月 15 日开工,12 月 31 日全面竣工,完成土方 1274 万 m³。

8 月 24 日至 9 月 3 日　连降暴雨,200mm 以内的 3 个公社,200～300mm 的 10 个公社,400～600mm 的 5 个公社。40 多万人投入排涝抗灾,保证了秋熟作物的正常生长。

12 月 24 日　《东台县 1971—1980 年水电建设规划》出台。《规划》要求在 10 年内全部建成高标准河网,达到圩区方格化,条田规格化,亩亩耕地旱涝保收、稳产高产。

1970 年

2 月 5 日　拓宽新港干河,于 3 月下旬竣工,完成土方 91 万 m³,河底宽达 55m。

9 月　富安翻水站开工,于 1972 年 1 月建成。翻水流量 20m³/s。

10 月 6 日　八里风洼工程开工。该工程于 11 月 30 日竣工,完成土方 283 万 m³。

11 月 20 日　省办黄沙港工程开工,于 1972 年 1 月 20 日竣工,完成土方 481 万 m³。

11 月 22 日　东台第一座船闸——向东船闸开工,1972 年 2 月 2 日竣工,12 日通航。投资 35 万元。

11 月 27 日　梁垛河东段续建工程开工,1972 年 1 月 26 日全面竣工,完成土方 506.6 万 m³。

1972 年

2 月　东台翻水站工程开工,于 6 月竣工。翻水流量 18～20m³/s。

2月22日 安时河工程开工，于3月底竣工，完成土方308万 m³。

4月5日 何垛河（台城段）工程开工，于5月底竣工，做土方59.4万 m³。

6月20—21日 降雨173mm，漆东水位2.52m。该公社没有及时堵闭坝口，以致80％的耕地浸水成灾。

7月1日 梁垛河闸建成，拆坝放水。该闸分9孔，总净宽56m，闸底高程－1.0m。该闸由盐城地区农田水利工程队施工，工程总造价156万元。

11月13日 省办黄沙港二期工程开工，于12月底竣工，完成土方200万 m³。

1973 年

11月 方塘河腰闸开工，1974年汛前竣工。

11月10日 红星河绪建工程开工。工段从新港干河至富堡河，全长26.4km，于12月21日竣工，完成土方235万 m³。

冬，先进河、头富河全面竣工。头富河全长18.1km，对堤东调度淡水，排泄涝水，发展航运，发挥很大作用。先进河全长17.3km，是堤西地区连接先烈、台南、时堰公社的主要灌排河道和水运航道。

1974 年

11月10日 梁垛河拓浚工程开工，分东西两段施工。东段从潘堡河至闸上，西段从输水河到高海河西。该工程于12月底竣工，共完成土方498.44万 m³。

1975 年

10月20日 海丰围垦工程开工，工段长16.2km，于12月底竣工。完成土方220万 m³。

1976 年

7月20日 决定兴办"通榆样板片"水利工程，建立通榆样板片工程指挥部。

8月25日 三仓河闸下游引河捞淤工程开工，由三仓河专线送水冲淤。

11月2日 川东港扩浚工程开工。东台工段从通榆河至中联河，长31.2km，12月31日全面竣工，完成土方381万 m³。

1977 年

10月15日 渔舍围垦海堤工程开工，1978年1月6日竣工。新筑海堤长33km，完成土方637万 m³，围垦面积6867hm²。

1978 年

3 月中旬至 10 月上旬 持续干旱三个季度，串场河最低水位 0.43m。由于有江水补给，大旱之年未成灾。

8 月 20 日 东台开展农田基本建设施工机械化试点，省、地补助 5 万元。

10 月 30 日 新洋港三期工程打施工坝。

11 月 8 日 动员民工 1.73 万人参加河道施工。该工程 12 月 19 日竣工，完成土方 129 万 m³。

1979 年

2 月 川东港调节闸扩建工程开工，在南侧增加 1 孔（净宽 8m），6 月竣工。投资 21 万元。

5 月下旬 弶港军垦海堤抢险，采用打土水箭、筑截港坝、修复海堤、铺草皮防浪等工程措施，经过 21 天施工，安全度汛。

6 月 5 日 渔舍海堤麻虾套段抢险工程开工。先后采取做碎石护坡、筑水箭、铺软体沉排等措施，未能制止险情。8 月 24 日 10 号台风高潮，海堤溃决 1000 多 m，放弃 1467hm² 土地，加固退建堤，海潮未倒灌。

6 月 县水利局编制成《东台县 1980—1985 年农田水利基本建设规划》，要求在"六五"期间，以建设"三田"（吨粮田、双纲田、千斤田）为目标，以改土治水为中心，以开挖田间一套沟和平田整地为重点，沟、渠、路、林、田、点（居民点）配套成龙。

11 月 21 日 新东河工程开工。该河南起三仓河闸闸下引河，北至梁垛河，长 7.7km，平地新开，于 12 月 30 日竣工，完成土方 222.53 万 m³。该河成河底宽 20m。

11 月 9 日 拓浚西塘河工程开工，1980 年 1 月 14 日竣工，完成土方 92.2 万 m³。

1980 年

2 月 28 日 渔舍垦区退建海堤加固工程开工，3 月 27 日完工，做土方 62.5 万 m³。

2 月 采用人工切滩和机械冲淤相结合的办法，对梁垛河闸下游引河进行裁弯取直，并在南侧抢做块石丁坝 4 条。

4 月 7 日 新港闸抽水站工程开工，6 月 21 日竣工。安装 26HB - 40 型混流泵 24 台套，连同闸上原有 8 台 20 英寸及两台 32 英寸轴流泵，抽水能力达 30m³/s。

7 月 梁垛河闸下游河床出现冲塘，防冲槽外塘底高程 -11.2m，防冲槽外缘冲坏 0.5m 宽。经突击抢险，抛泥包 4 万只，块石 5000 吨，保障了闸身安全。

8 月 30 日 堤东普降特大暴雨，从 29 日夜 10 时至 30 日凌晨 4 时，面雨量达 208mm，河水位猛涨，最高水位达 4.2m，受涝面积 5.1 万 hm²，洼地积水 0.6m 以上。雨后 24 小时 90％的受涝面积出水，41 小时积水全部排完。

11 月 20 日　新东河扩浚工程开工，12 月 24 日竣工，完成土方 124.83 万 m³，河底宽从 20m 拓宽到 50m。

1981 年

4 月 25 日　对东台河闸下游引河进行裁弯、清淤。工段长 2800m，历时 15 天，完成土方 25.1 万 m³。

5 月 4 日　梁垛河闸加固工程竣工验收，拆坝放水，投资 69.5 万元。

8 月 30 日至 9 月 2 日　沿海遭强台风暴潮袭击，出现历史最高潮位（东台河闸 5.5m，梁垛河闸 5.86m，三仓河闸 6.5m，新港闸 7.37m）。三仓河闸下挡潮坝溃决，闸门冲坏 1 孔，堤防多处出现险情，海水倒灌，造成三仓河、新东河、梁垛河淤积。

1982 年

2 月 18 日　梁垛河南闸工程被列入 1983 年度省基建项目。

6 月 5 日　统计结果表明，自 1981 年 7 月推行"农田水利工程责任制"以来，全县属社队管理的 1573 个各类小型农田水利设施，已签订责任合同的有 1319 个，占 84%。

8 月 10 日　渔舍涵洞竣工放水。该洞 2 孔，总净宽 7m，投资 36.84 万元。

11 月 5 日　梁垛河南闸上游干河工程开工。工段从新东河至南闸，平地新开，出土结合筑南岸海堤，全长 9.55km，动员民工 3.7 万人，于 12 月 31 日竣工，完成土方 403 万 m³，成河底宽 52m，河底高程−0.5m。

12 月　统计结果表明，全县除台南、廉贻两公社未打深井外，其余公社都建了深井；有 70% 的公社所在地用上自来水，并有 4 个大队办了自来水站，供水至社员家中。

1983 年

2 月 23 日　方塘河北段扩浚工程开工。工段从三仓河起向南 2554m，3 月 17 日竣工，完成土方 17.19 万 m³，成河底宽 40m，河底高程 0.0m。

2 月 23 日　南垦区干河疏浚工程开工。工段从三仓河至方塘河北，长 5.6km，于 3 月 26 日竣工，完成土方 11.73 万 m³，成河底宽 10m，河底高程 0.0m。

7 月 3 日　梁垛河南闸竣工放水。该闸共 5 孔，每孔净宽 8m，底板高程−2.0m。总投资 308.36 万元。

11 月 20 日　拓浚西潘堡河工程开工。工段北起兰仓河，南至方塘河，完成土方 108 万 m³，河底宽达 18m。

年底　全县收回圩堤、河坡、青坎 1713hm²，退耕植树 901hm²。

1984 年

4 月 25 日　东台河闸闸下引河清淤工程开工，5 月 6 日竣工，完成土方 16.6 万 m³。

8月 在七里丫子险段筑块石沉排丁坝 4 条，总长 180m。该段自 1977 年渔舍围垦到 1984 年 6 月，港槽内移 563m，距海堤仅有 59m。

1985 年

3月4日 梁垛河南闸上游干河拓浚工程开工，3 月 30 日竣工，完成土方 142.94 万 m³，投资 62 万元。河底拓宽到 80m，河底高程浚深到－1.5m。

7月 《东台县"七五"农田水利规划》（1986—1990）编制完成。

1986 年

8月14日 制订了《东台县玉米良种生产基地专项基金农田水利规划》。盐城市下达专项资金 205 万元，其中用于水利配套建筑物 100 万元（分 5 年投资，每年 20 万元）。

11月15日 沿海滩涂开发工程开工，土方工程于 12 月底竣工。完成土方 347.27 万 m³，铺草皮 38.84 万 m²。共做工日 138 万个。开发滩涂 530hm²，沟、渠、路全面配套。开挖对虾池 113 个，养殖水面 250hm²；精养鱼塘 11hm²；综合试验场 100hm²。

1987 年

10月 梁垛河闸钢丝网水泥闸门换成钢结构直升闸门，投资 57 万元。

12月17日 国务院〔1987〕202 号文批复：同意江苏省撤销东台县，设立东台市（县级），由省直辖，以原东台县的行政区域作为东台市的行政区域。

1988 年

11月15日 梁垛河南闸上游干河二期工程开工。工段从三仓河闸下至梁垛河南闸止，总长 16.22km。首次用机械施工 11.4km，投入机械 93 台套。人工开挖 4.92km，1.06 万人施工。1989 年 1 月 18 日竣工拆坝放水。完成土方 173.8 万 m³，成河底宽 80m，河底高程从－0.5m 渐变到－1.5m。

1989 年

11月9日 梁垛河中段拓浚工程开工。该工程东起海堤乡海堤桥，西至三仓镇七一桥，全长 12.3km，投入机械 36 台套，1990 年 1 月 16 日竣工。完成土方 68.63 万 m³，包干经费 152.86 万元。成河底高程－0.8m，河底宽 70m。

1990 年

5月 渔舍垦区中心河疏浚工程开工。工段长 8.15km，于 6 月 10 日竣工，投入机械

10 台套，共完成土方 16.8 万 m³。成河底宽 10～15m。

7 月 25 日 "八五"期间主要任务为：①治涝方面堤西圩区能挡 3.66m 水位不出险；堤东由现有 3 年一遇标准提高到 5 年一遇标准。②农田建设方面建设吨粮田 2 万 hm²，分布于头富河以西地区；改造中低产田 2 万 hm²，分布于全市各乡镇；建设水系达标片 2 万 hm²。③兴办堤东地区骨干引排工程疏浚梁垛河西段 29.1km 和东台河 52km；兴建方塘河闸和富安二站（翻水站）工程。

8 月 15 日 《东台市沿海独立排区水利工程规划——方塘河闸及东南片引淡工程》（东政发〔1990〕149 号）。规划内容为：延伸方塘河至海口，建筑挡潮排涝闸（即方塘河闸）1 座，新建公路桥 1 座，拆建机耕桥 1 座，改建富安翻水站 1 座；将独立排区的排涝标准由不足 3 年一遇提高到 5 年一遇，并缩短南部地区的排水流程和解决引淡排卤问题。

11 月 1 日 方塘河出海段一期工程开工。工段西起新港干河，东至渔舍垦区中心河，长 4.8km，投入机械 24 台套，于 1991 年 4 月 30 日竣工。完成土方 93.5 万 m³（包括支河口土方），包干经费 203 万元。成河标准：底高程－1.0m，底宽 20m，边坡 1：3.5。

1991 年

2 月 10 日 盐城市办拓浚新洋港工程开工。东台工段分在射阳县洋马一带，全长 525m，投入机械 24 台套，完成土方 50 万 m³。东台工段于 1991 年 5 月 31 日竣工，成河河底高程－4.0m，河底宽 160m。

6—7 月 发生特大洪涝灾害。6 月 8 日至 7 月 15 日，梅雨期 38 天，总降雨 1033.1mm。6 月 29 日至 7 月 11 日，全市连降 8 次大暴雨，12 天降雨 757mm。里下河圩区水位高达 3.49m，堤东水位高达 3.93m。全市 10 万 hm² 农田被淹数次，积水 0.3m 以上的达 5.4 万 hm²；有 405 个村庄、居民区进水。市区 117 个工厂有 106 个进水。水利工程在特大洪涝灾害中发挥了巨大的抗灾效益。全市 146 个圩区有 94 个挡住了洪水袭击；出海的三闸一洞及时排水 10.2 亿 m³，通榆线了座翻水站为里下河排涝水 1.6 亿 m³。圩区 540 座机电排灌站 95％以上投入排涝运行，并抽调 27200kW 的流动机泵投入排涝，减少了洪涝灾害损失。

8 月 30 日 关于水利建设情况的回报针对洪涝灾害中暴露的突出问题明确新的治水思路：①堤西走联圩抗洪、分圩排涝、高低分排、梯级控制的路子，将原有 146 个圩区联为 108 个独立圩区，圩堤确保 3.5m 水位不出险，4.0m 不破圩，日雨 150～200mm 不受涝。②东蹲线次高地以及堤东局部洼地，走圩区建设的路子。③在堤东东南部地区实施单独引排的水利工程布局。

11 月 12 日 方塘河出海段二期工程开工，工段西起渔舍垦区中心河，东至新方塘河闸闸塘。由东台市水利机械施工工程处总承包施工。投入机械 108 台套。其中：泰县土方服务公司 31 台套；滨海县水建公司 21 台套；海安县角斜水利站 4 台套；工程处 52 台套。完成土方 134 万 m³。工程于 1992 年 1 月 7 日竣工。成河底高程－1.0～－15m，底宽 4080m，边坡 1：3.5。

1992 年

6 月 27 日 方塘河闸建成，拆坝放水。该闸共 5 孔，总净宽 40m，1991 年 11 月 10 日开挖闸塘，12 月 28 日打板桩，1992 年 2 月 23 日浇底板，5 月 20 日安装闸门，6 月 23 日水下工程验收合格，11 月 25 日全面竣工，投资 848.04 万元。

11 月 23 日 弶滧公路改造工程开工，12 月底竣工；完成土方 96 万 m³，用工日 52 万个，投资 208 万元。

12 月 8 日 省办通榆河试挖工程开工。东台施工段位于滨海县排水渠北，长 2.35km，投入冲挖机械 36 台套，于 1993 年 4 月 20 日竣工，完成土方 94.6 万 m³，投资 207 万元。成河标准：河底高程－4.0m，河底宽 50m，边坡 1∶3～1∶3.5。

12 月 31 日 完成水利固定资产核查登记工作。全市水利固定资产原值 4.013 亿元，重置价 9.76 亿元。

1993 年

3 月 30 日 方塘河出海段三期工程开工。工段西起新港干河，东至渔舍垦区中心河，长 4.2km，投入机械 63 台套，5 月 17 日竣工，完成土方 123.23 万 m³，投资 456 万元，其中含边防村拆迁赔偿费 131.54 万元。成河底高程－1.0m，河底宽从原 20m 拓宽到 55m，边坡 1∶3.5。至此，出海段闸河配套。

8 月 5 日 20 时至 6 日 1 时 东台遭受特大暴雨袭击。东部 22 个乡镇 5 小时降雨 214mm，富东、许河等乡镇达 330mm。河水位由雨前 2.37m（方塘闸上）涨到 4.51m，堤东地区大部分农田受淹、受龙卷风袭击。8 日，方塘河关闸水位 2.67m，富安为 3.56m，堤东田间积水排尽。

11 月 15 日 疏浚方塘河中段工程开工。工段西起潘堡河，东至方塘河腰闸东 650m，总长 10km，土方量 57.78 万 m³，投入机械 48 台套。中段工程至 1994 年 1 月竣工。成河标准：新民河口以西底宽 30m，新民河口以东底宽 33m，河底高程均为－0.5m，边坡 1∶3。投资 228 万元。

11 月 26 日 省办通榆河一期土方工程开工。东台工段位于苏北灌溉总渠至射阳河之间，段长 2.61km，土方 100 万 m³，经费 357 万元，投入机械 33 台套，于次年 5 月 24 日竣工。成河标准：底宽 50m，底高程－4.0m，边坡 1∶4。

12 月 27 日 市编委以东市编〔1993〕93 号文批复同意"江苏省垦区土壤改良研究所"更名为"江苏省沿海水利科学研究所"。

1994 年

4 月 29 日 东移重建富安翻水站竣工。该站于 1993 年 9 月 1 日开工，位于富安镇园艺村五中沟上，设计流量 20m³/s，选用新苏排Ⅱ型与工轴流泵 10 台，75kW 电动机 10

台。在翻水站中间设净宽 5m 的泄水孔，担负四联片排水任务。总投资 354 万元。

6月中旬至8月中旬 东台市出现了高温无雨的干旱天气，62 天仅降雨 46.8mm，为常年同期的 13.3%，8 月 9 日，里下河水位降至 0.52m。大旱中，泰东河、通榆河、安时河充分发挥了引水作用，保证了水源补给；三座电力翻水站日夜运行向堤东补水 3.3 亿 m³，使堤东地区水位稳定在 1.9m 以上，基本保证了抗旱水源。

11月10日 何垛河疏浚工程开工（大丰境内称川东港）。1994 年大旱，该河多处水枯断航，抗旱水源不足，沿河乡镇积极要求挖深何垛河。市政府批准当年疏浚通榆河至海堰东风河一段。该段长 13km，需做土方 66.35 万 m³，由东台市水利机械施工工程处承建（投入机械 62 台套），1995 年 1 月 20 日竣工。该工程配合施工民工 3500 人，使用经费 245.5 万元。成河标准：河底宽 16～21m，河底高程 −1.5m；边坡，根据土质变化，有 1∶2.5、1∶3、1∶4 三种。

11月30日 省办通榆河第二期土方工程开工。东台工段位于响水县境内的大通干渠至 308 公路，段长 1.3km，土方 89.12 万 m³，投资 389 万元，投入机械 38 台套，1995 年 6 月竣工。成河标准：底宽 50m，底高程 −1.0m，边坡 1∶3.5。

1995 年

3月1日 富安套闸正式开工。新建套闸位于富安镇东郊园艺村老东坝闸处，南起五中沟，北通方塘河；按六级航道设计，闸孔净宽 7m，闸室长 100m，可通航 1000 吨级的船队。工程于 9 月 22 日竣工。完成混凝土及钢筋 1210m³，浆砌石 230m³，土方 4.3 万 m³；投资 210 万元。

10月10日 何垛河、川东港疏浚工程开工，东风河口向东至东一大沟口由东台施工，东台承担土方 109.01 万 m³，工段长 12.2km，投资 465 万元，投入机械 80 台套，投入民工 5000 人，1996 年 1 月竣工放水。成河标准：河底宽 22～52m，河底高程 −1.5m，边坡 1∶3。

11月8日 方塘河西段疏浚工程开工，1996 年 1 月 9 日竣工。完成土方 18.5 万 m³，投资 133 万元。河道断面达到：底宽 12～15m，底高程 −0.5m，边坡 1∶2.5。

12月26日 省政府 159 号文批准东台笆斗滩涂围垦，并列为全省"九五"（1996—2000）期间开发百万亩滩涂，建设"海上苏东"的启动项目。该工程位于梁垛河闸至东台河闸的海堤以东，围滩面积 3300 多 hm²。1996 年 3 月 1 日起，由 20 个乡镇组成的 3 万民工陆续进入工地，3 月 6 日全线开工，人力、机械结合，完成土方 216 万 m³，铺草皮 42.5 万 m²。该工程于 4 月 9 日竣工，新筑海堤 12.3km，成堤标准：堤顶高程 8.0m，顶宽 8.0m；内坡 1∶3，外坡高程 5m 以上 1∶5.5m 以下 1∶10。开挖海堤河 9.7km、引水沟 3.5km、排水沟 5 条。

1996 年

4月26日 《关于东台河闸外迁重建的函》（苏政办函〔1996〕36 号）批准东台河新

闸立项。8月21日,《关于东台河闸东迁方案的批复》(苏水计〔1996〕13号)批准东台市的建闸方案。东台河新闸规模为净宽40m,分5孔,每孔净宽8m,中孔为航道孔。闸底板高程-1.5m,桥面高程8m,日平均流量257m³,省补助经费1700万元。

4月27日 省办通榆河第三期土方工程开工。东台工段位于响水县周集乡308国道以北,段长0.87km,投资217万元,投入机械20台套,1997年2月竣工,完成土方34.43万m³。成河标准:底宽50m,底高程-1.0m,河坡1:3。

9月18日 东台河闸外迁重建工程开工。在老闸以东5km,高程2.5m的低洼海滩上,用吹沙袋施筑2.1km长的挡潮围堰。堰成后,开挖上游引河和闸塘。1997年4月5日,4.5km长的新海堤筑成。结合建闸围滩近200hm²。1月25日施工第一块防渗冲沉板,2月22日浇筑闸底板,3月4日闸体上升浇筑翼墙,5月26日开始安装闸门及油压启闭机。6月13日经省和盐城市验收,该工程被评为优良工程。6月17日拆坝开闸放水。整个工程完成土方285万m³,混凝土及钢筋混凝土12018m³,块石7202m³,支出经费3100万元(其中,国家投资1700万元,市统筹1400万元)。

10月18日 市水利钻井基础工程处在钻井行业中首创用600型钻机在弶港农场打成654.25m的超深井,出水量每小时185m³,水温31.8℃。

11月8日 市水利局和市农业局对1996年推广水稻灌溉节水技术作出总结。是年,全市控灌面积6733hm²,每公顷节水4489.5m³,每公顷增产水稻1006.5kg,净增经济效益1600多万元。

总结小型泵站改造技术结果表明,1981—1996年的17年中,堤西圩区利用新技术改造老站220座,建新站78座,净增流量63.1m³/s,装置效率均超过部颁标准;新增和改善灌溉面积1.5万hm²、排涝面积3万hm²;节省投资876.2万元;年排灌节电120多万kW·h。

12月 对市水利钻井基础工程处成立23年来的钻井情况进行统计。结果表明,建成深水井突破600眼,总井深13.2万m。其中:单井深度300m以上的为60眼,500m以上的6眼。这些井基本解决了东台市农村自来水和淡水养殖水源问题。此外,市水利钻井基础工程处还为盐城、扬州、南通、淮阴和苏南等地打井52眼。

1997 年

1月 通榆河第四期土方工程开工,东台工段长5.06km,1997年6月底竣工,完成土方150.53万m³。

4—5月 两个月降雨87.1mm,为常年同期雨量的一半。

6月10—23日 东台发生特大干旱,春旱接伏旱,旱情发展快、时间长、威胁大。申场河东台水文站水位从1.08m降至0.41m,安丰抽水站上游最低水位-0.15m。里下河有15条大沟、302条中沟干涸断流,机电灌溉站有281座抽不到水。全市受灾面积6.27万hm²。全市直接经济损失2.6亿元,其中渔业损失1.0亿元、农业损失1.0亿元、工业损失0.6亿元。

6月13日 东台河闸水下工程通过验收,评为优良工程,6月17日拆坝开闸放水。

东台河闸外迁重建工程 1996 年 9 月 18 日开工建设，筑成 4.5km 长新海堤，匡围海滩近 200hm²；开挖闸上游干河 4.8km，河底宽 40m，河底高程 −1.0m，完成土方 107.19 万 m³。建闸主体工程 1997 年 2 月 16 日正式开工，6 月 10 日竣工，完成土方 285 万 m³，砼及钢筋砼 12018m³，块石 7202m³，投资 3100 万元，其中国家投资 1700 万元、市统筹 1400 万元。

8 月 18—19 日 11 号台风近海北上影响东台，台风期间正值天文大潮，沿海风大浪高，川水港闸最高潮位 5.35m，梁垛河闸最高潮位 5.51m，方塘河闸最高潮位 6.24m，均接近历史最高潮位，造成三仓片海堤决堤。全市农作物受灾面积 5.03 万 hm²，成灾面积 3.55 万 hm²。直接经济损失 2.21 亿元，其中沿海水利设施损失 400 万元。

12 月 1 日 通榆河工程东台段（五期、六期）河道施工正式开工，总长 19.6km，包括新开泰东河与通榆河接口段 7.6km，拓宽老通榆河 12km。其中五期工程为通榆河与泰东河接线段西端，河道长 5.5km，正项土方 280.33 万 m³，施筑混凝土护坡 10523 延米；工程设计底宽 50m，底高程 −4.0m，工程坡比为真高零以下 1∶5、零以上 1∶3，工程于 1998 年 7 月 25 日竣工验收。通榆河东台段工程程沿线挖压土地 644.23hm²，拆迁房屋 95139m²。

1998 年

1—5 月 受厄尔尼诺现象影响，共降雨 706.7mm，为常年 2.5 倍，里下河地区水位 3 次超警戒水位，10 多个圩区封圩排涝，农作物受渍严重，减产 3 成。

11 月 30 日 《关于进一步加快防洪保安基础设施建设的决定》提出：到 2010 年，沿海堤闸达到 50 年一遇加十一级台风不出险的标准；堤西圩区和城区防洪标准提高到 50 年一遇，确保圩外水位真高 4.0m 不出险；排涝标准提高到 10 年一遇。经过 10 年努力，基本建立起现代化防洪保安工程体系。

12 月 完成年度海堤达标防护工程。加固修复方塘河闸下游丁坝 10 条，新建块石顺坝 1 条、长 350m；新做、加固弶港军工堤外丁坝各 2 条，梁垛河南、北闸下游冲沉板桩丁坝 9 条，南闸外顺坝 1 条、长 500m；新建梁垛河南北两闸下游引河两侧侧向防冲槽 4 道、800m。

12 月 18 日 东台市提前一年实现圩区建设"无坝市"目标。

是年，东台市共完成新建圩口闸 45 座、排灌站 3 座；加固改造圩口闸 34 座、排灌站 5 座，投工 6 万多个，投入资金 457.9 万元，其中镇村自筹 345 万元。

1999 年

1 月 通榆河六期工程全面开工，东台负责的工段段为境内通榆河与泰东河接线段东端接通榆河向北河段，工程长 5.8km，其中接门段 2.1km，老通榆河拓宽 3.7km，完成土方 263 万 m³、混凝土护坡 10472m。工程设计底宽 50m，底高程 −4.0m，坡比 1∶3。

7 月 14 日 通榆河工程东台段 19.6km 暨六期工程全线竣工。东台承担新开、拓浚

（五、六期）河道长 11.3km，完成正项土方 543.33 万 m³，混凝土护坡 20995m。射阳县负责何垛河至丁溪河 8.3km 的老河拓浚，开挖土方 505 万 m³。

9 月 4 日夜 堤东普降暴雨，至 5 日晨，平均降雨量 121mm，超过 200mm 的有 4 个镇，最大的四灶镇达 326.2mm，东台河四灶水位 3.8m，全市 1.4 万 hm² 农田受灾，直接经济损失 1.6 亿元。

9 月 南苑水厂取水口搬迁工程开工建设。整个工程包括取水口、吸水井、一泵房、综合楼、机修车间、浑水管道及厂外供电专线等项目，取水口地址位于新开挖的泰东河与通榆河接线段西口下游约 2.2km 处（北岸），规模为日取水 20 万 t，投资概算为 1286 万元，工程占地 0.8hm²。

同月 完成年度海堤达标防护工程。新建方塘河闸下游 300m 长现浇混凝土护坡；修复梁垛河两闸下游干砌块石护坡 884m、方塘河闸下游干砌块石护坡 765m；实施梁垛河南闸堤外坡 480m 干砌块石改灌砌块石护坡；施筑川水港闸东北角 498m 现浇混凝土护坡。

2000 年

1 月 30 日 头富河南段疏浚工程竣工。该工程南起富东方塘河，北至安城河，长 7.42km，历时近两个月，完成土方 23.3 万 m³，成河标准：底高程，−0.5m，底宽 12～15m。

2 月 12 日 川水港闸上游拓浚工程开工，工程全长 4.62km，完成土方 47.8 万 m³，于 4 月 10 日竣工。成河标准：河底宽 60～80m，河底高程−1.0m。

5—6 月 东台市持续干旱少雨，47 天降雨 139mm，梅雨期雨量 133mm，比常年少 6 成，通榆线 3 座电力抽水站及时开机抽水 1.6 亿 m³，堤东水位保持在 2.0m，夏熟作物损失不大。

7 月 完成年度海堤防护工程，实施川水港闸南侧现浇混凝土护坡 720m，完成混凝土 1828.7m³，使用水泥 602t、土工布 11000m²。

东台市编报《"十五"水利规划（2001—2005）》，明确"十五"期间的治水目标：沿海达到抗御历史最高潮位加十级台风不出险．超标准潮位有对策；里下河圩区和川东港以北地区，防洪达到真高 4.0m 洪水位不出险；全市日雨 200mm，雨后两天排出不受淹。堤东灌区达到 70～100 天无雨、通榆河水位 0.4m 时保水源，力争全市 80％的特种经济作物农田有提水设施灌溉。水资源优化配置率 95％；农村水厂联网供水覆盖率 50％，供水普及率 95％。推行水利工程分类管理，水土保持率 90％，水利工程设施完好率 95％。

2001 年

6 月 10 日 东台接收重云阳县的 254 户、1131 名三峡移民，安置在堤东地区 11 个镇。

12 月 20 日 头富河中段疏浚工程竣工。该工程南起安㵵河，北至三仓河，工段长

5.9km，历时两个月，由市水务工程有限公司施工，完成正项土方 18.5 万 m^3。成河标准：河底宽 12～15m，河底高程－0.8m。

2002 年

1 月 22 日　方塘河中段（西）疏浚工程竣工，该工程西起头富河，东至潘堡河，全长 12.85km，于 2001 年 12 月 8 日开工，历时 45d，完成正项土方 47.4 万 m^3。成河标准：河底宽 13～15m，河底高程－1.0m。

5 月　市水务局初步建成东台市水雨情遥测采集发布系统，实现全市雨情、水情的实时监测及查询。

2003 年

1 月　新洋港拓浚工程（射阳县特庸镇段）正式开工，东台施工段完成总土方 139 万 m^3，承担经费 716 万元。

1 月 25 日　东台河西段疏浚工程竣工。该工程西起红星河，东至头灶中心河，长 27.5km，投入机械 150 台套，工期 60 天，完成正项土方 137.01 万 m^3。成河标准：河底宽 16m，河底高程－0.8m。

同月　网界河拓浚工程竣工。该工程西起东台抽水站下游王家河，东至红星河，全长 3.12km，河道施工正项土方 7.95 万 m^3。成河标准：河底宽 7m，河底高程－0.8m。

4 月 1 日　经考古挖掘，古砖护坡的"捍海堰"遗址在富安镇乘胜村显现，这条古海堰遗址延续 3km，堤面宽 3.1m，高 4.6m，堰底部宽 9m 左右，护坡灰色方砖规格为 34×15.8×5（cm）。据史料考证，其堤身高度、宽度似与范公堤基本吻合。

6 月 29 日至 7 月 10 日　里下河平均降雨 455.6mm，最大降雨 675.1mm，最高水位（溱东）3.15m。全市受灾面积 5.76 万 hm^2，受灾人口 87 万人，直接经济损失 5.8 亿元。通榆线东台、安丰、富安 3 座电力抽水站为里下河地区分洪 450 多万 m^3。

7 月 3 日　东台城区外河水位达 2.14m，城市防洪排涝站全部开机翻水，以 $19m^3/s$ 的速度，连续开机排涝 28 小时。7 月 6 日城市外河水位 2.75m 时，内河水位经排水降至 1.66m，落差 1.09m，市区设防范围内的道路、工厂企业、居民小区无一受涝。

7 月 6 日　18 时 25 分，溱东镇苏罗圩超纲闸因侧向渗透穿孔倒塌，11 日 16 时 30 分安丰镇丰西圩官坝头闸因侧向渗透穿孔倒塌，及时抢险，堵住决口，控制住灾情。

9 月　海堤河疏浚工程竣工。该工程 2003 年 8 月开工，工程南起新港闸银杏点，北至富东防汛点，全长 3.63km，完成土方 7.8 万 m^3。成河标准：河底宽 10m，河底高程 0.0m，边坡 1∶3。

10 月 28 日　盐城市 2003—2004 年海堤公路改造项目东台段工程全线竣工，海堤公路东台段长 59.5km，按三级公路标准设计建造。

11 月 18 日　东昇焦化公司运料河工程开工。该河道总长 837m，河口宽为 60m，底宽 24m，河底高程－2.5m，总土方 21.7 万 m^3，总价为 60.7 万元，河道主体工程于 2004

年 6 月 28 日竣工。

12 月 堤东灌区续建配套与节水改造一期工程——东台河流域灌排分开项目开工建设。该项目主要是完善实施东台总干渠沿线封闭闸的新建和改造及灌排工程：1 座引水闸、17 座分水闸、7 座节制闸、6 座排水闸、4 座封闭闸、2 处灌溉工程，以及沿海 4 座闸上下游护坡维修和灌区自动化管理系统建设。工程于 2004 年 5 月底竣工，实际完成投资 1250 万元。

2004 年

1 月 31 日 东台河中段疏浚工程竣工。该工程西起头灶中心河，东至东潘堡河，全长 20.62km，工程于 2003 年 12 月上旬开工，投入挖塘机组 100 多台，完成正项土方 86.28 万 m³。成河标准：河底宽 15～30m，河底高程 −0.8～−1.0m，边坡 1:3。

4 月 省政府组织实施的泰东河时堰段 5km 拓浚工程工建设，河道土方 224 万 m³，同时新建时堰大桥，实施影响工程——各类小型排涝站、交通桥、圩口闸 20 座，新建泰东河管理所用房，基建投资 5774.26 万元。河道土方工程于 2004 年年底竣工。

5—9 月 夏旱，汛期全市平均降雨量 429.8mm，较常年偏少 4 成，属偏旱年份，由于水利工程及时引水，农业生产未有大的损失。

11 月 6 日 堤东灌区续建配套与节水改造二期工程——安丰泵站拆除暨改建工程开工。该工程单机设计流压 24m³/s，泵站设计总流量 48m³/s。工程改造新建项目包括：更换水泵、电机，改造进、出水流道，拆建厂房、控制室。泵站水泵选用 2 台叶轮直径为 2400mm 机械全调节立式轴流泵，配 10kV、1000kW 立式同步电动机。工程 2005 年 12 月底全面竣工，投资 1184.83 万元。

12 月 28 日 梁垛河闸除险加固工程竣工验收。该工程于 2002 年 10 月组织实施，累计完成投资 448.5 万元，完成混凝土浇筑 550m³。实施不打坝全过程摄像监控施工。除险加固工程合同内项目于 2003 年 6 月 30 日完工，调整增加项目于是年 8 月 10 日全部竣工。

2005 年

1 月 三仓河西段疏浚工程竣工。该工程于 2004 年 11 月中旬开工，西起通榆河，东至头富河，全长 15.47km，完成正项土方 70.9 万 m³。成河标准：河底宽 22～40m，河底高程 −1.0m，边坡 1:3。

10 月 1 日 总投资 1400 万元的泰东河时堰大桥竣工通车。该工程于 2004 年 10 月 8 日开工建设。大桥主跨 70m，净宽 9m。大桥的建成通车，为时堰镇对接兴化市张郭镇不锈钢产业，跨河创建泰东工业集中区（江苏特钢产业时堰集聚区）提供了重要的基础条件保障。

是年，东台市编报《"十一五"水利规划（2006—2010）》，明确"十一五"期间的治水目标：一线海堤巩固达到挡潮 50 年一遇，遭遇超标准风暴潮有对策；堤东垦区排涝达到 10 年一遇；里下河地区圩堤达到挡历史最高水位加 1m 风浪超高不出险，圩口闸达到挡历史最高水位加 50cm 超高不出险，超标准洪水有对策；通过建设引提水工程、实施沟河疏浚，从根本上解决沿海开发的水源保障。全市水源供给保证率提高到95%，泰东河水体水质达到Ⅱ～Ⅲ类水、通榆河水体水质达到Ⅲ类水，实现污水集中排放、满足水体功能要求，封填深井转供地表水，地下水位止降回升。

2006 年

1月21日 三仓河中段疏浚工程通过盐城市级验收：该工程于2005年12月上旬全线开工。工程西起头富河，东至东潘堡河，全长19.16km，完成土方148万m³。成河标准：河底宽35～60m，河底高程－1.0m，边坡1∶3。

5月 2006年度市办工程七大沟、东潘堡河北段疏浚工程通过盐城市级竣工验收。该工程2006年1月开工，其中七大沟疏浚工程全长2.13km、土方6.5万m³，东潘堡河北段疏浚工程全长2.7km、土方7.5万m³。

6月21日至7月13日 东台出现梅雨期间两次大的集中降雨，累计平均降雨量350.8mm。里下河出现1991年后第二高水位，安丰镇南洼圩区与富安镇交界段圩堤遇高水位决堤，后经抢险，决口合龙。

12月8日 城西污水处理厂竣工试运行。该工程位于市区西北部下风口、串场河以西、东台镇万陆村境内，占地5.4hm²。工程于2004年3月开工建设，设计总规模为5万t/d，项目总投资10779.42万元，其中厂区投资5029.14万元、主干管网及泵站投资5750.28万元。一期工程设计规模为2.5万t/d，投资7497.79万元。

2007 年

1月20日 安弶河疏浚工程全线竣工。该工程于2006年11月10日开工，全长33.42km，投入机械69台套，历时70天，完成土方162万m³。成河标准：底高程－0.5～－1.0m，平均底宽12.0m，坡比1∶3。工程5月通过验收。

3月28日 堤东灌区三期工程——安丰船闸奠基开工，该工程为盐城市沿海开发水利水运重点工程，总投资1860万元。

5月 市办工程团结河（南沈灶、三仓界河）、新储河（唐洋）、海堤河（新港闸、梁垛河闸段）疏浚工程通过市级竣工验收。该3项工程于2006年11月开工，翌年春季相继竣工。团结河疏浚工程全长3.92km。完成土方11.5万m³；新储河疏浚工程全长3.3km，完成土方6.1万m³；海堤河疏浚工程全长6.31km，完成土方27.4万m³。

6月21日至7月25日 全市平均降雨414.6mm，里下河地区广山镇最高水位3.10m（7月10日），为1991年后第三高水位。全市352个村、12个街道和75个居委会受灾，受灾人口72.61万人；农作物受淹面积80930hm²，其中成灾面积27720hm²、绝收面积7660hm²。全市直接经济损失3.32亿元，其中农林牧渔业直接经济损失2.81亿元、水利设施损失0.11亿元。各地紧急转移危房人员1330人，修复房屋185间。

7月31日 梁垛河南闸除险加固工程竣工。该工程为2006年海堤达标项目，概算总投资567万元，工程于2006年11月30日开工，2009年2月13日通过省水利厅组织的投入使用验收。

12月30日 国家发展改革委、水利部以发改农经〔2007〕3719号文确定100个县（市、区、旗）为全国农村饮水安全工程示范县，东台市名列其中。农村饮水安全工程一期项目于2008年4月开工建设。

2008 年

1月26日 红星河、头富河中段（北）疏浚工程通过盐城市级验收。该两项工程于2007年11月中旬开工，其中红星河疏浚工程西起唐洋镇腰灶河，东至弶港镇新港干河，全长17.92km，完成土方106万 m^3，成河标准：河底宽10~20m，河底高程-1.0m，边坡1:3；头富河中段（北）疏浚工程南起三仓河，北至东台河，全长6.88km，完成土方41万 m^3，成河标准：河底宽8m，河底高程-1.0m，边坡1:3。

3月7日 〔2008〕5号市长办公会议纪要：成立东台市污水处理有限公司，下设城西污水处理厂和城东污水处理厂，公同为股份制企业，注册资金1000万元，其中市自来水有限公司占55%、市城投公司占15%、市水投公司占15%、市开发区投资公司占15%。会议决定，城东污水处理厂设计总规模为5万t/d，一期工程设计规模为2.5万t/d，总投资9224万元，配套建设污水收集管网40km，提升泵站3座。

10月15日 市防汛防旱指挥部投资10万元的PDA防汛综合信息系统建成。

2009 年

8月8—11日 8号台风"莫拉克"8月18时起影响东台，市防汛防旱指挥部启动防御台风Ⅲ级应急响应。10日6时至11日15时全市普降大暴雨，平均降雨148.6mm，最高达201.5mm，时值天文大潮，沿海出现台风、暴雨、高潮的恶劣天候，最大风力8~10级。11日14时，减弱为热带风暴的"莫拉克"进入东台境内，后从三仓镇向东北入海。"莫拉克"共造成全市受灾人口69万人，农作物受灾面积66840 hm^2，绝收5200 hm^2，部分乡镇民房倒塌99间、损坏65间，全市直接经济损失2.93亿元。

10月10日 2009年度市办工程头富河北段、南垦区干河、农干河疏浚工程通过盐城市级竣工验收。该三项工程于2008年12月至2010年6月间实施：其中，头富河北段疏浚工程全长11.4km、土方49万 m^3，翌年3月竣工；南垦区干河疏浚工程全长7.8km、土方39万 m^3，翌年6月竣工；农干河疏浚工程全长10.2km，完成土方50.14万 m^3，翌年3月竣工。

10月19日 《东台市城市河道管理办法》出台。

10月26日 富安泵站更新改造工程开，该工程总投资3058万元，总装机容量1500kW，主要功能是为堤东地区抽引淡水、为里下河地区辅排涝水。

2010 年

4月 2010年度县级河道疏浚工程竣工。共涉及渔舍中心河、输水河、东风河、进胜河、尤进河、新胜河、立新河、五烈河、十一沟中段、包灶大沟等 10 条河道工程于 2009 年 11 月开工，总长 76.33km，完成总土方 208.2 万 m^3。

8 月 25 日 安丰船闸正式试通航。该工程是东台堤东灌区改造三期项目，总预算 1870 万元，是年 7 月 10 日竣工。工程建成后，既能沟通堤东灌区和里下河地区航运，又能为两区之间增加双向排涝能力 30m^3/s。9 月 2 日，安丰船闸首次为堤东地区向通榆河排涝水约 0.3 亿 m^3。工程 2011 年 11 月 6 日通过验收。

9 月 1 日 经过竞争立项，省财政厅、水利厅批复同意东台市列入第二批中央财政小型农田水利重点县建设项目（2010—2012 年），工程总投资 10590 万元，其中省级以上投资 6600 万元。

2011 年

3 月 东台市编报《"十二五"水利规划（2011—2015）》，明确"十二五"期间治水目标：紧紧围绕"建设更高水平小康社会""全省争先、苏中领先、苏北率先"目标和发展定位，针对东台水利建设中的短板，以农村基础设施建设、水环境保护、流域和城市防洪排涝工程建设为重点，着力解决东台农业生产和沿海开发中的水质、水量问题，同时提高沿海地区和里下河地区的防洪除涝能力，初步建成适合东台经济社会发展水平、与"江苏农业第一县（市）"相匹配的现代化水利综合保障体系，水利现代化总体水平超过 85%，其中关键性指标实现程度超过 85%。

4 月 17 日 2011 年度市办重点工程潘堡河疏浚工程通过市级验收。该工程 2010 年 12 月开工，全长 17.4km，完成土方 142.34 万 m^3。成河标准：河底宽 18m，河底高程 -1.0m。

4 月 22 日 三仓河东延工程及下段整治工程顺利通水验收。三仓河东延段总长 5.9km，总投资 2763 万元；三仓河下段整治工程长 18km，总投资 2880 万元。

8 月 25 日 市政府办发文成立东台仙湖应急水源库工程建设领导小组，正式启动市区仙湖现代农业示范园备用水源库工程建设。工程于 12 月 9 日建成并正式投入使用，库容 30 万 m^3。

2012 年

4 月 13 日 市办水利工程东潘堡河、五支河、十一中沟疏浚工程竣工。该三项工程于 2011 年 1—4 月实施。其中，东潘堡河疏浚工程北起东台河，南至三仓河，长 17.35km，完成土方 116.93 万 m^3，成河标准：河底高程 -0.5m，底宽 18m，河坡 1：3；十一中沟疏浚工程长 5.67km，完成土方 22.8 万 m^3，河底高程 -0.5m，底宽 6m；五支河疏浚工程长 8.73km，完成土方 15.1 万 m^3，河底高程 1.0m，底宽 5m。

6 月 25 日 总投资 4.4 亿元的国华（东台）风电场 49.25MW 项目在川水港闸二线海堤开工。

6 月 29 日 三仓增压站竣工运行。该工程总投资 810 万元，于 2011 年 10 月开工建设，翌年 5 月建成并试运行。三仓增压站的建成，解决了三仓、唐洋、许河、新街、味港、沿海经济区等镇区的供水安全问题。

7 月 3—6 日　国家第二批拉动内需项目—富安泵站更新改造工程和国家中小河流治理项目—三仓河下段整治工程，率先在全省通过省水利厅组织的竣工验收。富安泵站更新改造工程于 2011 年 10 月 28—29 日通过省水利厅、盐城市水利局主持的机组启动投入使用阶段验收；三仓河下段整治工程于 2011 年 4 月 22 日竣工放水，2012 年 4 月中旬通过省专家组考核和绩效评价。

9 月 13 日　堤东灌区三、四期续建配套与节水改造工程顺利通过省水利厅验收组验收。

9 月　南苑水厂技改扩能工程竣工。该工程于 2012 年 1 月 1 日开工建设，占地约 2.1 万 m²，总投资 9500 万元。工程建成后，南苑水厂供水能力由原 10 万 t/d 提升至 20 万 t/d。

9 月 28 日　南京大学向东台市提交深水大港论证报告，东台苦水洋海域具备建设深水大港条件，码头建设的可能位置为里磕脚沙洲以南的深槽，距规划中的高泥岛 24km。

10 月 18—19 日　三仓河东延工程、梁垛河南闸除险加固工程通过竣工验收。三仓河东延工程列入省沿海开发项目，为新开河道，总长 5.9km，西起弶港镇新东河，东至弶东海堤，工程于 2010 年 12 月底开工建设，完成投资 2506.14 万元，2011 年 9 月 2 日通过单位工程验收。梁垛河南闸除险加固工程于 2007 年 7 月底竣工。

11 月 6 日　西溪大桥（原名惠阳路老泰东河大桥）通过竣工验收。该桥 2011 年 9 月开工建设，工程总投资 7000 万元，大桥设计总长 560m，其中桥长 140m、接线长 420m，桥梁立面为 3 跨连拱桥，总宽 40m，桥墩处加宽设置观景台。

11 月 28 日　城市清水工程竣工投入运行。该工程总投资 2400 万元，2012 年 3 月开工建设，主要实施何垛河以北、振兴路以南区域涉水配套工程建设，包括 7 条城市内河清淤，以及新建箱涵 2 座、节制闸 2 座、滚水坝 2 座、提水兼排涝泵站 1 座，同时实施海新三中沟范公路至海陵北路段生态护坡、河道两岸绿化。

2013 年

2 月 2 日　东台河下段整治工程通过通水验收。该工程于 2012 年 10 月 25 日开工，总投资 2992 万元，按照防洪 20 年一遇、排涝 10 年一遇的设计标准，主要实施潘堡河至川水港闸 22km 河段疏浚、川水港闸上游 1.8km 河坡防护和新建海堤河节制闸 1 座。工程 2012 年 12 月 30 日完成水冲开挖河床土方施工，2014 年 1 月 15 日通过竣工验收。

3 月 25—31 日　水利部对 2011 年度农村饮水安全工程项目建设进行稽查。东台 2011 年度农村饮水安全工程项目，总投资 3052 万元，共铺设钢管 17.01km，各种规格 PV 管道 566.16km。该工程中央投资 987 万元。工程涉及头灶、许河、五烈和弶港（原新曹镇）、东台镇（原海丰、四灶镇）等镇、41 个村（居），解决农村饮水不安全人口达 7.49 万人。

3 月　市政府批复实施《东台市水利现代化规划（2011—2020）》。

5 月 23 日　三仓河上段整治工程竣工并通水验收。该工程于 1 月 1 日举行开工，西起安丰抽水站清污机工作桥，东至三仓镇四五河，全长 25.3km，总投资 8266 万元，建设内容包括河道疏浚、新建混凝土护坡、直立式驳岸等，以及拆建红安、新许、五进、包灶 4 座桥梁。

8 月 13 日　《东台市第一次全国水利普查公报》发布。经普查，东台共有流域面积 50km^2 及以上河流 53 条（其中跨县河流为 27 条），市内总长度 965.9km。共有过闸流量 1m^3/s 及以上水闸 1184 座、泵站 1658 处，堤防总长 1136.91km，全市灌溉面积 13.18 万 hm^2，地下水取水井 85864 眼（含人力井 85402 眼）。

8 月 17 日　堤东供水复线管道工程、堤西区域供水工程进行交工验收。堤东供水复线管道工程于 2011 年 11 月 28 日正式开工建设，复线管长 37.36km，招标概算价 0.63 亿元，涉及东台镇、梁垛镇、南沈灶镇、三仓镇；堤西区域供水工程于 2012 年 8 月 10 日正式开工建设，涉及东台镇、溱东镇、时堰镇、五烈镇、梁垛镇和西溪景区，共铺设市到镇供水主管道 61.07km、镇到村供水支管道 73.15km，工程实际投资 1.2 亿元。

　　同日，省发改委在东台召开淮河流域平原洼地治理工程——川东港整治工程 2013 年度项目实施方案审查会。川东港整治工程包括车路河（雄港至通榆河段）、丁溪河、何垛河、老川东港及新老川东港闸之间 5 段河道整治工程，总投资 25.3 亿元。2013 年度先行实施丁溪河疏浚整治，概算投资 6.58 亿元。

10 月 17 日　省水利厅下发《关于东台市方塘河（方塘河北支—方塘河闸）整治工程初步设计的批复》和《关于东台市方塘河（丁堡河—方塘河北支）整治工程初步设计的批复》，同意实施东台方塘河一期、二期整治工程，工程设计标准为防洪 20 年一遇、排涝 10 年一遇。工程列入江苏省第二批中小河流治理建设规划，批复总投资 5873 万元。一期整治工程包括拓浚河道 10km、新建方塘河闸上护岸 0.8km；二期整治工程包括拓浚河道 9.7km，新建挡墙护岸 1.78km，新建混凝土护坡护岸 2.58km；拆建中苴大桥。工程于 2013 年 11 月开工，2014 年 5 月 29 日通过通水验收。

11 月 10 日　省发改委、财政厅、水利厅下发文件，批准东台组织实施 2013 年高标准农田取点县建设项目和 2013 年千亿斤粮食项目。两项工程总投资 4536 万元。高标准农田重点县建设工程总投资 3536 万元，项目安排在梁垛、三仓和东台镇；千亿斤粮食项目总投资 1000 万元，涉及东台镇、梁垛镇两个项目区。

12 月 9 日　东台召开川东港整治工程建设动员会，该工程 2013 年度计划实施丁溪河疏浚整治，建设内容为疏浚丁溪河 19.86km，新筑堤防 5.7km，拆建桥梁 7 座，更新改造圩口闸、节制闸 9 座，概算总投资 6.58 亿元。

12 月 31 日　东台南苑水厂两个 10 万 t 级深度处理项目建成并投入运行，项目总投资 5200 万元。

2014 年

8 月 7—8 日　东台出现区域性暴雨到大暴雨，平均降水量 140mm，最大降雨量 205mm（头灶镇曹丿居委会）。溱东、时堰 20 个低洼圩区关闸 125 座，开启排涝站 49 座，排水 3500 万 m³；东蹲线封闭闸向川东港排涝；沿海 4 座闸排泄涝水 5000 万 m³。

11 月 9 日 南京水利科学研究院院长张建云院士到东台调研海堤防护等工作，实地考察梁垛河南闸、条子泥围垦工程，听取有关海堤防护工作汇报，对东台海堤防护工作给予充分肯定。

12 月 31 日 截至年底，江苏省世行贷款泰东河工程完成永久性征地 91.61hm²，完成全部临时用地征收及居民拆迁，补偿企业 30 家、6813.98m²；完成供电、广电、电信、移动等实物量的补偿；建成 45 个赔建工程，4 个安置区、安置 197 户近 700 人。完成河道拓浚，河坡防护工程 17.27km，新建跨河桥梁 2 座和影响工程的土建工程。累计完成投资近 3.1 亿元，其中工程建设 2.1 亿元，拆迁安置 0.97 亿元。

是年，川东港工程完成永久性征地 88.07hm²、临时性占地 163.1hm²；签订房屋拆迁协议 333 户，交房 305 户；拆房 259 户，占任务 73%。完成丁溪河 4 个工程标的河道疏浚土方 378.1 万 m³，占年度任务的 78.1%；7 座影响工程开工 5 座。完成年度投资 2.8 亿元，占概算计划的 42.6%。该工程于 1 月 25 日培训会议后启动征地拆迁移民安置补偿工作。

2015 年

2 月 12—13 日 省水利厅、盐城市水利局召开方塘河整治一、二期工程和三仓河上段整治工程竣工验收会议。

2 月 14 日 仙湖备用水源扩容主体工程投入使用进行验收。

6 月 17 日 东台市境内丁溪河等 5 座节制闸影响工程通过盐城市水利局组织的水下工程验收。丁溪河影响工程为沿线封闭节制闸工程，工程实施后，可解决东台镇海丰社区局部次高地区域的灌溉和防洪问题。

6 月 24—30 日 东台市出现区域性暴雨到大暴雨，平均降雨量 174.3mm，最大降雨量 245.5mm（头灶镇）。

7 月 10 日 盐城市启动防台三级应急响应，7 月 12 日 15 时结束全省防台三级应急响应。据东台市民政部门统计核实，东台市 9 号台风"灿鸿"受灾影响情况如下：受灾影响人数 206044 人，转移人数 1005 人，农作物受灾面积 24015.77hm²，农作物成灾面积 8032.45hm²，农作物绝收面积 2008.3hm²，倒塌房屋数量 6 间，严重损坏房屋数量 24 间，一般损坏房屋数量 79 间，直接经济损失 11086.6 万元。

8 月 10 日 8 时至 8 月 11 日 8 时 东台市日平均降雨量 239.6mm，其中最大日降雨量创历史之最，为 387.8mm（新曹农场），台城最大日降雨量 361.8mm（城东新区），堤东地区最高水位 3.80m（超警戒水位 1.0m），堤西地区最高水位 2.48m（超警戒水位 0.98m），台城水位 2.69m（超警戒水位 0.89m）。

9 月 1 日 东台百万亩滩涂围垦综合开发试验区工程指挥部全体会议在东台召开。会议主要是研究协调解决东台条子泥围垦开发建设有关问题。会议特别强调要全方位搞好与水利部门的衔接，沿海滩涂围垦开发专项规划、年度计划编制要与省水利建设规划及年度计划衔接。东台条子泥项目同地方水利部门协调解决好条子泥一期围垦开发近期达标供水问题，组织编制条子泥区域供水规划及整体水利工程建设规划，争取重点项目纳入相关专项规划。

2016 年

5 月 18 日　川东港工程薛岗大桥成功吊装。这是东台市第一座采用钢桁架结构的桥梁。

8 月 24 日　川东港工程（东台段）通过社会稳定评估。川东港工程（东台段）共征用土地 243.1542hm²，其中国有土地 94.1035hm²，集体土地 149.0507hm²。

12 月 20 日　川东港工程（何垛河、车路河）专项设施迁建通过完工验收。

2017 年

1 月 19 日　江苏省发改委、省水利厅联合下发《关于东台市堤东灌区续建配套与节水改造项目总体初步设计的批复》（苏发改农经发〔2017〕80 号）。

8 月 11 日　盐城市 2016 年度封井工作验收会议在东台市召开。

2018 年

2 月 14 日　东台市水务局成立"东台市水利基建工程建设处"（东水〔2018〕17 号）。

4 月 15 日　"'碧水映照黄海明珠'——东台市深入推进水生态文明建设侧记"在新华日报第 5 版作深度报道。

5 月 4 日　出台《东台市生态河湖行动计划（2018—2020 年)》（东政发〔2018〕38 号）。

5 月 28 日　东台新抽水站工程通过市政府组织的水下阶段验收。

6 月 28 日　盐城市水利局受江苏省水利厅委托主持召开了里下河川东港工程东台市境内桥梁工程交工验收会。

6 月 30 日　堤东灌区续建配套与节水改造工程 2018 年度项目通过通水前检查。

11 月 8 日　东台市东台河整治工程开工建设。该工程于 6 月 2 日经江苏省水利厅以苏水建〔2018〕37 号文件批准实施，工程总投资为 9438 万元。主要建设内容：疏浚东台河新长铁路桥至西潘堡河段 34.05km，河道土方 73 万 m³，新建坡式护岸 14.86km。拆建桥梁 2 座，拆建节制闸 4 座，新建跌水 54 座。

11 月 10 日　川东港影响处理完善工程开工建设。该工程于 9 月 27 日经盐城发改委以盐发改〔2018〕184 号文件批准实施，东台境内工程共涉及闸站 23 座，投资 1.3118 亿元。

12 月 25—27 日　里下河川东港工程通过江苏省水利厅主持的竣工验收。川东港是里下河腹部地区主要排水入海通道之一。川东港工程拓浚河道 90.62km，退建、新筑、加固堤防 32.68km，护坡护岸 29.48km，防汛道路 5km，跨河桥梁 27 座，影响处理工程 39 处等。2014 年 3 月开工，2018 年 7 月实施完成。东台市境内川东港工程总长 55.86km，涉及东台镇、头灶镇、五烈镇、经济开发区、城东新区的 27 个村，总投资 109586 万元，共有 24 个单元工程，施工质量全部合格，其中 4 个被评为优良。

2019 年

3 月 26 日　东台河整治工程顺利通水验收。该工程总投资 9438 万元，于 2018 年 10 月开工建设。工程西起新长铁路桥，东至西潘堡河，长度 34.05km，流经东台市城东新区、东台镇和头灶镇。

9 月 24 日　市水务局组织对梁垛河整治工程开展初步设计阶段踏勘。梁垛河整治工程总投资约 2.46 亿元，计划疏浚河道 51km，河坡防护 15.87km，对沿线不满足冲刷要求 20 座跨河桥梁桥址处上下游 50m 范围的河道进行防护，对沿线河口处影响的房屋进行支护，以现状地面高程为防洪屏障。工程实施后，可提高梁垛河流域防洪排涝能力，增强向沿海滩涂开发供水保障能力，应对沿海开发对水资源的需求，同时改善河道生态环境，提高河道通航能力，促进区域社会经济发展。

2020 年

4 月 7 日　临海引江供水近期工程（丁堡河、江海河接通工程）方案在南京通过评审。该工程投资约 3.08 亿元，计划东线新开 350m 河道连接北凌河与新港干河，在与海安交界处新建老坝港节制闸；西线拆除现状丁堡闸、丁堡南闸和丁堡河闸，在市界附近新建丁堡闸，对丁堡河（栟茶运河—方塘河段）进行整治，长 17.6km，其中海安长 10km，东台长 7.6km，对沿线河道建设驳岸和护砌。

11 月 19 日　东台新抽水站工程顺利通过市政府办组织的县级验收。该项目自 2018 年 10 月投入使用以来，已运行超 323 天、14377 台时，抽水 4.482 亿 m^3。工程实施后，改善灌溉面积 44 万亩，改善排涝面积 122.41 万亩，新增粮食生产能力 632 万 kg（折合水稻），新增农业产值 1200.93 万元，实现年节水 100 万 m^3。